U0457777

迪安鉴定科学研究院系列丛书

品性评估师

专业能力培训教程

陈云林／主编

浙江迪安鉴定科学研究院
中国劳动和社会保障科学研究院 ／组编

CREDIBILITY ASSESSOR

PROFESSIONAL COMPETENCE
TRAINING COURSE

中国政法大学出版社

2019·北京

图书在版编目（ＣＩＰ）数据

品性评估师专业能力培训教程/陈云林主编. —北京：中国政法大学出版社，2019.7
ISBN 978-7-5620-9006-9

Ⅰ.①品…　　Ⅱ.①陈…　　Ⅲ.①心理测验—教材　　Ⅳ.①B841.7

中国版本图书馆CIP数据核字(2019)第127789号

出　版　者	中国政法大学出版社
地　　　址	北京市海淀区西土城路 25 号
邮寄地址	北京 100088 信箱 8034 分箱　邮编 100088
网　　　址	http://www.cuplpress.com (网络实名：中国政法大学出版社)
电　　　话	010-58908289(编辑部) 58908334(邮购部)
承　　　印	固安华明印业有限公司
开　　　本	720mm×960mm　1/16
印　　　张	26.25
字　　　数	450 千字
版　　　次	2019 年 7 月第 1 版
印　　　次	2019 年 7 月第 1 次印刷
定　　　价	82.00 元

总 序

GENERAL PREFACE

2005 年《全国人民代表大会常务委员会关于司法鉴定管理问题的决定》出台，对"司法鉴定"的理解与应用在国内达成基本共识。司法鉴定，对应英文为 Forensic Sciences，在国内也被译为"刑事科学""法庭科学""法科学"等，准确理解应为"司法鉴定科学"。考虑"司法"一词具有专属含义，故我们认为使用"鉴定科学"更本土化、更具中国特色。

迪安鉴定科学研究院（Dian Institute of Forensic Sciences，DIFS）成立于 2016 年，是浙江省民政厅批准成立的鉴定科学研究与第三方智库型咨询机构。自 2017 年初，组建以常林等专家为团队的迪安鉴定事业部，DIFS 开始以全新的面貌和姿态致力于整个鉴定科学事业的发展，以"鉴定理论的创新者，鉴定技术的引领者，鉴定能力的拓展者"为己任，倾力打造权威、高效、科学、严谨的鉴定科学体系，"迪安鉴定科学研究院丛书"就是在这样背景下产生的系列作品。

习近平总书记在十九大报告中"加快建设创新型国家"的部分指出："创新是引领发展的第一动力，是建设现代化经济体系的战略支撑。要瞄准世界科技前沿，强化基础研究，实现前瞻性基础研究、引领性原创成果重大突破。……倡导创新文化，强化知识产权创造、保护、运用。培养造就一大批具有国际水平的战略科技人才、科技领军人才、青年科技人才和高水平创新团队。"

丛书的出版，正是对鉴定科学创新发展的最佳诠释。

丛书的作者由 DIFS 精心遴选，均属业内一线知名专家学者，这些专家学者集多年实践经验积累和理论总结，本着理论有创新、技术有引领，能力有拓展的基本理念精心组稿，使得"原创性""引领性""拓展性"成为该套丛书的最大特点。

中国政法大学出版社对丛书的出版给予鼎力支持，深表谢忱。

迪安鉴定科学研究院丛书

编委会

前 言

品性，显然在我们的日常语系中具有更广义的概念和理解。恰是它的广义性，导致了人们似乎都知其"用"，却难知其"使用"的困局，典型代表就是唐时韩愈"千里马常有，而伯乐不常有"的感慨和大诗人李白"抱玉入楚国，见疑古所闻。良宝终见弃，徒劳三献君"的叹息。

如果说前者是"人心难测"的无奈，那么后者就是"难以取信"的惆怅。千百年来，人们一直或多或少地在这种无奈和惆怅中徘徊、沉浮，真正之用人不疑、疑人不用的理想境界似乎总是难以达到。

这个问题其实也是世界性问题。如果将人之"用"视为"在"（being）的话，那么不妨视"使用"为"在者"（beings）。而如何在"在"与"在者"之间建立一个可以为"信"的桥梁，也一直是西方哲学努力的目标。[1]

这里暂且撇开那些哲学层面的思考，但他们对"信"的关注与努力，却在很大程度上与这里要说的品性评估工作目标，殊途同归，不谋而合。

对"信"之要求最为急迫的情形之一就是犯罪调查。基于真正犯罪人对惩处躲避的自然习性而更容易说"谎"的现实，品性评估在犯罪调查中可被理所当然地称为测谎（lie detection），其主力设备——多道仪（polygraph）——也就被称为测谎仪（lie detector）。

测谎虽标称为"测"，却也是一种评估，是一种特定情形下对"信"的评估。只是这时的"信"，可被简单地理解为是否说谎。也就是说，在这种特定情形下，"谎"作为"信"的一个标志，能够被客观测度，于是产生了评估效力。这种评估效力一旦出现，其必然的外溢就是预料之中的。历史上从马斯顿（Marston）到

---

[1] 张蓬：《"在"与"在者"的分别——从中国哲学语境看西方哲学如何把握"存在"问题的方式》，载《学术研究》2012年第4期，第7页。

基勒（Keeler），他们虽均被视为测谎高手，但并没有将自己的努力仅局限于犯罪调查，而是不断地进行着外溢性的人员筛查评估（screening test）。这些颇有自发色彩的评估努力和实践，无疑成为我们这里品性评估的探路和先行。直至 2011 年美国国家可信度评估中心（National Center for Credibility Assessment，NCCA）[1]堂而皇之地设立，从起初的多道仪到如今的可信度（credibility），很大程度上表明了"谎"与"信"的某种关系得以确立。

但是，对这种关系之系统梳理的缺失，导致了人们对外溢行为的不断质疑，最具代表的也是美国，国家科学院（National Academy of Sciences，NAS）于 2003 年发布报告称通过多道仪的这种筛查"不足信"（insufficient）。此举虽然并未对通过测谎进行可信度评估在实务操作层面产生什么实质影响——美国的咨询机构（如 NAS）和事务部门（如 DoD）之间似乎有一种"你说你的，我干我的"的微妙关系。但是诚如多道仪犯罪调查结果在美国的证据地位一直争论不休一样，[2]若将"谎"直接等同于"信"，其逻辑过程之简单，不能不说是这种质疑和争论得以产生与延续的一个根本原因。

可信度评估（credibility assessment，CA）的提出，固然将测谎朝着品性评估的方向大大地推进了一步，但拘泥于传统思维的局限，这一步迈出得仍是不够彻底。品性评估只有在厘清"谎"与"信"的特定关系后才有信心展示。

在品性评估的语系中，成"谎"是过去时，即这时的出口之言针对的是历史，是过去。这在犯罪调查时体现得最为充分，即犯罪人（当下）对其犯罪时（历史）所为所想的不承认，可被视为典型的"谎"。而品性评估的范畴显然不仅仅只对历史才有意义，其甚至更多关注的是将来——能否胜任、能否适当履职，此时更多需要的是"信任"，所以若再用一个简单的"谎"来概括，显然不够！

可信与信任虽只有一字之差，但是前者之重仍在历史，是通过历史的存在对"信"的证明，是一种"看见才相信"的关系；而后者之重却在将来，此时尚无任何真凭实据，体现的是"相信才看见"的关系，所以可信与信任之间并非等号关系。

品性评估的提出，不是简单替代测谎与可信度评估，而是在它们的基础上进一步延伸——于是，品性之信，不仅包括可信，而且涵盖信任。这也非常有助于

---

〔1〕 NCCA 的前身为 DoDPI，全称为 Defense of Department Polygraph Institute，即美国国防部多道仪测试技术学院。

〔2〕 此与国内 2012 年《刑事诉讼法》生效以前的状况极为类似。

理解品性评估是对"信任不能代替监督"召唤的一个直接回应之说。换言之，对信任的关注是品性评估的核心要义。

品性评估（Disposition-Credibility Assessment，DCA），在品性评估师专业能力培训（Credibility Assessor Professional Competence Training，CAPCT）项目中，被定义为对个体之坦诚度和岗（职）位之适配度的评估。之所以使用两个"度"来定义品性，是因为该项目认为，个体之坦诚及其与岗（职）位之适配能反映出个体之品性实质。

品性评估师，既是品性评估技术的专职从业者，也是根据形势需要，结合社会需求，在心理测试（测谎）、人才评估和心理咨询等学科技术基础上，由人力资源和社会保障部劳动科学研究所（现为"中国劳动和社会保障科学研究院"）与浙江迪安鉴定科学研究院通过品性评估师专业能力培训（CAPCT）项目联合开发出的一个新型的专业技术人员门类。

为了建立更加科学、规范且更具可操作性的品性评估师课程体系，使品性评估专业技术人员更好地掌握专业知识、技能与职业素养，中国劳动和社会保障科学研究院和浙江迪安鉴定科学研究院共同组建了品性评估师课程体系开发专家委员会，笔者担任主任委员，首批委员有：

中国劳动和社会保障科学研究院职业与技能研究室主任 徐艳

浙江迪安鉴定科学研究院院长 常林

北京大学心理与认知科学学院教授 沈政

中国人民公安大学教授 刘洪广

陆军政治工作部保卫局局长 王兆兵

中国劳动和社会保障科学研究院职业与技能研究室副研究员 童天

军委政法委侦察技术中心高级工程师 陈红艳

中国政法大学证据科学研究院副教授 马长锁

公安部物证鉴定中心工程师 刘毅

深圳市康宁医院医学鉴定室主任 高北陵

浙江迪安鉴定科学研究院高级工程师 孙力斌

专家委员会负责编写品性评估师培训教程，制定品性评估师培训考核大纲，编制品性评估师考核题库。着重针对品性评估师的主要用人单位、机构和部门制订定向培训方案，即由传统的培训模式转向定制培训模式，并提供由人员培养到标准制定、由施行评估到评估管理的一揽子服务。利用强大的专家资源跟进培训，根据培训对象的进步程度和评估任务的变化提供差别化服务，使得培训对象与培训者之间建立起稳定有效的良性互动关系，以保证培训质量和水平。

对一名合格的品性评估师来说，其不仅需要具备专业的能力和水平，而且还要具备很高的个人素养和职业操守。其自身须经得起"品性评估"才可以胜任。换言之，品性评估的特点决定了对品性评估师不仅需要严格的学术要求，更需要过硬的品性标准。本教程就是这些标准达到的一个起点。

显然品性评估不只针对品性评估师才有意义，品性评估师无疑是品性评估技术的核心推动者。所以 CAPCT 不只是创立一个专业，更是推进一项事业。CAPCT 项目以实现"信任不能代替监督"的目的和要求，本着为社会各企业、机关、单位、部门、机构等用人之前的"识人"提供准确有效的科学依据为主要目的而科学评估；同时也为发掘人才特点与优势，实现"监督是为了更大信任"的目的而优选良才。

本教程分三个部分，其中第一章、第二章为基础理论部分，第三章到第六章为方法部分，第七章到第十一章为应用部分。第一章到第三章由陈云林、孙力斌主笔；第四章由童天主笔；第五章由陈云林、孙力斌主笔；第六章由陈云林主笔，童天、郑晶部分撰写；第七章到第十章由陈云林、孙力斌主笔；第十一章由孙力斌主笔。前言和结语由陈云林撰写；徐艳、沈政、刘洪广、刘毅等审阅部分章节；孙力斌、郑晶校阅并编排版面全稿。全文由陈云林统稿。

根据品性评估师三级分类标准，本教程可按照由后往前的次序使用，即三级培训以应用部分为主，辅以《实训操作手册》，采用面授结合实习的方式进行；二级进修可在三级基础上以方法部分为主，采用讨论、技术交流方式进行；一级研讨则是在二级基础上以基础理论部分为参照，通过研修、学术探究的方式展开。

通过本教程的专业培训与考核，将品性评估师划分成初级（三级）、中级（二级）、高级（一级）三个职业等级。除了严格的入职（级）培训外，品性评估师还将按照专业化管理标准进行年度考核和在职督导，并通过①成立行业协会；②建立管理、督导和团体活动平台；③规定服务内容、方式、方法、目标和要求等方式方法为品性评估队伍的建设和管理奠定基础。

宋代禅宗大师青原行思提出参禅的三重境界：参禅之初，看山是山，看水是水；禅有悟时，看山不是山，看水不是水；禅中彻悟，看山还是山，看水还是水。由测谎到可信度评估（心理测试），再到品性评估，颇有这样的三重境界之味道。

美国多道仪技术协会（American Polygraph Association，APA）原来官网上的

宣传语是"Dedicated to Truth",如今改成"Dedicated to Evidence-Based Science & Practices"。一眼看去,似乎更准确了一些,但是以我来看,感觉到的是一种倒推(非倒退)。

"Truth"之于中文,第一个释义就是真理,其后才是真相,事实;忠实,忠诚;现实,现实性等。不知道 APA 修改口号的初衷,但是去掉了"Truth"而以"Science & Practices"替代,应该说是明显的实用性转向,亦有道理,无需多议。

真相与真理之前,还有一个事实,"truth"一词将此三意几乎全涵盖,如果将事实列入,那么测谎—可信度评估—品性评估之事实—真相—真理之三重界的对应会更加清澈透亮。

测谎以谎言为目标,虽谎,亦是言,为的发现事实。可信度评估进入国内后,虽以心理测试标称,但评测目标五花八门,有反应说,有情绪说,我提出了信息说,为的是揭示真相,并为此建立起一套心理信息评估理论和实践体系,成果颇丰,[1] 为心理测试结果有资格、有能力成为法庭证据奠定了坚实基础。如今品性评估破晓而出,明晰了同是言却可诺,谎与诺虽有别却也通,真相就此通向真理。

秦同培的《品性论》,虽然译自于英文 *Character*,但是其通过世界看中国的视角,却给了我们很大的启示,尤其是由"品性"到"品性论"的转化。正是从他笔下"品性"到"品性论"的跨越中,我们不仅迈出了"Credibility Assessment"(可信度评估)向品性评估的一大步,更是为孕育着以品性评估为起点的一个新的心理学分支——品性心理学的诞生打开了一条通道。

海德格尔告别这个世界的前两天,为《海德格尔全集》第一卷也是全集里的全部文本写了一句话:道路——而非著作(Wege-nicht Werke)。

本教程亦惟愿如是!

陈云林

2018 年 9 月

于北京观林园

---

〔1〕 Chen, Y. , & Sun, L. ,"Psycho-information and Credibility Assessment", *Polygraph*, 3 (2012).

目 录
CONTENTS

品 性

道，可道也，非恒道也；名，可名也，非恒名也。

——《老子》第一章

第一节 品性之含义

一、普通之含义

品性——品质性格。《现代汉语大词典》如此简略地对"品性"作出了一种解释。查《辞源》（商务印书馆 1988 年版）竟然没有组词"品性"，可见"品性"一词的历史，或者其被广泛使用的历史并不很长，故而言及品性，其内涵外延也不尽一致。

但从伦理学角度却有比较详细的解释。[1]

品性，指的是个人在一定社会关系的活动中表现出来的具有一贯性倾向的属性。它体现一个人的精神面貌、生活志趣和道德情操。如果某一品性出于行为主体的自主自觉行为并已涉及个人与社会及他人之间的利益关系，就能成为道德评价的对象；而有些品性如个人的生活习惯、某种兴趣和爱好等，则不具有道德意义。但是，因为任何品性总是会对社会、他人或本人产生一定的影响，所以根据其影响的不同性质和意义，可以把品性分为优良品性与不良品性两大基本类型。前者指对社会和他人具有积极价值，对行为者本人的健康发展具有积极意义的品性，后者则相反。

---

[1] 罗国杰主编：《中国伦理学百科全书：伦理学原理卷》，吉林人民出版社 1993 年版，第 303 页。

如此来说，品性至少具有三层含义，一是属于个人的，二是需要通过社会活动，即与他人的交往才发生，三是具有一贯性倾向，并且还强调了该倾向的属性。前面均比较容易理解，但是言及"一贯性倾向"和"属性"，那么这个"倾向"的内容及其"属性"就成为品性的必备要素。一般来说，对于属性的判断属于价值意义范畴，而倾向，尤其是一贯性倾向，其内容要求自然而然，即个人的学识和技能，否则即是无源之水无本之木了。所以这个"倾向"的内容判断，其事实意义就会更明显一些。因此，品性就成为集事实与价值于一身的一个综合概念。

（一）《品性论》

我国历史上虽无"品性"一词，但是不妨碍对其重要性的认识。即对于"识人之法，用人之术"十分倚重，这种思想几乎贯穿于我们整个传统文化，且不论四书五经，仅从《吕氏春秋》到《资治通鉴》，从诸葛亮到曾国藩，关于个人品性之论，可谓汗牛充栋，不绝于耳。但是尽管热络，对品性的这些关注却往往散见各处，并未出现西方那样的学科化、公理化，甚至形式化处理，直至近代，对品性一直未有比较系统的论述出现。

直到 20 世纪初，秦同培[1] 将英伦苏曼雅士（Suman Yath）所著的 *Character* 译述为《品性论》，并于民国五年（1916 年）由中华书局刊印发行，连印 9 版，至民国二十一年（1932 年）仍有刊印，遂成为国内关于品性的首部系统之论。

由于《品性论》译自 *Character*，显然是舶来品，所以其基本体系是沿袭西方传统哲学观的产物。Character 一词，如今多译为性格、品格等，与教材中所述的品性之意并不完全一致。或对此早有预知，苏曼雅士的原序中对中文的品性作了专有说明。

> 本书为自助论作补遗而述，专就品性之势力与感化简单叙述，但有不可不辨别者。
>
> 品性之定义至多或指性质之差异言，或指志之薄弱及强烈言，或指天性之习惯言，或指道德言，要皆独立而成为规律的性行是已。
>
> 本书所论之品性，则略异乎，是乃以人类最高尚之权化当之，即人类最

---

[1] 民国时期一位非常著名的教师兼编辑工作者。为无锡望族秦氏之后，曾在商务印书馆、中华书局、世界书局等新式出版机构担任编辑多年，是当时许多中小学教材的主要编纂者，不少内容当今在我国台湾地区仍在使用。其代表作还有《史记精华》等。

高尚之使命是也。人之所以神圣尊重以形成社会之良心，而为社会之最大原动力者，即此品性也。

本书取材于历史言行录及实在之见闻，籍以解释个人品性之势力。因欲感动青年之心性，故特取英雄名媛事之尤善者。

总之品性一事，必自诚实、节义、慈爱，诸高尚之性质训练，而又加以廉洁、勇敢、德义，及种种善良之修为，合而成之，非但就一端一事可陶冶也。

本书不独为英国全国所欢迎，且为欧洲各国所翻译，亚洲各国亦有译者，所望能风行全地球则幸甚。

秦同培的《品性论》开篇就宣称："品性为世界最大原动力。"因为："其感化力至为强大，凡其人感化力强者，即其人品性高尚之证。盖斯世，固人人欲趋于至善之域。有一吸引之大磁石于此。即靡不丛聚而趋附之矣。是以世，苟有品性卓越之人，无论何种德行，皆自然令人有肃然起敬之心。为人所信从归服慕效而不能自已。世间一切善行，直若为彼所维持，使无若人，则斯世不可一日居矣。"又说："天才足为人所钦服，品性则足为人所尊敬。天才生于智慧，品性则生于感情。一则运用脑力出思虑，以利人群；一则本乎良心，标德义以负人望。而所以统辖人类立之根干而不使涣散，且令各得其所者，舍情感莫属也。是者两者相较，虽各有擅长，而品性为尤要矣。"

秦氏译述的《品性论》具有浓烈的中国文言色彩，但整个脉络却是西方传统式的分析逻辑。书中对"性"的强调显然超过对"品"的关注，虽如是，却特别点出了品性之感化力的强大原因所在，这便是"为人所信从归服慕效而不能自已"。信从，指明了品性的信念力量，强调了品性之中的信念，很好地回答了"如何品"。这是《品性论》带给我们的一个最重要的启示。

（二）《品性证据》

《品性证据》（*Character Evidence*），由加拿大人道格拉斯·沃尔顿（Douglas Walton）著述。因为与证据关联，所以他强调的是品性的证明过程，书中言明："在推理中，我们每天都在使用品性证据。"[1] 该书中文译者与秦同培一样，将 character 译为中文的品性，姑且不论如此翻译是否完全合适，因其明显的法庭质

---

[1] ［加］道格拉斯·沃尔顿：《品性证据——一种设证法理论》，张中译，中国人民大学出版社 2012 年版，第 1 页。

证意图，作者只能将品性定位为"不仅仅在于展示是如何作出品性判断的，而且还要说明应如何根据合理的推理作出正确判断，以避免某些谬论、错误和那种十分常见的肤浅判断"。

但如此定位却于有意无意中吻合了我们提出的品性思路，较之于秦同培的品性，该书将品性的味道更集中于"品"了。

（三）小结

或是由于 character 本身词义限制的结果，品性，并不是 character 的简单直接对应。可以说，证据的品性，并不等同于品性的证据。

中文品性之论，浩如烟海，但比较的共识还是集中于个体某种一贯性倾向的属性，对证据品性的追究导致了对品性的再探究，这才会有了品性的现象之含义。

二、现象之含义

当人们用品德或德说品性的时候，注重的是其价值意义，如德性好、德性差等。当人们用品质说品性的时候，注重的是其事实意义，如表现不好但品质不错等。

东汉·许慎《说文》："品，众庶也。从三口。凡品之属皆从品。"后演化为事物的种类、等级、标准等，常与评合用。品酒、品味等都是这个意思。

《说文》：性者，性，从心生声，人之阳气性善者也。

《广雅》：性，质也。

《中庸》：天命之谓性。

《中庸》：自诚明，谓之性。

表示本质、属性、性情等。

品性，可以理解为对某种性情的品评。也就是说，是经过品评的某种性情。倘如是，显然这个定义有明显的本体论色彩，即性情是对象，品评是手段。

（一）现象之品性

"品"的意味，即通过什么样的方式方法去认识和理解对象。换句话说，就是想使用现象学方法去解读（或定义）品性。所谓现象学方法，指的是依靠一套可靠的程序和步骤，来把握事物的本质，发现事物的意义，表达的是一种研究的思维态度或思维方式。换言之，品性之所以能够成立，首先在品，即如何品。

借用王阳明的话就是："你未看此花时，此花与汝同归于寂；你既来看此花，则此花颜色一时明白起来，便知此花不在你心外。"[1] 若定要比喻的话，此处的"看"即"品"，"花"即"性"。品性，亦如看花。

现象学鼻祖埃德蒙德·古斯塔夫·阿尔布雷希特·胡塞尔（Edmund Gustav Albrecht Husserl，1859—1938）在其《逻辑研究》中用意向活动将"看花"现象进行了阐释。他提出意向活动有四个要素：意向活动的主体、活动的内容、意向活动的对象和用何手段来履行意向活动或在何方式下意向的对象是此活动的对象。但意向活动与它所涉及的东西是否存在（客观存在、真实存在）无关，即描述某者意向活动的陈述（语言）不能引出推论与此意向活动有关的事物的存在，亦即该陈述是否真实，与存在无关。

由此可见，"看花"之主体、内容、对象均容易理解，但"用何手段来履行意向活动或在何方式下意向的对象是此活动的对象"则揭示出了"品"就是品自己，或"看"就是看自己，这才是意向活动的实质。最后又指出了陈述的真实与否与存在（客观存在、真实存在）并无关联。因此，教程里所说的品性，可以说是胡塞尔的意向活动。

按照胡塞尔的观点，人是通过意向活动来认识事物的，而意向活动主要由赋予活动和意义充实活动两部分组成，人就是通过赋予活动和意义充实活动来认识事物的。人的意识通过对意向活动的性质和质料的不断置换，逐步剔除那些易变的非本质的东西而发现那些不变的属性，从而达到范畴概念和一般性认知。

由此，品性，即可理解为赋予活动和意义充实活动，前者为品，后者为性。

（二）示例

以品论性，甚至定性，在我国久有传统，虽散见各处，但通过一些古典名著，却有这方面一些鲜活的集中刻画，或这些古典之所以能成为名著流传不息，与此也不无关系。

这里借《红楼梦》中的一些内容，来说明这个"品"之于"人品"（性），是多么微妙而又准确。

林黛玉之死，是《红楼梦》里的一个高潮。黛玉的生命在作者笔下，本来就是不断地在希望与绝望之间游弋，当听到傻大姐说宝玉将迎娶宝钗，受到的打击之沉重，可想而知。但是在这样的致命事变中，黛玉未像过去那样动辄哭泣流泪，反而痴笑起来，走得更快，行得更速，如麻木一般。但走了一段，一口鲜血

---

[1] （明）王阳明：《传习录》，叶圣陶点校，北京时代华文书局 2014 年版，第 233 页。

吐出来，心理麻木转为生理创伤。吐出血后，心里却明白了：这会子见紫鹃哭，方模糊想起傻大姐的话来，此时反不伤心，惟求速死，以完此债。

爱情没了，命也不要了，自我糟蹋身子，睡觉诚心不盖被子。见她最贴心的丫头紫鹃哭得伤心，反而：黛玉笑道："我那里就能够死呢?"

这么五内俱焚、痛不欲生的时候，居然自己能笑起来！对最亲近的人为自己悲伤的时候用最无情的话，恰恰表现了他们之间的知心。贾母来了，黛玉一句话："老太太，你白疼我了!"

这里既有对贾母的怨恨，也有歉疚。但是临终之时："宝玉，宝玉，你好……"说到"好"字便浑身冷汗，不作声了。紫鹃等急忙扶住，那汗愈出，身子便渐渐凉了。

这里一个"好"字将后面的各种可能囊括殆尽，使人回味无穷。

黛玉的赋予活动仍然是"爱"，是至死不渝的爱，这个爱通过对自己死亡的意义充实活动而证明了自己的品性。这是林黛玉对自己死的品，读者也由此品足可以知道黛玉的本性如何。所以，是什么，往往退居次席，而怎么看，更能淋漓尽致地揭示本性。

再看其他人。知道黛玉已死，来的人都哭了。在悲伤这点上，是共同的，但是哭的味道却很不一样。第一是紫鹃，在黛玉垂危之际，哭得被子都湿了，竟无一人来看望，深深感到所有的人都"这么狠毒冷淡"。黛玉之死，引起紫鹃对宝玉切齿之恨。紫鹃的赋予活动是"恨"，其嫉恶如仇之秉性，昭然若揭。

第二是李纨，向来与世无争的寡妇，见紫鹃哭湿了被子，把眼泪擦干了说："好孩子，你把我的心都哭乱了，快着收拾他的东西罢，再迟一会就了不得了。"李纨的赋予活动是"静"，冷静在此与紫鹃的激愤相比更加跃然纸上。

第三是王熙凤，让宝钗冒充黛玉，怕宝玉不信，叫紫鹃当伴娘。这时王熙凤的赋予活动是"歹"，歹毒之品性彰显无遗。

第四是平儿，不让紫鹃去，但让雪雁去，较之于王熙凤似乎略好。平儿的赋予活动是"毒"，恶毒之性彰显。

第五是雪雁，尽管是黛玉的亲信，但是不似紫鹃那样死心塌地，觉得宝玉说玉丢了，头昏了，其实是作假，装出傻样，好娶宝钗。雪雁的赋予活动是"鄙视"，其品性特征跃然而出。

第六是宝玉，见到雪雁在，就以为真的是黛玉，乐得手舞足蹈。但是当发现不是黛玉而是宝钗时：宝玉此时心无主意，自己反以为是梦中了，呆呆的只管站着。当着新娘子宝钗的面，口口声声地说，只要找林妹妹。岂知连日饮食不进，身子那能动转，便哭道："我要死了！我有一句心里话，只求你回明老太太：横竖林妹妹也是要死的，我如今也不能保。两处两个病人都要死的，死了越发难张罗。不如腾一处空房子，趁早将我同林妹妹两个抬在那里，活着也好一处医治服侍，死了也好一处停放。你依我这话，不枉了几年的情分。"宝玉的赋予活动大起大落，但是起落之中如同黛玉一样，是对爱的执着和向往，此时宝玉的人品几何，读者心里自然分明。

第七是宝钗，处境极为尴尬，也很悲惨，自己的婚礼上，丈夫却要和别人一起死活。贾母只好：叫凤姐去请宝钗安歇。宝钗置若罔闻，也便和衣在内暂歇。宝钗的"置若罔闻"，立刻显示出她的冷峻，尤其是对自己的冷峻，甚至冷酷。宝玉不知黛玉已死，一直要找黛玉。别人都不敢言明真相，只有宝钗：实告诉你说罢，那两日你不知人事的时候，林妹妹已经亡故了。宝钗的赋予活动是"冷"和"悲"，难以用一个字简单概括，但是短短几句话，将宝钗的冷峻、冷酷，甚至魄力都淋漓尽致地展现了。

第八是贾母，贾母自然爱黛玉，但让宝钗替黛玉又是她的决定，造成这种后果，她也悲痛：是我弄坏了他了。但只是这个丫头也忒傻气！贾母有泪有自谴，但也有自我开脱，想到黛玉曾对贾母说的话，贾母或真觉得是白疼了她。贾母的赋予活动说明其人性不算歹毒，也属冷漠啊。

正是通过作家这一系列细致深刻、活灵活现的描写，读者也在阅读品味之中，在各色人等对同一事件的不同解读（品）中，反推出这各色人等的不同品性。

（三）小结

人对世界的认识（认知），不是被动记录和复制，而是主动地认识和构造着世界，它不仅通过意向性接受外界事物的性质，而且将这些性质组织成统一的意识对象。这种组织方式、组织过程，就是个人品性的展现，而对品性的把握，也只能通过品才能真正实现。

这里现象之品性，指的就是一种品性新论，是通过意向活动展现出来的动态品性。

思考题

1. 用自己的语言定义品性。

2. 现象论品性与普通论品性的区别有哪些?

3. 讨论王阳明的"看花"。

4. 选择一部你喜欢的古典名著，尝试对某个情节中的各色人物品味一番。

第二节　品性之家园

一、小引

德国哲学家马丁·海德格尔（Martin Heidegger，1889—1976）在其论述《关于人道主义的信》中指出：语言是存在的家园。[1] 教程中品性的含义强调的是现象学，不妨继续借用同为现象学的奠基者海氏之言，将语言称为品性之家园。

《论语·子路》曾有："子路曰：'卫君待子而为政，子将奚先?'子曰：'必也正名乎!'子路曰：'有是哉，子之迂也! 奚其正?'子曰：'野哉，由也! 君子于其所不知，盖阙如也。名不正，则言不顺；言不顺，则事不成；事不成，则礼乐不兴；礼乐不兴，则刑罚不中；刑罚不中，则民无所措手足。故君子名之必可言也，言之必可行也。君子于其言，无所苟而已矣。'"

这段话里，孔子提出"名不正，则言不顺；言不顺，则事不成"的基本观点，且特别强调"故君子名之必可言也，言之必可行也。君子于其言，无所苟而已矣"。其中之"言"被置于一个承上（正名）启下（成事）的中心地位，并且成为衡量君子与否的一个标准——君子于其言，无所苟而已矣。

秦同培的《品性论》共有 12 编，涉猎范围极其广泛，从品性之势力、家庭之势力、朋友之模范、职业、勇气、克己、职分之信实、性情、动作、书友、夫妇之关系、经验之训练等诸多方面将品性置入其中，将这些内容连接的纽带只能是：言。

现代心理学认为，言语是一种心理现象，它表明的是一种心理过程，具有个体性和多变性，有一定个体主观的反映和表述客观现实的印记。因为个别人的言语（缺乏统一性）不仅以偏离语言的标准和语法结构而互有区别（多人习惯等不同），而且，同一个人的言语在不同场合、不同需要之下会表现出不同的言语方式和风格，因此，言语的特点就在其心理过程的主观性。

---

[1] ［德］海德格尔：《关于人道主义的书信》，载孙周兴选编：《海德格尔选集》（上），生活·读书·新知上海三联书店 1996 年版，第 358 页。

也正是这种心理过程的主观性，使个体之言语能以一种特定的意向性[1]与个体之品性产生紧密关联，前文《红楼梦》例中的各色人等，其言语风格，甚至包括《红楼梦》作者本人的言语风格，均成为其品性的代表，亦同时成为他们品性的基础和品性的标准，展现出语言的独有特色。另外，这种意向性亦能够很好地说明品性一贯性倾向的属性之倾向。

故，品之魂灵，有所可居、可附、可据，非言莫属。则，语言可称之为品性之家园。

二、言语即世界

中文之言，指事。甲骨文字形，下面是舌字，上面一横，表示言从舌出。言是张口伸舌讲话的象形，意为言出传达。汉代扬雄《法言·问神》："故言，心声也。"

东汉许慎《说文》：言，直言曰言，论难曰语。语，论也。

如果说，言强调的是声音的话，那么，语则是其内容，故而，言语通常合用。

言为心声，不仅是中国古代哲人的认识，[2] 亦是古希腊时期如赫拉克利特（Heraclitus）、柏拉图（Plato）和亚里士多德（Aristotle）等著名人物的基本论点。他们虽然侧重不同，如赫拉克利特认为言语是认识实在普遍规律性的主要源泉，将其称为逻各斯（logos）。柏拉图则通过言语创建了语言的命名学说，对语言进行了自觉的哲学反思。亚里士多德则在逻辑的基础上处理言语，遂成为科学语言的先驱。[3]

---

〔1〕 意向性（intentionality），是一种心灵代表或呈现事物、属性或状态的能力。简单来说，很多心理活动是关于外部世界的，意向性就是此"关于"（aboutness）。

〔2〕 李娜：《中西语言哲学之比较》，载刘利民主编：《首都外语论坛》（第2辑），中央编译出版社2007年版，第68页。

〔3〕 言语与语言直到19世纪初，才开始成为两个彼此不同而又紧密联系的概念。语言是人类社会中客观存在的现象，是社会人们约定的符号系统。语言是一个体系：是以语音或字形为物质外壳（形态），以词汇为建筑构建材料，以语法为结构规律而构成的体系。其中，语言以其物质化的语音或字形而能被人所感知，它的词汇标示着一定的事物，它的语法规则反映着人类思维的逻辑规律，因而语言是人类心理交流的重要工具。而言语则是人运用语言材料和语言规则所进行的交际活动的过程。使用着多种语言的人们，或说，或听，或写，或读，这些说、听、读、写的活动，就是作为交际过程的言语。品性评估因为针对个体而言方有意义，故而这里之"言"，多为"言语"，但鉴于言语与语言的共性特征，言语和语言的表述在文中会交互使用，在不引起歧义的情况下，二者一般不作进一步区分。

成书稍晚的《圣经》里，据《旧约》记载，上帝不仅用言说（saying）创造了世界，而且在人们合力共建通天塔之时，击碎巨塔，打乱言语，使得他们不能再恣意妄为。而《新约》之《约翰福音》首句即为："In the beginning was the Word, and the Word was with God, and the Word was God"（太初有道，道与上帝同在，道就是上帝）。显然这里的 Word 也是言。

不仅如此，到了 20 世纪，路德维希·约瑟夫·约翰·维特根斯坦（Ludwig Josef Johann Wittgenstein，1889—1951 年）和海德格尔两位哲学巨匠，似乎不约而同地将语言推上了一个前所未有的地位。

维特根斯坦，奥地利人，20 世纪最重要的哲学家之一，语言哲学的奠基人，代表作是《逻辑哲学论》与《哲学研究》。他认为语言的欺骗性和日常语言的不可信性是哲学问题产生的根本，要解决哲学问题，首先要解决语言的不确定问题。他通过运用逻辑学方法，思考语言哲学，将语言进行重新组合与定义，试图解决语言的不确定性问题。他提出，语言是世界运行的基石，在此基础上才能阐述哲学问题。当他认为自己解决了语言哲学问题时，出版了著作《逻辑哲学论》。[1] 他的名言是："凡是能够说的事情，都能够说清楚，而凡是不能说的事情，就应该沉默"；"语言的边界就是世界的边界"。

虽然维特根斯坦后期对自己前期的研究结果有所否定，但是他开启的研究思路和模式，尤其是将语言视为世界的观点，对人们还是产生了巨大影响。且不论其语言观点如何改变，哲学要以语言为中心的基本思路，持续至今，影响依然。

海德格尔作为 20 世纪存在主义哲学的创始人和主要代表之一，其最重要的贡献或许不是他的语言观，而是他提出了"存在在思想中形成语言，语言是存在的家园"的惊世论断。在海氏看来，语言不仅仅是交流工具，还是思想表达的有效方式，是文化现象，是人类智慧的产物。所以他敢于把语言提高到存在论和本体论的地位上。

海德格尔指出，我们与语言的关系绝不是现代语言学意义上的元语言学问题，而是我们不得不在语言中感受语言。语言用自己的方式向我们展现它的本质。我们能做的只能是倾听语言如何在"说"。不是人需要使用语言，而是语言需要人说话来显现自身。"此乃我们思考，什么是语言自身？此乃我们何故提问，

---

〔1〕 谢群：《语言批判：维特根斯坦语言哲学的基点——前期维特根斯坦语言哲学系列研究之一》，载《外语学刊》2009 年第 5 期，第 23~26 页。

语言以何种方式作为语言产生？我们回答：语言言说。"[1]

海氏的这个回答，立刻让人想到《圣经》记载，在摩西初见上帝问询其名号时，上帝之回答：吾乃自有永有！（I am what I am！）由此可见海氏赋予语言的一种根本性地位，同样是在其著述《诗·语言·思》之"语言"部分，海氏以《约翰福音》之首句宣示为其论据，足见他的"语言言说"之念绝非一时性起，这样当他再认为"这（语言）才是本质的语言，语言作为推动世界的说（话），它是一切关联的关联，它关联、保持、给予、丰富着世界，语言这样创造了人"，就一点也不奇怪了。

三、言语即桥梁

《品性论》是秦同培译述苏曼雅士之著作 *Character* 的产物，秦氏的文言文能将原著的英文展现在国人面前，语言的桥梁作用不言而喻。

由于时代原因，秦氏无缘与海德格尔等人有交集，但是其将 character 对译为品性，却很好地践履了海氏的翻译观——每种翻译都是解释，而所有的解释都是翻译。[2] 品性一词，虽然对我们来说并不陌生，但是若按照中文一般意义上的理解，它也只是品格、品德、品质、品行、德性等的同义词而已，其意义和价值也多局限于道德伦理层面。秦同培将英文 character 译为品性，而该词如今常被汉译为性格、角色、特点和字母等。从专业角度来说，译为性格或更准确一些，但是从传神角度来说，品性则更有担当。秦氏的"品性"，已经不是一般意义上的品性。

这也直接启示了我们将品性与言语关联，即通过"语言言说"来解释品性之真谛，从而实现一次跳跃式的对接。这里我们无意给出一个十分完整和系统的品性之定义，更关注和强调的是品性的价值意义及其通过什么和如何发挥价值意义的。

20 世纪海德格尔的"语言是存在之家"揭示了"言"的重要性，维特根斯坦采用分析哲学的思路，试图通过逻辑的形式找寻出元语言。在逻辑语言的范围内，他是成功的，亦为当今的人工智能之语言逻辑化奠定了基础。但是在自然语言的范畴内，他遇到了困难，这也是他后期哲学思想转型的一个重要因素。

---

〔1〕［德］海德格尔：《诗·语言·思》，张月等译，黄河文艺出版社 1991 年版，第 166 页。

〔2〕《海德格尔论翻译》，载 http://www.douban.com/group/topic/39443299/，最后访问日期：2018 年 9 月 14 日。

海德格尔则不同，他不仅对西方传统哲学的"形而上"和"形而下"的二分深恶痛绝，而且在"形而上"和"形而下"的结合处采用"存在"的方式对"言"进行解读（解释），[1] 将"言"视为"桥"，同时发现此"桥"如此之重要，倘无它，"形而上"或"形而下"均无意义；所以本是仅为连通之用，结果发现自成决定因素，而且"桥让大地聚集为河流四周的风景"。海氏这种充满诗意的语言，一下子将人们从冷冰冰的"形而上"或"形而下"思考中解放了出来。所以当维特根斯坦等人或还纠结于"言语"的真假或不确定性时，海氏已经在一个更高的层面上对其作出了根本性的解读："语言言说"。

"语言言说"，意味着人不过是语言的工具罢了，顺应语言之言说（言顺），则上可正名，下可成事，否则名不正，事不成。此时，品性之高下优劣，与言之关系，昭然若揭。品高，言顺；品不高，言不顺。

言顺，英语或可译为 faith in word（FiW），亦可当成对"语言言说"的一个理解。

四、言语即性情（disposition）

性情，也是人们常用的字眼，最原始的理解就是：性，性格、禀性；情，思想情感。合起来就是指人的性格、习性与思想情感。

性情的英文 disposition，中文也被译为习性、性格、意向、安排等。其与品性发生联系，是因为英文中有 teacher dispositions（教师性情）[2]，属于 professional disposition（专业性情、职业性情）这样的说法出现。

众所周知，教师是一种职业，也是一种专业。师范院校就是通过专业培训实现人们教师职业愿望的专业机构。

专业与职业在英文中都可以用 profession 表示，但是在中文语境中却有着明显的区分。一般来说，专业是指在专门时间甚至专门地点接受过专门的学习培训，所以学校的学科分类多说专业，如数学专业、中文专业、历史专业等。而职业，指的是个人为生计、为爱好等而从事的长时间甚至终生的工作。专业与职业，既

---

〔1〕 海德格尔将桥之为桥命名为："桥以它自己的方式将大地和天空、诸神和终有一死者聚集于自身。"Martin Heidegger, *Poetry*, *Language*, *Thought*, Harper & Row Publisher, Inc., 1975.

〔2〕 M. E. Diez, "Looking Back and Moving Forward Three Tensions in the Teacher Dispositions Discourse", *Journal of Teacher Education*, 5（2007）, pp. 388-396; H. Sockett, "Character, Rules, and Relations", in H. Sockett ed., *Teacher Dispositions*: *Building a Teacher Education Framework of Moral Standards*, AACTE Publications, 2006, pp. 9-25.

可以一对一，即学什么干什么；也可以一对多，即学一门专业，干多种职业；还可以多对一，即学多门专业，干一种职业。尽管专业与职业差别很大，但是其共性却也很突出，也就是对从业者来说，都有着相对明确的标准和要求。

职业，在我国历史上早就有士农商贾的区分，这类区分主要以谋生为特点。〔1〕而在西方，据说医生是最早的专门职业者，也有人说服务于宫廷生活的特殊职业，吟游诗人和舞者的起源可能要更早于医生。毕竟，较之吟游诗人和舞者，医生这一职业一直延续至今，并形成了一整套需经必要的教育才能掌握的知识体系，其提供的社会服务，也是独特的和不可替代的。

最早出现于11世纪的中世纪大学，以意大利的萨莱诺大学只教医学、博洛尼亚大学只教法律为代表，就是通过为医生、律师等专门职业提供专门教育，确立、发展这些职业所需的特定的专门知识与技能，有力地支持了这些专门职业的行业保护和垄断。所以，长期以来，知识和技能为专业能力的两大标志。显然这时的专业几乎等同于职业。

作为师范教育起源地的法国，将培养教师的机构命名为 Normal School，其意本就在于为教师的教学和培训教师的机构提供一个样板，或者说是"标准"。因为各行各业都需要教师，所以教师成为职业者的一个代表。

美国传统教师教育与欧洲一样，注重的是能力本位（competence-based），〔2〕而这种能力本位源自于知识本位（knowledge-based），主要强调的就是知识和技能。虽然在20世纪70年代前后，人们开始重视教师的态度、个性、价值观、信仰等道德层面的素养，提出了职业道德伦理（professional ethics）要求，教师教育的标准被分三个维度：知识（knowledge）、技能（skills）、态度（attitude）。但由于态度被认为是内在于人的特质，使得师范生道德目标的达成仅限于心理品质的问卷与测量，而他们在实际工作中的表现却较少受到关注，教师在教学中的歧视、冷漠、专制等现象没有得到明显的改善。也就是说，针对教师这种特别需要与学生面对面打交道的职业来说，能力本位的提出固然意识到打交道仅凭知识和技能是不够的，所以增加了新的标准（态度），但是，态度的不确定性仍然使得这种提法还是没有彻底摆脱知识本位的桎梏。

为了解决教师道德伦理教育理论与实践相脱离的问题，1992年，美国的州际

〔1〕 吕建国、孟慧编著：《职业心理学》，东北财经大学出版社2000年版，第6页。
〔2〕 唐芬芬：《从"能力本位"与"情感本位"看教师教育的性质及发展趋势》，载《云南师范大学学报》2001年第5期。

新教师评价与支持联盟（Interstate New Teacher Assessment and Support Consortium，INTASC）在其《新教师许可、评估与发展的模型标准：一份州际交流的资料》（以下简称"1992 年标准"）中首次将性情（disposition）列为教师教育的标准之一，确立了基于表现的教师教育观，被称为表现本位（performance-based）。[1]

其实，早在 1985 年，丽莲·G. 凯兹（Lilian G. Katz）和詹姆斯·D. 瑞斯（James D. Raths）就提出把性情引入教师教育领域。[2] 他们认为，"性情指向的是行为，表示行为发生的频率特征。比如提出更高层次的问题、引导课堂讨论、鼓励创造等。"凯兹与瑞斯还区分了性情与态度两个概念：性情是观察到的行为的总和，而态度是行动之前主体对客体的感受和意向。简单地说，态度是一种前性情（pre-disposition）。显而易见，凯兹与瑞斯使用术语"性情"指的是教师实际的行为表现（performance）。

对于能力本位与表现本位的关系，显然前者是基础，后者是前者的体现和结果，所以后者也被中文译为绩效本位。人力资源管理师（HR manager）阿米纳·福阿德（Amina Fouad）指出，"我们不能将表现和能力隔离开，在用需要的方式达到需要的目的时，能力是恰当表现的基础。"[3] 所以，强调表现绝不意味着否定能力，恰恰相反，表现是对能力的一个更高要求。

2001 年，美国最大的教师教育资质认证机构——全美教师教育认证委员会（National Council for Accreditation of Teacher Education，NCATE）在《教师专业发展学校的标准》（以下简称"2001 年标准"）中，正式使用性情代替原有的态度，形成教师教育标准的新三维：知识、技能、性情。2008 年，NCATE 在发行的《教师教育机构鉴定的专业标准》（以下简称"2008 年标准"）中再次强调"所有教育工作者都要具有相应的知识、技能和专业性情（professional dispositions）……"。[4] 由于 NCATE 辖区覆盖全国近半数教师教育机构，且得到美国官方的认可，因而性

〔1〕 National Council for Accreditation of Teacher Education, *Standards for Professional Development Schools*, NCATE, 2001, p. 30.

〔2〕 L. G. Katz & J. D. Raths, "Dispositions as Goals for Teacher Education", *Teaching and Teacher Education*, 4 (1985), pp. 301–307.

〔3〕 A. Fouad, "Hire Based on Competencies or Based on Performance?", available at https://www.linkedin.com/pulse/hire-based-competencies-performance-amina-fouad-sphr, last visited on 14 September 2018.

〔4〕 National Council for Accreditation of Teacher Education, *Professional Standards for the Accreditation of Accreditation of Teacher Preparation Institutions*, NCATE, 2008, pp. 6, 89, 20, 22, 90.

情标准在全国范围内迅速推广。

至此，"专业性情"一词开始为大众所接受。因为表现本位与能力本位的明显差异是通过专业性情来体现的，所以对表现的评估考察，就需要在原有能力评估基础上有所延伸和发展，而新的评估事项显然就要围绕专业性情展开。

根据定义，专业性情应包括职业态度、职业价值和职业信仰，并且要在与学生、家庭、同事和团队的互动中通过言语和非言语行为（verbal and non-verbal behaviors）予以证明。这里的 verbal，《朗文当代英语大辞典》的解释为：①Spoken, not written，②Connected with words or using words，③Related to a verb. 其反义词为 non-verbal。[1] 这种对专业性情的确认，要通过言语和非言语行为来体现，word 以 verbal 的面孔不期而遇地出现在 professional dispositions 的定义当中，虽意外，却在情理当中。尽管这里还出现了 non-verbal behaviors（非言语行为），但以笔者之见，这里所谓 non-verbal behaviors 亦是一种言说和表达，亦即一种言语（word）。所以专业性情是通过言语来予以实现的，也是一种言顺（FiW）状态，于是它也就顺理成章地成了一种我们所说的品性，或可理解为品性的一个侧显。[2]

五、言语即可信度（credibility）

可信度，英文 credibility，简言之，就是对人或事物可以信赖的程度，是人们根据经验或其他对一个事物或一件事情为真的相信程度。

2007年，美国国防部发布通令（DoD Directive 5210.48），首次给出了可信度评估（credibility assessment，CA）的一个基本定义：已有和将有的多学科技术过程，通过生理反应与行为的观测，来检验个体记忆与陈述之间的一致性，并以此为基础评估其诚实程度。

2015年4月，这份通令被再次更新，其中可信度评估的定义被修订为如下：对诚实程度进行评估的多学科技术过程，依靠的是通过生理反应和行为观测，对个体的记忆及其陈述之间的一致性进行检验。

尽管这两个版本中可信度评估定义用词出现了一些细微的变化，但是 statements（陈述）这个英文单词却一直未变。

---

〔1〕《朗文当代英语大辞典》，王立弟、李瑞林等译，商务印书馆2011年版，第2086页。
〔2〕 郑争文：《胡塞尔直观问题概论》，中国社会科学出版社2014年版，第2页。

陈述：使用语言正式表述某事的行为。[1]

神秘而又无所不在的 word（言语），又一次出现在我们的视野中。而 statements 对于可信度评估的重要性，从上述之定义来看，不言而喻。

对于可信度而言，其不仅体现在美国国防部这种纯粹的国家机器运转要求之中，同样发挥于其他职业领域。如对教师来说，专业性情甫一提出，由于其与从业者内在的信念和价值观密切相关，既可作为预期从业者未来行为的基础，也可作为选拔候选者的标准。因此教师之专业性情很快成了英美教师教育申请者非学术标准中的关键指标。一方面，因为专业性情本身的内涵具有很大的包容性。它能够容纳申请者所需要的包括态度、情感、个性、道德甚至认识等多个方面的内容，相较于以前选拔过程中笼统地强调职业理想、职业态度，更具开放性。另一方面，因为过去采用态度、理想等来阐述申请者的非学术要求，态度、理想是指向行动之前主体存在的某种状态，而这种状态是内在的、难以被真实察觉的，因此也就很难被测量和评估，故而显得笼统和抽象。而专业性情强调通过申请者外部的言语和非言语行为来评估其内在的专业发展可能性（言行一致），它将申请者的内在意图（价值判断）和外部可视行为（事实发生）相关联，因此在实际的选拔工作中就具备了一定操作性。也就是说，它同样提出了可信度的要求。

但是对于可信度评估这种操作性要求，NCATE 没有明示，只是在 professional dispositions 的定义中附加一句 "These positive behaviors support student learning and development"。如何确定这些 verbal and non-verbal behaviors（言语和非言语行为）是 positive（正向，可信）还是 negative（负向，不可信）呢？定义并未提及，只是略显含混地将这个任务交给了培训机构（institutions）自己去掌握。这种有点虎头蛇尾的做法，很快就引起混乱，后文将要讨论的品性之困会有详述。

倒是以操作性要求见长的美国国防部来得干脆，明确以通令的形式指出：个体之记忆与其陈述之间的一致性程度（the agreement between an individual's memories and his or her statements），就是可信度。

如果觉得这样的表述还有些冗长的话，那么该通令中的 truthfulness（诚实）则更加简洁、平实。

诚实：关于某事的真实事实的真实陈述。[2]

---

〔1〕《朗文当代英语大辞典》，王立弟、李瑞林等译，商务印书馆 2011 年版，第 1847 页。
〔2〕《朗文当代英语大辞典》，王立弟、李瑞林等译，商务印书馆 2011 年版，第 2033 页。

鬼魅一般的 word 又以 statement 的形式出现在这里，所以说它无所不在，挥之不去，信哉斯言！

而所谓记忆与陈述之间，活脱脱一个中文的心口之间。因此，如果说 NCATE 点出了言行，那么这里美国国防部点出的就是心口。正是通过这种对言行和心口的一致性感受，让人们对专业性情进行了确认，其实就是实现了品性评估。

中文语境中，言及一个人品性好或不好，其实寓指的是已经经过某种检验考察之后的好与不好，否则没有意义。所以这种好与不好的评价，已经寓含了可信与否的判断，因此若将品性剥去可信度的外衣，几成无品。如果说 professional disposition 已经构成了品性基本内容的话，那么从实际角度来说，被品评的性情，即可信的性情才是真正的品性，亦即 positive behaviors。

故此，如果能在专业性情的基础上，将品性含义予以丰富，加入可信度维度，即只有专业性情具有可信度时，方可或方配得上被称为品性。为此，这里将我们所说的品性对译为英文一组合词 disposition-credibility，缩写 DC，意为：品性，既是可信的专业性情，亦是专业性情的可信；前者意味倾向，后者意味属性。而品性评估的英文即为 disposition-credibility assessment，缩写 DCA。

六、言语即知行

胡适先生[1]将中国传统文化中的不朽（三不朽）[2]之立德、立功、立言，称为"三 W 主义"，即指英文 worth、work、words。

word 又以立言的形式与我们传统中国文化发生关联，真是弗能阙如，昂然自立啊！

中国历史上能实现此"三不朽"的据说只有二个半人，其中二人分别为孔子和王阳明。孔子的"三不朽"，毋庸多言。能够让王阳明"三不朽"的应是他的知行合一。

合一，指合而为一，合成一体；是中国道家哲学术语之一，指境界。宋代张载《正蒙·神化》："推行有渐为化，合一不测为神。"明代王阳明《传习录》卷下："我今说箇（个）知行合一，正要人晓得一念发动处，便即是行了。"

---

[1] 胡适：《不朽——我的宗教》，王怡心选编，北京大学出版社 2016 年版，第 49 页。
[2] 《左传·襄公二十四年》谓："豹闻之，'太上有立德，其次有立功，其次有立言'，虽久不废，此之谓'三不朽'。"唐人孔颖达在《春秋左传正义》中对德、功、言三者作了界定："立德谓创制垂法，博施济众"；"立功谓拯厄除难，功济于时"；"立言谓言得其要，理足可传"。

王阳明（1472—1529），明代大思想家，原名王守仁。正是他在合一基础上提出知行合一，从而让合一通过知行进入人们的生活世界。

就此，品性亦通过合一之标准，经过知行，不仅使其成为品性之内涵，而且也使其成为品性之践履，更成为品性自身合一的一个证明。

王阳明虽通过知行合一的提出实现了中国古人所追求的立言之不朽，但是除了立言与言有关外，更重要的是王氏自解"正要人晓得一念发动处，便即是行了"之一念，其实正是言语。

念者，诵读，按字读出声。所以"念"到之处，必有言语。"一念"也颇具前文已述的胡塞尔之意向性味道。

王阳明以其知行合一学说名闻于世。[1] "知是行的主意，行是知的工夫；知是行之始，行是知之成"是王阳明知行合一的要义。其中"知"既是主意，又是之始，点明了知行之核为"知"。

汉字"知"，会意。小篆字形，从口，从矢。矢为箭表示可以传递得很快、可以传递得很远。意思是：用口相传的认识。本义：通过语言所获得的认识。知乃言也，知无不言，言无不尽，一语道破言与知的紧密。再显言（word）之无处不在。

无论是专业性情，还是可信度，其均可以理解为品性的某个侧显。然而还原品性，使其澄明，[2] 并非仅将其束之高阁，供人瞻仰，而是欲使其能够更好地进入我们的生活世界。[3]

进入生活世界，意味着入世，即意味着标准和参照的需要。前文已述，无论对于品性之专业性情，还是可信度，其均涉及自身的标准或证明。前者以互动中的言语和非言语行为为依据，后者则以记忆与陈述的一致性为判断。细究其二者依据与判断标准，可以发现，前者为言行之一致，后者为心口之如一，恰为我们这里的合一！

故此，所谓品性的理想状态，或最高境界，抑或最高标准就是合一，于是便有品性之基准。

---

〔1〕 （明）王阳明：《传习录》，叶圣陶点校，北京时代华文书局2014年版，第105页。

〔2〕 张世英：《进入澄明之境：哲学的新方向》，商务印书馆1999年版，第2页。

〔3〕 ［德］埃德蒙德·胡塞尔：《生活世界现象学》，倪梁康、张廷国译，上海译文出版社2002年版，第1页。

七、小结

由于人们来到世界，是处于被抛（thrownness）状态，所以会陷落，或称为沉沦（fallingness），与俗世共浮沉，没入众人或匿名的人们（they）中来保护自己——正如人们通常所做的那样，这时他就自觉不自觉地进入了不本真的（inauthentic）生存状态而成为不本真（inauthenticity）。所以言不由衷（言不顺）是常态，亦即不管是被骗，还是施骗，自欺，还是欺人，对于人生来说都是毫不奇怪的。

但是，海氏发现，尽管人生因为被抛充满不确定，但是却有一件事是确定无疑的，那就是死亡。他不无冷峻地指出，死亡是对现实世界生活的否定。当人面对死亡时，才会停止对世界的忧虑和担心，从陷落中孤立出自己，成为真正的存在。由此，在人们面对死亡时，本真会被激活。中国古人的以死明志、以死相谏等可算是这样的例证。这样无奈地接受生命，本真接受死亡，这才是真正的坦诚，这才能产生恒久（终生）的坚持——信念，这也是海氏名言向死而生的精髓所在。

由此也会更深刻理解我们这里品性的真（信念）和言（品据）之关系。这里的品性，虽然定位于专业性情之可信度（disposition-credibility），但是落脚于知行，评判于合一。其间对各个概念与维度的关联，无疑是言语（word），它无处不在，似乎也无所不能。然而恰也是有它的存在，才能让我们对品性看得更清，品得更细。品包含评，品评他人，其实自己也在被评。因而有交互（interact），因而有之间（between），幸而有言语（word），故而得诚实（truthfulness）。

无论品性之于性情和可信度，还是品性之于知行，其充分体现出的都是某种事实与价值的统一关系，如果说前者强调通过外部的行为表现来评估其内在的专业发展可能性（言行一致）和记忆与陈述的一致性（心口如一），是一种由事实向价值的过渡，那么知行之合一则直接将价值评估的终极标准亮明，进而为人们的自身努力也好，他身评估也罢，均指出了一个明确的方向。再从系统科学理论来说，前者属于自下而上（bottom-up）的信息生成模式，后者则是自上而下（top-down），成为两种信息加工模式代表，从而为今后更深入理解品性评估奠定了一个基础。

思考题

1. 为什么说言语是品性之家园？
2. 中文"言"与英文 word 的对应关系如何？
3. 言（word）是如何贯穿于品性之中的？
4. 选读《论语》有关内容。
5. 谈谈生活中的信念问题。

第三节　品性之层级

一、引言

品性者，不仅从言顺（faith in word）之顺（faith），而且从专业性情可信度（DC）之可信度（credibility），都可以看出度的内涵，因此其品性的层级性特征不言而喻。

层级性（hierarchy），也称层次性，是系统科学理论[1]中的一个基本概念。层级结构的最大特点就是将一个大型复杂的系统分解成若干单向依赖的层级（次），每一层都提供一组功能，且这些功能只依赖该层以内的各层，即层中有层。

人之品性具有层级性特征，这在我国历史中很早就被意识到，还被简称为"性三品"。最早是西汉董仲舒把人性分为上、中、下三等。东汉王充也据禀气的多少把人性分为善、中、恶三种。而唐朝的韩愈在《原性》中明确提出性情三品说，把性与情分为上、中、下三品：性也者，与生俱生也；情也者，接于物而生也。性之品有三，而其所以为性者五；情之品有三，而其所以为情者七。这种分类方法依照一定的价值理念，将性和情分而述之，层中有层，颇为精到，如今读来对我们仍有很大的启示与借鉴意义。

> 日何也？曰性之品有上、中、下三。上焉者，善焉而已矣；中焉者，可导而上下也；下焉者，恶焉而已矣。其所以为性者五：曰仁、曰礼、曰信、曰义、曰智。上焉者之于五也，主于一而行于四；中焉者之于五也，一不少

有焉，则少反焉，其于四也混；下焉者之于五也，反于一而悖于四。性之于情视其品。情之品有上、中、下三，其所以为情者七：曰喜、曰怒、曰哀、曰惧、曰爱、曰恶、曰欲。上焉者之于七也，动而处其中；中焉者之于七也，有所甚，有所亡，然而求合其中者也；下焉者之于七也，亡与甚，直情而行者也。情之于性视其品。

王阳明虽然认为人人皆可成圣，但是他又认为这里的成圣却是有一定的层级之别的。《传习录》载：希渊问："圣人可学而至，然伯夷、伊尹于孔子才力终不同，其同谓之圣者安在？"先生曰："圣人之所以为圣，只是其心纯乎天理，而无人欲之杂。犹精金之所以为精，但以其成色足而无铜铅之杂也。人到纯乎天理方是圣，金到足色方是精。然圣人之才力，亦有大小不同。犹金之分两有轻重。尧、舜犹万镒，文王、孔子犹九千镒，禹、汤、武王犹七八千镒，伯夷、伊尹犹四五千镒；才力不同而纯乎天理则同，皆可谓之圣人；犹分两虽不同，而足色则同，皆可谓之精金。"王氏论层级，以金之成色为例，形象生动，亦颇传神。

吕建国等[1]认为，个体职业心理结构中包含三个相辅相成的系统：

（1）职业导向系统——职业价值观、世界观、职业伦理。职业导向系统中的各种成分引导个体去选定特定职业、追求特定的职业目标、接受和内化职业价值、建立正确的职业角色期望、评价自己和别人的职业行为、努力争取职业成功。

（2）职业动力系统——需要、动机、兴趣、信念、理想。职业动力系统中各种成分推动和维持个体朝向职业目标的努力，推动个体积极树立职业目标、去克服各种各样的困难、去坚持不懈地争取职业和人生的完善。

（3）职业能力系统——气质、性格、能力。职业能力系统中各种成分保证个体在特定职业活动中的胜任，同时，在努力胜任各种挑战性工作任务的过程中，个体的心理功能得到磨砺、加强和发展。

结合今天的心理学、社会学、系统科学等理论，这里将品性以人格、品格和性格特征为指代来区分，并且某种程度上对应着我们古人提出的性三品和职业心理结构。

[1]　吕建国、孟慧编著：《职业心理学》，东北财经大学出版社 2000 年版，第 7~8 页。

二、人格品性

人格是作为个体的人的存在状态。有其心理学定义 personality，源于晚期拉丁文 persona（面具），意谓在演戏扮演角色时所妆戴的特殊脸谱，包含两层相关的意思：一是指一个人在生活舞台上所表现的种种言行；二是指一个人真实的自我。中国古代并无人格一词，但有人品、为人、品格等词与之含义相近。该词于近代从日本传入中国，多被赋予与道德有关的意义。人格指个人在一定社会中的道德尊严、做人资格和为人道德品质品格的总称。因此人格品性也可称为精神品性。

精神品性，也可理解为某种（类）社会价值观，可以包括个体的信仰、忠诚、理想等一类相对抽象的信念与意志，如《圣经》中的信（faith），《希伯来书》这样定义："11:1 信就是所望之事的实底，是未见之事的确据。"中文之信，会意。从人，从言（word）。意味人的言语应当是诚实和信守的，这就具有人格品性的一个典型特征。

可以说，历史上的那些仁人志士们都是具有某种（类）精神品质的典型，即他们都是某种程度上能够做到信守诺言，是人格品性境界的代表。

精神赖于人的主观意识而存在，是看不见、摸不到的东西，是建立于物质之上、抽象的，又与物质相对的东西。哲学定义指的是意识形态上存在的动力，无意识形态上潜在的动力。现代解释为同物质相对应，和意识相一致的哲学范畴，是由社会存在决定的人的意识活动及其内容和成果的总称。因此，精神品性具有强大的引领和推动作用力（品性之势力）。

人格品性，包括如下几个方面：

（1）心理人格：在心理学中，人格指人的心理人格，指人所特有的心理结构、心理特征、心理个性的总和。

（2）法律人格：在法学中，人格指人的法律地位、人应享有的一种权利，即人格权。即从人格尊严受法律保护、权利和义务统一的角度定义法律人格。

（3）哲学人格：在哲学中，人格指人之所以为人、人区别于动物的内在本质属性，即人的为人资格、人的尊严、人独立存在的主体地位和存在状态。除此之外，它更强调所谓的道德人格。这种道德人格，包括道德认知、道德情感、道德意志、道德行为、道德信念等比较纯粹的精神内容。道德人格与心理学、生理学、社会学、美学、法学等学科对人格的界说既有联系，又相互区别。它们的联系在于都是从个体的某一方面的存在状态上具体地作出界说,从而丰富了作为统一的存在状态的人格的完整性。它们的相互区别在于,一个道德的人格,应具有崇高的道德理想,善于道德实践,勇于承担对他人与社会的道德义务,正确处理个人与集体、个人与他人、个人与社会的关系,并能做到自尊、自爱、自强、自律。因此可以认为这样的人格品性是一种完整而又理想的品性状态,完全称得上王阳明的至圣和知行合一之评价。因此,其品性评估特征具有十足的价值评估色彩。

三、品格品性

品格品性有词义重叠的意味,在品性评估中,这个层级的品性又可被称为社会品性、岗位品性、专业(职业)品性等,是品性评估的主要对象和目标。中文里,它可以通过品质、品格、品行、品德等词语来刻画,是个体通过社会生活特定的反应活动所形成的态度体系。在现代社会生活中,人们总是以某种职业(岗位)工作的方式对社会产生影响和接受社会影响并产生反应,进而以一定的形式调整自己的行为方式。经过长期的反应和相应的行为调整,个体就会形成一种稳定的心理结构和态度体系,并经常以此支配其行为,于是形成了这个层级的品性特征。由于个人只能在社会物质生活条件所规定的范围内以自己的意识和行为来体现其品性属性,因此,这个层级的品性内容归根到底只能是社会的经济关系及由此决定的社会或阶层的利益需求。

不同职业,不同岗位,总是以其特定的目标需求和价值标准来衡量并评价从业者的品性。每个职业也好,岗位也好,其目标和价值标准均应该既有倡导性要求,也有禁止性要求。优良的品格品性是遵循这些倡导性要求,可以一步步接近,甚至达到人格品性之状态,这就是"行行出状元",所以品性之级并不具有绝对界限。

品格品性的判断和界定,在于一个人的某类行为整体是否符合他所属的职业、岗位或阶层的要求,而个人品格品性的自我培养,则取决于他对这种要求的自觉意识、正确把握及在社会生活中的积极践履。显然,爱岗敬业是这个层级优良品性的典型代表,而消极怠工、好高骛远,甚至捣乱破坏等就是这个层级不良品性的典型表现。

从内容上来说,品格品性主要指的是个体的岗位(职业、专业)方面的操守,如信实、责任、担当等。品格品性既能通过岗位的专业性要求反映出个体的知识技能水平，又能通过岗位的职业要求反映出个体对岗位的喜爱程度，所以成为品性评估之事实评估和价值评估的结合点，亦是品性评估的主战场，品性评估的基本内容也将围绕这个中心展开。

四、性格品性

性格品性也可称为基础品性。因为性格是在遗传及环境交互作用下，由逐渐发展的心理特征所构成的，它带有自然生成的意味，包括个体的性情、气质等基础方面的内容。性格是人在对人对事的态度及行为方式方面表现出来的较稳定的一种总体心理特征。它与个人所承担的特定社会责任并没有直接关系，但是又是与社会发生关联的基础，所以是一种个性心理特征。

表面来看，基础品性几乎纯粹是一种个体心理特征，但是它也包括多个方面，如家庭、朋友、素质、修养等。另外更重要的是，当品性评估涉及犯罪和有违人类常伦的一些个人或群体，如药物成瘾者、嗜赌之徒等，其几乎已经不具备人之为人的基础品性，此时基础品性反而具有了常人所追求的人格品性之特质，故而品性之级，远非孤立而置，其根据特定使命目标，可能会出现相互转换。

五、小结

品性层级之别并不具有特别清晰的界限，而且在某些情况下更多的是交叉重叠，韩愈的性三品也认为性包括仁、义、礼、智、信五种道德品质，之所以分成三品，是因为这些品质在其中的比重各不相同。性为上品者，主于一而行于四，即以一德为主，兼通其他四德；性为中品者，一不少有焉，则少反焉，其于四也混，即对某一德或是不足，或是有些违背，其他四德也混杂不纯；性为下品者，反于一而悖于四，对一德完全违背，其他四德也不合。

与性三品相对应，情也分为三品，构成情的内容是喜、怒、哀、惧、爱、恶、欲。上品之情，动而处其中，即对七种情感都能控制得恰当合适；中品之情，有所甚，有所亡，然而求合其中者也，对于七情的掌握有时过分，有时不足，但主观意图还是适当合中的；下品之情，亡与甚，直情而行者也，即对于七情无论是过度还是不足，都随意放纵，不加检点。

对于我们的品性而言，或可以将性格品性与韩愈的性多一些对应，因为其"与生俱生也"；而将人格品性与情多一些对应，因为其接于物而生也。至于品格品性，则正好居其中也。

我们这里的区分，固然有一定的个人修养或教化之参考意义，但更主要的是要通过这种划分来实现对品性的更准确把握和识别，狭义地来说可以通过此为岗位或职业找寻到合宜者，广义一些来说则是为个体能够更充分发挥自己的特长提供依据，亦对个体自身会有一个更清晰的认知与了解。

思考题

1. 品性为什么要分层级？

2. 用自己的语言叙述人格、品格和性格的异同。

3. 结合身边实际，说明人的不同"格"。

4. 你如何理解品性之层级？

第四节　品性之基准

一、概述

基，形声。字从土，从其，其亦声。其意为一系列等距排列的直线条。土指夯土层。土与其联合起来表示夯土层剖面像一系列等距排列的直线条。本义：叠加的夯土层，承重用的夯土地面。引申为奠定基础、创建等。泛指一切建筑物的跟脚。

《说文》曰：准，平也。是指用水平仪测量物体的倾斜度，当指针凝固在正中位置时，其倾斜度就是零。这种指针凝固在零度位置就是准。另外，准，亦有箭靶之义，显然箭中靶心就是准。

基准，可以理解为既是基本，又是准星。前者是基础，后者是判断（依据）。基准和标准不一样，例如在工程设计与施工中，基准更强调的是具体的点、线、面的几何关系。标准强调的是某物是某物的参照物，强调的是整体的比较和对比。所以基准更体现操作性。

品性之基准，基在于信。信的表现为恒久、一贯、坚守等，而且，言及某人可信之时，会说，这人有准！言下之意有定力、有德性、有人品、有道义等。这样品性之准就是信的贯彻与执行标准。

二、品性之基

(一) 观念

观，繁体为"觀"。表示的是看，察看——视觉。对事物的看法，分为心观与眼观。

《说文》曰："观，谛视也。"

《庄子·人间世》："观者如市。"

《易·系辞下》："仰则观象于天，俯则观法于地。"

海德格尔对古希腊语情有独钟，他关于"真理"（aletheia）一词的古希腊语的词源学考证，就是通过分析哲学的方法将其拆分成 a 和 letheia，即为去和蔽得出结论为去蔽，从而为后面解构艺术作品的本源奠定了基础，由此可见熟练运用古希腊语之于海德格尔犹如理性之光。不过当今世界据说熟练古希腊语者寥寥可数，倒是我们中文的血脉一直传承几千年，所以在汉字中也能品味出一些独特的内容。

观，由又和见组成，体现出了其重复性含义"再一次（又）见到"，强调重复性和再现性。

念，本义是诵读，即按字读出声。能够读出声者，肯定已经认识此字，或自认为认识，已有了信的含义，因此有信念一说也就很自然。有惦记，常常想：惦念，怀念。以及心中的打算，想法，看法：意念，杂念，信念等。可以说但凡成"念"，便已经具备某种物性。

所以，观念，就首要被理解为是再看（甚至反复看、仔细看），看后有了"信"，之后才会"念"出来。而凡能被念出来的，就是话，即语言。因此，观念也就是对语言的反复看、仔细看。其实，有"观念"的时候，就已经进入品性评估了。

(二) 信念

1. 概述

品性无疑具有一贯性，而最具有一贯性意义的，非信念莫属。显然信念与观念不同，即如果说观念是以观为念的话，那便是看见才相信；而信念，以信为念，就会进入到相信才看见的境地。因此，信念，也可称为"信"。

《希伯来书》11:1：信，是所望之事的实底，未见之事的确据。

《说文》：信，诚也。

《白虎通·情性》：信者，诚也。专一不移也。

《中庸》：诚者，天之道也。诚之者，人之道也。诚者，不勉而中不思而得：从容中道，圣人也。诚之者，择善而固执之者也。

古人以诚解信，清晰地把信的专一不移的特质、固执的一贯性揭示了出来。同时给出了其终极价值含义——从容中道，圣人也。随后，信和善、美、真发生了关系，开始有了实体化倾向，如：

《孟子·尽心下》：孟子曰："善人也，信人也。""何为善？何谓信？"曰："可欲之谓善，有诸己之谓信。充实之谓美，充实而有光辉之谓大，大而化之之谓圣，圣而不可知之之谓神……"

《墨子经》：信，言合于意也。

千百年来，人们通过只可意会、不可言传的方式来确切体会信的存在与效能。王阳明通过致良知的知行合一，再次捕捉到了中道的从容。胡塞尔通过意向性（intentionality）和意向活动（noesis），海德格尔通过对存在（being）与存在者（beings）进行了现象学反思后，人们似乎从哲学层面将信的实质和本义再次显明，尽管无法直接把握（所望与未见，非实体），仍然是那么难以捉摸，但毕竟意识到了存在是通过存在者来显现的（胡塞尔称为侧显）。而欲从存在者去把握存在，只有通过信。因此如何在存在与存在者之间建立一个可以为信的桥梁，是西方哲学一直探究的一个目标，[1] 这种探究可使我们对信进行更准确的解读。

因此，信，就是一种坚持、一种固守、一种执着（固执）。

2. 信念发展

信念（faith），可以产生意念，直接导致行为发生。因为信念为情绪和欲望指引方向。你的信念决定了你会产生什么样的情绪和欲望。和信心不同，有时你的欲望强烈到你必须付出更多的信心时，才慢慢会往必胜的信念去转变。你的信念决定了你对特定的环境和事物产生什么样的情绪和欲望。这就是信念的发展。

美国人詹姆斯·W. 福勒（James W. Fowler）结合让·皮亚杰（Jean Piaget）的认知发展理论，根据年龄变化，将信念的发展分为七个阶段（见下表 1.1）。[2]

---

〔1〕 张蓬：《"在"与"在者"的分别——从中国哲学语境看西方哲学如何把握"存在"问题的方式》，载《学术研究》2012 年第 4 期，第 7 页。

〔2〕 "James W. Fowler", available at https://en.wikipedia.org/wiki/James_W._Fowler, last visited on 14 September 2018.

表1.1 信念发展对比

No.(阶段)	Fowler（福勒）	Age（年龄）	Piaget（皮亚杰）
6	Universalizing 普世化	45+?	Formal-operational 形式操作
5	Conjunctive 联合	35+ years?	
4	Individual-Reflective 个人反思	21+ years?	
3	Synthetic-Conventional 合成习惯	12+ years	
2	Mythic-Literal 童话与字面	7~12 years	Concrete operational 具体操作
1	Intuitive-Projective 直觉投射	2~7 years	Pre-operational 前操作
0	Undifferentiated Faith 未分化	0~2 years	Sensoric-motorical 感觉驱动

依照上表，个人信念会随着生理年龄有所发展和变化，但这种变化未必一定是随着年龄的改变而改变的，然个人信念会发生变化却也是一个不争之事。

3. 信念意义

信念，即认为是事实或者必将成为事实的对事物的判断、观点或看法。其实也就是前文所述的信——所望之事实底，未见之事确据。

信念与观念近义。信念属于所望之事和未见之事，表示的是一种主观意向，所以人们是看不到自己的信念的，但是却可以感知或看到信之依附——事实，如事实就是这样子的啊！但因人与人之间的信念不尽相同，所以人们很容易发现（看到）别人身上的信念，如你怎么能这样认为呢！

信念，是人们在一定的认识基础上，对某种思想理论、学说和理想所抱的坚定不移的观念和真诚信服与坚决执行的态度。信念是认识、情感和意志的融合和统一。信念是一种综合的精神状态，不是一种单纯的知识或想法。信念强调的不是认识的正确性，而是情感的倾向性和意志的坚定性，它超出单纯的知识范围，有着更为丰富的内涵，成为一种综合的精神状态。信念的原因不一定来自理性的思考，也就是说不一定是符合科学规律的。但其影响却是坚定的，亦如宗教信仰，也许说不出什么理由，但十分坚决。因此，从行为的效果来看，信念有着很强的力量。信念是认识事物的基点和评判事物的标准。信念给人的个性倾向性以稳定的形式。信念是强大的精神力量，有了坚定的信念，就能精神振奋、克服困难，甚至生命受到威胁，也不轻易放弃内心信念。信念形成以后，十分稳定，不会轻易改变。而且，信念更多的是个人主观情感方面的东西，信念具有亲和性，所谓志同道合，相同信念的人易于走到一起。

信念和观念都可视为是海德格尔"被抛"的注脚，是先验概率生成的某种依据。

当一个人以一种"我知道，就不告诉你"的态度来说"我不知道"时，这时起决定作用的就是他的"信念"。

三、品性之准

品性之准，古人早有述及：

《说文》：信，诚也。

《白虎通·情性》：信者，诚也。专一不移也。

对于"信"和"诚"：

（一）中庸

1. 何为中庸

《中庸》喜怒哀乐之未发谓之中，发而皆中节谓之和。中也者，天下之大本也，和也者，天下之达道也。

《论语·庸也》：中庸之为德也，其至矣乎。

中庸之道并不是那种不偏不倚、圆滑世故的处世之道，而是通过致中和而居中和合一观察世界、认识世界之方法。

合一，是合一于至诚、至善。

达到：致中和，天地位焉，万物育焉。唯天下至诚，为能尽其性。能尽其性则能尽人之性；能尽人之性，则能尽物之性；能尽物之性，则可以赞天地之化育；可以赞天地之化育，则可以与天地参矣。

此乃圣人之境界——与天地参——天人合一，亦是个人品性的最高境界。

另外：诚者，天之道也。诚之者，人之道也。诚者，不勉而中不思而得：从容中道，圣人也。诚之者，择善而固执之者也。

还有：自诚明，谓之性；自明诚，谓之教。诚则明矣；明则诚矣。诚者自成也，而道自道也。诚者，物之终始，不诚无物。是故君子诚之为贵。诚者，非自成己而已也。所以成物也。成己仁也。成物知也。性之德也，合外内之道也。故时措之宜也。故至诚无息。

……

天地之道，可一言而尽也。其为物不贰，则其生物不测。

于是，天地的法则，可以用一句话涵盖：作为物，它纯一不二，因而它化生万物就不可测度了。

至此，古人以其特有的智慧，以诚解信，清晰地把信的特质①居中——从容中道，圣人也；②合一——专一不移、一言而尽、为物不贰、择善而固执之等一贯性都揭示了出来。而且不诚无物。特别点明了看法（怎么看）之关键与重要，也成为品性之准的核心标准。

2. 知行合一

现实世界更具体的中庸，对此，五百多年前，明代大思想家王阳明提出了一个明确的解决方案——知行合一。王阳明的知行，虽然具有浓郁的道德伦理色彩，但是他的以知行达一却是中庸之道的一个巧妙而贴切的传承。

王阳明指出，对人而言，中庸就是人不善不恶的本性，也是人的根本智慧本性。过了个"中"就有了好恶，有了善恶，有了人欲。如果表露出来但符合天理，这叫作和。和乃合一，是天下应该共同遵循的道理。

海氏的存在（being），寓指的就是生命的出现，这时便有了"一"。老子有道生一之说，但是倘无对"一"的捕捉，道是无从谈起的。所以通过"一"，才可以映衬出道。故，居中合一者，品性之准也。

3. 贝叶斯解中庸

将《中庸》之中这么优美的文字，换成贝叶斯的概率语言难免有点缺乏诗意，但是对于惯常于理性思维的现代人来说，故妄也算一条道路吧。

> 天地之道，可一言而尽也。

用贝叶斯的概率语言论道：道者，乃一个数学上的无条件概率 $P(A)$ 也。
贝叶斯语境中，有 $P(A)$ 就一定有 $P(-A)$（非 A）相伴。
这样，从容中道，就是：$P(A) = P(-A) = 0.5$
为物不贰，于是：$P(A)/P(-A) = 1$，$P(A) + P(-A) = 1$
简妙无比的居中与合一。

（二）坦诚

本教程将品性评估定义为对个体坦诚度及其岗（职）位适配程度的科学评估。于是坦诚开始与品性发生紧密关联。坦诚，"坦"强调平而直，"诚"指真诚和真实。坦诚是指不隐瞒、不修饰本相，与人、与己、与天地坦诚相见。但怎样才是坦诚呢？通过贝叶斯定理有一解。

1. 语言当先

所谓语言当先，指的是传统认识上，一直是思想决定语言，即思想当先，换言之，语言是思想的工具。其实维特根斯坦早已指出：语言的边界就是思想的边界。海德格尔也说，语言是存在之家。所以，品性本身只有明确"性"以"品"（三个口，表示多人的言说）存时，品性评估才能成为可能。否则，只能是缘木求鱼。这样再来理解坦诚，就会直接和深刻很多。

2. 贝叶斯转换

语言先于思想，并不是说对早期思想决定语言之说的彻底否定，而是一个转换。这个转换能够实现的基础就是贝叶斯定理。

用贝叶斯的语言来描述可有：我们所想＝P(思想)，我们所言＝P(语言)

思想决定语言＝P(语言/思想)，表示所想所说，以 A 表示；

语言决定思想＝P(思想/语言)，表示所说所想，以 B 表示；

语言是可闻可见的(如文字)，思想是不可见的，但我们可通过语言去了解思想，即需要将 A 转换成 B，根据贝叶斯定理有：

P(思想)＝[P(思想/语言)÷P(语言/思想)]×P(语言)

即：思想$=\frac{所说所想}{所想所说}×$语言

于是，当"所说所想＝所想所说"时，思想＝语言。

3. 坦诚

显然当人们能够所说所想＝所想所说时，这就是坦诚。

4. 说谎与欺骗

因为，所说所想往往并不等于所想所说，所以：

当"所说所想＞所想所说"时，思想＞语言，或可称为词（辞）不达意；

当"所说所想＜所想所说"时，思想＜语言，或可称为夸大其词（辞）。

显然，无论是词（辞）不达意，还是夸大其词（辞），就是谎或欺骗。

5. 判断式

这样，坦诚即可成为区别谎或欺骗的一个绝对标准，这个标准就是：

当"所说所想＝所想所说"时，坦诚；

当"所说所想≠所想所说"时，欺骗。

（三）小结

中庸或仍是标准，但坦诚确属基准。坦诚是品性的极致，是人心测度的准点。坦诚，意味着无可争议的可信性（undisputed credibility）。

什么是坦诚？曾众说纷纭，莫衷一是，但是经由这里的梳理，可以简单直接地认为：所说所想＝所想所说时，即为坦诚。显然人生在世，面对大千世界，能够"所说所想＝所想所说"的时候极少。

古代哲人早已发现，人只有在刚出生和临死之际，能够做到"所说所想＝所想所说"，但是刚出生，却无语言能力。而人将即死，其言也善，这个时候人最坦诚。

由此说明，人或只有在一些极端状态下，其坦诚的本性才会显露。所以就有为了表示自己的清白、赤诚或为了博得某种信任时，常有人会发誓赌咒说："不行的话，我死给你看！"通常情况下我们将此理解为情绪用语，殊不知这才是显示其坦诚的一种极端方式。

品性评估之坦诚度的实现，就是通过某种极端状态的临摹与逼近，将评估对象逼向本真境域，进而引起其本能生理机能的变动。通过对这种生理机能变动的检测，就可成为其非本真程度区分的某种依据。

既然，能够"所说所想＝所想所说"的时候极少，那么，"所说所想≠所想所说"的时候就居多了。当人们的一生多是"所说所想≠所想所说"的时候，难怪有人感慨人生不过自欺、欺人和被人欺而已。[1] 至此，谎言为何，欺骗是啥？答案也就不言自明、昭然若揭了。

坦诚并无优劣之分，而且坦诚之所以是品性的极致，是因为此时（所说所想＝所想所说）既可以是品性的最高测度，同时也可以是品性全无（无品）！例如一个心直口快之人，每每能说出真相，固然让人钦佩，或达品性最高测度；但是这样的人若在临终关怀之际却每每指明行将就木之事实，此人岂不无品了吗？

坦诚无优劣，说明坦诚只能是品性的参照和基准。因此，品性之内容则需要依情依境予以充实。适配度，就是根据职业情境对品性的一个具体充实。

四、小结

（一）中庸是个圆

《中庸》开篇：天命之谓性，率性之谓道，修道之谓教。道也者，不可须臾

---

〔1〕 南怀瑾：《原本大学微言》，复旦大学出版社 2003 年版，第 184 页。

离也，可离非道也。是故君子戒慎乎其所不睹，恐惧乎其所不闻。莫见乎隐，莫显乎微，故君子慎其独也。喜怒哀乐之未发，谓之中；发而皆中节，谓之和；中也者，天下之大本也；和也者，天下之达道也。致中和，天地位焉，万物育焉。

仲尼曰："君子中庸，小人反中庸，君子之中庸也，君子而时中；小人之中庸也，小人而无忌惮也。"子曰："中庸其至矣乎！民鲜能久矣！"看来孔子那时就将中庸作为君子与小人的判断基准了，同时也发出警告：民鲜能久矣！回到贝叶斯推演，验证了人们的一生多是"所说所想≠所想所说"的时候，不能不感叹孔子的圣者之言。

对于这样的不等式，用海德格尔的语言来说，就是被抛（thrownness），同样说明的是现实世界的人们总有偏离，是不可能处于居中与合一的理想位置，但是偏离程度却不同。品性，刻画的就是这种偏离。品性评估，就是对这种偏离程度的一个追寻。

当古人在感慨人生不过自欺、欺人和被人欺时，其实是将"君子中庸，小人反中庸"予以通俗化，即欺者，小人也。另外从君子与小人的占比来说，可如图1.1所示。意即所谓君子，只能是少之又少的能够"致中"而"合一"于圆心的那一部分，更多的则是居于圆心之外的"小人"——确实应对了人生"三欺"的实况。

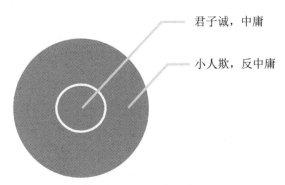

君子诚，中庸

小人欺，反中庸

图1.1 中庸分布示意图

需要注意的是，这里的圆心并非固定不变的大小，整体亦不是某个人，而是某人的品性，即某人的品性可能是君子，也可能是小人，如盗贼也可能会火中救人。而采用圆的形式示意中庸，是为了避免将中庸置于两极状态的二分思维之中，以便更加完整地理解中庸之道。

（二）说谎与自我

当品性评估将目标指向谎言与欺骗的时候，不妨让我们再来回顾一下"说谎者悖论"。

公元前 6 世纪，克里特哲学家埃庇米尼得斯（Epimenides）说了一句很有名的话："我的这句话是假的。"这句话之所以有名在于它没有答案。因为如果埃庇米尼得斯的这句话是真的，那就不符合这句话"我的这句话是假的"，则这句话是假的；如果这句话是假的，那就符合这句话"我的这句话是假的"，则这句话是真的。因此这句话是无解的。这就是"说谎者悖论"。对于这个悖论，固然有各式各样的思考与争论，但是这里想说的是，埃庇米尼得斯的这一句话，恰是人类自我意识开始完整形成的一个标识，通过这句话，人们意识到了时间，也就意识到存在，所以会撒谎是人脱离开上帝，成为能够自我认知的"个"人的一个突出特征。

中文"个"，繁体为"個"，将人固定起来，才能称之为个，一下点中了人之为人的核心。

因此，品性之基准的确立，是人之为人的体现，同时也为品性评估搭起了一个舞台，这个舞台上充满了谎言与欺骗，只不过骗与被骗的程度、情境不同，谎与撒谎的动机、目的不同而已。所以当品性评估剑指谎言与欺骗时，那正是它气宇轩昂地杀回主战场。尽管曾有测谎等作为探路者，但是由于基准不明、方向不定，曾导致前行乏力，甚至被误解、被围攻。

谎不可怕，欺亦自然，诚如说谎者悖论的主角敢于坦坦然然说出"我在说谎"的时候，他已经自由了。

> 所谓诚其意者，毋自欺也。[1] 诚者自成也，而道自道也。

（三）知行合一新论与二分逻辑

知行合一提出已有几百年，对其解读、质疑，甚至否认者大有人在，然而跨出传统窠臼对其进行透彻理解的，却也不多。而贺麟（1902—1992）先生的《知行合一新论》[2]切中实质，特别是贺麟先生提出的自然的知行合一论和价值的

---

〔1〕《大学》，载 https://baike.baidu.com/item/大学/5655065，最后访问日期：2018 年 9 月 14 日。

〔2〕贺麟：《知行合一新论》，载 http://wenku.baidu.com/view/c3a62413f18583d049645991.html，最后访问日期：2018 年 9 月 14 日。

知行合一论，将王氏的知行合一的内涵阐释通透，将知行合一从单纯的道德教化，提升到整个认识论和方法论的高度之上。

贺麟先生的《知行合一新论》，品性立足于知行，极大地拓展了自身的内涵与外延，强化了自身功能，既能够承担事实评估之任务，也能够完成价值评估的使命。

贺麟先生作《知行合一新论》时（1938 年 12 月），系统科学理论尚未成型，信息、控制、层级等概念并未出现，但是贺麟先生却能够从心理、生理的角度对知与行作出细微而又准确的解读，即使今天读来仍然具有极大的启发意义。同时贺麟先生在文章末尾指出：兹于结束本文之时，更根据知主行从，知是行的本质，行是知的表现之说，而提出行为现象学的研究。行为现象学与行为学不同。行为学是以行为释行为的、客观的、实验的纯科学。行为现象学乃系从行为的现象中去认识行为的本质——知或意识。

对品性来说，其知行的味道似乎不言而喻。王氏名言"知是行的主意，行是知的功夫。知是行之始，行是知之成"，最初所指就是属于德行和涵养心性方面的知行。贺麟先生辨析出的价值的知行合一论明确地揭示出了知行之于品性的价值意义，因而对知行判断的最高标准——合一直接体现的就是价值评估。

人生伊始，无知无行（无善无恶心之体），由无到有的过程中难免无法合一（有善有恶意之动），倘明晰致良知（知善知恶是良知），那么就可以在不断的协调过程中由低级合一向着高级合一持续推进（为善去恶是格物），这也就是人生过程的一个凝练。如此一来，个体之人生，无论职业选择，无论家庭生活，只要能够在特定的状态之下达到特定的知行合一，伴随而来的层层评估显然是以"价值评估"为基础进行的。

对于这个过程，贺麟先生指出：我们只需确认知与行都是有等级的事实即行。我现在只提出"显"与"隐"（explicit and implicit）两个概念——从心理学借用的自然标准，来判知与行的等级。

> 自然的知行合一说者，以显行与隐知合一，或显知与隐行合一，换言之，以每一活动里知行两者自行合一，同时合一。不同时之知行合一，显知隐行与显行隐知之合一，在自然说中不可能。而价值的知行合一说者，则在不同的时间内，去求显知隐行与显行隐知之合一。因为知与行间有了时间的距离，故成为理想的而非自然的，因为要征服时间的距离与阻隔，故需要努力方可达到或实现。

注意这里贺麟先生提到的显与隐，不仅直接可以对应到现代认知心理学的外显信息（explicit information）与内隐信息（implicit information）概念之中，而且也用显和隐的方式揭示出了某种事实和价值的关系。

但是贺麟先生之论，有比较明显的二分思维色彩，但仍具有很大的启示和借鉴意义。诚如评估被视为事实与价值也涉嫌陷入世界二分的逻辑体系一样，问题不在于二分的确实与否，而在于它能否帮助人们更完整地理解世界，若将其视为认识世界的一个桥梁的话，大可采用过河拆桥的方式将其扬弃，所以若将二分与非二分再进行二分处理，这才真正是陷入二分而不可拔了。

思考题

1. 为什么说品性之基是"信念"？
2. 谈谈你身边的信念。
3. 说说中庸与品性之准的关系。
4. 你是如何理解"中庸之道"的。
5.《知行合一新论》的意义有哪些？

第五节　品性之元本

一、引言

本教程提出元品性概念，即将诚实视为品性之元。为了更充分说明欺骗（对应诚实）在品性中的作用和意义，引入了"本"的概念，以"元本"来替代"元"，称为品性之元本。

本，由一木一横组成。一木泛指树木；一横指土地，这一横被木字之干（竖）向下穿越。本，其音通奔，所以，本字之意为：树木通过主干向地下奔放的规律。因此，可与根组成根本。

元，会意。从一，从兀。甲骨文字形。象人形。上面一横指明头的部位。

元本，根本，首要之义。可以更确切说明欺骗（现象）之于品性的重要性。

二、欺骗

(一) 小引

欺骗——欺者，其欠也，不足，心虚；骗者，诱惑，吸引；以不足诱惑，谓之欺骗。

欺骗 (deception)，从信息角度可以认为是有目的的信息误导 (misleading information on purpose，MIP)。前文有述，根据贝叶斯定理：

$$思想 = \frac{所说所想}{所想所说} \times 语言$$

于是当 "所说所想≠所想所说" 时，即为欺骗。

显然这是一个通式，人生在世几乎无时不在思想，但是自己的思想倘若没有语言的形式帮助，不仅不能让他人知道自己的思想，而且自己亦难判断自己是否在思想，于是才有维特根斯坦的语言边界与思想边界之说。因此语言亦成为判断欺骗与否的一个载体。

显然对于普通人 (常人)，尽管很难做到每言即诚，但是并不排除在某些特定情形下的真情流露。例如佛教、基督强调的忏悔之时，倘如此刻还无真情流露，那么只能是假忏悔了。故而真正的忏悔之时，应该就是言成 (诚) ——坦诚之刻。

因此，当忏悔之时，可以认为有：

$$思想 (忏悔) = \frac{所说所想}{所想所说} \times 语言 (忏悔)$$

此时，若所说所想＝所想所说，即实现了忏悔时的坦诚；以贝叶斯数学语言来说，此时是一个极值状态。若忏悔时所说所想≠所想所说，即是假忏悔——欺骗。[1] 那么极值状态与非极值状态的不同，就成为欺骗检验能够实现的基础。显然如将忏悔换成职业情境，其实现的就是职业品性评估。

(二) 被骗与施骗

1. 被骗

被骗包括所谓的自欺 (self-deception) 和被欺 (deceived)。

海德格尔认为，欺骗之所以能够存在，与我们本性向善 (自然的知行合一)

---

[1] 这也是奥古斯丁最不能原谅的一种谎。

里的被欺骗（自欺）或愿意被欺骗（被欺）的良善能力（真实性驱动）有很大关系。海德格尔认为失误与欺骗不是心智事件，也不是我们对世界之物的错误描述，而是人在世存在、与物与人打交道的特殊方式。

在《存在与时间》[1]中，海德格尔通过案例"散步时看见一只鹿，走近才发现是一簇灌木"说明了愿意被欺骗的现象，并将其称为知觉欺骗（perceptual deception，PD）。并从现象学的角度给出了对欺骗的解释：

第一，成功与不成功的知觉（即受骗和没有受骗）之间没有截然区别。只不过成功的知觉使我们对世界具有良好的存在理解（合一状态，真实性要求）。因此这是谱系现象——更好与更劣的问题（合一状态的层级性），而不是两分现象——对与错的问题。因为我们所知觉（认知）的实存物并不是绝对明确客观的。

第二，知觉世界是一个场景或储库，从中可以提取的不明确构造是无穷的（环境状态变化万千，也使合一状态不断改变）。

第三，我们所经验的——经验的现象内容——并非明确的事实。在很多情况下，知觉的内容不是命题的内容。它是一种身体态度，令我们准备就绪，以应对世界（生存策略）。

海氏从正面的角度说明了被骗能够存在的意义和价值，正是在不断被骗的过程中，人们与世界的结合才越来越紧密，也越来越能够通过世界对自己的反映来辨识自己和认清自己。

换言之，在自欺与被欺时，下式中：

$$思想（自欺、被欺）=\frac{所说所想}{所想所说}×语言（自欺，被欺）$$

其中的所说所想＝所想所说，因此证明自欺与被欺恰恰是个体的一种坦诚状态！

如果一定要以欺骗论，这时的欺骗，就是知觉欺骗（perceptual deception，PD），此时的欺骗是坦诚的脚注，是人们快乐的源泉、生活的动力，亦是信仰的根基。

2. 施骗

人生三欺，罪在欺人。所谓的欺人，尽管只占三欺之一，但是却与其他具有

---

[1]［德］海德格尔：《存在与时间》（中文修订第2版），陈嘉映、王庆节译，商务印书馆2016年版。

迥然不同的含义。即在下式中：

$$思想（欺人）= \frac{所说所想}{所想所说} \times 语言（欺人）$$

处于的是所说所想≠所想所说的状态。驱使个体所说所想≠所想所说的只能是他自己的言语－意图（intention－to－say）。因此可将施骗称为意向欺骗（intentional deception，ID），可以与海德格尔的知觉欺骗（PD）形成对应。

欺骗，具有知觉欺骗的受骗和意向欺骗的施骗两个含义，前者可以解释人们为什么喜欢看戏，明知有假还乐此不疲，因为人们在受骗之中感受到了一种真实性的合一（尽管它是假的）；而后者则能够说明在蓄意施骗时的忐忑与紧张等，此时施骗者身心处于一种不合一状态，感受到的是知行的分离（尽管程度有所不同）。

也正因为这种意向性，意向欺骗才能够在意向欺骗的实施者们那里随情随境而又外显的存在，从而成为可检可测的目标和对象，成为品性评估的一个信息源。

意向欺骗是一个蓄意构建的产物，具有如下一些特点：

第一，意向欺骗是个复合体，即不可能只是单一的信息点。

第二，意向欺骗具有方向性，即只是针对某种状态或对象才施骗，如罪犯对警察。

第三，施骗成功与不成功之间没有截然区别，只有更好与更劣的状态，不是对与错的状态。因为施骗永远不会满足于当下的表现，即我们所说的一个谎往往需要十个谎来圆。

第四，具有主动性，即意向欺骗的出现，虽更多是对自我的一种保护，但表现出的却是要让信息接收者相信（容易被唤醒），因此，这就为用介入的方式（改变现状）对其进行有效探查提供了基础。

为此，意向欺骗为知行合一的状态判断提供了一个很好的切入点，也就是能够从言行一致和心口如一等角度入手，来实现对个体欺骗的检验，进而实现品性评估之要求。

3. 欺骗与违约

约，字从糸，从勺，勺亦声。糸表示缠束、绑定。勺意为专取一物、专注于一点。糸与勺联合起来表示专门对一件物品进行绑定。本义为专物专绑，引申义为专门就一件事给出不可改变的承诺。

约定，其实隐含着一个相约者相互平等的前提，所以在中文语境中，往往将对不平等条约的废除视为正当，因为这类条约的生成可被视为是强加的。但是如果不存在这样的不平等签约，那么违约就构成了欺骗。

4. 欺骗与时间

朱里安·杰纳斯（Julian Jaynes）在其《二分心智的崩塌：人类意识的起源》（*The Origin of Consciousness in the Breakdown of the Bicameral Mind*）中将欺骗（deceit）分为短时（short-term）和长时（long-term）两种，指出短时欺骗即便是黑猩猩也会在觅食中使用，但是这种行为的结果会很快出现，如立即吃掉骗来的香蕉等。杰纳斯认为这只是一种工具性学习（instrumental learning）。但是长时欺骗，如背叛（treachery），就需要一个模拟自我（analog self）去做（do）或是（be）一些完全不同于原来该做该是的事情。例如看到自己妻子被别人强奸，但是却又无力阻止时，他可能会将仇恨埋藏起来，择机报复。这种仇恨的长时掩藏，显然才是欺骗。[1] 杰纳斯在这里没有使用 deception 而是使用 deceit，或是他已经敏锐意识到蓄意（on purpose）之于欺骗的重要性，不是蓄意的信息误导，应该不认为是欺骗。

这是对欺骗的一个基本认知。另外，也引出一个更重要的问题，即是否欺骗，时间成为衡量的标准之一，如"路遥知马力，日久见人心"。

谎言也同样具有时间性判断标识。对于曾长期呆在自己身边的加略人犹大，耶稣以性命为代价指出：我实实在在地告诉你们，你们中间有一个人要出卖我了。[2] 说明犹大在耶稣身边的言是否成谎，时间判断界定为耶稣被抓之时，即倘无耶稣被抓，犹大之言难为谎。可以认为，假如犹大在未踏上耶路撒冷之前就死去的话，后世的人也可能会将其列入十二使徒之中——真乃：

> 周公恐惧流言日，王莽谦恭未篡时。
> 向使当初身便死，一生真伪复谁知？

而当彼得三次不认主时，耶稣给出了一个鸡叫之前的时间判断限定。[3] 这样彼得之言是否成谎的判断时间也就在一夜之间。貌似彼得之言成谎与犹大之言成谎只是时间的不同。但两个时间界定，前者因为长时间，且有了性命终结的验

---

〔1〕 J. Jaynes, *The Origin of Consciousness in the Breakdown of the Bicameral Mind*, 1990, pp. 219-220.

〔2〕《圣经·约翰福音》13:21，中国基督教三自爱国运动委员会·中国基督教协会，2013 年版，第 122 页。

〔3〕《圣经·约翰福音》13:38，中国基督教三自爱国运动委员会·中国基督教协会，2013 年版，第 123 页。

证，言确成谎，是不折不扣的欺骗（行为），而后者，短时即验证，且未触及性命，言虽成谎，但并不是欺骗。

于是，言能否成谎，一个决定的因素就是时间，而时间对个体而言只有他的在世存在时才有意义。因此，一个人言与谎之间的转化程度，就成了这个人的基本品性特征。

当一个人在他的性命时长内，能够保证其某些言能是言时，即为言成，诚也——也可称为诺言，抑或预言。

当一个人在他的性命时长内，能保证每言即言时，此乃圣人、完人也！

(三) 小结

按照存在主义心理学观点，存在可分为三个世界：①组成生理和物理环境的内部和外部世界，或称周围世界；②由他人组成的人际世界；③人与自我和自我价值所体现的，潜能的自我内在世界。三个世界息息相关、互为条件，人同时有"物、人、己"三种存在方式，而不是分属于三个不同的世界。因此，意向欺骗只是人与人之间的一种关系，而自欺与被欺就显然是自己与自己和自己与（物质）世界的关系了。

当然人的存在是上述三种存在方式的并存，品性的反映主要集中在人与人的关系上（否则难成"品"），但是人与自己和人与物的关系又可成为人与人关系的参照。

欺骗是对时间的意识，意味着对存在的觉醒。意向欺骗的蓄意（故意）性从时间上来说是一种对时间的逆用，即将已经发生或存在（时间上已属过去），进行加工后，拿到当下，意图（蓄意）让人为将来而相信。当然这并非现实存在，即虚拟的存在、想象的存在都可以生成欺骗，只要出现在时间上的过去。所以欺骗是一种时间的逆用。

显然这种逆用对于自己和物质世界来说，或是一乐，如欣赏自己年轻时的照片，如赤壁怀古。但是当这种逆用的对象是他人之时，随杰纳斯的短时欺骗与长时欺骗之分，可见意向欺骗的分量。显然时间越长，逆用越明显，欺骗程度也就越深。

意向欺骗具有强烈的相对性和即时性，这也是《孙子兵法》里的基本要义。否则，兵贵神速即失去意义，欺骗也就难以实现，也不会存在。品性评估里的欺骗，指意向欺骗，即把自己并不相信的信息传递给对方，并试图使对方相信。但是知觉欺骗的时间性和坦诚性，却是意向欺骗生成的土壤和条件，换言之，倘若我们不能被骗，那么骗又何处存在？

这种相对性和即时性，也是人们喜爱文艺作品和观看演出等的根本原因。大幕拉开之时，人们被带入一个特定关系中，演员以进入角色为荣，观众以如痴如醉为目标，一方愿意骗，一方愿意被骗，所以乐此不疲，互相欣赏。但当大幕落下，一切回归现实，倘仍沉溺舞台或观众，此时之骗，或才真骗。

真正的艺术之骗，属于坦诚，但当为艺术而艺术时，即是非坦诚，其间转化甚为微妙，演员与艺术家之别，观众与欣赏者之异，就在这微妙的转化之时。

不论这种转化如何微妙，与坦诚之常态不同的非坦诚意向，能使得意向欺骗者本身处于一种心口不一、言不由衷、言行不一的知行不一的状态之中，这种非常态的现象，根本原因就是施骗者对时间的逆用。品性评估能够实现，就是对这种非常态的捕捉与判断。

贝叶斯定理的逆概作用，遂可成为时间逆用的解锁之钥。

三、谎言

（一）小引

谎言被视为欺骗性质的言语，指的是通过语言行为有目的进行的信息误导。

语言是存在的家园，谎言是欺骗的家园。

古人倡导"三不朽"之立德、立功、立言，德居首位，但是在后人的解读中，都程度不同地将立言视为最重。立言，指的是把真知灼见形诸语言文字，甚至著书立说，传于后世。而立德、立功都旨在追求某种身后之名、不朽之名，名之载体，非言莫属。如此"三不朽"合为"言不朽"更为贴切，古圣先贤正是在超越个体生命而追求永生不朽、超越物质欲求而追求身后之名的过程中，以言为托，步步接近或实现其追求。故而孔子称："君子疾没世而名不称焉"（《论语·卫灵公》）；屈原讲："老冉冉其将至兮，恐修名之不立"（《离骚》）；司马迁云："立名者，行之极也"（《报任安书》）。

（二）谎的分解

1. 谎与言

雅克·德里达（Jacques Derrida）在《谎言的历史》（*History of the Lie Prolegomena*）的绪论[1]中指出：就其通行的、公认的形式而言，谎既不是一项事实

---

〔1〕 苏楷：《谎言的历史》，载 http://blog.sina.com.cn/s/blog_7e3e2dfc0100x6n1.html，最后访问日期：2018 年 9 月 14 日。

（fact）也不是某种状态（state）；它是一种意向性活动（intentional act），是一种说谎行为（lying）。不存在谎言，相反，只存在这种被称作说谎的言语（saying）或言语-意图（intention-to-say）。

谎，由言和荒组成。荒，字从艹，从㐬（huāng），㐬亦声。艹指茂密的野草。㐬指沼泽地。艹与㐬联合起来表示长满野草的沼泽地。仅言之时，意为传达真理，但是当真理成为长满野草的沼泽地时，那就是谎了。谎由言出，遂成谎言。但是此时的原意似乎仅是非真而已。

言，指事。甲骨文字形，下面是舌字，下面一横表示言从舌出。言是张口伸舌讲话的象形，意为言出传达真。

真，本从贞演化而来，贞，从贝从卜，卜贝属于占卜的一种，是汉人传统的习俗，意为占卜以求真相，所以真亦有真相之义，是最简单的一种求真过程。

但凡开始必以真为起点，否则不会开始。

由此可见，言之最初含义即是开始说事。此时并无属性，可称言说。怎么说？

诚说——言，成，乃诚；

谎说——言，荒，乃谎。

所以，谎与诚均是态度，是意向性，而不是结果。换言之，均只是一种说话的方式而已。但是当某种方式（言）开始固定，具有一贯性属性时，其本身就开始成为实体，谎成谎言，诚为诚实。

王寅[1]在其《认知语言学》中根据库曼（Coleman）、肯（Kay）和斯维茨（Sweetser）对 lie 的研究，将说谎分成三个模型：①所说的话是不真实的；②自己知道是不真实的；③有欺骗的企图。认为若仅具有其中两个模型仍可被视为说谎，但不很典型；若仅具其一或许就很少有人认为是说谎了。例如，某人得了重病，朋友会善意加以劝慰，往往要隐瞒真情，此时所说的谎言仅具有头两个模型，而第三个模型则不明显，因此人们一般不认为这个朋友是在说谎。同时指出，三个模型对于说谎（lie）来说，首先重要为自己不信（falsity of belief），其次为故意欺骗（intended deception），最后才是事实虚假（factual falsity）。

对于这种现象，王寅意欲通过认知模式（cognitive model，CM）理论给予解释，但是我们关注的是，传统测谎恰恰重点要的是关于事实虚假的事实。因此在这里，或将说谎通过认知模式予以解读后，测谎与品性评估的关系倒更加清晰

---

[1]　王寅：《认知语言学》，上海外语教育出版社 2007 年版，第 228 页。

了。也就是说，测谎关注的是事实，品性评估关注的是信与故意。

2. 谎与诺

诺，秦汉时期人与人之间答应的声音，表示同意。其早期是指地位或者辈分高的人对下级或者小辈分的应答。固有"缓应曰诺，疾应曰唯"之说。

另外，诺由言和若组成，而若是顺从的意思。因此诺言就是顺从的言语，引申为承诺，意思是接受。

由于文化形成的差异，国人比较严格的契约意识并不是很强，尤其是在有地位差异的情况下，契约很难出现。但是在平辈（平级）之间，契约还是比较常见和必需的，所以才有"一诺千金"的说法。当然如果长辈或上级能够做到承诺，即信守诺言，那小辈和下级往往会喜出望外，故而才会出现恭维皇帝之言为金口玉牙之说，其实可理解为通过某种捧杀的方式，或某种道义的模式强制要求皇帝能够说到做到。

所以中文语境中的诺言，意味着某种契约，因此违背诺言，即是违约，属于谎言范畴，亦即撒谎或扯谎，显然也是欺骗。

谎与诺的关系可参见下图 1.2。

图 1.2 faith in word（FiW）轴线图

其横轴表示的是价值判断，即信或疑，分居两个相反方向，具有内隐特点；而纵轴，表示外显的言语，即是或否，亦分居上下。由谎到诺的过程也可视为前文所述的一个言顺（faith in word）过程，中心原点自然为言语（word）。

这样就生成了四个区域，借用解析几何术语，第一象限由"信+是"组成，故称其为一诺千金区；第二象限由"疑+是"组成，称其为巧舌如簧区；第三象限由"疑+否"组成，称其为直言不讳区，第四象限由"信+否"组成，称其为信口雌黄区。

显然，第一象限和第三象限处于合一的状态，而第二象限和第四象限则是处地不合一的状态。所谓品性评估，也就是这几个状态的确认和衡量。品性评估的基本原理，亦可以在此得到形象说明。

3. 谎与慌

诚乃言成，乃坦诚，故而诚能实，遂成诚实。

谎与言可称谎言，但是这不是个体之谎的直接效果。

慌，↑指心中感受。↑与荒联合起来表示好像人到了野草丛生的沼泽地里的感觉。

言与心通，故而谎也就慌，于是尽管中文中的谎字意向性不突出，但是慌却很明显，如慌张、慌乱、慌忙，甚至慌恐。与其说张、乱、忙、恐都是慌的后果，不如说是谎的作用。也就是说，在谎的意向性驱使下，人才有慌，随后忙乱诸象显现。

张、乱、忙、恐等现象如此明显，不仅能被人们千百年来在谎与诚的对比中意识和发现，而且具有很强的推己及人性质，因此测谎的历史几乎与人类文化史一样长久，而且测谎也顺理成章地成为品性评估的开端。

（三）谎言的种类

奥古斯丁（Aurelius Augustinus）将谎言分为八种：[1]

第一种就是在传授教义时说谎，这种行为十恶不赦，应拒之千里，任何人在任何情况下也不应该这样做。

第二种谎言会不公正地伤害他人，这种谎言无益于任何人而有害于某个人。

第三种谎言会使某个人得益，而同时使另一个人受害，尽管并非肉体上的伤害。

第四种谎言是单纯的谎言，目的全在从撒谎和欺骗中取乐。

第五种谎言的目的是在逢迎谄媚的对话中取悦于人。

以上这些谎言必须否定和避免，此外还有第六种谎言。这种谎言于任何人无害，而有益于某个人。

第七种谎言于任何人无害而会使某人受益。不过法官发问时除外，此时会有人说谎，因为不愿意把抓到就要杀头的人供出来，不仅对正直而无辜的

---

〔1〕［古罗马］奥古斯丁：《道德论集》，石敏敏译，生活·读书·新知三联书店 2009 年版，第 161~206 页。

人，对于罪犯也是一样，因为基督教的教义要求，绝不要对任何人的皈依丧失信心，绝不要剥夺任何人忏悔的机会。

对于后两种谎言我谈了不少，这两种很容易引起争议。我已经陈述了我的看法：如果接受痛苦并且坦诚勇敢地忍受痛苦，坚强、忠诚和诚实的人们是可以避免这种谎言的。

第八种谎言于人无害，而其益处在于能使某人免受某种肉体玷污，至少是上述那种玷污。犹太人认为不洗手就吃东西是一种玷污。如果有人认为这是一种玷污，那么绝不能靠说谎去避免。不过，有时谎言会使某人受到伤害，即便它能使另一个人免受那种人人憎恶的玷污，这时就有了一个新问题：如果谎言造成的伤害并不具有我们讨论的那种玷污的性质，该不该撒这个谎呢？这里的问题与撒谎无关，而是该不该伤害别人（并不一定由于撒谎）而使另一个人免受玷污。我绝不赞同这样做。

显然，奥氏已经确切地意识到了他之所谓谎言的蓄意性，也是奥氏八分法始终是谎言研究领域之圭臬的一个基础，因为其已经敏锐地通过谎言点明了欺骗的根本性实质。

（四）谎言的功能

维基百科[1]以定义的形式对谎言的功能作了这样的解释：

谎言是一种用于欺骗目的的有意陈述。谎言的交流被称为"说谎"，谎言的交流者被称为"说谎者"。谎言根据使用者的不同发挥着帮助性的、交往性的或心理性的功能。一般来说，谎言承担着负面评价，而且谎言会出现在社会性、法律性、宗教性以及刑事制裁中。

在一些特定的情形下，说谎是被允许、被期望，或者被鼓励的。相信并依照错误信息行动会引起严重后果，所以科学家们和一些有志之人已经尝试开发一些可靠的方法来区分谎言和真实陈述。

（五）谎言的实质

1. 谎言与不合一

知行合一是王阳明的核心思想，贺麟先生将王阳明的知行合一分解为自然的

---

〔1〕 "Lie", available at https://en. wikipedia. org/wiki/Lie, last visited on 14 September 2018.

知行合一和价值的知行合一，准确地向我们说明了生命能够诞生，是自然的知行合一的杰作，但是生命的诞生，并不意味着一定能够生存，因为生存的过程是一个生命系统不断地需要与环境进行物质、能量、信息交换的过程，而这种交换并不能保证总是对生命的生存是有利的，这便需要价值判断，即决定什么是好，什么是坏。显然价值的判断不能够保证总是准确无误的，因为生存的环境是复杂可变的，这样就出现了价值上的知行合一是需要通过努力才能够实现的。这种与生俱来的自然的知行合一就与后天生存需要的，却又难以实现的价值的知行合一之间产生了一种张力。这种张力导致了不合一现象的发生，其行为表现就是欺骗，其言语表现就是说谎。

2. 谎言与约定

说谎即违约，这是《圣经》的一个基本要义，但是从更准确直观的角度去阐释这个论断，就需要提到皮亚杰（Piaget）的发生认识论及其影响。

让·皮亚杰（1896—1980），瑞士心理学家，他在20世纪20年代提出儿童心理发展阶段理论以及发生认识论，[1] 主要针对的是儿童认知发展，但是其价值和意义已经远超儿童认知范畴。从品性评估角度来看，他的工作从另一个方面通过颇具实证色彩的工作，不仅证明了谎言即"不合一"（皮亚杰著名的守恒实验),[2] 而且通过后来的新皮亚杰主义[3]者工作，为谎言与约定的关系清理出一条更加清晰的思路。

例如，标称为新皮亚杰主义者的威廉·佩里（William Perry）等人提出，皮亚杰将15岁定为个人的思维成熟期并不正确。[4] 他们认为，15岁不一定是思维

〔1〕　王振宇编著：《儿童心理发展理论》，华东师范大学出版社2000年版，第174~233页。
〔2〕　守恒概念是指儿童认识到一个事物的知觉特征无论如何变化，它的量始终保持不变。守恒（conservation），在心理学上有一个有趣的实验，那就是让尚未达到物质守恒的儿童亲眼看着一小碗牛奶全部倒入另一根试管内的全过程，接着问儿童试管里的牛奶和原来碗里的牛奶哪个更多，几乎所有没有形成守恒概念的儿童都坚持试管里的牛奶更多。
〔3〕　《皮亚杰理论》，载http://baike.baidu.com/item/皮亚杰理论/2090581？fr＝aladdin，最后访问日期：2018年9月10日。
〔4〕　皮亚杰认为，儿童的智慧不是单纯地来自客体，也不是单纯地来自主体，而是来自主体对客体的动作，是主体与客体相互作用的结果。智慧发展阶段可解释为整个心理发展的阶段，因为心理机能的发展决定于智慧。智慧发展的阶段，即心理发展可以区分为不同水平的连续阶段，阶段之间具有质的差异。前一阶段的行为模式总是整合到下一阶段。发展的阶段性不是阶梯式的，而是有一定程度的交叉重叠。各阶段出现的年龄因智慧程度和社会环境影响而略有差异，但先后次序不变，分别为：①感知运动阶段（0~2岁）；②前运算阶段（2~7岁）；③具体运算阶段（7~11、12岁）；④形式运算阶段（11、12~15岁）。

发展的成熟年龄，形式运算思维也不是思维发展的最后阶段。通过一系列实验，佩里把大学生（大于 15 岁）的思维概括为如下三种水平：①二元论（dualism）水平；②相对论（relativism）水平；③约定性（commitment）水平。

注意这里的三个水平并不是某人到了某个年龄段后就截然以某个水平的标准去思维和语言，而是尽管是所谓的成人，也不能保证他对任何事物的理解与思维都是成人模式，也就是说，同样的问题，某个成人某时就会或以二元的水平，或以相对的水平，或以约定的水平去理解，这几乎完全是一个个人行为。例如当两个男孩（一个三岁半，一个七岁的小哥俩）要给妈妈选生日礼物时，三岁半的弟弟选了一辆玩具小车送给妈妈，而七岁的哥哥给妈妈选了一件首饰。从皮亚杰的发生认识论来看，弟弟的行为并不表明他自私，只是说明他还不明白妈妈的兴趣可能与他不一样。而哥哥的行为，则说明进入这个年龄段的儿童（具体运算阶段）已经能站在他人的角度考虑问题了。新皮亚杰主义认为，在成人社会，不能保证每个成人面对每个问题都能够以理想或标准的成人思维来应对，也就是说，不能排除成年的哥俩均采用标准的方式来讨好妈妈喜欢为妈妈准备生日礼物，或许弟弟认为自己喜欢的才是最珍贵的，最珍贵的给妈妈做礼物妈妈才是最高兴的。这时对弟弟的行为，从自己喜欢的角度理解可以认为是二元的，但是从珍贵的角度理解就是相对的，而哥哥的行为就是约定的。

姑且不论新旧皮亚杰理论的异同，单就成人思维（语言）的三个水平划分而言，从思维的成熟程度来说，约定水平显然是被认为最成熟的一个阶段。新皮亚杰主义从一个全新的角度比较完整地说明了谎言（欺骗）即违约的一个实质。

通过皮亚杰的发生认识论，可以更确切地理解前文所述的海德格尔之观点："失误与欺骗不是心智事件，也不是我们对世界之物的错误描述，而是人在世存在、与物与人打交道的特殊方式。"因为皮亚杰指出，认识不仅具有结构，同时认识的发生是一个由低级到高级不断建构的过程。他认为，认识的获得需要把结构主义与建构主义紧密地结合起来，每一个结构都是心理发生的结果，而心理发生就是从一个较初级的结构过渡到一个不那么初级的结构。从简单结构到复杂结构的转变是一个不断建构的过程，任何认识都是不断建构的产物。这在皮亚杰那里被称为现象学因果性（phenomenalistic causality），亦深刻揭示出皮亚杰方法与海氏理论的异曲同工之妙。

（六）谎言可测与品性评估

生存的意义在于生命的价值，而生命的价值又需要生存来体现，正是这种既相互依存，又充满张力（谎言）的状态，使得生命之花绚丽多彩，万紫千红。

谎言作为欺骗的一个突出代表，与思想同行，与文化共生，对谎言的追究，就是测谎，就是对思想的质询和对文化的反思，其价值意义不言而喻。所以测谎的意义远非仅仅是找出几个犯罪分子那么狭义。

谎言之于品性，曾经绕行了一个大圈，先是品性成言，然后言有诚或谎（出现谎言），因为谎言即欺骗，遂以欺骗检验示品性，欺骗被认为是信息误导，故产生心理（信息）测试（心测），此时在证言的引领下，再次返回言，通过品性评估，成全品性。

生存是生命存在的基础，然而生存的环境又是如此复杂多变，必要的生存基本策略必不可少，欺骗就是这样一种基本策略。从自然的知行合一和价值的知行合一角度来说，前者是一种显然的本真，体现出"是什么就是什么"的坦诚状态，而后者，则因为环境因素很难实现这种坦诚，但是受前者坦诚要求的驱使，后者也想实现这种坦诚，这时，欺骗就成了后者为实现这种坦诚而采取的必然选择。因此欺骗现象既反映了生存与生命的依存，也体现了它们之间的张力，进而成为生存与生命关系的一个通道、桥梁、纽带，道路、真理、生命的途径就此形成，品性评估，其首要目标与对象也就顺理成章地被确立。

四、测谎

测谎是舶来词，但是一直又是个热词。即便在它的原产地美国，也似乎从它诞生那天开始就一直持续地发热。

20 世纪 30 年代测谎由美国人马斯顿首次提出并付诸实施，不仅将其从少数人的实验室行为，变成了普罗大众可以直接参与甚至娱乐的一个项目，而且狠狠地搅动了科学证据（scientific evidence）这池春水，成为虽败犹荣的科学证据急先锋。

其实测谎的历史非常悠久，因为谎言是与人类语言的产生相伴相生的产物。只不过相当长的时间内，人们由于谎言与欺骗带来的后果并非全然负面，有时甚至是智慧的某种体现，如《孙子兵法》的流传不衰。这样人们对于测谎则是爱恨交加。

其实与其说测谎之热，不如说测谎之敏感，因为它试图将意识、思维、心灵等神秘莫测的概念或想法昭示于世，它剑指内心的锋芒，既为生命带来了光，却也唤醒了黑暗。[1] 所以，测谎的出现，既有欢娱，也有恐惧，全然不似某个新大陆发现那样能让所有人在所有时刻欢欣鼓舞。

不管怎样，测谎却像一颗能够根据土壤与环境的不同而发出不同芽苗和开出不同花朵的种子，具有极强的生命力。从测谎到心理测试再到品性评估，我们对谎言的理解实现了看山是山、看山不是山、看山还是山的跳跃过程，也在很大程度上契合了人们语言（思维）发展的三个阶段——二元（dualism）、相对（relativism）以及约定（commitment）。

虽然这种简单的分类未必是儿童心理发展的绝对必由之路，但是通过它们来描述测谎、心理测试和品性评估的主要职能与任务倒有几分恰当。

1. 测谎——二元论

毋庸置疑，测谎的谎是默认了诚的存在而提出的，如此谎与诚就形成了二元关系。

注意谎与诚是对应（correspondence），并不是对立（contrast），但是以二元论观点，强调的是谎与诚的对立，所以人们在追逐谎言特异反应的路上一直走得跌跌撞撞。

2. 心理测试——相对论

从英文 lie detection 到 polygraph，多少反映出了人们对谎与诚的对应性的觉醒，所以这时我们放弃了对谎言特异反应的追逐，转而关注谎的内涵，于是事实（尤其是所谓的客观事实）、信息等粉墨登场，测谎由测事实一步步变成测信息（心理信息），反映的就是一个相对变化过程。

3. 品性评估——约定论

品性评估（DCA）定位于以谎证诚，所以谎与诚的对应关系得以彻底彰显，而且职业（岗位）适配度的提出以职业（岗位）的约定为前提，谎即违约的全新概念才得以重新确立，促使评估理念与方法的重大革新。而品性评估技术的诞生就是革新的直接硕果。因此，测谎之于品性评估，是起点亦是终点。品性评估，品评的仍然是谎，但是此谎不同于彼谎。

测谎仪（lie detector），又名多道仪（polygraph），当今不仅是心理学、生理学实验室的标配装备，还是医学监护的必要组成，也是犯罪调查的一把利器，但

---

[1]《圣经·约翰福音》1:5，中国基督教三自爱国运动委员会·中国基督教协会，2013 年版，第 104 页。

它更要在品性评估的舞台上，凭"诚"（rectitude）而来，以"测"为舟，在"谎"的海洋里拓出一条全新航道。

思考题

1. 为什么说"欺骗"是品性之元本？

2. 区分"被欺"与"施欺"的意义何在？

3. 简述欺骗与谎言的关系。

4. 贝叶斯理论如何解释"欺骗"。

5. 谎言与约定的关系是什么？为什么？

6. 你认为测谎测的是什么？

7. 简述品性与坦诚的关系。

8. 发生认识论对品性评估的启示有哪些？

第六节 品性之轻重

一、小引

品性之重，秦同培谓之人类最高尚之权化当之，即人类最高尚之使命是也，为社会之最大原动力。岳亮萍[1]更是直言不讳：品性是人格的灵魂，也是现代人力资源的灵魂。

秦同培与岳亮萍的品性或并不完全等同于我们这里所说的品性，但是他们共同指出的品性之重要性，却与这里重新解读和定义的品性是一致的。这就是说，正是由于人们越来越意识到人之于社会、之于自己的重要性，除了所谓的才能、学识等，还应该有更深层的要求。

但由于对这个更深层的要求理解不同、把握不同，遂造成了各式各样的品性之困。千百年来，"用人不疑、疑人不用"的理想境界一直难以实现，典型如伯乐识马、卞和献玉等均是品性之困的具体表现。显然，品性之困，困在信，既有一般意义上用人之时的人心难测的不信方面，也有在更多人求职或欲获得他人相信之时的难以取信方面。前者可称识马伯乐之困，后者则称献璧卞和之难！

---

〔1〕 岳亮萍：《品性与现代人力资源的需求》，载《教育理论与实践》2002 年版第 10 期，第 34~36 页。

二、识马伯乐之困

唐时韩愈在《昌黎先生集·杂说》有云：千里马常有，而伯乐不常有。古时之千里马，因为食不饱、力不足，才美不外见，所以很难被识。这说明当时识马还是有一定标准的，只不过这个标准并不好把握，也只有伯乐这样的人才能慧眼识珠。

长期以来，品性似乎一直缺乏一个严格的、缜密的标准和界定。已有的定义看似无所不包，几乎涵盖一切，实则操作性很差。即便是秦同培的《品性论》，也不能使人满意。

品性之困，并非国内。即便曾作为美国最大的教师教育资质认证机构——NCATE[1]也对此颇为无奈。该委员会曾在 2001 年用 teacher's disposition（直译为"教师性情"）来补充其原来对教师的评判标准，国内的一些人[2][3]将其译为品性。但是，品性是与 disposition 对应，还是与 teacher's disposition，甚至 professional dispositions 对应，并无一致意见。

disposition，与品德、品质、性格相对应，因并不包含知识和能力，或者说包含得很少。当时 NCATE 对"教师性情"的定义为：

"教师性情是在教师对待学生、家长、同事和社会的行为中产生影响的价值观、责任感和职业道德。它能影响到学生的学习、动机和发展以及教师自身的专业成长。教师性情受知识基础、信仰和态度的引导，这些信仰和态度与关爱、公平、诚实、责任、社会公平等价值观念有关。"

这样的界定具有明显的二分（bicameral）思维模式，即将教师性情视为一个独立维度，与知识（knowledge）和技能（skill）相并列。因此，从定义上来说，

---

〔1〕 The National Council for Accreditation of Teacher Education (NCATE) was founded in 1954 to accredit teacher certification programs at colleges and universities in the United States. NCATE was a council of educators created to ensure and raise the quality of preparation for their profession. The U. S. Department of Education recognized NCATE as an accrediting organization. NCATE accreditation is specific to teacher education and is different from regional accreditation. On July 1, 2013, NCATE merged with the Teacher Education Accreditation Council (TEAC), which was also a recognized accreditor of teacher-preparation programs, to form the Council for the Accreditation of Educator Preparation (CAEP).

〔2〕 唐芬芬：《从"能力本位"与"情感本位"看教师教育的性质及发展趋势》，载《云南师范大学学报》2001 年第 5 期。

〔3〕 张超、王冬艳：《美国教师教育中的品性评估述评》，载《黑龙江高教研究》2013 年第 9 期，第 59~61 页。

不能说其不完整规范，然而实际上，这个规定并无可操作性，结果就给了一些教师教育者趁机施加个人好恶和意识形态的影响，或以违反教师品性标准为由，打压教师候选人的理由与机会。

面对这种情况，NCATE 在 2008 年对此进行了修正，对教师性情的评价只作了提纲挈领式的阐述，它的要求变更为以下两个：①公平；②坚信所有学生都能学习，同时推出了相关的考核评估模式。

2013 年 NCATE 与教师教育认证委员会（Teacher Education Accreditation Council，TEAC）合并，组成预备教育者认证委员会（Council for the Accreditation of Educator Preparation，CAEP），认证标准中的一块重要内容就是 professional dispositions（职业性情）。但这其中的缺陷也很明显：首先，认证评估是将价值评估转换为事实评估，但因为职业性情的培养与发展是一个循环往复的过程，不可将其评估看作是一次性的达标测验，然而认证的一次性特征又非常明显，导致被评估的教师对付评价的典型形式便是公开课的作秀与造假。其次，评估多少也注意到了价值与事实的结合。但是任何评估都是一些人对另一些人的裁判，由于人都有推己及人的天性，所以评估者的偏见往往更突出。虽然制定标准的初衷主要在于给被评估者的行为提供指导，并引导他们朝着一定的目标努力，但是事实却是，这种标准往往变成诱发被评估者为了标准而标准（达标）的动机。美国人迪茨（Diez）使用诺玛蕊综合征（Norma Rae Syndrome）[1] 来描述教育者仅从表面的层次来遵从评价者的需求，忽视深层需求的现象。他们往往会问："你需要什么标准的教师性情？我会满足你的需求。"几乎是在评估中公然造假与挑衅。

凡事立标准，目的主要有二：一是为努力树目标，二是为考核评估立参照。然而"二律背反"的规律却使立标的目的和意愿走向其反面。在国内出现的"考试经济"[2] 也是这种现象的一个典型写照。

由于中国是科举制度的创始者，与之相伴的考试作弊便历久弥新。替考入刑等法律措施出现，说明这个问题已经不能够简单通过道德约束的方式来予以解决。无论是美国人的诺玛蕊综合征，还是国人的应对考试之态，都成为品性之困

---

〔1〕　M. E. Diez，"Assessing Dispositions：Five Principles to Guide Practice"，in H. Sockett ed.，*Teacher Dispositions：Building a Teacher Education Framework of Moral Standards*，AACTE Publications，2006，pp. 49-68.

〔2〕　《考试经济》，载 http://baike. baidu. com/item/考试经济/1154600? fr = aladdin，最后访问日期：2018 年 9 月 14 日。

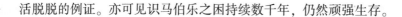

活脱脱的例证。亦可见识马伯乐之困持续数千年，仍然顽强生存。

三、献璧卞和之难

东周春秋时，楚人卞和在荆山见凤凰栖落青石之上，于是他将此璞石献给楚厉王，经玉工辨识认为是石块。卞和以欺君罪被刖左足。楚武王即位，卞和又去献宝，仍以前罪断去右足。至楚文王时，卞和抱玉痛哭于荆山下，哭至眼泪干涸，流出血泪。文王甚奇，便命人剖开璞石，果得宝玉，经良工雕琢成璧，人称和氏璧。唐朝大诗人李白为此专门赋诗："抱玉入楚国，见疑古所闻。良宝终见弃，徒劳三献君。"

卞和之遭遇，是难以取信的一个极端，而如今求职者千方百计的自我推荐、包装等，亦可理解为取信于用人单位的种种努力。这种困难已经不仅是当下社会求职者的挑战，同时也成为很多怀才不遇之人的郁郁心结。毛遂自荐固然美妙，但是脱颖而出的机会却是少之又少。

难以取信固然与一定的社会氛围有关，但是缺少对人性（品性）的深刻理解与认识，以及对人性的不当把握，都使得这种情形往往是恶性循环，有时甚至雪上加霜。

四、小结

难以取信与不敢相信，恰似一条沟壑的两边，横亘在人们之间。如何跨过沟壑，或填平，或架桥，前者可理解为信任的积累，需要时间的检验，即所谓路遥知马力，日久见人心；后者则可理解为心有灵犀一点通或一见如故（如故也是时间的积淀），此举固然便捷，甚至浪漫（一见钟情、一见倾心等），但是风险极高。倘便捷有效，而风险可控，岂不美哉？

品性评估就是这条路径上的一个积极努力。

思考题

1. 用自己的语言简述品性之轻重。
2. 为什么只有"伯乐"才能"识"马？
3. 依你观点，"献璧卞和"之难如何破解？

第七节 总 结

本章以品性之传统含义为起点，通过现象学方法新论品性，力图通过此为品性之困找寻某种出路。其实将品性尽量回到事物本身[1]不是目的，目的是通过此实现在现实世界的更好生存。

秦同培感慨："山中之贼易破，心中之贼难除。"痛陈："上下极极，类皆染有精神上之病症，几几无一人心中不为贼踞。"遂成《品性论》。

还说："英伦苏曼雅士悯其国人溺于唯物主义，期期以休养精神为言……而其中切于救时，能产削心中之贼，大放虚灵之光明者，尤以品性论一书为最适用吾国近势。"

信之于人的品性，似乎不言而喻，千百年来在我们中文语境中这样的描述不计其数，典型如司马光在《资治通鉴》中就有："臣光曰：智伯之亡也，才胜德也。夫才与德异，而世俗莫之能辨，通谓之贤，此其所以失人也。夫聪察强毅之谓才，正直中和之谓德。才者，德之资也；德者，才之帅也……是故才德全尽谓之圣人，才德兼亡谓之愚人，德胜才谓之君子，才胜德谓之小人。凡取人之术，苟不得圣人、君子而与之，与其得小人，不若得愚人。何则？君子挟才以为善，小人挟才以为恶。挟才以为善者，善无不至矣；挟才以为恶者，恶亦无不至矣。愚者虽欲为不善，智不能周，力不能胜，譬之乳狗搏人，人得而制之。小人智足以遂其奸，勇足以决其暴，是虎而翼者也，其为害岂不多哉……故为国为家者，苟能审于才德之分而知所先后，又何失人之足患哉！"

全文气势磅礴，痛快淋漓，惜乎却只是指出了一个现象——君子挟才以为善，小人挟才以为恶，只是简单呈现了君子和小人的德性之差，并未涉及导致德性之差的根本原因及其判据。因此用人之惑一直持续，即何为德？何为才？德才如何兼备？这样的问题总未有答案。即便近代，此德才之影响被秦同培借舶来之词 character 将品性唤出，但世事动荡，秦氏《品性论》即便连印九版，却也险些湮没于历史的故纸堆当中，几消弭于无形。

---

[1] 回到事物本身，现象学用语，指哲学家入手研究哲学时所采取的一种态度。认为哲学研究不能把任何现成的哲学理论或对这些理论的批判作为研究的开端，而应以描述、分析现象为起点，使它们能以本来的面目显现于我们面前。现象学的唯一基础就是现象本身，它的任务就是回到现象本身，对其进行描述。

　　幸入 21 世纪，国运昌祚，在"信任不能代替监督"的召唤下，或与秦氏同，在一个舶来词 credibility 的启示下，从可信度，一步步通过谎与诺的"信"之探索，将其质料载体——言语（语言）——通过贝叶斯理论还原而出，并置之于海氏"语言言说"（载体本体化）的思想体系中，进而再与秦氏之世界最大原动力的品性产生了高度共鸣，从而将品性概念再度打造，并使之丰盈，最后为通过言语和信的贝叶斯关联，铸就成为品性评估。

第二章

品性评估

人法地，地法天，天法道，道法自然。

——《老子》第二十五章

第一节 引 言

世上万物之存在即源于各有差异，倘无差异之别，即无万物之分。人之不同，品性亦不同，这是当然。但差在何处，异在何方，评估测量应运而生。孟子曰："权，然后知其轻重；度，然后知短长。物皆然，心为甚。"对物对人，评估测量都历经由粗到细、由简至繁的一个过程。如果说我国从隋朝开始的开科取士考试首开问卷测量之先河的话，[1] 那么如今名目繁多的各类问卷式心理测验（量）就是一个明证。

威廉·冯特（Wilhelm Wundt）于 1879 年创建心理学实验室，虽然起始目标是要发现人类行为的一般趋势，但是研究发现，对于同一刺激，各人的反应常常不同。起初以为这是由于实验过程的错误。经过长时间的实验观察才认识到，此种差异并非由于偶然的错误，而是由于个体间能力上的真正差别。于是引起了个别差异的研究。要研究个别差异，就必须有精确测量。这就发展出测量目标（对象）和测量工具。例如，反应时测量。目标是时间，工具需要秒表和直尺。结果发现，个体不同，其反应时确有差异，而且即便同一个体在不同情形下反应时也会不同。随着对这种不同情形的一致性控制，逐渐发展出了标准化测量的过程。另外，还有一种度量是称量，更多显示的是一种相对变化。测量需要一个公认的

---

〔1〕 郑日昌等：《心理测量学》，人民教育出版社 2002 年版，第 1 页。

标尺，而称量则只要评估出对象的异同即可，需要的是一个平衡点。

正是类似这种测量与称量科学化、标准化方法的一步步确立，为品性评估由可能变成可行奠定了基础。

随着《品性评估师专业能力培训》项目的推进，对品性的理解越加立体和完整，再度反刍胡塞尔的回到事物本身、意向性、本质还原、先验还原，海德格尔的存在与存在者、被抛与筹划、本真与非本真、语言是思想之家，贝叶斯的先验概率、后验概率，孔子的中庸，龙树的中观，老子、庄子的道，王阳明的知行合一，耶稣基督的道路、真理、生命等理念信仰和思维方法后，虽然仍觉品性评估定义还很具象，但是却也有一语中的的妙处，品出了一丝无处不禅的味道。

品性评估的职业化和职业评估实践，开启了其学科化的基本进程，是品性评估学科的发起及开端，也是本教程的基本意义所在，开端即道路，"道路，而非著作"，海德格尔的这句话亦是本教程的灵魂之所在。

第二节　品性评估

一、概述

由古至今，品性之需似乎均以职业需求为最盛。当今职业是以职业标准出现为标志的。随之而来的就是依照标准进行的入职、履职称职与否的评估需求，如教师和医师的选拔都有一定的标准和要求，而品性评估之事项早已有之，只不过由于职业分布之广，涉及范围之大，远非一般意义上的评估可以囊括或概括，故而往往是孤立而为之。

只有整个社会的知识、能力水平得以提升，使得任何一个职业不可能出现一家独大的情形时，职业化的职业评估才可能出现，才能够打破"既是运动员，又是裁判员"的畸形评估。20 世纪 80 年代，美国人将教师的职业标准由知识、能力和态度调整为知识、能力和品性，加拿大人尤伊尔（Yuile）应北约之邀在测谎的基础上提出可信度评估，这些努力使得职业之共性——性情可信度（disposition-credibility）开始慢慢浮出水面，也使得品性评估一步步酝酿成熟，破土而出，并为跨职业的职业评估奠定基础。

品性评估（DCA）在品性评估师专业能力培训项目中，被定义为对个体之坦诚度（rectitude）和岗（职）位适配度（fitness）的评估。之所以使用坦诚度和适配度进行定义，是因为个体之坦诚及其与岗（职）位之适配能够特征性地反映出个体之品性的实质。

品性评估不拘泥于某种具体的职业形态，提出坦诚度和适配度的组合，意即不能局限于适配度，而是某种程度上更注重坦诚度的影响。这种组合结果大大拓展了评估范畴以及职业适应程度，遂可成为职业－职业评估，明显与传统的职业品性（评估）拉开了距离，成为能让其发展到崭新阶段的基础。因此，品性评估师专业能力培训项目不仅仅是一项技术的开端，更是一种思维方式和评估方式的突破。

二、坦诚度

（一）字义

坦诚，中文字（词）义为坦率与真诚。

坦，平而宽广：坦途；心里安定：坦然；直率，没有隐讳：坦率，坦白等。

《说文》：诚，信也。从言，成声。

所以坦诚更强调的是自己的一种率真状态，英文建议译为：rectitude，意为中正，正直，公正等。故宫的中正殿其英文名即为 Hall of Rectitude。

rectitude，维基字典[1]这样解释：

（1）直；具有恒常方向而不曲不弯的状态或性质。

（2）正确的事实或品质，正确的观点或判断。（现不常用）

（3）与道德行为、道德准则等协调一致。

并且引用了美国《独立宣言》的应用为例句：

1776 年 7 月 4 日，托马斯·杰斐逊等《独立宣言》：因此，我们这些在大陆会议上集会的美利坚合众国的代表们，以各殖民地善良人民的名义，并经他们授权，向世界最高裁判者申诉，说明我们的严正意向，同时郑重宣布：我们这些联合起来的殖民地现在是，而且按公理也应该是，独立自由的国家。

另外，麦克里利斯（Daniel G. McCrillis, Th. D）在《圣经心理学：人类心智手册》（*Biblical Psychology: A Biblical Handbook*）中指出：心智的中正，是与真和正之标准相和谐的行为品格；中正的行为，是这种和谐的体现；完全的中正，只能属于最高主宰者；中正的不足，不仅有罪，而且缺损。

---

[1] "rectitude", available at http://en.wiktionary.org/wiki/rectitude, last visited on 14 September 2018.

rectitude 同义词为 rightness of principle，honesty，integrity，morality，以此为基础延伸出诚实、正直、正义等词语。

另外，对于坦诚状态，海德格尔将其称之为 authenticity（本真）。源于他对古希腊语 aletheia 的考证。该词一般被译为真理。但海德格尔通过词源学的考证，指出该词是由 letheia（遗忘、遮蔽）加否定性的前缀 a-所构成的，因此认定其本义是去蔽。又根据词源学的考证，认定 aletheia 与 Eoiu（在）有同义关系，遂引作对"在"的解释。海德格尔认为"在"即显现，去蔽是显现的一种方式。显现、去蔽包含原始的本真状态得以展示的意思。由此可理解英文 authenticity 的解释内涵。牛津词典对其解释为：天真与诚实的品质度（the quality of being genuine or true）。亦为：无可争议的可信（undisputed credibility）。

因此，本教程这里的"坦诚"即可视为 rectitude 与 authenticity 的某种结合。

（二）坦诚与真诚

坦诚与真诚（包括忠诚等），貌似同义词，其实内涵与外延颇为不同。区分一下这些不同，非常有助于理解品性评估定义中使用坦诚而非真诚、忠诚、诚实等词语的良苦用心。

通过前文曾提到的两个男孩给妈妈选生日礼物的例子，可以形象说明坦诚与真诚（或忠诚等）之别，同时也有助于从一个角度理解测谎不等于品性评估的原因。

直观来说，弟弟的行为（品性）更单纯可爱（有时是可恶，如《皇帝的新衣》中的小孩），而哥哥的行为（品性）则有些复杂和功利——于是弟弟就是坦诚的，但哥哥不能说不坦诚，至少不如弟弟那么坦诚（当然如果哥哥也"喜欢"一件首饰的情形除外）。

言及真诚，或以默认"假"的存在，所以哥哥就可以作假以示真，这种现象在现实世界已经见怪不怪了。另外按照人们"发生认识"的趋势来说，随着人们的日益成熟，弟弟这样的行为会越来越罕见，甚至消失，尤其是在与陌生人打交道时。

这说明人们的坦诚其实越来越少，但并非坦诚的消失，而是被"掩蔽"了起来，因此这里强调坦诚，或只是回到事情本身原则的一个体现。品性评估突出坦诚，不是否认真诚，而是要通过其充分说明真诚。

（三）坦诚度

明晰了坦诚与真诚的异同，坦诚度的理解就会便捷许多。换言之，坦诚度可以在某种程度上理解为真诚度，甚至忠诚度，但是它更应该是一个"诚"度，恰似中庸分布图（图 1.1）中那个圆心大小。

坦诚，可视为品性极致的显示，坦诚度的提出就是坦诚或可测的一个结果。死亡能够将个体逼向本真的境域，进而引起其本能生理机能的变动。本真境域，可以成为判别个体的非本真的"准点"，进而为其非本真程度区分提供依据。其实也是传统谎言测试（测谎）和欺骗检验能够成立的一个基本前提。对本真状态的把握，就是坦诚度评估。

需要注意的是，当出现以一种"我知道，就不告诉你"的态度来说"我不知道"的现象时，"品性之基准"认为这时起决定作用的就是信念，坦诚度评估认为这是另一种坦诚。这种坦诚引起了心理生理反应之确定，不仅成为评估依据，更是在一些特定情形下（如犯罪调查）可以成为某种类型的证据。

三、适配度

（一）基本定义

顾名思义，便知这里的适配度指的是个体与其岗（职）位的适配程度。

根据美国法庭心理研究所（The Institute for Forensic Psychology，IFP）对执勤适配度评估（Fitness for Duty Evaluation，FFDE）的定义，[1] 可知适配度评估就是：确定雇员是否能够安全、有效地完成其基本工作职能（to determine whether the employee is able to safely and effectively perform his or her essential job functions）。尽管其未明言何为 fitness，但是由心理就职适配评估指导（Psychological Fitness-for-Duty Evaluation Guidelines）可知，适配度即是雇员安全、有效履职程度。

品性评估（DCA）的定义为：个体的坦诚度及其与岗（职）位的适配程度（Disposition-Credibility Assessments：The assessments to an individual's rectitude and fitness between the post and his/her willingness），从中可以看出差别。

（二）适配内涵

显然，美国法庭心理研究所的定义仅强调了履职（程度），而没有显示个人意志，这与品性评估的适配度大相异趣了。

岗（职）位是职业细分的一种标志，其标准和要求是在职业基础上的提升。

---

〔1〕 IACP Police Psychological Services Section, "Psychological Fitness-for-Duty Evaluation Guidelines", Philadelphia, Pennsylvania, 2013.

现代社会里，即便同一职业门类，其内部细分亦难以计数，且时有变动。个体进入职业，其实进入的是某个（些）岗（职）位，所以对一个特定的个体来说，其对岗（职）位的敏感程度，要超过对职业的敏感。因此，品性评估中个体的品性体现主要就是在岗（职）位的履职过程中。

借用哲学术语就是，个体的履职可成为其历史性世界（时间）的证明。

时间，对个人塑造而言，主要的作用是历史性。海氏指出，"人首先被抛入世界，然后才筹划自己的生存或存在；人原本归属于存在，然后才筹划自己的存在，正如筹划原本就从属于被抛，并且基于这种被抛而筹划；人的所有筹划和决断，都是基于并且从属于他所置身的历史性世界，并且接受这一历史性命运的馈赠。"[1]

虽海氏的筹划和决断听起来有些抽象，但当与职业的产生与发展联系起来理解时，就会清晰起来，职业可理解为是海氏筹划与决断的一个典型结果。

论及职业，至少包含两方面含义：一是体现了专业的分工，没有分工也不会有专业化，职业也就无从谈起，所以职业化首先是专门从事某项事务的专业化；二是精神追求，职业的发展过程是个人价值不断实现的过程，职业要求个人对它的忠诚和信仰。这样，职业就成了个人所置身的历史性世界标识，亦成为个人的历史性命运的馈赠之代表。

因此，职业就成为个人的一个存在者（beings），现实世界里，比比皆是的个人介绍"我是个医生""我是个教师"等，均属于通过职业刻画个人的常人（the they）行为。

这样，职业适配度，只谈职业，不谈个人，是不完整的。而品性评估在适配度上强调了个人意志（willingness），加上坦诚度因素，因此成就了相对完整的品性评估。

四、小结

职业品性，英文中有 professional disposition 之谓，但是却似乎只是集中于教师领域，而 Fitness-for-Duty 却又仅限于警察等司法勤务部门，而且目前仍以量表类的内省评估为主要手段，并且还是以 objective evidence（客观证据）为主要内容评判。这固然没有错，但显然，某种实证主义思维形式却于不知不觉间禁锢了品

---

〔1〕［德］马丁·海德格尔：《哲学论稿：从本有而来》，孙周兴译，商务印书馆 2012 年版，第 335~345 页。

性（评估）的进一步发展。

根据"善以心论，恶以行断"之古训，就可以发现某种实证主义的有效范围聚集于"恶"，因此也就不用奇怪执勤适配度评估所强调 perform（表现）了。换言之，如今几乎所有的评估（evalution：act of ascertaining or fixing the value or worth of）被视为行为（act）时，它针对的也只能是行为，被用来更多的是断恶，而忽略了善和心。

善以心论，但是如何"论"呢？

心，是现代汉语常用字，本意是心脏。中国古人认为心是思维的器官，因此把思想、感情都说做"心"。又由思维器官引申为心思、思想、意念、感情、性情等，又引申为思虑、谋划。

心作偏旁时，字形会有所变化。左右结构的字写作"忄"，如性、恨、忧、怀。在字的下半部有的写作"心"，如思、想；有的写作"㣺"，如恭、慕、忝。

因为要谈"品性"，这里不妨着重说明一下"性"。

性，从心从生，心生为性。

《说文》：人之阳气，性善者也。

《中庸》：天命之谓性，率性之谓道，修道之谓教。

于是，心通过"性"就与善产生了关联，因此，"善以心论"或可以成为"善以品性论"。至此，品性评估的另一重意义也得以彰显，这便是向善而评！

品性评估，始于品性评估师专业能力培训项目，却又不拘泥于某种具体的职业形态评估，将坦诚度和适配度结合，打破了适配度的某些先天局限（如恶以行断），有能力、有信心、有资格成为职业的职业评估，并且通过与贝叶斯理论的结合，展现出更大的威力和更强的生命力。

思考题

1. 简述品性评估师专业能力培训（CAPCT）的品性评估定义。

2. 坦诚度的基本含义有哪些？

3. 根据坦诚与真诚异同，论述坦诚与忠诚、诚实的关系。

4. CAPCT 的适配度与传统适配度的不同有哪些？意义何在？

5. 七岁的哥哥为妈妈生日礼物的选择（见书中例），若论给妈妈礼物这件事，其行为属于坦诚还是真诚？为什么？

6. 结合品性评估谈谈你对"善以心论，恶以行断"的理解和认识。

第三节　贝叶斯品性评估

一、概述

贝叶斯定理之于品性评估的实现必不可少，以该定理为核心的贝叶斯理论，是品性评估得以实现的一根"脊梁"。

如果说前文若干章节已经通过叙述性的方式，说明了贝叶斯定理对于"居中"、"合一"、欺骗、谎言等具有强大的解释力的话，那么本节，贝叶斯定理的解释力将延及品性评估，故称"贝叶斯品性评估"。

贝叶斯定理的确是个非同寻常的定理，已经不能简单誉其为重要，其非同寻常之处就在于一眼看去它并不像是个数学定理，只不过是从经验中进行学习的主要规则而已，但是它却给我们提供了一个符合普通感知和普通常识的普遍形式化规则，在我们运用经验（或数据）的过程中，它能给予我们指导，如何作出选择假说的决定。[1] 杰弗瑞思（Jeffreys）或只是注意到贝氏对统计学的贡献，但是他的"三普"表述（普通感知、普通常识、普遍形式）却一语中的地揭示出贝氏定理的普世与普适意义。如今贝氏定理在人工智能（AI）领域的大显身手，证明其不仅是对学习过程本身的处理，还在于它能够学习到如何学习。难怪人脑如今已经被贴上了贝叶斯的标签，被称为贝叶斯大脑（Bayesian Brain），[2] 从而可以与那些动物们的大脑做一个区分。

贝叶斯品性评估将通过强大的贝叶斯理论对品性和品性评估作出一个明确的操作性定义，进而实现精准的品性评估。

二、贝叶斯定理

贝叶斯在他的论文里只是阐明了几条概率公理，[3] 然后演绎地推导出他的著名定理，其最简式经皮埃尔–西蒙·拉普拉斯（Pierre–Simon Laplace，1749—1827）整理后为：

---

〔1〕　H. Jeffreys, *Theory of Probability*, 3rd ed., Oxford University Press, 1983, pp. 28-29.

〔2〕　D. C. Knill & A. Pouget, "The Bayesian Brain: The Role of Uncertainty in Neural Coding and Computation", in *Trends in Neurosciences*, 12（2004）.

〔3〕　D. Bellhouse, "Most Honourable Remembrance: The Life and Work of Thomas Bayes", *Mathematical Intelligencer*, 3（2004）.

$$P(H/D) \propto P(D/H) \times P(H)$$

式中 H 表示假说（hypothesis），D 表示数据（data）；用语言描述为：后验概率 ∝ 或然率×先验概率。

经过数学公理化处理，通过形式化定义则有：

因为既然是假说，就会有竞争项，如果将假说 H 的竞争项称为非 H，记作（-H），同时那么就有下等式成立：

$$P(H/D) = \frac{P(D/H)P(H)}{P(D/H)P(H) + P(D/-H)P(-H)}$$

这便是贝叶斯定理的最简单数学式。

因此在贝叶斯理论中，概率就出现了先验（prior）和后验（posterior）之分。

（一）概率

概率，如今大家都觉得自己很熟悉，中学课本里说概率是一件事发生的频率比，这其实是所谓的客观概率。

贝叶斯提出，概率是我们个人的一个主观意念，表明我们对某个事（物）件发生的相信程度，其具有非常强烈的主观性色彩，遂被称为主观概率。

拉普拉斯说，概率理论不是别的，只不过是普通感觉引起的计算而已（probability theory is nothing but common sense reduced to calculation）。

这正是贝叶斯概率的核心，换句话说，概率建立的是来自外部的信息与我们大脑内信念的交互关系，也就是数字性地刻画出人们常说的信或者信念。

贝叶斯语境中，概率只有先验和后验之分，并无主观客观之别。

（二）先验概率及其影响

1. 概念

先验概率简称"先验"，可以应用于命题、假说、模型、事件和信念等。它的同义词很多，先前的、旧的、初始的、原来的，等等。因此先验是初始，是起点。

先验概率的提出，是贝叶斯定理的关键，其敏锐地触及了信念的巨大影响力，这里通过某种品性的方式予以直观说明。

2. 品性与概率

品性，直读或为对性情的品评、鉴别，其实如前述，这里"品"的分量更重，即品评的性质，而非性质的品评。

无论品评的性质，还是性质的品评，都具有不确定性，因而可以用概率（值）来量化表示。因此，品性（评估）过程就是一个概率过程。

3. "看花"与贝叶斯

根据王阳明的"看花"名言，可以发现其更关注的是"看"花的"美"与"不美"（花的美），而非"美"是不是"花"（美的花）。

借用贝叶斯定理的表述，如果将"美"用 A 来代表，将"花"用 B 来代表，这里的"看"的品性便可理解为"花的美"——P（A/B），而非"美的花"——P（B/A）。

这就是品性实质，也是品性评估一说，既然已经含有品（评），为何还要用评估再来重复加强一下的一个基本缘由。

那么，追随着这个线索，品性评估显然关注的是你能否通过花来体味美，即 P（A/B）（一个条件概率），同时也要逼近美的原点（本性），即美到底是什么——P（A）（无条件概率）。

根据贝叶斯定理式：

$$P(美/花) = [P(花/美)P(美)] / P(花)$$

对于同一朵花，其可以是"美"的，也可以是"不美"的，这样的话，若将"美"标称为（A），"不美"则为（-A）；"花"为（B）；那么就有：

$$P(A/B) = [P(B/A)P(A)] / P(B)$$
$$P(B) = P(B/A)P(A) + P(B/-A)P(-A)$$

其中 P（B/A）为"美的花"，P（B/-A）为"不美的花"。

再具体化一点。

假设，P（B/A）= 0.9，表示"美的花"是大多数；

P（B/-A）= 0.05，表示"不美的花"是少数。

现在来看"花"，某人说"美"，那么他真的认得"花"的"美"吗？

即已知 P（B/A），求 P（A/B）= ？

根据贝叶斯定理，有：

$$P(A/B) = [P(B/A)P(A)] / P(B) = 0.9 P(A) / [0.9 P(A) + 0.05 P(-A)]$$

从该式可以看出，"花的美"，除了已经掌握的"美的花"和"不美的花"的基本情况外，还有"美"P（A）与"不美"P（-A）的影响。

这里 P(A)+P(-A)=1，表示"美"与"不美"的和是1，即对花的"看"除了"美"与"不美"外，没有别的判断。因此，P(A)的增加，即意味着 P(-A)的减少。这也与我们对人对事的评价倾向相一致。将几组 P(A)与 P(-A)的假设值代入上式，P(A/B)的变化如下表 2.1 所示。

表 2.1 P(A)与 P(A/B)等变化对应表

类 型	P(A)	P(A/B)	P(-A)	P(A)/P(-A)
1	0.98	0.999	0.02	49
2	0.75	0.982	0.25	3
3	0.50	0.947	0.50	1
4	0.25	0.857	0.75	0.33
5	0.02	0.269	0.98	**0.02**

表中除类型外的前两列是先验概率与后验概率，后两列是先验概率的另外两种表达方式。先验对后验的直观影响见下图 2.1。

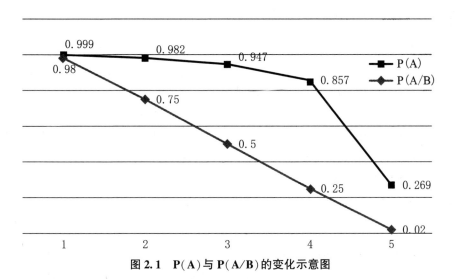

图 2.1 P(A)与 P(A/B)的变化示意图

由图可见，且不论"美"的真正面目如何，但是其浓烈的信之味道却扑面而来。

且先从类型3说起。P(A)=P(-A)=0.5，符合前文所述的居中与合一要求，这时面对 P(B/A)=0.9 和 P(B/-A)=0.05 的基本状况，某人言"美"，其确实认为

"美"的可信度为 94.7%，即较之于基本状况的 90%［P(B/A)= 0.9］判断，此人比基本状况的那些人更认可"花的美"。因为"不美的花"的认可度较低(只有 5%)，所以对持居中态度［P(A)= P(-A)= 0.5］的人来说，其认可"花的美"的程度有所上升(超出 90%将近 5 个百分点)。

但是 P(A)= P(-A)= 0.5 往往是设计出来的，现实世界里满足这个条件并不是全部，而且在特定的情形下(如法庭质证)还会有意偏出。

而类型 1 和类型 5 正好分居于 P(A)的两端，其影响通过实线和虚线的变化趋势一目了然。反映的就是这种比较极端信念(信任)带来的影响。类型 1 时高度信任，即便居中的认可只有 94.7%，但他的认可达 99.9%；类型 5 是高度的不信任，他的认可只有 26.9%！

因此，当一个人被问及"某花美不美"的时候，假若他回答"美"，其实他内心对"美"的确认程度会随着他对"美"的理解和感受［P(A)］不同而差异巨大(从99.9%到 26.9%)。显然，当他的确认程度只有 26.9%，但他却还回答"美"的时候，就有某种理由认为他是在说谎！

贝叶斯定理对于测谎的贡献就在这里。同时先验概率——即某人在问及"花美不美"之前就认为花"美"或"不美"的程度——产生的巨大影响也能一目了然。

(三)或然率

或然率概括了数据对假说、证据对事件等的概率影响。

上例中的 0.9(90%)和 0.05(5%)都属于或然率。一个假说对于新观察到的数据给出低的或然率(如 5%)，这个假说在确定性方面就会削弱("花的不美"不真)，反之就会加强；同理，一个 (不确定) 事件对于新发现的证据给出低的或然率(如26.9%)，这个事件 (发生) 的确定性 (可能性) 就在下降 (说"花美"不真)，反之则增加。因此，在数据 (或证据) 的影响下，假说 (或事件发生) 的可信度就会发生变化，这取决于符合程度，或越来越好，或越来越差。

(四) 后验概率

后验概率简称"后验"，可以应用于命题、假说、模型、事件和信念等。它的同义词有最终的、新的、结论、当前的，等等。在任何情况下，后验都意味着，在或然率所考虑的情况下使用新的信息之后的结果。上例中，根据先验概率［P(A)］和或然率［P(B/A)和 P(B/-A)］通过贝叶斯定理得出的概率［P(A/B)］就是后验概率。

（五）逆概率

在贝叶斯提出主观概率之前，人们已经能够按照所谓的客观概率定义计算出一些概率，被称为正向概率。

假设袋子里面有 N 个白球，M 个黑球，你伸手进去摸一把，摸出黑球的概率是多大？但是如果我们事先并不知道袋子里面黑白球的比例，而是闭着眼睛摸出一个（或几个）球，观察这些取出来的球的颜色之后，那么我们可以就此对袋子里面的黑白球的比例作出什么样的推测和判断呢？这个问题，就是所谓的逆概率问题。

关于贝叶斯，罗伯特（Robert）曾深刻地指出：在统计学历史的发展过程中，贝叶斯定理作为一个主要的步骤，第一次实现了概率的反演。罗伯特的视野或仅限于统计学，其实贝叶斯当时已经从另外的角度意识到这里面包含着的深刻思想，只不过起起伏伏数百年之后，贝叶斯理论不仅席卷了概率论，并将应用延伸到各个问题领域，几乎所有需要作出预测的地方都可以见到贝叶斯的影子。如今贝叶斯定理的影响已经远远超出概率论范畴，甚至直接动摇了一些传统哲学的根基。

三、品性之贝叶斯表示

将 A 视为"性"，B 视为"品"时，依照贝叶斯定理可记为：

$$P(A/B) = \frac{P(B/A)\ P(A)}{P(B)}$$

将（-A）视为 A 的竞争（匹配）——"非性"时，我们就有：

$$P(-A/B) = \frac{P(B/-A)\ P(-A)}{P(B)}$$

式中（-A）为"非 A"，与 A 既竞争，却又相伴而生（匹配）。

两式相比，有：

$$\frac{P(A/B)}{P(-A/B)} = \frac{P(B/A)}{P(B/-A)} \times \frac{P(A)}{P(-A)} \qquad (I)$$

加以变换有：

$$\frac{P(A)}{P(-A)} = \frac{P(B/-A)}{P(B/A)} \times \frac{P(A/B)}{P(-A/B)} \qquad (II)$$

无论 $\dfrac{P\ (A/B)}{P\ (-A/B)}$，还是 $\dfrac{P\ (A)}{P\ (-A)}$ 可以理解为品性；

前者为条件 B 时呈现的某种品性 A；

后者则可视为某种先天带有的品性特质，如民族、性别、肤色等。

四、品性评估贝叶斯实现

（一）品性评估之于贝叶斯

在贝叶斯定理的最简式"后验概率∝或然率×先验概率"中，先验与后验的关系一目了然。但是在（Ⅰ）式中的先验和后验，在（Ⅱ）式中位置恰好可以相反。这就说明先验与后验并非绝对的，可以相互转化。

由于 $\dfrac{P\ (A/B)}{P\ (-A/B)}=\dfrac{P\ (B/A)}{P\ (B/-A)}$ 只是在 $\dfrac{P\ (A)}{P\ (-A)}$ 等于 1 的情形下才成立，实验室设计（科学设计）的实验都是在这个基础上得出的结果。但是实验的设计并非现实世界，于是这个等式走出实验室时，它是否还能够成立，就需要画一个问号了。

品性评估以职业为背景、职业标准为抓手，提出品性评估指数（credibility assessment index，CAI），实现了一部分的品性评估，也就是说，在职业的境域中，可以对评估对象的品性有所判断。但是这时的职业境域被理解（默认）为一个平均状态，因此同样默认了 $\dfrac{P\ (A)}{P\ (-A)}=1$ 的情形。即亦以实验室模式来评估品性，或可理解为评估条件下的品性，即 P（品性/评估）。

（二）品性评估贝叶斯实现

1. 通式

但是就一个个特定的个体来说，其对职业的前期关注和理解是很不相同的，也就是说，在现实世界的条件，远非实验室控制的那样，换言之，当现实世界具体到某个个体时，$\dfrac{P\ (A)}{P\ (-A)}=1$ 的情形并不（完全）成立。因此，品性评估——品性条件下的评估，即 P（评估/品性）就成为：

$$\dfrac{P\ (A)}{P\ (-A)}=\dfrac{P\ (B/-A)}{P\ (B/A)}\times\dfrac{P\ (A/B)}{P\ (-A/B)}$$

从形式上看，这不过是先验与后验的一个置换，按照贝叶斯定理的解释，该式可理解为：通过对事件 B 的追究（式右），可得到以 B 为参照的某真实品性（式左），记为：

$$\frac{P(A)}{P(-A)} = 或然率 \times \frac{P(A/B)}{P(-A/B)}$$

将或然率换成品性评估指数（CAI）就是：

$$\frac{P(A)}{P(-A)} = CAI \times \frac{P(A/B)}{P(-A/B)} \quad (\text{III})$$

对于

$$\frac{P(A/B)}{P(-A/B)} = \frac{P(B/A)}{P(B/-A)} \times \frac{P(A)}{P(-A)}$$

亦可理解为：通过在事件 B 中某真实品性 A 的影响（式右），来证明 A 对 B 的作用（式左）。可记为：

$$\frac{P(A/B)}{P(-A/B)} = 或然率 \times \frac{P(A)}{P(-A)}$$

此或然率与 CAI 不同，但为倒数关系，且恰符合证据权重（Weight of Evidence，WoE）之一般定义，故可有：

$$\frac{P(A/B)}{P(-A/B)} = WoE \times \frac{P(A)}{P(-A)} \quad (\text{IV})$$

式（III）和式（IV）中的 CAI 和 WoE 呈倒数关系，说明式（III）的先验概率 $\frac{P(A/B)}{P(-A/B)}$ 实质上是一个条件概率比，即在条件 B 时，事件 A 的发生与不发生之比。而式（IV）的先验概率 $\frac{P(A)}{P(-A)}$ 实质上是一个无条件概率比，即事件 A 的发生与不发生之绝对比。这种不同，揭示出品性的两个状态：一个称为条件品性，另一个称为无条件品性。无论条件品性还是无条件品性，反映的都是已经存在的、发生的，并对评估对象产生影响的某种历史性评估考查结果（Historical Evaluation Results，HERs）。而且，此二者可通过 CAI 或 WoE 来发生关联，即当需要条件品性时，通过 WoE 实现；当需要无条件品性时，通过 CAI 实现。

于是结合式（III）和式（IV）可得：

品性(评估)=（CAI 或 WoE）×历史性评估考查结果

即：DCA＝（CAI or WoE）×HERs

2. 解释

品性（评估）＝（CAI 或 WoE）×历史性评估考查结果

此式与贝叶斯定理形式颇为一致，非常简洁明了地说明了品性评估的基本组成，甚至可直接将其理解为品性评估的操作性定义。

如果静态理解品性的话，那么：品性＝历史性评估考查结果

套用 DCA＝（CAI or WoE）×HERs，等于默认 CAI 或 WoE 为 1。

当需要突出评估的动态效果时，成为：评估＝CAI 或 WoE

此时若要套用 DCA＝（CAI or WoE）×HERs，等于默认 HERs 为 1。

相当于未引入多道仪这种具身（embodied）评估时，品性（评估）只能静态地以历史性评估考查结果为据，而孤立地使用多道仪之类的评估时，凸显的也只是 CAI 或 WoE。

尽管在一些特定的情境之中，此二者孤立使用也未尝不可，但是局限也是不言而喻且一目了然。由于种种原因前人未能够提出比较完整的解决方案，品性评估的提出意欲克服这种局限，展示一种整体性。

3. 意义

通过贝叶斯定理定义品性评估，不仅能够获得学理上的支持，更重要的是为实务操作指明了方向。长期以来，人们常常困惑于传统心理量表的评估与心理生理检测评估之间的关系，有时甚至将二者居于对立关系。如今通过 DCA＝（CAI or WoE）×HERs，可以清晰地看出心理量表使用与心理生理检测评估之间的关系。

这个定义式具有十分明显的开放性特点，即任何历史性评估考查结果（HERs）在 CAI 或 WoE 等于 1 时都可以独立成为一个品性评估结果，当然包括任何心理量表的使用。只不过 CAI 或 WoE 等于 1 并不是"不存在"，明白了这点，就明白了这个定义的基础性含义。同理在单独使用心理生理检测评估结果时，也莫要忘记这时的 HERs＝1。

通过这个定义，品性评估的包容性特点彰显无遗，这点亦从另一个侧面阐释了贝叶斯理论的魅力。

（三）CAI 与 WoE（证据权重）

1. 基本定义

品性评估指数（CAI）是通过品性评估师专业能力培训项目创立的，一个旨

在更准确解释证据权重（WoE）在品性评估中意义与价值的新概念，从数字上来看，恰为证据权重之倒数。所以这里主要说明证据权重。

运用权重（weight）可让你根据各种证据影响因素，如数据质量、结果一致性、效果严重性和信息相关性等来决定每一个证据的可使用性程度。

证据权重意味着对不同来源信息的一个整合（combination），根据整合才能实现信息目的，这种整合也是贝叶斯理论的一次显现。其价值与意义是单条（个）证据信息量无法满足信息判断要求的，而且每条信息带来的不仅仅是一致性的，也可以是相反性的证据。一般来说，信息越多，证据权重越大，但是也与你的信息结构和组织方法有很大关系。

证据权重被广泛用于分类识别中，可通过基本优势比（basic odds ratio，BOR）获得：

BOR =（Distribution of Good Credit Outcomes）/（Distribution of Bad Credit Outcomes）

或者简写为：

$$BOR = Distr\ Goods/Distr\ Bads$$

当 BOR = 1 时，证据的正性（支持性，Goods）和负性（反对性，Bads）处于平衡状态，因此 1 就成为一个判断阈值。因为显然 BOR > 1 时，支持性强于反对性；BOR < 1 时，反对性强于支持性。

一般情况下，将 BOR 自然对数化就是 WoE，如下式，但性质不变，只是阈值由 1 变为 0，大于 1 和小于 1 分别成为正数和负数而已。

$$WoE = \left[ln\left(\frac{Distr\ Goods}{Distr\ Bads}\right) \right] * 100$$

但是为了能与贝叶斯因子（Bayes Factor，BF）直接对应，我们这里直接将 BOR 视为 WoE，即在品性评估中，WoE = BOR。

$$\frac{P\ (A/B)}{P\ (-A/B)} = \frac{P\ (B/A)}{P\ (B/-A)} \times \frac{P\ (A)}{P\ (-A)}$$

式中 $\frac{P\ (B/A)}{P\ (B/-A)}$ 被称为贝叶斯因子。

贝叶斯因子在这里量化的是证据 B 支持 A 与非 A（-A）的确证性，换句话说，其量化的是证据 B 支持 A 的概率是支持非 A 概率的倍数，也就是 BOR。为了使用方便，杰弗瑞思最早给不同大小的贝叶斯因子打上了类似假设检验中显著、边缘显著、不显著的标签：一般大于 3 或小于 1/3 被认为是实质性的证据（substantial evidence）；而 1/3 到 3 之间则被认为是较弱或有待验证的证据（weak or anecdotal evidence）。这个阈值虽未被品性评估使用，但也具有参考价值。

品性评估视评估要求将贝叶斯因子直接视为证据权重（WoE）或品性评估指数（CAI），除了理解方便的考虑外，还使得其与人们习惯的概率值转换更加便捷，即需要将 WoE 或 CAI 转换成概率值时，直接采用下式即可实现：

$$P = \frac{WoE（CAI）}{WoE（CAI）+1}$$

所以，在贝叶斯品性评估中，

$$WoE = \frac{P（B/A）}{P（B/-A）}$$

$$CAI = \frac{P（B/-A）}{P（B/A）}$$

从上两式也可以看出，WoE 是在条件 A 和非 A（-A）时对事件 B 的概率比。注意习惯上，例如在犯罪调查时，人们通常将条件 A 视为有助于事件 B 发生的因素，而条件非 A（-A）即被视为不利于事件 B 发生的因素，于是某个评估对象的条件 A 越具备，越是涉罪（坏人）；条件非 A（-A）越具备，越是无辜。判断结果是 WoE 值越大，罪犯的可能越大。

而品性评估提出的初衷是优选良才，所以如果简单采用 WoE 作为标准，倒也无妨，但会让人的感觉有点异样，为了避免这种略显尴尬的境况，故而将 WoE 作倒数处理，遂成 CAI。这也是 CAI 的直接动因，但是在优选良才的语境中，当历史性评估考查结果（HERs）多以"高分"为王时，与 CAI 结合却显珠联璧合之妙。

2. WoE（CAI）获取

WoE 获取的一个重要假设（前提），就是 $\frac{P（A）}{P（-A）} = 1$。

这通常是科学研究的计起点时的默认值，不过这个默认值具有居中和合一的性质，或许这就是科学如今能够走得这么远的根本原因。

在调查评估中假设 P（A）= P（-A）= 0.5 是有道理的，这样才能保证不偏不倚，不会出现先入为主和有罪推定等偏见。这时，

$$\frac{P\ (A/B)}{P\ (-A/B)}=\frac{P\ (B/A)}{P\ (B/-A)}$$

即调查条件下的后验概率比可以通过 WoE 直接反映出来,是通过检测(包括测谎)获得了对评估对象的一个评判结果。CAI 的获得依同理进行。

（四）历史性评估考查结果（HERs）

HERs 是先验概率,是 B 状态 A 项目上的已有评估,具有历史性,从概念和逻辑上都需要和能够完成先验概率的职责。其获取的方法有很多,访谈法、问卷调查法、数据分析法、专家意见法等均如是。

顾名思义,所谓 HERs 说的是历史性评估考查结果,指的是历史上相关品性经过某种评估考察后的结果。这个结果非常宽泛,既可以是某个科目的考试成绩,如数学、语文,也可以是某个量表测验的结果,还可以是评估对象的陈述(口供、笔录)以及其他与所关注品性相关的任何历时性(diachronic)和共时性(synchronic)评估材料与评估结果。HERs 除了可以借用已经生成的某种结果外,还可以根据需要当时生成(这点在犯罪调查评估时尤为突出)。

为什么要将(能将)HERs 纳入品性评估范畴?除了贝叶斯推论结果外,我们还可以通过一些日常事例予以理解。

例如,某学生数学成绩是 100 分,那么对于这个分数人们会产生若干解读:①假如相信这是个用功刻苦的好学生,那么这个 100 分实至名归,是对这个学生之"用功刻苦"品性的一个标识与佐证;②假如认为(相信)这个学生平常并不那么认真,但是却得了个满分,那么这个学生运气好,考题或正是他复习到了的,这个学生具有运气的品性;③假如觉得(相信)这个学生调皮捣蛋,根本不可能得满分,那么这个 100 分就有可能是他作弊得来的,于是这个学生就有作弊品性的嫌疑了。

上述三种并非全部,但是足见同样的一个 100 分,因为人们的预先信任程度不同,导致会产生出不同的品性评估结论。所以,孤立的 HERs 是无法证明一个人的品性如何的。

但是 HERs 肯定又并非意义全无,只是为了保证它的意义往往让人疲惫不堪。看看一年一度的高考,基本举国上下都动员起来,但是年年似乎总有不尽人意之处,甚至有人冒名顶替几十年后才水落石出,试想这还是被某种机缘巧合发现了的,未发现的到底有多少就成为一个耐人寻味的想象空间了。

HERs 之于 DCA，与其说是一个历史性评估考查结果，不如说它还规定了 DCA 的意义和范围。即 DCA 是针对 HERs 的 DCA，所以尽管在犯罪调查等活动中，HERs 处于一个默认的状态，此时 DCA 可只是等于 WoE，但是盗窃的 DCA，显然不同于纵火的 DCA，这样或就能更清晰地理解 HERs 的意义和价值。

对于 HERs 的获取，显然是通过一种（套）相应的信息方法可以实现，所以品性评估中的信息方法以及颇具心理学专业色彩的内省评估方法，主要就是为了 HERs 的获取而引入的。

五、贝叶斯品性评估之特性

品性之不可捉摸，主要在其无形、无准，因而无法评估，回答了无形与无准的问题，品性评估就有法实现，而贝叶斯理论对此就能予以准确回答。

对品性的评估并不新鲜，因为我们每个人每时每刻都在对别人和自己进行着类似评估。只是品性似乎又特别不可捉摸，所以才出现品性评估。

通过贝叶斯品性评估定义，可以更清楚地知道品性评估的开放性。也就是说，但凡由考评考察（查）内容生成的主题，都可以成为 WoE（CAI）的对象，同时评估对象对这些主题的先期评价与认知，正是其对应品性可以成立的基础，二者的贝叶斯结合，就成为品性评估的过程，也是评估方法的基础。

（一）引领性

品性评估的"脊梁"就是贝叶斯定理，可以说，没有贝叶斯理论的启示，就不会有品性评估的提出和诞生。

长期以来，对统计数据包括心理学实验数据的处理，一直存在着所谓的频率派（Frequentist）与贝叶斯派（Bayesian）之争。前者以假设检验为代表，后者以贝叶斯推论为代表，二者最大的区别在于对"不确定性"概念的理解。直至 2012 年 5 月，美国印第安纳大学（Indiana University）的约翰·K. 克鲁斯可（John K. Kruschke）发表了《贝叶斯代替 T 检验》（Bayesian Estimation Supersedes the T Test）的论文，[1] 终结了持续多年的二者之争。

2014 年 2 月 12 日，在国际权威的《自然》（Nature）杂志官网署名雷吉娜·努皂（Regina Nuzzo）发文《科学方法：统计误差》（Scientific Method: Statistical Er-

---

〔1〕 J. K. Kruschke, "Bayesian Estimation Supersedes the T Test", in *Journal of Experimental Psychology*, 2012.

rors)〔1〕称："P 值（P-value），所谓的统计效度'金标准'，已不再像许多科学家认为的那样可靠了。"2015 年 3 月 9 日，该网站又发布署名为克里斯·伍尔斯敦（Chris Woolston）的文章《心理学期刊禁用 P 值》（Psychology Journal bans P Values），原因是：编辑称"检验的结果信度太简单"（test for reliability of results "too easy to pass"，say editors）。同时还称统计学检验的一种争论已至少在一份心理学期刊那里有了结果。因为，《基础与应用社会心理学》（Basic and Applied Social Psychology，BASP）的编辑宣布，这份杂志不再刊发包含有 P 值内容的文章，因为这种方法所支持的研究质量更低（lower-quality）。

2017 年 1 月，戈登·格罗布斯（Gordon Globus）〔2〕对量子贝叶斯模型的主观概率（先验概率）形成，采用了海德格尔的被抛（thrownness）理论，从而将贝氏的主观概率（也可称为无条件概率）概念，通过海氏理论提升到一个新的哲学层面，相当彻底地回应了人们对主观概率的种种质疑。同时也意味着"信"的解读可以通过量化的方式展现。

（二）系统性

系统一词源自英文 system 的音译，而 system 一词又来源于古代希腊文 systεmα 和 σύστημα，前者意为部分组成的整体，后者意为两部分组成的整体。

系统，《现代汉语词典》释义：同类事物按一定的关系组成的整体。

由此可见整体性是系统的典型特征，对此常从三个方面理解：

1. 系统是由若干要素（部分）组成的

这些要素可能是一些个体、元件、零件，也可能其本身就是一个系统（或称之为子系统）。如运算器、控制器、存储器、输入/输出设备组成了计算机的硬件系统，而硬件系统又是计算机系统的一个子系统。

2. 系统有一定的结构

一个系统是其构成要素的集合，这些要素相互联系、相互制约。系统内部各要素之间相对稳定的联系方式、组织秩序及失控关系的内在表现形式，就是系统的结构。例如钟表是由齿轮、发条、指针等零部件按一定的方式装配而成的，但一堆齿轮、发条、指针随意放在一起却不能构成钟表；人体由各个器官组成，但

---

〔1〕 R. Nuzzo, "Scientific Method: Statistical Errors", in *Nature*, 506（2014）.

〔2〕 G. Globus, "A Quantum Brain Version of the Quantum Bayesian Solution to the Measurement Problem", in *Neuro Quantology*, 1（2017）.

单个器官简单拼凑在一起不能成为一个有行为能力的人。

3. 系统有一定的功能，或者说系统要有一定的目的性

系统的功能是指系统与外部环境相互联系和相互作用中表现出来的性质、能力和功能。例如信息系统的功能是进行信息的收集、传递、储存、加工、维护和使用，辅助决策者进行决策，帮助实现目标。

同时，系统由部件组成，部件间存在着联系，部件处于运动之中；系统各分量和的贡献大于各分量贡献的和，即常说的"1+1>2"；系统的状态是可以转换、可以控制的。

随着对系统的理解加深而产生的系统科学，其研究将所有实体作为整体对象的特征，如整体与部分、结构与功能、稳定与演化等，成为现代科学技术体系中一门领袖学科。品性评估中的系统，显然指的是不论品性本身，还是评估过程，评估结果都是由若干元素（部件）、子系统构成的，所以品性的评估就是一个系统性的综合评估。

尽管人们对于系统已经有了很多的研究与认识，但是对于系统之系统性特点的内涵所在却众说纷纭，甚至导致系统哲学产生，尤其是诸如系统的"1+1>2"现象，一致有些困惑。其实这些特点在贝叶斯理论来看，都是一些当然之物，所以贝叶斯理论介入评估，非常充分地体现了品性评估的系统性。

（三）实践性

贝叶斯定理与鉴定类评估紧密结缘的成功范例，首推 DNA 技术的成功应用。某种程度上来说，这个范例之影响，堪比神迹。

20 世纪 90 年代起，一些有识之士开始较大范围地将贝叶斯概率理论应用于具有不确定性的案件证据权重（WoE）评估，以此确认证据的真实性及其效度。在这方面最具代表的就是 DNA 技术的应用。

传统的检验鉴定方法是对未知客体和已知客体直接比对，目的在于寻找其源间差异和源内变异。而根据贝叶斯概率理论，检材与样本存在的差异，使得同源与非同源都成为具有不确定性的概率事件，主张检材与样本同源也好，主张非同源也好，在未经证实以前都只是一种假设。如果将主张同源的称为控方假设，主张非同源的称为辩方假设，由于被检客体要么同源，要么异源，具有排他性，所以它们的概率（优势）比，即可以成为决定证据的真实性和效度的一个合适指标。

在 DNA 技术中，将这两个概率之比定义为似然率（likelihood ratio，LR）。似然率的直观意义可理解为：在证据与检材和样本都存在差异的条件下，检材与样

本同源的概率是非同源概率的 LR 倍。

DNA 技术根据各个位点似然率的评估结果，将似然率的判定作用分为三种：①LR＝1，即同源与非同源的概率都是 0.5，与此对应的是无解，即无法判断；②LR＞1，预示检材与样本可能同源；③LR＜1，预示检材与样本可能异源。这几个阈值也就是 WoE 判断的一个基本标准。

根据 LR 数值范围，通过 DNA 技术，可以估计出对控方（同源）和辩方（异源）的支持强度，表 2.2 给出了 DNA 技术之 LR 数值及与之对应的支持力度的文字解释。

LR 方法在 DNA 证据评估上取得极大成功。从一个方面说明了贝叶斯评估的意义和价值，如果说早期 DNA 结论只是为个体识别提供一个参考，而只是一个事实评估的证据的话，那么当走失儿童若干年后父子（母子）相认还需要 DNA 出面，证明他们的生物学关系"应该"、"是"或者"不是"时，其发挥的作用就是十足的价值评估了。这种事实评估向价值评估的跨越，其背后贝叶斯评估的支持功不可没。

因此，DNA 技术的成功，不仅仅是一项技术突破，更是通过贝叶斯理论带来了方法和认识上的革命。

表 2.2　DNA 技术之 LR 数值及与之对应的支持力度

LR 值	LR 对数值	解　释
＞10 000	＞4	非常强的证据支持控方
1000～10 000	3～4	强的证据支持控方
100～1000	2～3	中等强度证据支持控方
10～100	1～2	适度强度证据支持控方
1～10	0～1	有限强度证据支持控方
＜0.0001	＜－4	非常强的证据支持辩方
0.001～0.0001	－3～－4	强的证据支持辩方
0.01～0.001	－2～－3	中等强度证据支持辩方
0.1～0.01	－1～－2	适度强度证据支持辩方
1～0.1	0～－1	有限强度证据支持辩方

贝叶斯理论在 DNA 技术中的成功运用，虽然具有很浓的"看见才相信"色彩，但是由于它与量子力学从一个角度切入物质最本源一样，也从一个角度开始切入生命的最本源，所以带给人们的已经不仅仅是结果本身，而是更大的启示，由此才能更加清晰地开启"相信才看见"之途。

六、小结

贝叶斯品性评估的特性或许还有很多，诚如王阳明看花一样，换个角度，或就有新的"美"被发现。总而言之，贝叶斯评估，或称贝叶斯推断、贝叶斯决策等，其显著特征是对先验信息进行贝叶斯式的利用，其源头都是贝叶斯定理。

贝叶斯定理描述了先验信息如何能以一种概率方式与样本信息结合在一起，它允许初始的和以前的样本信息与现在的样本信息相结合，以产生后验数据或后验分布。刻画先验信息特征的概率分布函数被称为先验概率分布函数，刻画样本信息特征的函数被称为似然函数。贝叶斯定理给出的结论是，后验概率分布函数与先验概率分布函数和似然函数之间的乘积成比例。

贝叶斯推断是一个动态处理过程，因为这一过程从先验信息开始，收集以样本信息为形式的证据，并以后验分布作为结束。这一后验分布可以作为新的先验分布与新的样本信息相结合，这就是从先验到后验转换过程的贝叶斯学习模型。

这里有几点需要再次说明：

（一）贝叶斯的标准

即贝叶斯评估的标准，又被称为贝叶斯信息标准（Bayesian Information Criteria, BIC），指的是在不完全情报下，对部分未知的状态用主观概率估计，然后用贝叶斯公式对发生概率进行修正，最后再利用期望值和修正概率作出最优决策，其既考虑了各类信息总体出现的概率大小，又考虑了因误判造成的损失大小，判别能力很强。

科学的评估就是要根据已获取的信息及标准作出合理的推断，品性评估也不例外。品性评估离不开心理学的一些基本实验支持，而心理学实验数据分析中的核心问题之一，就是如何根据实验结果及标准作出合理的统计推断。这个过程也是一个典型的评估过程。

因此贝叶斯信息标准能够成为品性评估的一个判据标准是顺理成章的。

（二）贝叶斯的系统性

系统的原理方法给人们的研究与工作带来极大的启示，如黑箱理论的再认识、信息论的确立等，其整体观逻辑思维对于以神经现象学为代表的一类新的学科门类的形成具有极大的促进作用，这种思维方法与逻辑原理，也为品性评估采用系统评估方法开启了通道。

（三）贝叶斯的解释力

至此，贝叶斯理论因其强大的解释力日益受到重视就是不意外的，它既可以吸收频率学派的任何先验概率，又可以使用贝叶斯因子来表示假设检验里实验结果出现的概率比值。这种兼容性，使得其优势非常明显——即便频率学派推崇的假设检验里的零假设（虚无假设），也只不过是贝叶斯方法里备择假设（alternative hypothesis）的一个特例，所以研究者可以更加自由地使用贝叶斯方法来比较不同的模型。

品性评估指数（CAI）依照贝叶斯因子的方法推导计算得出，计算与推演的基础是依照信号检测论方法获取的基本数据，所以说贝叶斯派的胜利，是包容和兼容的胜利。

贝叶斯方法的兴起是方法论上的一个重要革新。它不仅弥补了假设检验的不足，在量化评价标准、实验可重复性、模型比较自由性、减小主观意愿的影响等诸方面都有革命性进步，而且更重要的是为品性评估从事实评估迈向价值评估的过程提供了坚实的学理支持，因此，品性评估之所以能够承担起个体与其岗位（职位）能力匹配程度的判断之职责与任务，贝叶斯方法居功至伟。同时品性评估以贝叶斯评估作为自己评估判断方法与标准之圭臬，也是其走向独立与成熟的一个重要标志。

思考题

1. 什么是贝叶斯理论？

2. 贝叶斯概率的特点是什么？

3. 为什么说贝叶斯品性评估解决了品性评估的操作性问题？

4. 贝叶斯品性的启示都有那些？

5. 简述贝叶斯品性评估的特性。

6. 按照"看花"的模式，具体设计并计算一个贝叶斯过程。

7. HERs 的形式都有哪些？如何为品性评估所用？

第四节　事实与价值评估

一、事实与价值

事实与价值的区分，是 20 世纪的元伦理学[1]出现后的一个基本理论观点。在元伦理学看来，事实与价值、评价与认知的区别，是价值概念确立的基础。

事实与价值相对应，事实独立于人们的意识、意志，是客观存在的事物、事件或过程。它可以以描述性语词或描述性命题进行描述。对描述命题所要求的是真理性，即与对象相符合。换言之，描述性命题的有效性在于它的真实性。它的存在可以与主体的活动无关。价值则不同，它是人们的评估活动、评估行为的产物，是人们自己作为实践主体的人对事物所作的是否适合于自己目的的评价与论断，或者是从自己的价值立场出发所作出的评判。因此，评估不同于人们对事物的状态、性质及其运动规律的事实性描述。评估是以价值词语表达的规范性语句或规范性命题。它的有效性在于它的正当性，即运用恰当的规范，适当的表达主体内在的价值立场与外在事物的联系。元伦理学以语言分析的方法把这两者区别开来，从而得出以"是"为述词的判断形式和以"应该"为述词的判断形式是根本不同的结论。前者是事实判断，也叫事实评估；后者是价值判断，也叫价值评估。

事实与价值的区分不仅是元伦理学的基础性命题，受到分析哲学的影响，在论及人类行为的那些领域，哲学家们都在力图进行事实与价值的区分。这里无意去陷入更深的争执和讨论，但是随着贝叶斯理论的介入，事实和价值的区分（对立）关系开始淡化，取而代之的是事实与价值的联系与"合一"探讨。[2]这种事实与价值既区分又"合一"的思想，非常有助于品性评估意义和价值的理解。

---

〔1〕　元伦理学（meta-ethics）最初由新实证主义者提出，并为后来各派所沿用，形成了直觉主义伦理学、感情主义、语言分析学派、伦理自然主义等派别。在新实证主义看来，只有元伦理学才是真正科学的伦理学。其侧重于分析道德语言中的逻辑，解释道德术语及判断的意义，将道德语言与道德语言所表达的内容分开，主张对任何道德信念和原则体系都要保持"中立"，并在此基础上研究问题。

〔2〕　陈嘉映：《事实与价值》，载《新世纪》2011 年第 8 期。

二、事实评估与价值评估

无论事实评估还是价值评估，其实说明的都是评估属于人类的一种认识活动。

凡评估就要形成评估判断，否则评估就没有意义。但是真正的评估判断，它除了要认识世界"是什么"以外（事实评估），还要把握世界的意义或价值，即它所要揭示的不是世界是什么，而是世界对于人意味着什么，世界对人有什么意义（价值评估）。这种双重关注，就是事实评估和价值评估，对这两种评估的论辩，反映在历史上就是著名的"休谟问题"（Humean problem）。[1]

通过事实与价值相区分，人们可以更好地抓住价值判断涉及人类的意图、情感、态度这样一个事实，而价值的立足点就建构在这样一个基点上。人类的实践活动是有意图、有目的的，在涉及价值问题时，是有（赞成或反对）态度的。这确实是价值判断与事实判断相区分的一个显著特征。所以，把握住这个特征，就能够比较深刻地理解品性评估之主要内容为价值评估的意义和价值。

但是，品性评估的事实与价值之间并不是如此分离而互不相干，而是通过贝叶斯定理的不确定性推理逻辑，从事实可能逻辑性地引出价值评估结论的。当职业或专业要求还需要采用"你应当"这一表述的基本形式时，其蕴含的理由就是一个事实，哪怕是一个虚拟的事实。这种情景过去多与一定的道德情景直接相关，但这里如今却是职业（岗位）职责使然。如"你应当这样做，因为你是……"在这个省略句式中，我们可以填充诸如领导、医师、教师、警察等这类词汇。在这个意义上，这样一类理由是可以运用到相关背景的整个这一类人的。在这个意义上，应当的理由就是为这一类职责所派生的行为规则，换言之，说"你应当!"这样的命令语言，其力量来自于与职责相关联的道德规则或行为规范，从而更加明晰品性评估的基础性与必要性所在。

三、技术路径

（一）传统二分观念

长期以来，人们对于事实与价值、认知与评价之间的关系，存在一种固有的或先入为主的观念——二分观念（或割裂观念），即认为客观事实与价值无关，

---

〔1〕〔德〕康德：《纯粹理性批判》，邓晓芒译，人民出版社 2004 年版，第 3 页。

进一步讲就是事实认知具有价值中立性。

(二)事实评估、价值评估技术路径

然而在具体的社会生活中，事实认知往往受到来自多方面的价值因素的污染，这种情况也往往是很难识别与排除的。通常情况下，事实评估与价值评估技术的实施都以事实为基础，即二者的测试题目均基于事实予以编制。其间区别在于，前者的题目直接指向事实本身；后者则往往是基于事实设置情景化题目，用以调动被试的内省机制。

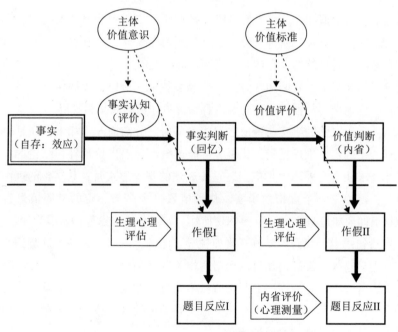

图 2.1　事实评估、价值评估技术路径关系图

由图 2.1 可知，事实评估可采用的技术手段就有心理生理评估，价值评估则涉及心理生理评估和内省评估（心理测量）两种技术；心理生理评估的作用时间位于作假心理加工的即时过程，内省评估则是针对作假心理加工结果——题目作答反应。

事实，分为自存事实与效应事实。[1] 通常在现实环境中，独立存在的事件

---

〔1〕　李武装、刘曙光：《信息哲学作为元哲学何以可能》，载《东北大学学报（社会科学版）》2012 年第 1 期，第 6~10 页。

（自存事实）并不与价值产生联系，即自存事实的信息反映过程并不能构成价值反映。只有在事物间因一定作用关系而构成效应事实，也即效应事实的信息反映才产生了价值反映。以人员筛查中的典型事件为例，孤立存在的泄密者并不构成价值反映，也意味着并不对任何主体构成威胁。而当泄密者与关键岗位、组织机密等共同存在且相互作用时，就构成了效应事件——关键岗位从业者泄密事件，这也使其具有相应由泄密构成损失价值反映。

四、小结

将评估分成事实评估与价值评估，既是为了阐释的方便，也是不知不觉间陷入二分思维的后果。其实陷入二分思维并不可怕，可怕的是陷入其中而不自知。真正的进步应该是有进有退的脉动和循环。

海德格尔指出，对未知文本的理解，永远由被理解的前结构所决定，完美的理解不是整体与部分之间循环的消除，而是这种循环得到最充分实现。汉斯-格奥尔格·伽达默尔（Hans-Georg Gadamer，1900—2002）更是在其解释学理论中指出，理解就是不断地从整体到部分，再从部分到整体的过程（有进有退）。这种过程转换成贝叶斯语言就是先验和后验的不断转换。他用这种解释学的循环去说明传统与理解之间的循环关系，传统就是从过去传递下来的东西，我们进行理解时，一定会受传统的影响去认识事物（"被抛"）而且在认识事物之后所得到的解释又转变成以后认识的传统，这种循环是不断存在的。但这不是坏的循环，而是人的认识所必需的。从解释学看，传统不是固定不变的，而是通过理解中的选择、批判而不断前进的。

我们认为，海德格尔等哲学家的突出贡献之一，就是将曾经备受质疑的贝叶斯先验概率概念，通过哲学原理予以说明，这样人们就不会简单纠结于世界第一因的死循环问题了。

事实与价值之间的选择、批判而不断前进关系，实现的是事实到价值，再从价值到事实的循环，这种进路正是一个个贝叶斯过程，所以在品性评估中的贝叶斯理论，不仅是方法，更是目的，极大地降低了传统哲学家们那些略显晦涩的哲学语言的门槛，可以让人们通过另一个思路，解读世界，认识自己；因为只有这样的思维，才是可以循环的思维，才是永不衰竭的源泉和力量。

思考题

1. 事实与价值的"二分"对于品性评估有何意义？
2. 事实与价值的评估中贝叶斯发挥了什么作用？
3. 举例说明事实与价值的关系。

第五节　总　结

一、具身（embodied，embodiedment）

具身（embodied）这个词随着具身心智（embodied mind）[1] 和具身认知（embodied cognition）等这些当代认知科学领域的热门话题，成了一个热词。

具身，也称具体化（embodiment），主要指生理体验与心理状态之间有着强烈的联系，生理体验可以激活心理感觉，反之亦然。简言之，就是人在开心的时候会微笑，而如果微笑，人也会变得更开心。

其实就品性评估的多道仪测试技术来说，琼斯（Jones）和西格（Harold Sigall）早就开始的伪管道（Bogus Pipeline）[2] 实验，就属于具身。

1967年，罗彻斯特大学（University of Rochester）的心理学教授西格在考察白人对黑人的看法时，想知道一些偏见是真的降低还是被迫接受，开始采用让考察对象身戴多道仪传感器回答问题的一种问话模式，结果发现，身戴传感器者，能够更诚实回答问题。其实西格的多道仪未开机，也就是说只是几根传感器连在考察对象身上伪装测试而已，但是实际效果却已出现。

当然这些考察对象还是被告知他们的回答情况受多道仪或仪器的监测，尽管连接他们的电极和导线都是假的，但是他们事后还是认为不管他们的反应如何，真实答案都会浮出（the real answers will surface）。研究认为，伪管道实验能够降低偏差（bias），因为大多数人不想接受一个机器的"二次被猜"（second-guessed），故此可以认为这时他们愿意选择与其态度更一致的正确回答。

换句话说，就是当人们更切身感受到某种刺激时，他的生理体验和心理状态

---

〔1〕 ［智］F. 瓦雷拉、［加］E. 汤普森、［美］罗施：《具身心智：认知科学和人类经验》，李恒威等译，浙江大学出版社2010年版，第118页。

〔2〕 E. Jones & H. Sigall, "The Bogus Pipeline: A New Paradigm for Measuring Affect and Attitude", in *Psychological Bulletin*, 5（1971），pp. 349-364.

之间的关系会更强烈。这种切身感受就是我们常说的感同身受。如此看来，多道仪测试（polygraph）不仅是科学证据（scientific evidence）的先头兵，而且还是具身心智的最早践履者。

到 1991 年，瓦雷拉（Varela）才对具身作了这样的准确定义：[1] 对于具身，应该强调两点：一是认知依赖于经验种类，这些经验产生于身体的器官感受能力；二是这些器官感受能力是由其生物的、生理的和文化的等环境共同决定的。

换言之，这里的具身（性），较之于一般意义上的理解要更具体、更个体化，即你的状态只能由你的感觉决定。没有触觉、嗅觉、视觉、疼痛、听觉、味觉等任何感知的大脑，它不是真大脑，因为它察觉不到这个世界，更不知道自己的存在！大脑能产生意识，与自我感知、个体区分感知有很大关联；而要有自我感知就必须通过身体的各个器官去获取不同形式的环境信息与自身信息，最终由特定细胞转化归一为大脑能集中处理的信息，这些信息及信息的关联性最终固化在大脑内神经元网络权重及链接中。只有当神经元网络的复杂度能足够映射现实世界时，才会产生意识。因此意识的出现不仅是大脑的作用，而且有赖于身体的各个器官及其感官。只有身体感官为大脑获取各种环境信息，大脑将环境信息映射进神经网络中，才能最终产生自我意识，而大脑通过自我意识又在保护支撑它的身体。这就是具身的意义所在。

受此启发，在品性评估师专业能力培训项目的推进过程中，尤其强调了评估人员作为评估对象的模拟训练（若按照瓦雷拉观点，这不是模拟，而是实测），果然意义很大，成为参训学员的最大收获。

对于贝叶斯品性评估来说，能将坦诚度与适配度通过品性评估指数（CAI）和历史性评估考察结果（HERs）来具身实现，其综合性意义将会在下文的方法与实践中不断显现。

二、评者先自评

秦同培称品性为"社会之最大原动力"。

岳亮萍称："在人力资源结构中品性具有一种乘积效应，品性与智力、体力、知识、技能相乘之积等于人力资源的能力。品性若为正，其积为正；品性若为

---

[1]　F. J. Varela, E. Thompson & E. Rosch, "The Embodied Mind: Cognitive Science and Human Experience", in *American Journal of Psychology*, 1992.

负，其积为负。如智力、体力、知识、技能等之和表现为人力资源能力的大小、多少、高低，那品性则决定结果的正负。积为正，即正品，有用之才，优秀人才；积为负，则是次品，无用之才，甚至是有害之才。"[1]

他们对品性的理解并不一致。秦氏更大局，而岳氏更直观，同时岳氏之论倒也隐隐含有贝叶斯品性评估之念，值得钦佩。

提出品性评估而非品性，就是不愿意纠缠于概念、定义，而是关注其在现实世界的意义与价值，这种意义和价值只能通过评估或"品"才能显现，所以对海氏名言"道路，不是著作"，感同身受。

品性与品性评估，其实就是一个合一的概念，因为性只能在品的过程中体现，反过来品亦成为衡量性的标识。这种二分的割裂未必合理，但是却利于操作，否则其一直就会成为水中月、镜中花一般。品性评估，亦可解读为品性喻示"性"，评估喻示"品"，所以品性与品性评估就成为一个概念的分别表述而已。

品性只能在评估中显现，而评估又是品性的追究。正所谓"知是行之始，行是知之成"，亦即方法与本体的不可分。因此，品性评估者（品性评估师），欲评他人时，首要先自评！

品性评估，貌似评估的是他人，即评估者对评估对象的评估。从操作层面看，问题不大。但是从认识层面看，倘仅满足于掌握某种技术技巧，然后就可以去评估别人，此大谬也！

所以品性的再提以及品性评估的提出，绝非简单二分思维的延续，而是要品性评估的业者（品性评估师），能够将自身置于品性之中，以具身、中庸的思维，兀自独评，后及他人，这样才能够在真切感到个人品性之提升的同时，惠及他人——惟此，品性评估才可具有长久的生命力。

三、品性即审美

品性评估的提出，尽管初衷似乎定位于某个（些）确定的一贯性，但是随着事业的推进，越来越觉得于有意无意中进入了一个更广阔的天地中。当眼界不再局限于诚实与欺骗的小范围时，中正（rectitude）的力量得以彰显。

品性与评估都不是什么新词和新鲜事，但是品性与评估组合碰撞以后，却是

---

[1] 岳亮萍：《品性与现代人力资源的需求》，载《教育理论与实践》2002 年第 10 期，第 34～36 页。

全新的，新在它是路，是一条新路，是"新酒"，故而不可盛于"旧皮囊"，于是才有品性评估。

品性评估的层级，远不限于第一章所述及的三个（见下图2.2）。其从强调事实的"犯罪调查"之事实评估开始，横跨性格、品格、人格三个价值评估层级，最后可以直达价值评估的最高层面——审美评估。

审美评估也叫审美评价。按照一般的定义和理解，审美是审美主体从自己的审美经验、审美情感和审美需要出发去把握审美对象并对其作出评定的综合思维过程，是一种极为丰富而复杂的心理活动过程。

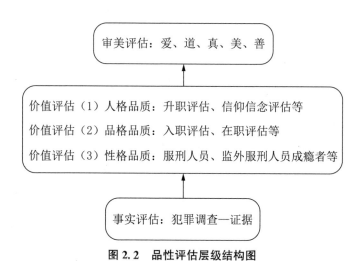

图 2.2　品性评估层级结构图

海德格尔指出：真理就是存在的真理，当真理自行设置进入作品之时，真理就显现出来，而这种显现就是美。[1]

美是真理的显现。这固然可以理解为海德格尔对作品艺术美的一种阐释，但其实它揭示的也是一种普遍，尤其是当品性评估以一件"作品"面世的时候，是对其美的意识（不管有意还是无意），才能深层次地驱使，也诱惑着我们去投入及享受。

通常而言，审美评价是主观的，它取决于审美修养、思想水平、个人的生活情感好恶等等。审美评价，体现的是审美价值，审美价值固然有其真实与否、深

---

〔1〕《海德格尔：〈艺术作为真理——艺术作品的本源〉》，载 http://www.360doc.com/content/14/0324/15/8826950_ 363312638. shtml，最后访问日期：2018 年 9 月 14 日。

刻与否的客观标准，但是一个人的审美评价主要是主观的，是对审美价值的主观关系的表现。审美评价不能创造出审美价值，但是审美价值却必定要通过评价才能被认识。评价有可能符合也可能不符合原有价值。当审美评价符合审美价值时，两者之间的关系是真实的；反之，则是虚假的。品性评估抵达审美评估时，其真，其假，显现的就是真理，就是美。

对美的追求，似乎是人类才具有的一种终极追求。美可以与真、善、爱等同行相融，亦可以孤芳自赏，自我陶醉。当品性评估由测谎之写实，终经历练可以剑指审美之苍穹时，其自身之美定会绽放得愈加绚丽灿烂。

思考题

1. 说说具身对品性评估的影响都有哪些。
2. 为什么说贝叶斯理论用于品性评估就是具身？
3. 结合自身感受，谈谈"评者先自评"的意义是什么？
4. 论述品性评估与审美的关系。
5. 阅读一本具身哲学读物。

品性评估方法

不贵其师，不爱其资，虽智大迷，是谓要妙。

——《老子》第二十七章

第一节　CAI 的获取

　　CAI 与 WoE 的倒数关系，说明了它与犯罪调查测谎和可信度评估的渊源，因此，它的获取，与 WoE 的获取其实是一致的，区别就在于结果解读（解释）上。

　　WoE（证据权重）的获取，也是一个贝叶斯过程，即需要先验概率和或然率，然后才能得到代表 WoE 的后验概率。所以相比较而言，它的获取过程，要比 HERs 复杂一些。另外还需要一些特殊的规定（约定），所以犯罪调查的品性评估（测谎），固然取得了一定成效，但是往往还是需要通过评估对象对事实的某种供述（甚至物证）才能予以确认。

　　经过数年探索，依靠贝叶斯定理的成功运用，陈云林等在多道仪犯罪调查评估测试中率先实现了 WoE 的计算，为犯罪调查摆脱口供打开了缺口，遂成为法庭证据采信的一个基础要素。在此基础上对 WoE 反转处理形成 CAI，亦可成为人事选拔证明的核心指标。

　　如前述，语言是品性的家园，所以 CAI 的获取既离不开语言，又需要具有具身性。而具身的要求，是 CAI 与 HERs 获取方式的最大不同。具身的需要，既要语言为基础，也要对语言氛围和形式作出规定，这就是语境营造和问题（题目）编制与回答控制。

　　对于语境营造，相关章节会详细介绍，这里先简单说明一下题目编制与回答控制。

一、题目编制

根据具身的基本定义（参见第二章第五节），所谓具身，一是认知依赖于经验种类，这些经验产生于身体的器官感受能力；二是这些器官感受能力是由其生物、生理和文化等环境共同决定的。于是，鉴于品性的语言依赖性和具身的要求，品性评估的语言是需要经过组织的语言——这就是题目编制。

既然是组织，那便不是任何语言问题（题目）均可以，只有符合某种（标准）的语言题目，才是 CAI 需要的语言题目，一般来说可以分成两大类：一类被称为相关问题（relevant question），另一类被称为不相关问题（irrelevant question）。

二、题目回答

无论相关问题，还是不相关问题，都需要评估对象予以回答，并同时记录其心理生理变化，这才是具身，所以如何回答与控制（引导）回答就是必须。

1. "如实"回答

指的是要求评估对象对评估内容的回答形式与态度，引号如实，意味着此时 CAI 的评估已经开始，只有"如实"的态度，才能保证评估的效果。

2. 否定回答

并不是所有的问题都要否定回答，只是需要被测人对相关问题的否定回答。

哲学层面来说，否定是发展的环节和联系的环节。其一，它是发展的环节，即发展是通过否定实现的。辩证的否定是旧质向新质的飞跃，是旧事物向新事物的转变。其二，它又是联系的环节，辩证的否定不是新旧事物的一刀两断，而是要继承和保留旧事物中的积极合理的因素。所以，否定既把新旧事物区别开来，又把它们联系起来。

从测谎层面上来说，否定事实被认为是一种典型的谎言。从品性层面上来说，否定，是逼出（认识）自我的一种必由之道。因此，即便是一些不相关问题，有时也设计成需要否定回答的格式，以便于比较判断。

某种程度上讲，CAI 的出现，才使得品性评估能走到今天，因此掌握了 CAI 的获取方法，也就可以算作走进了品性评估的大门。而品性评估的发展，也将不断地仰仗于各种各样 CAI 的积累与回合。

三、小结

贝叶斯品性评估之 DCA＝CAI×HERs 确定，让品性评估的方法清晰可见为 CAI 和 HERs。前者通过具身的方式可以获得，而后者则是个体的一个历史性评估结果，可以是某次某科的考试考核成绩，也可以是自评或他评的一个分值结果。

尽管人们某种程度上已经习惯了用 HERs 来替代品性评估，但是如果清楚地知道这不过是 CAI 等于 1 的一个特例，那么就明白 CAI 不是消失，而是被遮蔽而已。

真正的 CAI 获取是需要具身，还需要不断地逼问才能够得到，例如：

东郭子问于庄子曰："所谓道，恶乎在？"

庄子曰："无所不在。"

东郭子曰："期而后可。"

庄子曰："在蝼蚁。"

曰："何其下邪？"

曰："在稊稗。"

曰："何其愈下邪？"

曰："在瓦甓。"

曰："何其愈甚邪？"

曰："在屎溺。"

东郭子不应。

庄子曰："夫子之问也，固不及质。正获之问于监市履狶也，'每下愈况'。汝唯莫必，无乎逃物。至道若是，大言亦然。周遍咸三者，异名同实，其指一也。尝相与游乎无何有之宫，同合而论，无所终穷乎！尝相与无为乎！澹而静乎！漠而清乎！调而闲乎！寥已吾志，无往焉而不知其所至，去而来不知其所止。吾往来焉而不知其所终，彷徨乎冯闳，大知入焉而不知其所穷。物物者与物无际，而物有际者，所谓物际者也。不际之际，际之不际者也。谓盈虚衰杀，彼为盈虚非盈虚，彼为衰杀非衰杀，彼为本末非本末，彼为积散非积散也。"[1]

---

[1] 《庄子·外篇·知北游》，载 http://baike.baidu.com/item/庄子·外篇·知北游/10192398?fromtitle＝知北游 &fromid＝30030，最后访问日期：2018 年 9 月 14 日。

东郭子寻道，其纠问式思维颇合贝叶斯逻辑，庄子的回答也不能说不精彩，但是东郭子的纠问方向始终朝着"是"的目标前进，这让庄子很不耐烦，于是不客气地将其引到"屎溺"中。

老子提出"道"，尽管开篇就设卡堵路——不许使用语言名称诠释："道，可道也，非恒道也。名，可名也，非恒名也。"[1] 确立原则，但是如何寻道却未能详尽，只是通过各种方式予以寓象。这种寓象给人一个错觉，就是如东郭子这样可以让人朝着"是"或"有"的目标前进。庄子意识到这个错觉，于是在看到"东郭子不应"后，遂告曰"汝唯莫必，无乎逃物……"云云。

谎言之所以为谎，是因为说谎者对谎的否认引起的。但是这一否认，却在有意无意间造就了先辈们采用否定性方法来测谎。殊不知，否定性方法的创立，在人类认识发展史上具有划时代意义。因为否定性方法在认识内涵上比一般的肯定性认识要深刻得多、丰富得多、灵活得多，它实际上是事物发展中矛盾转化的对立统一规律的集中体现。突出代表有东方文化中我国庄子的"汝唯莫必，无乎逃物"；古印度龙树的"八不"——不生亦不灭，不常亦不断，不一亦不异，不来亦不出（《中论》）以及印度教的"梵"：梵没有开始，也没有终结，至高无上，既超越是，又超越非。他们对作为至上者的终极实在主要就是从否定性方面来描述和领悟的。另外当今许多重要科学定律的界定方式也是采取否定式的，如宇宙基本原理的表述就有：没有任何一个点是宇宙的中心。

这种否定性方法的特点，决定了品性评估之评估方法的基本模式，即只有在不断的否定追问中，才能一步步逼近品性。

庄子的聪慧，在于片言只语之间，已将求道之路指明——汝唯莫必（你只有不断否认），无乎逃物（不要只是在某一事物里寻找）……

思考题

1. 讨论什么情形下人们愿意否定回答。对品性评估的启示有哪些？
2. 阐述 CAI 与 WoE 的异同点。

---

〔1〕 李耳：《道经·第一章》，载 http://so.gushiwen.org/guwen/bookv_3310.aspx，最后访问时间：2018 年 9 月 10 日。

第二节　信息方法

一、概述

在系统科学中，信息是一个核心概念。在信息论观点出现前，信息往往隐匿在各种各样的表现形式之下。直到 20 世纪 60 年代以信息论、控制论和系统论为代表的系统科学论横空出世，人们才似乎突然意识到，我们的世界不光有物质、能量，还有信息，而生命之本质也可以某种程度上归之于信息。

信息具有以下特性：一是信息的普通性及无限性；二是信息的客观性和主观性；三是信息的可传递性和交换性；四是信息的动态性和时效性；五是信息的依靠性和主导性。

信息之表现，有多种形式。

信息概念具有普遍意义，它已经广泛地渗透到各个领域，信息科学是具有方法论性质的一门科学，信息方法具有普适性。品性评估的信息基础，除了评估的目标和依据具有信息特征外，更重要的是采用信息方法来进行评估。

所谓信息方法就是运用信息观点，把事物看作一个信息流动的系统，通过对信息流程的分析和处理，达到对事物复杂运动规律认识的一种科学方法。信息方法完全脱开对象系统的具体运动形态，把对象的运动过程抽象成为一个信息的传输和变化的过程，通常用反馈信息作为实现系统目标的控制手段。信息方法与传统方法不同，不需要对事物进行剖析，而是从分析信息流程入手来认识整个系统。信息方法着眼于信息，揭露了事物之间普遍存在的信息联系，对过去难以理解的现象从信息观点角度作出了科学的说明。信息方法是信息论的基础，信息论不仅为控制论、自动化技术和现代化通讯技术奠定了理论基础，而且为研究大脑结构、遗传密码、生命系统和神经病理等开辟了新的途径，也为管理的科学化和决策的科学化提供了思想武器。显然它也就顺理成章地成为品性评估的一个主要方法。

二、信息与语言

当信息作为一个全新概念出现后，人们开始将语言视为信息的载体，亦即认为信息产生语言，这与思想与语言的关系颇为类似。也就是说，早期人们认为思想产生语言，即语言是思想的工具。但是到 20 世纪初，人们似乎又重新意识到语言的界限就是思想的界限（维特根斯坦），语言是存在之家（海德格尔），所以当信息作为一种现代学术思潮，开始在计算机领域风生水起的时候，一门计算语言学（Computational Linguistics）却悄然诞生，且被界定为语言学的一个分支学科，研究人类语言行为的计算机模拟，特别是像机器翻译和言语综合这样的应用。可以说，计算语言学不仅赋予语言学以现代化特色，而且也直接回答了信息与语言的关系问题，更使得语言学在现代科学体系中的地位有了明显的变化，它不仅是各门科学的基础部分，而且成为一门带头或先导科学（pilot science），获得了与哲学和数学同等的学术地位，其重要意义已为国际学术界达成共识。[1]

面向计算机的语言学理论研究在方法论上的取向十分明确，因为现代科学知识中方法论的地位愈来愈高，作用愈来愈大。如果没有新的科学方法和新的研究手段，那就很难创造新的科学理论。其实倡导的正是现象学方法与模式。

信息在一个阶段作为一种抽象之物对于人们认识和理解世界不无便捷之处，所以陈云林老师当年曾使用心理信息（psycho-information）可自圆其说地解释一些心理生理现象。但是应该知道，脱离开语言的信息只是信息而已，并无任何意义。所以当信息哲学[2]者们若欲使信息脱离开语言成为某种本体之时，其实已将信息送到一条死胡同里去了。

三、信息与评估

毋庸置疑，信息论的出现，使得人们可以利用数字的方式将传统的一些现象，包括语言进行所谓的数字化处理，因此某种程度上人们所说的信息化也就变成了数字化。

从古到今，人类的任何评估（测量）实践目的都是为了获取信息。[3] 尽管各类评估的手段和方法各不相同，但是这个目的却惊人的一致。对信息的描述和定义随人类认识水平的改进而不断变化。而当今一提到信息就会想到数字，因为在这个被标称为信息的时代，其最大特征就是几乎所有的信息都能被转化为可被计算机识别和处理的 1 和 0 代码进行处理，所以信息时代又被称为数字化时代。

---

〔1〕 伍铁平编著：《语言是一门领先的科学——论语言与语言学的重要性》，北京语言学院出版社 1994 年版，第 1 页。

〔2〕 邬焜：《信息哲学——理论、体系、方法》，商务印书馆 2005 年版，第 15~22 页。

〔3〕 陈云林、孙力斌：《心证之义——多道仪测试技术高级教程》，中国人民公安大学出版社 2015 年版，第 1 页。

利用计算机的强大功能对各种信息进行处理和管控，构建数字化测试模式，不仅是一个时代特征，而且的确能提高评估（检验检测）工作的准确性及效率，是评估技术发展的必然趋势。

但是，信息，从本体论的意义上来说，它是事物运动的状态和（状态改变的）方式；从认识论的意义上说，它是认识主体所感知或所表述的事物运动的状态和方式。事物，既可以是外部世界的实在客体，也可以是主观世界的精神现象；运动既可以是物体在空间中的位移，也可以是一切意义上的变化；运动的状态是指事物在特定时空中的性状和态势，运动的方式是指事物运动状态随时空的变化而改变的式样和规律。[1]

对于品性评估来说，主要获取的是评估对象的相关信息。这些信息表达的真实性、可信性至关重要。而评估的直接目标也就是对信息可信性（度）的确认。

由于信息的必要性产生于存在的不确定性，所以获取信息的作用在于消除评估前的不确定性，增加确定性。评估就可以理解为是两次不确定性之差的判断。

如果说这种对一个目标的某个侧面（侧显）的再次判断（评估）是纵向不确定性消除的话，那么由于品性的复合性特点，决定了每次评估可能判断的是不同的侧显，即再次判断（评估）可能是在另一个侧显基础展开的，那么这时的不确定性消除可称为横向不确定性消除。

不确定性有多种多样，除了偶然性、随机性、模糊性、含混性、灰色性等这些所谓的客观因素外，品性评估更加关注的是主观性因素带来的不确定性。而且这些不确定性因素既可以出现在纵向，也可以出现在横向。对这些不确定性的消除程度，如今可采用贝叶斯信息标准予以判别。

不确定的消除是一个方面，更重要的还有能够通过这些不确定性的变化，反推出目标本身的一些性质特点，这就衍生出一种黑箱方法。

四、黑箱方法

从系统论出发，黑箱评估方法从综合的角度为人们提供了一条认识事物的重要途径，尤其对某些内部结构比较复杂，人们的力量尚不能分解，或一经分解就改变或失去其功能的系统来说，该研究方法是非常有效的。

最早的黑箱研究，总将黑箱方法视为权宜之计，因为这里提到了"人们的力量

---

〔1〕 钟义信：《信息科学原理》，北京邮电大学出版社2002年版，第15页。

尚不能分解",所以当时的黑箱仍然是意图分解之黑箱——还原论的色彩极为浓厚。

诺贝尔奖获得者埃德尔曼(Edelman)[1]指出,许多神经科学家如果期望单单靠精确地确定脑中的特定部位,或是了解特定神经元的内在性质就能够解释为什么它们的活动能够或者不能够对意识经验有所贡献,那就犯了范畴错误(category mistake),即把事物不可能有的性质强加给它。

传统黑箱方法明显受到一种基于还原论积木模型(building block model)的影响,即认为黑箱里还可以分割成更多更细的单元,直至无穷(变成白箱)。但是对于意识,或更现代的说法是我们当前所处的意识场(field of consciousness),这样的黑箱,传统的方法还是坚持将其分离为许多意识单元(units of consciousness),并且这些单元都是相对独立的,就像一块块分散的积木。但是,越来越多的研究者开始在统一场模型(unified field model)下审视意识经验,即寻找某些具有产生一个统一的整体意识经验能力的大脑,其丰富活动往往表现为一个伴随时间变化的整体或全局工作空间(global workspace)。[2]这与现象学将意识当作一个主观经验的统一场的观点不谋而合。胡塞尔、海德格尔、莫里斯·梅洛-庞蒂(Maurice Merleau-Ponty)、A. 古尔维奇(A. Gurwitsch)等均非常赞同以场或整体的视角来审视意识。

在此基础上,汤普森(Thompson)等指出:神经现象学的核心假设不关心是什么使得一个特殊的大脑过程成为一个特殊意识状态的内容之神经相关物,而是关注一个连贯的意识状态的神经活动是如何从其他正在进行的神经活动中涌现出来并加以区分的。[3]因此,生成(enation)表示的是将大脑视为复杂的动力学系统,意识是由功能专门化脑区的离散马塞克(scattered mosaics)的瞬间和连续的神经激活网络产生的,并不存在任何单一的神经过程或结构作为意识的神经相关物。所以,研究意识经验对应的神经活动的最佳方案不是在神经元类型或专门化神经元回路的水平上展开,而是通过一个可以描述大尺度整合(large-scale integration)模式的涌现和改变的集体神经变量(collective neural variable)来进行。

---

〔1〕 [美]杰拉尔德·埃德尔曼、朱利欧·托诺尼:《意识的宇宙——物质如何转变为精神》,顾凡及译,上海科学技术出版社 2004 年版,第 10 页。

〔2〕 A. Raffone & M. Pantani, "A Global Workspace Model for Phenomenal and Access Consciousness", in Consciousness and Cognition, 2 (2010), pp. 580-596.

〔3〕 E. Thompson, A. Lutz & D. Cosmelli, "Neurophenomenology: An Introduction for Neurophilosophers", in A. Brook & K. Akins ed., Cognition and Brain: The Philosophy and Neuroscience Movement, Cambridge University Press, 2005, pp. 40-97.

神经现象学的任务在于对那些十分精确并完全可以用正式的预测性动力学术语予以表述的实时主观经验进行现象学解释，这些术语可以被表述成大脑活动的特殊神经动力学属性。

大尺度整合，其实也是一个黑箱。只不过这个黑箱与传统的可以白化的黑箱截然不同。亦即这个黑箱注定永远是个黑箱，但凡想从物理意义上将其解开，那便彻底失去其功能。系统（调查）测试（SPEI）中的心理信息单元，看来就是这样性质的黑箱。

虽然品性并不等同于意识，但是对意识的认识和研究方法对于品性评估还是具有极大的启示意义。黑箱方法通过设计系统，控制输入，然后根据研究对象（黑箱）的输出与已知系统的输入和输出进行比较。通过观察黑箱中输入、输出的变量，得出关于黑箱功能情况的推理，寻找、发现其规律，实现对黑箱的理解与认识。所以如今的黑箱不是为了黑箱的解剖而黑箱，是为了黑箱的更加适用（居中合一）而黑箱。

如果我们把评估对象的品性当作黑箱，那么评估题目就可以视为输入，评估对象的回答及其相应的行为（生理）反应就可以视为输出。这样，评估过程就完全可以类同于黑箱方法过程。

另外，通过对黑箱方法的思考，而采用了信息耦合（information coupling）的概念，以耦合（coupling）模式来解释黑箱机制，尽管这个概念最初来自于控制论创始人维纳（Wiener），[1] 但是同样也被神经现象学创始人马图拉纳（Maturana）和瓦雷拉以结构性耦合（structural coupling）[2] 作为一个重要概念而引入认知科学中，成为神经现象学的主要研究方法基础。因此，黑箱方法某种程度上来说不仅贡献技术，而且引领理论。

五、小结

信息方法貌似针对 HERs，但是其中的黑箱过程，却也是具身研究的法宝，所以对信息的理解不要那么机械和局限。于是所有的信息方法，当适用于 HERs 时，作为 HERs 来用，当对 CAI 有启示时，同样有意义。

如果说本节的信息方法还主要以概念阐释为主的话，那么下节的信号检测

---

〔1〕 ［美］维纳：《人有人的用处：控制论和社会》，陈步译，商务印书馆1978年版，第32页。

〔2〕 H. Maturana & F. Varela, *The Tree of Knowledge*, New Science Library, Shambhala, 1988, p. 79.

论，就是名副其实的信息方法实务操作了。

思考题

1. 简述信息的意义和价值。
2. 信息与语言的关系是什么？
3. "黑箱"方法给品性评估的启示有哪些？

第三节　信号检测论方法

一、信号检测论（SDT）

信号检测论（signal detection theory，SDT），曾被视为一种心理物理研究方法。其最初是信息论在通讯工程中的应用成果，是信息论的一个重要分支。用以专门处理噪音背景下对信号进行有效分离的问题，其过程本质上是一种统计决策。若从黑箱的观点来看，信号检测论可视为一种黑箱方法的直接运用。

信号检测论在 1954 年被特纳（Tanner）和斯威茨（Swets）[1] 率先引入心理学后，首先改变的就是传统上人们对感觉阈限的理解。但由于后来信息在现代认知心理学中的地位日益突出，所以在信号检测论引入心理学研究领域后，一些信息的基本概念、思想和假设就被移植到心理学情境中来。

信号检测论认为感觉是一个连续的过程而没有孤立和绝对的界点（阈限），绝对的感觉阈限并不存在。阈限实际上是一个受很多因素影响的点，反映了被试的反应标准。

信号和噪音是信号检测论中最基本的两个概念。在信号检测论实验中通常把刺激变量看作信号，把刺激中的随机物理变化或感知处理信息中的随机变化看作噪音。常以 S（signal）表示信号，以 N（noise）表示噪音。在心理学中，信号可以理解为刺激，噪音就是信号所伴随的背景。实验中，被试最主要的任务是区分信号和噪音。为了判断信号是否出现，被试必须设定一些判断的标准。当信号的强度超过判断标准，被试会报告他感觉到了刺激；当信号的强度低于判断标准，被试则会报告他没有感觉到刺激出现。这个过程很像统计学家设定拒绝虚无假设的标准（原为显著性水平），也就是被试替自己定义了在多大程度上愿意接收信

---

〔1〕 郭秀艳：《心理实验指导手册》，高等教育出版社 2010 年版，第 282~310 页。

号的概率。

除了作为心理学领域研究的重要方法之外，信号检测论还为我们提供了一条从信息加工角度重新审视感知觉（反应）过程的途径。它告诉我们，人类对客观世界的知觉是外部刺激和内部状态共同作用的结果，即反应与刺激的关系是建立在内因和外因之相互作用基础上的，其本质仍是信息共鸣，是一个概率过程。

因此，品性评估中，信号检测论的作用和意义已经超出了早期的信号范畴，成为信息检测与评估的一种模式，所以在这里称之为信号检测论方法。

另外在信号检测论的工作步骤中，贝叶斯定理以一种阳性（阴性）预报的方式出现，说明了该定理的普适性。所以，与其说它的应用为现代心理学家在传统心理物理学和认知心理学之间架起了一座桥梁，不如说它的应用成为品性评估的一个方法是理所当然。

二、工作步骤

（一）形成分布表格

先通过示例来说明。

例如，依照信号检测论之击中与虚报要求可将某次多道仪测试结果整理成如下表 3.1 形式。其中"有罪-不通过"和"无辜-通过"视为击中，而"有罪-通过"和"无辜-不通过"即为虚报。显然击中有两种，分别被称为真阳性（有罪-不通过，true positive，TP）和真阴性（无辜-通过，true negative，TN）；虚报也有两种，分别被称为假阳性（无辜-不通过，false positive，FP）和假阴性（有罪-通过，false negative，FN），假阴性和假阳性结果出现，说明了测试结果出现了错误。

表 3.1　某次多道仪测试结果表

测试结果	被测人实况		合　计
	有　罪	无　辜	
不通过（+）	4（TP）	5（FP）	9
通过（-）	1（FN）	90（TN）	91
合　计	5	95	100（N）

（二）内容叙述

所有测试结果都必须按照阈值标准归类为阳性（＋）或阴性（－），没有不确定结论存在（即不结论）。

对多道仪测试来说，测试结果：

（1）如果为阳性，通常意味着被测人出现了特征反应（有特征反应），测试结果用"不通过"表示。

（2）如果为阴性，通常意味着被测人没有出现特征反应（无特征反应），测试结果则用"通过"表示。

（3）测试结果如果为"不结论"，那也要根据阈值对其进行强制归类，使其成为阳性（＋）或阴性（－）。

（三）确定基本率（base rate）

本例中，100名被测人中有5名实际"有罪"，那么该群体的"有罪"基本率就为5%。

（四）评价指标

1. 灵敏度与特异性

（1）灵敏度（sensitivity，TPR）。

$$TPR = Sen = P(T_+/D_+) = TP/(TP+FN)$$

式中 T_+ 表示测试结果阳性，D_+ 表示实际结果阳性；同理，下文的 T_- 表示测试结果阴性，D_- 表示实际结果阴性；V_+ 和 V_- 则分别表示某计算或测试值的阳性与阴性属性。

用表3.1的数据计算该次测试的灵敏度结果为 $4/5 = 80\%$。显然该指标只与"有罪"的被测人有关，反映了测试检出"有罪"被测人的能力。按条件概率解释则是数据结果阳性条件下的真阳性。因此灵敏度：

①是测出该测项的能力衡量；

②受阈值影响；

③是 ROC 曲线的纵轴；

④高的灵敏度相当于高的检出率；

⑤高灵敏度会导致出现更多的假阳性测试结果。

（2）特异度（specificity，TNR）。

$$TNR = Spe = P(T_-/D_-) = TN/(FP+TN)$$

用表 3.1 的数据计算该次测试的特异性结果为 90/95 = 94.7%。显然该指标只与"无辜"的被测人有关，反映了测试检出"无辜"被测人的能力。按条件概率解释则是数据结果阴性条件下的真阴性率。因此特异度：

①是排除不特异项的能力衡量；

②受阈值影响；

③特异度高会出现更多的假阴性测试结果。

（3）灵敏度与特异度的优缺点与选择。

①优点：灵敏度与特异度不受基本率的影响，其取值范围均在（0，1）之间，其值越接近于 1，说明其测试准确性越好。

②缺点：其一，当比较两个测试方法时，单独使用灵敏度或特异性数据，可能出现矛盾结果；其二，对阈值高度依赖。

③以发现某种嫌疑为目的时，使用灵敏度高的测试；以排除某种嫌疑为目的时，使用特异性高的测试。

2. 阳性预报值与阴性预报值

（1）阳性预报值（positive predictive value，PV$_+$）。

$$PV_+ = P(D_+|T_+) = \frac{P(T_+|D_+)P(D_+)}{P(T_+|D_+)P(D_+) + P(T_+|D_-)P(D_-)}$$

换算成基本率（P$_0$）和灵敏度（Sen）与特异度（Spe）表示，即有：

$$PV_+ = \frac{SenP_0}{SenP_0 + (1-Spe)(1-P_0)} = 1 \Big/ \left[1 + \frac{(1-Spe)(1-P_0)}{SenP_0} \right]$$

当灵敏度与特异度为常数时，增加基本率将增加阳性预报值。

用表 3.1 的数据 Sen = 0.8，Spe = 0.947，假如人群基本率 P$_0$ = 0.0005，可得：

$$PV_+ = 1/133.4 = 0.0075 = 0.75\%$$

如果将基本率扩大为 P$_0$ = 0.2，可得 PV$_+$ = 0.791 = 79.1%。基本率对 PV$_+$ 影响之大可见一斑。

（2）阴性预报值（negative predictive value，PV$_-$）。

$$PV_- = P(D_-|T_-) = \frac{P(T_-|D_-)P(D_-)}{P(T_-|D_-)P(D_-) + P(T_-|D_+)P(D_+)}$$

换算成基本率（P_0）和灵敏度（Sen）与特异度（Spe）表示，即有：

$$PV_- = \frac{Spe(1-P_0)}{Spe(1-P_0)+(1-Sen)P_0} = 1/\left[1 + \frac{(1-Sen)P_0}{Spe(1-P_0)}\right]$$

当灵敏度与特异度为常数时，增加基本率将降低阴性预报值。

将 $P_0 = 0.0005$，$Sen = 0.8$，$Spe = 0.947$，代入上式得：

$$PV_- = 0.9999 = 99.99\%。$$

如果 $P_0 = 0.2$，$PV_- = 0.8256 = 82.56\%$，此时基本率对阴性预报值降低的影响并不明显。

显然，这里的阳性预报值与阴性预报值计算其实就是贝叶斯定理应用！

3. 假阴性错误与假阳性错误

（1）假阴性错误（false negative error）。

假阴性率（false negative rate，FNR）

FNR = FN／（FN+TP），本例中，FNR = 1/5 = 0.2 = 20%。

表示测试未测出该测项，以多道仪犯罪调查测试结果为例即放走了"坏人"。

（2）假阳性错误（false positive error）。

假阳性率（false positive rate，FPR）

FPR = FP／（FP+TN），是 ROC 曲线的横轴。本例中，FPR = 5/95 = 0.053 = 5.3%。测出不存在的问题，以多道仪犯罪调查测试结果为例表示冤枉了"好人"。

三、ROC 曲线与 AUC

ROC 曲线，为接受者操作特性曲线（receiver operating characteristic curve），又被译为接受者操作（工作）特征曲线，还被称为感受性曲线（sensitivity curve）。得此名的原因在于曲线上各点反映着相同的感受性，即它们都是对同一信号刺激的反应，只不过是根据不同的阈值标准即在几种不同的判定标准下所得的结果而已。由于 ROC 曲线中使用的感受性实际上就是信号检测论中的灵敏度，所以 ROC 之曲线下面积（area under curve，AUC）就成为通过信号检测论而形成的一个信息方法重要评价指标。

（一）含义与起源

ROC 曲线出现于 20 世纪 50 年代，最初用于对雷达信号观测能力的评价，后在20世纪60年代中期被实验心理学和心理物理学研究所采用，在20世纪70年代末和20世纪80年代初被引入诊断医学领域，如今仍然是衡量诊断指标（方法）是否有效和准确的一个常见方法。

（二）绘制

ROC曲线是以某测试方法在特定的阈值范围内的灵敏度（真阳性率）做纵轴、以1-特异性（假阳性率）做横轴构成的曲线形式。表3.1的数据Sen=0.8和（1-Spe）=1-0.947=0.053就能构成对该次测试绘制ROC曲线的一个点。

1. 完美曲线及其曲线下面积（AUC）

是在以灵敏度（真阳性率）做纵轴、以1-特异性（假阳性率）做横轴构成的坐标系中，沿着纵轴（灵敏度，真阳性率，TPR）再转向横轴（1-特异性，假阳性率，FPR）的一条折线，其AUC为1。

2. 无效曲线及其AUC

是在以灵敏度（真阳性率）做纵轴、以1-特异性（假阳性率）做横轴构成的坐标系中，从坐标原点（灵敏度=0，1-特异性=0）到坐标最大点（灵敏度=1，1-特异性=1）的一条直线，其AUC为0.5。

3. AUC与测试准确度

完美曲线下面积为1，而无效曲线下面积为0.5，所以测试准确度是介于0.5到1之间的一个数值，一般公认的衡量标准为：

> 高　0.90~1.00=excellent（A）
>
> 中　0.80~0.90=good（B）　　0.70~0.80=fair（C）
>
> 低　0.60~0.70=poor（D）　　0.50~0.60=fail（F）

（三）系统（调查）测试（SPEI）的ROC曲线及AUC

1. ROC曲线

SPEI有两个特征阈值（-0.33）和（+0.5），即可以认为当相关与准绳问题反应的相关（差异）系数小于（-0.33）和大于（+0.5）时，反应显著，直接结论。当该差异系数位于这两个特征阈值之间时，则需要用概率描述。这种差异系数的变动过程就是判断阈值的调整，随阈值调整可得出相应灵敏度和特异性，随后生成相应的ROC曲线。

陈云林在总结SPEI的1100组数据后绘制出的ROC曲线图如下（图3.1）：

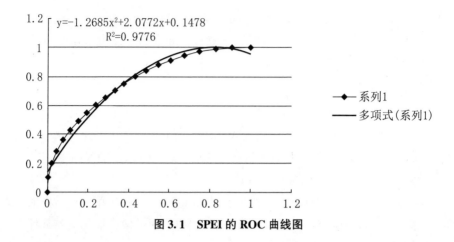

图 3.1　SPEI 的 ROC 曲线图

2. 曲线下面积（AUC）

AUC 大小是衡量测试方法准确度的一个具体指标，有很多种方法可以根据 ROC 曲线形式求出 AUC。这里采用的是曲线拟合积分法。

对图 3.1 曲线经拟合后可得拟合方程：$y = -1.2685x^2 + 2.0772x + 0.1478$

对其积分得：$f(x) = -0.4228x^3 + 1.0386x^2 + 0.1478x$

当 $x = 1$ 时，$f(x) = 0.7636$；当 $x = 0$ 时，$f(x) = 0$

所以：$AUC = f(1) - f(0) = 0.7636$

根据上文的标准，通过这些数据说明 SPEI 的准确度处于 C 级（fair）的水平。

四、小结

信号检测论之于品性评估，最大贡献是可为贝叶斯定理提供一个直接客观、可实证的先验概率，同时出现的阳（阴）性预报值也已经是贝叶斯定理的应用，所以在整个过程中弥漫着浓浓的贝叶斯味道，从而与品性评估在理念上也产生了高度的契合。

另外对于多道仪测试，它也能够通过 AUC 计算与其他谎言甄别技术进行直接比较，同时也对多道仪测试的真正能力给予了某种程度的直接刻画。2003 年，由美国国家科学院发布的著名报告《多道仪与测谎》（*The Polygraph and Lie Detection*），[1] 其中对多道仪测试的评价之所以为 "……我们认为在特定事件调查的

---

〔1〕　National Academy of Sciences, *The Polygraph and Lie Detection*, 2003, pp. 146-147.

多道仪测试中，其对谎话和实话的区分虽不够完美，但却绝非靠猜测而定"，仰仗的就是他们从 66 个实验室及实案办理研究统计得出多道仪测试在美国的准确度：

实验室模拟研究：AUC 在 0.70 到 0.99 之间，平均为 0.80。

实案办理研究：AUC 在 0.71 到 0.99 之间，平均为 0.89。

2017 年 3 月，雷蒙德·纳尔逊（Raymond Nelson）[1] 在讨论贝叶斯定理的多道仪测试应用时，评论了美国多道仪技术协会的最新研究结果，其中就有通过 SDT 获得的基础数据（见下表 3.2），从一个侧面说明了 SDT 的强大生命力。

表 3.2　多道仪测试的一些基础数据

Test sensitivity or true positive rate（TP）	0.812
Test specificity or true negative rate（TN）	0.717
False positive rate（FP）	0.144
False negative rate（FN）	0.083

尽管将多道仪测试局限于事件调查（event-specific investigations，多属犯罪调查）有些狭隘，但是确实也提供了对于多道仪检测能力的一个基本率和先验概率。当然随着贝叶斯定理影响的确立，单纯的准确度追求已经不是目标，然而起点的判断仍是必需的。也正是在起点的判别上，信号检测论很好地发挥了一个衔接频率派与贝叶斯派的关键作用。

除此之外，信号检测论作为品性评估方法引入品性评估，其同样适合于内省评估的各种准确度分析，也就是说，作为 HERs 的来源，并不意味着一个简单得分即告结束，对于这个得分的效度分析，除了可能的作假因素要结合 CAI 尽量排除外，内省评估本身的指标选择是否恰当，即被试已经诚实作答，但是指标设计不当造成的影响就可以依靠信号检测论的技术方法来予以发现和消除。

从这个意义上来说，信号检测论具有双向作用。

思考题

1. 为什么说 SDT 是黑箱方法？

---

〔1〕　R. Nelson & F. Turner, "Bayesian Probabilities of Deception and Truth-telling for Single and Repeated Polygraph Examinations", in *Polygraph & Forensic Credibility Assessment*, 46（2017）, pp. 53-80.

2. 利用自己的数据，绘制一个 ROC 曲线。

3. 为什么说 AUC 是一个有意义的技术参数？

4. 讨论 SDT 的双向作用。

第四节　总　结

信息方法是品性评估的方法基础，倘没有信息支撑，一切皆是无源之水和无本之木，所以掌握了信息方法也就掌握了品性评估的方法基础。

黑箱方法及 SDT，不仅在品性评估方面一试身手，而且在诸多领域也有所斩获，尤其是与系统动力学结合，产生了巨大影响。

2012 年，《系统科学学报》曾刊文《神经现象学的系统动力学方法举要》，指出：神经现象学是一门联合了神经科学和现象学，以探索人类意识经验为目的的跨学科运动。其提出的具身意识概念，强调了①认知依赖于身体的各种体验，这些体验源于身体的各种感官运动能力；②这些单一的感觉运动能力嵌入到一个更具包容性的生物、心理和文化背景中。因此，系统动力学方法成为神经现象学研究的主要工具之一，并衍生出两大具体的方法论：具身动力学和神经动力学。[1]将对人类意识探索这个貌似哲学层面的问题，拉入系统科学范畴。

测谎，尽管一开始只是定位于谎的"言"，但是由于追逐该"言"的特异反应一直不如意，使得测谎技术（方法）也与具有浓郁还原论色彩的传统分析检验方法若即若离，难以入流，进而长期游离于所谓的实证研究之外，在不知不觉中成为一个所谓的困难问题（Hard Problem）[2]代表。

困难问题是相对简单问题提出的，它们之间的关系可见表 3.3。困难问题之所以醒目，是因为有人称，在 2015 年之前连解决此类问题的思路都没有。[3] 显然这话有点过于绝对，2012 年《系统科学学报》就能发文，说明困难问题固然暂时无解，但那是相对于简单问题之解的无解。2013 年，就有人明确就此提出了

---

〔1〕 陈巍、郭本禹：《神经现象学的系统动力学方法举要》，载《系统科学学报》2012 年第 1 期，第 51~55 页。

〔2〕《困难问题》，载 http://baike. baidu. com/item/困难问题/18339431? fr = aladdin，最后访问日期：2018 年 9 月 14 日。

〔3〕《困难问题》，载 http://baike. baidu. com/item/困难问题/18339431? fr = aladdin，最后访问日期：2018 年 9 月 14 日。

"中道"的解决方案。[1]

　　言及中道，总会让人感觉到有一点神秘主义色彩，因而也总是被物理问题的方法予以拒斥。其实对于中道（中庸）完全可以用贝叶斯的方法给予解释——当然，贝氏理论也长期被所谓的主流科学所排挤，如今在人工智能有点山穷水尽之时，只好蓦然回首一下，但愿贝氏理论能让人工智能开始"又一村"的路程。

表 3.3　困难问题与简单问题

	简单问题	困难问题
定　义	可以归结为结构、功能和动力学的问题都为简单问题。	不可归结为结构、功能和动力学的问题为困难问题。
示　例	视觉原理相关的问题为简单问题，因为此类问题只需解释视觉过程相关的结构与功能的实现。	2000 年以后，学界基本认为几乎所有的困难问题都指向解释人们意识体验的存在及机理。
说　明	简单问题只是个相对的概念。简单的含义是指最起码针对此类问题，我们知道可能的解决方案，比如视觉机理的问题，我们知道只要将视觉系统的神经关联探讨清楚之后，并运用相关的物理化学原理就可以回答此类问题；这类问题解决起来可能非常繁难，但基本的方法是有的。也因此有时将简单问题称为物理问题。	困难问题指的是很少有人能指出应该如何研究此类问题，如意识体验。因为此类问题不可归为结构、功能和动力学，因此这其实就相当于宣布物理学和数学面对此问题时可能无能为力。因为几乎所有物理学能解决的问题皆可归结为结构与功能，有时困难问题也因此被认为是非物理的。

　　显然，如果黑箱方法和信号检测论能够不落入传统科学之窠臼，那么它对品性评估的方法贡献将不会止步于此。正是在这两个方法思想的指导下，为测谎向心理测试转化找到了路径和方法。如今心理测试转向品性评估，它们的作用和价值，殊为期待。

---

〔1〕　陈巍、郭本禹：《中道认识论：救治认知科学中的"笛卡尔式焦虑"》，载《人文杂志》2013 年第 3 期，第 8~13 页。

第四章

内省评估方法

知不知，上矣；不知知，病矣。是以圣人之不病，以其病病，是以不病。

——《老子》第七十一章

第一节　概　述

一、内省

被称为神经现象学奠基人的瓦雷拉指出，[1] 若想正确认识心智与意识现象，首先必须救治笛卡尔式焦虑（Cartesian anxiety）——即对某种预先给定的、客观的、绝对的参照点的狂热，或称二分（bicameral）狂热。在这方面，某些曾被称为宗教体验，如佛教的中观派（Madhyamika）却能够提供一种应对这类狂热的镇静剂。因为在笛卡尔式焦虑的驱动下，研究者无论是试图从心智内还是心智外寻找一个终极的认识论根基，思想的基本动机与模式都是一样的，即中观所称的执着倾向。这种倾向寻找的是一种绝对的根据，即某物只依靠"自身存在"（own-being）从而成为其他任何事物的基础。然而，通过冥想（meditation）与正念（mindfulness）等类似佛教沉思训练放下这些执着倾向后，事物的本质才会开始向研究者显露。

冥想与正念，在心理学上都可以视为内省（introspection），只不过冯特在莱比锡大学建立了世界上第一个心理学实验室后，内省也开始了某种程度上的实证研究，因此被称为内省实验法，这里就是内省评估。

---

〔1〕 Varela F., "Neurophenomenology: A Methodological Remedy to the Hard Problem", *Journal of Consciousness Studies*, 3 (1996), pp. 330-350.

二、内省机制

内省离不开所谓的自我意识（self-consciousness）。自我意识简言之就是自己对自己的意识。菲尼根斯特（Fenigstein）[1] 等人在 1975 年，将自我意识划分为私人自我意识（private self-consciousness）与公共自我意识（public self-consciousness）。而其中私人自我意识又被定义为：一种聚焦于内在想法与情感感受的倾向、趋势或者是对自我私人方面的关注。

自我的私人方面一般包括情绪感受、内心想法、对自我各方面的认识与看法，等等。

菲尼根斯特将私人自我意识作了进一步的两个维度划分：内部状态觉察（internal-state awareness）与自我反射（self-reflection）。内部状态觉察指的是一种维持普遍的对个体内在情感与心理过程觉察的趋势，这个概念更加接近一般意义上的内省。而自我反射则指的是一种反复聚焦于自我的趋势，更多的是与低自尊、神经质、抑郁、高社交焦虑的个体特质联系在一起，比如说你做了一件错事，其后还反反复复地回想自己做过的这件错事，进而还产生诸如自我批判、自我苛责、羞耻之类的心态或情绪，那么这里面的心理机制就是自我反射，这个过程类似宗教上的忏悔。

内部状态觉察与自我反射的区别在于内部状态觉察注重的是对自我情绪感受、内心想法关注的趋势，意思就是说，你觉察到了这些东西。而自我反射属于一种非适应性的自我关注，更多地聚焦于反复思考自我之后带来的那些负面情绪与想法，这些想法与情绪感受会进而导致负面的自我评价。

然而，在对内省作这么详细的、具体的划分之前，其实心理学家们就已经注意到，对自我的关注，确实既可以带来积极的影响，也带来负面的影响。内部状态觉察已被诸多的研究证实是与主观幸福感相关的。

川普奈尔（Trapnell）和坎普贝尔（Campbell）在 1999 年使用自我关注悖论（self-absorption paradox）来对上述的现象进行解释与说明。[2] 他们认为，自我

---

〔1〕 A. Fenigstein, M. F. Scheier & A. H. Buss, "Public and Private Self-consciousness: Assessment and Theory", *Journal of Consulting and Clinical Psychology*, 43（1975）, pp. 522-527.

〔2〕 P. D. Trapnell & J. D. Campbell, "Private Self-consciousness and the Five Factor Model of Personality: Distinguishing Rumination from Reflection", in *Journal of Personality and Social Psychology*, 76（1999）, pp. 284-304.

意识（self-awareness）越高时，心理不幸感（psychological distress）与心理幸福感（psychological well-being）也越高。同时指出，自我意识是由自我反射与自我沉思（self-rumination）两个维度构成的。自我反射指的是：以对自我认知上的好奇与兴趣为动机的适应性的自我关注。意思就是，个体是出于对自我的好奇才去关注自己的想法与情绪感受的，比如经历了一件事，个体体验到了愤怒的情感感受，然后个体想要去了解这种愤怒情绪的来龙去脉，所以自我反射更像是一种对自己的觉察与观察。而自我沉思的定义为：以焦虑为动机和以陷入与自我有关的对威胁、丧失、不公的负性思考为动机的非适应性自我关注。

显然从内容上看，川普奈尔和坎普贝尔的自我反射类似于菲尼根斯特的内部状态觉察（internal-state awareness）；而他们的自我沉思类似于菲尼根斯特的自我反射。而且二者的内省分类均程度不同地有一些事实与价值评估的影子，也就是说，尽管他们都用了自我反射这个术语，但是一个关注事实，一个关注价值。

但是不论如何分类，内省是一种自我观察，也是一种评估，这样自觉不自觉地出现事实与价值的影子也不奇怪。但是基于品性评估的目的，这里显然更关注的是价值评估。

三、内省形式

一般来说，内省有两种形式：一种叫作自我观察法（也叫自我内省法），是指个人凭借非感官的知觉审视其自身的某些状态和活动以认识自己；另一种叫做实验内省法，是要求被试者把自己的心理活动报告出来，然后通过分析报告资料得出某种心理学结论（一般在特定环境下进行，如心理学实验室）。目前在心理学研究中通常采用后者，例如要求被试在解决给定问题时报告其心理活动。被试的报告可以在完成任务的过程中进行，也可以事后加以追忆；可以预先告诉他按照一定要求专就某些方面报告，也可以事先不作定向指示，事后让他报告全部心理活动。其中最简捷常用的就是量表评估的方法，也被称为心理测验。

西方将内省第一人给予奥古斯丁，因为他在《论灵魂及其起源》（*On the Soul and Its Origin*）[1] 提出灵魂只有依靠内省才能接近。而他的《忏悔录》（*Confessions*）[2] 几乎可以视为内省的鼻祖与范例。

---

〔1〕［古罗马］奥古斯丁：《论灵魂及其起源》，石敏敏译，中国社会科学出版社2004年版。
〔2〕［古罗马］奥古斯丁：《奥古斯丁忏悔录》，向云常译，华文出版社2003年版。

四、量表编制

对于不同内省性质的量表，其编制方法也不同，比如内省的用途是描述被试的心理特质，还是用于诊断心理是否异常，抑或是用于人才选拔和预测。但不论它们之间存在怎样的差异，其编制工作都应遵循一定的理论和程序。仅从编制程序看，一般为：确定测验目的、制定编制计划、设计测验项目、项目的试测和分析、合成测验、测验的标准化、编制测验手册。

值得注意的是，在具体的量表编制过程中，还要根据实际情况具体分析，比如某些步骤可能需要反复实施，直至符合使用标准。在量表的实际使用中，即便是已完成编制及有关评估，也会发现新的问题，需要进行持续的修订和完善。

1. 确定量表目的

编制量表的首要步骤是明确量表测验目的，主要涉及三方面问题：测验测量的是哪些群体？测验用来测量什么？测验的用途是什么？

2. 明确量表测验对象

各类量表测验都有自己的施测对象范围，一个测验不可能适用于所有被试团体，因而在编制测验之前首先要明确其测量对象。对于在年龄、智力水平、教育水平、文化背景、阅读水平等方面存在差异的不同被试团体，其心理结构是会存在很大差异的。如果测验的编制能够考虑到这些方面的差异，就能够尽量地降低个体间心理结构差异对测验结果的影响，才能使我们的测验编制工作做到有的放矢。

3. 明确量表测验目标

在编制测验前还要明确所编制的测验是用来测量什么心理特质的，比如是测量智力、人格、态度，还是学业成就。由于心理测验是一种间接性的测量，无法实现对心理特质的直接测量，而是通过分析那些能够表征所要测量的心理特质的行为（即行为样组）来揭示测量目标的本质。

另外，在编制测验前，不但要确定所编测验的测量目标，还要对测量目标进行分析，将其具体化为可操作的术语。对于品性评估而言，可将品性界定为如下两方面内容：

（1）事实评估：言行一致性，个体言语表述内容与其外显行为（已发生事实）属性的一致程度。此类品性特征的测试，比较常见的是针对犯罪行为开展的心理测试（测谎）技术。

（2）价值评估：心口如一性，个体言语表述与其内心价值判断属性的一致程度。

4. 明确测验用途

测验用途不同，其编制内容的取材范围以及测验项目难度等参数也会不同。因此，在测验的编制工作开始前，还要明确测验的用途：是用于对被试特征的描述，人员选拔、预测，还是作为诊断工具等。

五、内省之于品性评估

依照贝叶斯品性评估定义，内省评估与其结果可能更多地属于 HERs 范畴。即便是独立的内省评估作为品性评估来用，也是在默认 CAI 或 WoE 等于 1 的情形下。

当然在传统的内省评估过程中，人们也程度不同地关注到了 CAI（WoE）的存在，也采取了诸如如实作答、作假识别等努力，但是诚如教师品性评估中出现的诺玛蕊综合征，这种努力随着尤其是量表技术的互联网化而日益被抵消，量表的结果效度已经日趋下降。

内省的工具是语言，目标也是语言。所以内省评估也是语言评估。再来审视目前品性评估之内省评估的两种主要方法，一种是问卷，一种是量表，就会给人一种新的感觉。一般来说，问卷似乎比量表要随意一些。实际上也是如此，于是问卷只以调查研究的内容为依据，年龄、性别、收入、性格的自我评价等都可以，不一定具有特定的理论依据。因此对于一般意义上的问卷，由于自我关注悖论的存在，无论人们意识到其内容与自己相关或者不相关，都可能随意作答，甚至故意谎答。

心理测验量表被认为以某种理论和概念为依据，所以编制需要以一定的理论和概念含义为基础，例如性格的内向和外向，可以根据相关性格理论中有关内向和外向的特点来选择一些典型的行为然后编制。而且量表往往测量的是某一个概念主题或结构，量表的各个内容之间都与此主题相关，或者是这个主题的某个成分。而且经过多年的实践和总结，量表从编制和测量统计分析过程都开始了标准化和数量化操作，一般需要经过试测、初测、正式测试等多个环节，还需要经过项目分析、探索性因子分析（及验证性因子分析）以及信效度分析之后才形成的，被认为科学性比较高。

但是无论量表如何编制，其采用的形式仍然是问卷式的，如今量表满天飞，严重违反了量表使用针对个体只能是一次性的基本原则，进而也导致其信效度实际无从谈起。量表虽有种种局限或困境，但是不容否认的是，量表的标准化过程催生了题目设置的精准化，使得问卷内容更加丰富。

问卷与量表之于品性评估，颇似照镜子。按理说，人照镜子关心的是镜子中的映像，那么在接受镜子之中映像的同时，其实也接受了镜子，即相信了镜子。问卷与量表均属于镜子之一，纠结于它们的信效度，其实是纠结于如何能够相信这面镜子。而问卷与量表所要测量的目标，其实就是镜子中的映像。显然当今对于这个映像不大满意，于是苛责于镜子。这样镜子里的绝对映像并不重要了，镜子遂成为主角。品性若可视为那个若隐若现的映像化，那么品性评估其实也是想立一面镜子，但是当已有问卷与量表这样的镜子存在时，品性评估之 CAI 即可以将这个镜子擦得更干净一些，甚至成为一面新镜。

六、小结

问卷、量表是心理咨询的两大工具，其生成与研究业已相当成型，而且林林总总，蔚为大观。品性评估的出现，并不是替代或抹杀问卷与量表，恰恰相反，是要更充分发挥其应有作用。这就是说，如果将问卷与量表的作用定位于镜子，那么对映像的关注不应该超出对镜子自身的关注。正是这个错位，导致人们对问卷和量表产生了误读，认为只有问出答案或量出结果才是问卷和量表的最佳效果。美国人提出的诺玛蕊综合征生动地说明了这种为结果而结果的后果。

前文反复说明，评估如镜，镜若蒙尘，何以论影？问卷量表，概莫能外。好在从问卷量表的编制到使用，已经积累了相当的经验与教训，人们正一步步从二分的误区中走出，品性评估，顺势而生，有望在与问卷和量表的结合过程中，创出一片新天地。

思考题

1. 谈谈你对内省的理解。
2. 讨论内省与忏悔的关系。
3. 自我观察中的事实和价值评估是如何体现的？
4. 量表编制的步骤有哪些？
5. 品性评估中的量表作用是什么？
6. 品性评估为何强调问卷与量表的结合？

第二节　量表使用

量表的编制固然重要，而且目前绝大多数经过标准化的编制方法及技术产生出来的标准化量表，其理论基础和评估效度基本可以保证，但是如果不按照正确的方法予以使用，即使质量再好，也无法使其效用得到充分发挥。这就诚如高考试卷的制作，尽管颇费功夫，但是倘若舞弊而为，那么其效用可想而知。因此量表的使用（选用）过程，也对量表的使用者提出了很高的要求。换言之，量表的使用，体现的是方法，有时比量表的内容还重要，因而颇合品性评估之要求，故而单节介绍。

一、量表的选择

当今，随着量表测评越来越广泛地得到社会接纳和认同，以及我国市场经济机制的逐步完善和人才战略思想的日益深入，有越来越多的企业、政府、学校、部队等各类组织机构，将心理测验作为人才评价与选拔的一项重要手段。但由于公众对心理学以及内省评估的心理测量认识还存在很多误区，而且心理测评从业人员专业素质良莠不齐（如国务院将心理咨询师从国家职业资格名录中去除），所以在量表的选用方面存在很多误用。如今互联网、手机上充斥着大量未经专业技术验证的心理测验，打着各类宣传旗号招摇撞骗，比如测爱情观、测心理是否正常，甚至有的网站把心理测验与运势分析预测作捆绑销售。这都为我国心理测验主要工具之一——心理量表的研究、使用，乃至心理评估事业造成了很大伤害。

量表的实施过程是心理测验体现其功能与效用的关键。而对量表的审慎选择则是测验实施过程的开端，也是避免测验误用的首要环节。在选择测验时须重点考虑如下几方面内容：

（一）符合测量目的

心理量表是为进行基础科学研究和解决教育、管理、医学、军事等领域中的实际问题而编制的测量工具。对于各类应用领域中心理测验的应用，一个重要的前提就是要正确使用质量良好的测验对个体差异加以准确的测量。面对多种多样的出于不同目的而设计的测验，我们首先要做的就是明晰自己所要开展测量活动的目的，并据此选择符合测量目的的测验工具。

明确测量目的为测验的选择、测量方案的设计指明了方向，也为后期对测量效果的评估与监控等工作提供了依据。比如，在教育领域，想实现基于学生不同智力水平的因材施教，所选取的测验就应是智力测验，而非人格测验。在企业人才选拔工作中，如采用择优策略选拔高职位管理人员，应尽可能全面了解被试情况，可考虑从能力、个性、动机等多维度进行全面考察；而汰劣策略则多用于一般岗位工作人员的选拔，或用于对大批被试的初选，其测量的能力是岗位的关键能力，所选用测验的内容和标准应准确、适度。因此，根据不同的测量目的要选用不同的测验，而且在选取测验时要真正了解测验的适用范围和功能，避免误用。

（二）了解测试对象特点

在选择测验时，还应考虑接受测试对象的特点，测试对象的特点包括被试（总体）的年龄、教育程度、居住地域、工作活动特点、能力结构等，必须符合该测验的常模样本的要求。比如，对于年龄较小、文化程度偏低的被试，就要尽量选用非文字测验；对于企业基层员工，其从事工作具有自主性低、工作内容单一、任务量大、简单重复性高等特点，通常不必采用复杂的能力素质测评；对于企业高层管理者，由于其担任企业经营决策、策划、领导等职能，其具备的是应对复杂经营环境的多种管理能力，所采用测验方式可考虑使用公文筐测验（In-basket Test）、无领导小组讨论（Leaderless Group Discussion，LGD）、管理人员人格测验（Manager Personality Scale）等。

（三）了解测验的特点

选择测验不仅要明确测量目的、了解测试对象特点，还要了解、分析所选取测验的各项技术指标特点，主要应看该测验是否经过了标准化，其信度、效度以及常模或对照标准的有效性。对于一个测验而言，良好的效度使其具有可靠的测验结果；良好的效度能够使其测到真正想要测量的内容；而通常经过相当的年限之后，随着社会、经济、文化的发展，常模会发生变化（常模一般的适用期限为10年），地区的不同也会导致常模的差异，所以即便是质量很好的测验，也不是可以在任意时间用于任意地区的。另外，还要了解测验的结构和内容、实施测验可达到的目的、测验结果可提供怎样的信息，以及测验的适用范围（即是否适用于拟施测被试的各方面特点）。

除此以外，为确保测验施测过程及测验结果的质量，并使测试结果可与他人研究结果进行比较，应选用自己熟悉和具有使用经验的测验；要尽可能选用本土化的测验，即由我国研究者自己编制的心理测验。即便是选用国外引进的成熟测验，也应尽可能选择经过我国专业人员修订和再标准化的测验。

二、测验前的准备

为保证测验的顺利施测，测验前的准备工作是非常必要的环节，其主要内容包括预告测验、主试的准备、测验材料的准备以及测验环境的准备。

（一）预告测验

应在测验前一段时间通知被试，告知其测验的具体时间、地点、测验内容、测验项目类型等，以使被试对测验有思想准备，事先调整自身心理情绪状态，并减少因被试缺席而对测试工作所造成的不必要损失。心理测验通常不采取突然袭击的方式，但根据测验的实际情况，必要时可以不对被试公开测验的真实目的。

（二）主试的准备

测验前的充分准备可避免或减少施测过程中的测量误差。对于主试而言，主要应做好如下三方面准备工作：

1. 熟悉测验指导语，并能够将其用口语流利地对被试表达出来

这是测验施测时对主试的基本要求，主试熟练掌握指导语并使被试予以充分理解，能够让被试按照规范对测验项目作出反应，否则会妨碍测验的顺利实施并影响测验结果。

2. 熟悉测验程序

各类测验对测验程序的要求也是不尽相同的，有些测验的实施是须由经过专门训练的主试来完成的，比如韦氏儿童智力测验（WISC-R）的施测要事先检查测验器材（包括12个分测验的材料，以及答题纸、秒表等），操作部分测验还涉及物体摆放、示范方式等。根据测验的类别以及主试本身的水平、训练的时间有所不同，训练内容通常包括讲解或阅读测验手册、观察演示以及操作练习等。

3. 对突发事件的准备

在测验施测过程中，有时会发生诸如被试因紧张而昏倒、被试突然发病、被试作弊、突发停电以及被试对测验内容提问等突发事件。对于这些情况，主试都应做好心理准备，并预备一定的应急措施。

（三）测验材料的准备

测验材料主要包括指导书、测验题本、答题纸、笔、纸、记分键、计时器等材料。另外，在测试前，主试还要按照施测程序进行模拟测验，以确保测验材料

齐全。

（四）测验环境的准备

测验环境的差异有时也会导致测验结果的不同，因此，心理测验对测试环境有着较高的要求。通常，测验环境应确保良好的通风、温度和照明，无噪声或其他干扰，桌椅高低适当，桌面平整等。测验房间门外也要有相应的标示，示意测验正在进行，以防无关人员擅闯入内干扰测验施测。

三、测验的施测

在为选定的测验做好准备之后，接下来就要对测验进行施测了。在使用测验时，如果不按照测验施测的相关规定（比如测验指导语、记分方法、分数解释方法等）操作，往往会导致测验结果的偏差。测验施测的基本原则就是尽量减少无关因素对测验结果的影响，这样才能得到可靠的测验结果。各种类型测验的施测过程往往是不尽相同的，但有些实施要点是共同的，主要包括指导语、时限、记分与解释、主试与被试的关系这四方面。

（一）指导语

指导语是测验刺激的一部分，有研究表明，在测验内容相同时，由于指导语的不同，会导致被试的反应出现很大差别。因此，在测验施测时，必须使用统一的指导语。

通常，对主试的指导语应与测验分开。在纸笔测验中，对被试的指导语一般印在测验开头，由被试自己阅读或由主试统一宣读。指导语应当简单明确，不要引起被试的误解。有时还要给出例题，以便于被试理解测验项目含义及作答方式。对被试的指导语的内容主要包括如下部分：

（1）反应形式（划"√"、书写、口头回答等）。

（2）反应的记录方式（答题纸、录音、录像等）。

（3）测验时限。

（4）若不能确定反应，应怎样去做（是否允许猜测等）。

（5）例题（当采用被试不熟悉的特殊测验形式时，应呈现例题）。

（6）测验目的（根据实际情况有时需要告知）。

主试在宣读完指导语后，应询问被试是否有疑问，并予以回答。在就被试的有关问题进行回答时，要言简意赅，严格遵守指导语，不要作出额外解释，以避免对被试的作答产生暗示作用。

（二）时限

在施测前，主试应告知被试该测验的具体时限。对于有时限要求的速度测验，尤其要注意时间限制，严格控制时间，不得随意延长或缩短。

（三）记分与解释

记分与解释是将被试的反应进行数量化并赋予意义的过程，该过程必须遵循标准化的原则，这也是测验公平原则的要求。

记分标准化的关键是评分者之间的一致性，即不同评分者对同一测验反应赋予相近的分数，是实现测验标准化的一个重要方面。而为了确保评分一致性，主试须在测验施测过程中注意如下要点：

1. 记录

主试要及时、准确地记录被试的反应，必要时可采用录音或录像的方式。只有完整地记录了被试的反应，才能避免由于记忆歪曲而可能造成的误差。在记录被试的反应时，应力求详细真实，以便于日后核查；还要尽量使用描述性的语言，避免使用评价或解释性的语言。比如，在记录被试回答有关"对胜任特征含义的理解"的问题时，正确的记录方式是"他认为胜任特征是能将工作中绩效优异者与表现一般者区分开的潜在特征"，错误的记录方式为"他对胜任特征含义的理解很正确"。该项要点对于开放性问题和口头回答问题尤为重要。

2. 记分键

对于记分键，主试要做到熟练掌握。标准化测验在测验手册中都有关于记分原则和方法的说明。

值得注意的是，主试要以公正、客观、严谨的态度，严格遵照记分键对测验反应进行记分。主试要将被试的反应与记分键逐项进行比较，对反应进行评分或分类。对于客观项目，这样的比较是比较简单的，而对于论文题、问答题等主观项目而言，在很大程度上是要依赖于评分者的判断的。这种判断的可靠性很大程度上取决于记分键的详细程度和明确程度，比如，韦克斯勒成人智力量表（WAIS）的记分键就提供了不接受的反应和可容许的变异范围：

词汇：一般来说，词的任何公认的意义都可以接受，不必考虑表达方式是否文雅，但内容贫乏在某种程度上是要扣分的。如果只表示出对词义的模糊认识，不能得满分。词的记分是2分、1分、0分。

【记分原则】

2分：

（1）恰当的同义词。

（2）主要的用途。

（3）指出一个或几个主要特征。

（4）指出词所属的类别。

（5）指出词的几个不很确切但正确的描述性特征，综合起来可以表示出对词的理解。

（6）对于动词，举出一些动作的或因果关系的事例。

1分：

（1）答案并非不正确，但内容贫乏。

（2）模糊和不大确切的同义词。

（3）未详细阐述的次要用途。

（4）指出正确的属性但不是鲜明的特征。

（5）利用这个词举例，但未加阐述。

（6）对词的一个有关形式作出定义。

0分：

（1）明显错误回答。

（2）说空话，经追问后表示不出真正的理解。

（3）内容非常贫乏，经追问后仍然表示不出真正的理解。

【答案举例】

建设：

2分——建筑或设计某种东西；系统地建筑某些东西；建立……按计划放在一起。

1分——建设一座大楼……制造……建筑过程。

0分——分开……拉紧；连到一起……有用。

3. 无关因素

在测验施测过程中，主试应全程保持和蔼的态度，不能对被试的反应做出点头、摇头、皱眉等带有暗示性的动作和表情，以免对被试构成影响。在进行个别施测时，为避免影响被试情绪以及分散注意力，主试不能让其看到记分，可在记分时用书本、纸板等物予以遮挡。

对于测验结果，主试可基于常模或其他参照标准进行解释，通常测验手册对于各种分数的意义都会进行详细的说明。

(四) 主试与被试的关系

主试还要明确的一点是，测验施测的效果还受到其与被试之间关系的影响，即在主试与被试间建立一种友好合作的关系，能够促使被试最大限度地完成测验，使我们能够通过测试获取更多信息，以达到测试的目的。比如，在能力测验施测过程中，良好的主、被试关系能促使被试尽量地发挥自己的能力；在人格测验、态度测验施测过程中，良好的主、被试关系能促使被试如实地对测验项目作出反应。

在实际的测验施测工作中，我们会发现有多种因素会对被试的表现构成影响，从而影响测验结果的真实性、有效性。比如，在人格测验中，有的被试希望获得有利于自己的测验结果，导致其会顺应社会公众的看法而作出虚假反应；有的被试会因测验焦虑产生心理、生理反应（比如呼吸急促、手脚冰凉等），而影响对测验的反应；在一些未明确告知测验目的的施测过程中，被试会由于不明测验目的而产生消极态度，采取应付的方式作答。对于各类不利因素，主试对被试传递出的积极的态度、鼓励的言语，以及对测验结果保密的承诺，都有助于在主、被试间建立友好的关系，进而在最大程度上消除各种不必要的影响，获取真实的测验结果。

四、小结

量表的使用，最为担心的是为了使用而使用，如某些地方甚至出现了为官宦子弟量身定做的测评量表。这种量表与其说是工具，不如说是"帮凶"，如何防范和杜绝此类现象，不能不说也是品性评估的一项重任。

对于量表的使用，如果真正发挥的是量表本身的效果，善莫大焉，然而倘若兵法或诡计般使用，遗患无穷，不若不用！

能从此角度理解品性评估者，真知己也。

思考题

1. 量表选用的基本原则有哪些？

2. 为什么说量表使用比量表本身还重要？

3. 在内省评估的施测过程中，主试有哪些注意事项？

3. 自己编制一个量表，说明其目的和使用。

第三节　量表中的品性评估

一、概述

无论问卷还是量表，其能够诞生和发挥作用，最核心的要素还是信任问题，倘若能够人人有信，问卷量表甚至品性评估均无存在之必要，所以无论问卷或量表标称的动机多么高尚，其意欲解决的根本问题仍属品性之困。

说谎与欺骗是一种普遍存在的社会现象，于是被本教程称为品性之元本，其虽构成人与人信任的最大障碍，但诡异的是，社会心理学家认为，由于日常生活中展现的自我多少是根据当下所处环境来调整自己形象和身份、获得他人情感支持、赢得他人赞同的。因此在日常社会生活中，人们经常会出于对自身或他人利益的考虑而说一些善意或恶意的谎言。这就导致了人们厌烦谎却又欣赏谎的悖谬状态。

现实情境中，人们往往会基于自身利益或为了想要达到的目的而更容易出现说谎行为，比如应聘情境。当前的应聘，除了知识和能力的考评外，招聘选拔的测评工作中越来越多地使用了人格测验等，这其实意欲在一定程度上实现品性评估的功能。所以本节重点介绍的就是这方面的内容。

与知识技能测验不同，传统的人格测验大多采用自评的方式，即由被试对自己的日常行为作出判断，也就是内省。但显然的问题就是主试对其测验反应的真实性难以作出判断，这也导致人格测验在招聘选拔工作中的有效性受到质疑。在工业与组织心理学领域，这种在招聘工作中被试故意在人格测验夸大其反应的趋势被称为作假（faking）。被试的作假会导致测验结果失真，直接影响到招聘方的录用决策，也会导致用人风险的上升，甚至造成损失。沸沸扬扬的中兴事件，也与此很有关系。[1]

为了提高人格测验这一方面的信度效度，很多人对人格测验中测谎问题进行了深入系统的研究，但由于这些学者对基于作假的谎言定义和理解并不尽一致，

---

〔1〕　《2018 年美国制裁中兴事件》，载 https://baike.baidu.com/item/2018 年美国制裁中兴事件/22497216? fr=aladdin，最后访问日期：2018 年 9 月 10 日。

所以提出了很多种类似应对之策，包括：作假识别量表技术、IRT 识别技术、反应时识别技术和逻辑陷阱等。他们对作假的关注，一定程度上提高了人格测验的效度水平，其努力也成为内省评估中的品性评估，因此才被称为量表中的品性评估。

二、偏误识别

（一）趋同应答与极端应答偏误

1. 趋同应答

趋同应答（acquiescence）指的是，被试对测验中所有题目都趋向同意或不同意的作答倾向，趋同是一种应答风格。从应答结果上看，趋同应答者分为两类人：一类倾向于对每个题目内容都倾向于同意，或对问题总回答"是"，这类被试也被称为 yea-sayers（唯唯诺诺者）；另一类则对题目陈述倾向于不同意，或回答"否"。

有研究显示，趋同应答会对各类自陈测评结果构成严重干扰。比如，在作答焦虑量表时，有的人对所有症状描述都回答是或否，其测评结果可能由两种情况导致：被试可能是一个非常焦虑（或完全不焦虑）的人，也可能他对于任何问题都习惯说是（或否）。

（1）趋同应答的分类。在类别上，趋同应答可划分为两类：

①赞成趋同（agreement acquiescence）：指的是对所有测验题目的同意倾向（不论题目表述是肯定的还是否定的，都倾向于同意）。比如，对"我心情很愉快"回答是，对"我心情不愉快"也回答是。

②认可趋同（acceptance acquiescence）：指的是认可自己具有测验题目所表述的所有属性（不论属性之间是否对立）。比如，同时对"我是快乐的"和"我是忧伤的"回答是，但对"我不是快乐的"和"我不是忧伤的"回答否。可以看出，此类趋同主要是同意肯定的属性表述，而不同意否定的属性表述。

（2）趋同应答的控制。

①平衡法。最为常用的趋同应答控制方法是平衡法，也就是在编制量表时，一半题目作正向记分设计，另一半为反向记分。比如，以二分法（是-否）题目为例，一半题目回答是记 1 分，另一半题目回答否记 1 分。

该法适用于赞成趋同类情况，其原理是，对于赞成趋同类被试而言，不可能通过一味作答是或否就能获得测验高分。

②反向概念匹配法。对于认可趋同，简单地为每一题目配以否定题目（比如为愉快匹配不快乐）是不够的，须有针对性地匹配与原题相反的概念或属性，且以肯定方式表述。以支配性人格评价量表为例，须匹配顺从性特质有关概念的题目。

2. 极端应答偏误

（1）极端应答偏误的表征及内涵。极端应答偏误（extremity response bias，ERB），指的是在作答量表题目时，总是表现出极端评分倾向。比如，在五级评分量表中作答 1 或 5，在九级评分量表中作答 1 或 9。当被试在任何时间、情境下都表现出 ERB，则可认为其具有极端性应答风格。可见，ERB 是一种稳定的个体差异特征，不随时间、情境而改变。

（2）易混淆的作答特征。

①暂时性 ERB。测验作答结果表现为 ERB 的被试，未必均具有该项特征。有研究显示，一些情境因素（如模棱两可的意义、情绪唤起、紧迫的时间等）会引起 ERB 的暂时性增加。

②偏常回答风格。该风格是一种竭力保持与众不同的倾向，在测验作答过程中体现为总是作出和大多数人不同的回答。

（二）基于测评数据的偏误识别分析实例

项目的偏误识别分析，一方面是为了避免项目（题目）本身具有不适当的表面效度，进而对项目有效性产生影响；另一方面可针对被试作答数据施以该法，用来考察被试作答偏误。

偏误识别分析比较常见的分析方式是频次分析法，即对各个项目的所有选项，或对被试作答数据进行频次分析。

以李克特量表（Likert scale）为例，若某题目所有被试的 1、2、3 选项频次比率总和或 3、4、5 选项频次比率总和低于 10%，则可认为该项目具有很高的社会称许性（social desirability，SD）或表面效度。若某被试在所有题目上选择 1、2、3 选项频次比率总和或 3、4、5 选项频次比率总和低于 10%，可认为该被试作答量表受到社会称许性影响很大。上述两种情况，其题目数据或被试数据应予以剔除，或受到特别关注。

三、作假识别量表

(一) 社会称许性量表

1. 社会称许性

社会称许性，指的是获得赞赏和接受的需要，并且相信采取文化上可接受和赞许的行为能够满足这种需要。自 20 世纪 50 年代以来，社会称许性反应在人格测量、精神病理测量、态度测量以及敏感行为自我报告测量领域备受关注。在组织心理学领域，量表常被用来测量个人的态度、价值观、偏好、人格特征等无法直接判断的构念（personal construct），同时还常被用于测量个体对组织要素、职务要素、工作团队特征、角色特征以及其他组织成员行为。但由于量表测量往往采用自陈反应的方式，因而测量结果容易受到社会称许性反应偏差（social desirability bias）的影响，被视作自我报告准确性的主要污染源。

传统心理测量应对作假最常用的方法，是在人格测验中嵌入社会称许性量表，直接对被试作假的程度进行测量，然后再采取校正或者识别技术去除被试的人格测验得分中的作假效应。在人格测验中通常包括一些用来考查效度的题目，这些题目通称为测谎题。它们是用来探测被试在答卷时，是否有说谎的倾向，即是否要为社会赞许不按照自己的真实感受和现状来作答，而是按照社会公认是好的答案来作答，以表现自己是一个应当被接受或被赞许的人。被试在这些测谎题上获得分数越高，越表明其具有不按真实情况作答，以求得赞许的心态，其对人格测验中其他题目所作出的回答，也同样是不可靠的。这种作假一旦超过一定程度，被试的测验结果就不能作为任何评判的依据，必须予以作废。

2. 社会称许性量表

社会称许性量表是用以测量社会称许性反应（socially desirable responding, SDR）的量表，社会称许性反应指的是个体朝向社会期望的方向作答的反应趋势。保卢斯（Paulhus）于 1984 年首次提出社会称许性反应的二分模型：自我欺骗（self-deception）和印象管理（impression management）。保卢斯于 1991 年研制了包括自我欺骗和印象管理两个分量表的《社会称许性均衡量表》（Balance Inventory of Desirable Responding, BIDR）。部分测验项目示例见下表：

表 4.1 《社会称许性均衡量表》（**BIDR**）部分测验项目示例

分量表	测验项目	反向记分
自我欺骗	我对别人的第一印象总是正确的。	
	我难以改掉自己的任何坏习惯。	*
	我不关心别人是怎样看待我的。	
	我不总是对自己诚实。	*
	我总是很清楚自己的喜好。	
印象管理	我有时会在必要时说谎。	*
	我从不掩饰自己的错误。	
	我曾经利用别人。	*
	我从未发过誓。	
	我有时会选择报复别人，而非原谅或忘记。	*

上述整套量表共 40 个测验项目，其中，自我欺骗发生于无意识层面，其与心理适应、乐观、自尊等人格特质有较高相关，因而不能在人格测验测量结果中予以排除。印象管理与作假性质一样，也是被试的故意夸大行为。但其与作假的区别是，印象管理发生于一般情境，被试是朝向社会期望作出反应的；作假发生于应聘情境中，被试按照工作期望的标准作答，目的在于向招聘方传递自己的优秀任职者的形象，这不同于印象管理，而是属于工作称许性反应。印象管理与作假的区别可参照下图予以理解：

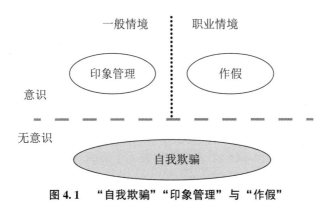

图 4.1 "自我欺骗""印象管理"与"作假"

（二）作假识别量表

在实际测量工作中，印象管理和作假有时会表现出完全相反的方向。比如，对于"面对惨烈的案发现场，我能够保持内心平静"这个测验项目，在印象管理的情况下，被试会用否定的回答来表明自己的同情心；而在被试应聘警察职位的情况下，被试往往会选择肯定的回答以体现自己的职业素质。再如，对于"病人在痛苦呻吟时，我能够保持内心平静"，如果被试进行印象管理，会选择否定答案；但如果是被试应聘护士职位的情境下，则会以肯定的回答来显示其具备护士的专业素养。由此可见，在应聘情境中往往不会发生印象管理，取而代之的是作假。同时，基于无意识的自我欺骗也会存在于测验活动中。因此，有学者认为由于印象管理与作假之间存在一定相似性，可用印象管理的测验题目来测查应聘情境中的作假。但有研究显示，自我欺骗和印象管理两个分量表间存在中等强度的相关，且印象管理并不等同于作假，以社会称许性量表测查工作称许性反应是不适宜的。

显然《社会称许性均衡量表》里的几个与欺骗相关的概念并不清晰，导致印象管理和自我欺骗的区分效度不高，即印象管理测量分数中含有自我欺骗的成分；另外，印象管理量表的工作期望色彩不浓，测量作假时敏感性会降低。这使得《社会称许性均衡量表》测谎效果大打折扣，而且一旦被试明白其中含义（现实中很多被试已经早做了这方面功课），其区分效果更不理想。

四、反应时识别（reaction-time detecting）

有研究者从信息加工的角度来分析作假者的反应机制，认为作假会改变反应的潜伏期，依据被试反应时的差别，可以对作假者和诚实者进行区分。斯彭斯（Spence）的研究发现，当询问被试经历过的情景时，说谎被试的反应时明显长于讲实话被试的反应时。巴克（Barker）的研究对比了被试说谎时的反应时、注视时间、眼动频率、眨眼频率等指标，研究结果发现，被试回答问题的反应时是鉴别作假的最为可靠的线索。我国研究者白湘云[1]基于大学生样本的研究结果显示，被试在测谎量表上的得分与反应时存在正相关。

然而，总体而言，不同的学者关于作假反应时的研究结果存在很多矛盾之

---

　　〔1〕白湘云、王文忠、罗跃嘉：《大学生在人格问卷测谎量表上的得分与反应时的关系》，载《中国临床心理学杂志》2006年第6期，第588~590页。

处，并各自提出了相应的认知模型来加以解释。比如，也有研究结果显示作假者的反应时更短，对此，语义练习模型（semantic-exercise model）假设作假者根据测验项目内容与自己所要伪装的形象进行语义分析并作出反应；诚实者则要与自我图式（self-schema）进行符合性判断，相比而言，后者的认知加工过程更为复杂，因而诚实者的反应时反而更长。而自我图式模型（self-schema model）则认为作假者首先根据自我图式对测验项目内容作出反应，当项目内容与其图式中积极的部分相一致时，就不必作假，会作出诚实的反应；当不一致时，个体才需要进行作假，因此作假反应时会延长。

归纳起来，将反应时作为测谎指标存在如下问题：

第一，难以消除被试本身和项目本身所带来的污染变量的影响，其中前者包括阅读速度、肌肉运动速度、对指导语的回忆速度等；后者包括测验项目长度、顺序以及词汇的难度水平等。

第二，人作出认知判断的速度是非常快的，需要有高精度的计算机记录，才能将反应时的测量误差控制在较小范围，而这在人格测验的应用中往往难以做到。

五、逻辑陷阱（logical trap）

目前，量表测验中的测谎题已成为常用的作假检测手段，一般测验通常所采用的测谎方法是基于"受到社会称许，但不经常发生的行为"或"不被社会称许，但经常发生的行为"两类情境来编制测谎题。这对于具有一定社会阅历的被试而言是很容易被发觉并绕开的；另外，其测谎意图在题目之间是彼此独立的，这也就意味着在阅读一个题目时就能掌握一项测谎用意的全部内容，从而大大降低了测谎题的识别难度。

而逻辑陷阱法则是运用逻辑推理理论来设计测谎题目，其每一项测谎用意不集中在单个题目上，而是存在于多个题目间的相互关联中，具有很强的隐蔽性。另外，该法不是像传统测谎方法那样针对被试某种稳定的特质，而是针对测验目的，测量被试的说谎动机。而被试的说谎动机会因为测验环境的变化而改变，因而还应强调对其进行效度研究。

（一）原理

逻辑陷阱的基本原理就是利用社会称许性或测验目的等因素对作假者的影响，为其创造一个说谎的机会，即设置一个逻辑圈套。该圈套由两个或两个以上的测验题目构成，各题均为与测验目的或社会赞许性相关的敏感事件，相关题目彼此之间存在一定的逻辑关系。构成题目的敏感事件分为两类：一类是说谎者非常愿意接受的事件，即正向敏感事件；另一类是说谎者极力回避的事件，即负向敏感事件。逻辑陷阱以上述这两种敏感事件设计测验题目，并且要求其在语义上要形成这样的关系："要接受某个事实，就不能拒绝另外某个事实。"

从本质上讲，逻辑陷阱测谎题目就是用一个正向敏感的事件，诱惑被试接受一个事实，再用一个负向敏感的事件诱惑其拒绝一个无法拒绝的事件，以这两个方向的诱惑方式，将每一位被试引向逻辑矛盾。由于这些题目直接与测验目的相关，它为每名被试都创造了说谎机会，而说谎的直接后果就是出现逻辑矛盾。对于诚实者，则不会出现逻辑矛盾。具体而言，逻辑陷阱的构成主要包括三部分：

逻辑推理模型：是一个可推出有效结论的逻辑蕴含式，其包含若干个推理前提和一个推理结论。对于这个蕴含式，如果所有前提均为真，则所推出的结论也为真。逻辑陷阱的推理结构也就是我们所选用的一定的逻辑蕴含式。

专家知识：指的是心理测量专家根据测验目的而编制出的一些敏感事件及其之间的逻辑关系。

问题：是心理测量专家基于上述专家知识，依据逻辑推理模型的规律编制出的一组或几组呈现给被试的测谎题目。

（二）效度

与一般的测验编制工作一样，我们在完成测谎题目的编制后，最先关心的就是其效度问题。由于逻辑陷阱测谎题目针对的是被试的说谎动机，因而其效度检验与测验环境是密切相关的。首先，从内容效度的角度来讲，逻辑陷阱的效度是以心理测量专家的专业知识作为保证的，这其实就是以专家判断法确定内容效度。

其次，还必须通过实际的测量工作，基于测验数据来分析各个逻辑陷阱的有效性，进而剔除或修订无效题目。在进行第一次测验前，对被试只强调测验目的，不透露测谎功能，以使其关注测验目的，激发潜在作假者的说谎动机。对第一次测验中各个逻辑陷阱中的说谎者予以警告：告知其因说谎要重新进行测试。如此重复测试和警告，直至第 m 次测试。然后，统计每次测试中各个逻辑陷阱的说谎人数，并以数理统计方法测查各次测试中各个逻辑陷阱的说谎人数变化情况：随多轮测试的开展，说谎人数显著减少的逻辑陷阱就是对测谎有效的。

六、面试作假

在面试中，为获得较高的面试成绩并得到录用，应试者往往会通过作为行为夸大自己在知识、能力、工作经历等方面的优势，并隐瞒自己过去工作中的过失，以及个性、习惯等方面的弱点，而把自己描述成为目标岗位的合适人选。

(一) 面试作假的种类

莱文茜纳 (Levashina) 根据应试者作伪的目的，将面试情境下的作伪行为分为四类：轻微形象创造 (slight image creation)、全面形象创造 (extensive image creation)、形象保护 (image protection)、刻意讨好 (ingratiation)。

1. 轻微形象创造

轻微形象创造是指，应试者在自己原有形象的基础上，针对目标岗位进行一系列的美化、修饰、裁减、提高符合程度等行为来给考官留下良好印象。轻微形象创造的主要表现包括：以自己最高的业绩水平代表平均业绩水平；应试者会在面试过程中夸大自己过去从事工作的岗位职责、自己未来的职业目标；观察考官的反应以随时调整自己的回答；修正自己的价值观、工作态度等以追求与目标岗位的匹配度；基于目标岗位的要求来有针对性地回答考官的提问等。

2. 全面形象创造

全面形象创造是指，应试者通过建构、编造、借用信息等方式给考官传递自己目标岗位的优秀任职者的形象信息，是程度较深的形象创造行为，其夸大程度接近说谎。全面形象创造的主要表现包括：应试者通过编造的故事来说明自己丰富的工作经历，或以虚构的事例说明自己与组织的匹配程度；对自己的工作经历进行重新整合、加工和渲染；承诺能满足自己实际上做不到的工作要求（比如经常出差、加夜班等）；宣称自己具有某些其实不具备的技术专长等。

3. 形象保护

形象保护是指，应试者通过忽略、掩盖、隐瞒对自己不利的信息而维护自己形象的行为。形象保护的主要表现包括：尽量避免谈论自己在所工作的岗位上未尽到的职责或自己在业务上的弱点；应试者的回答会有意忽略自己与目标岗位工作相关的缺点；谈话中避免涉及自己以前工作中遇到的困难和挫折；不表明那些对录用不利的应聘要求（比如薪酬、晋升机会等方面的要求）；不对自己跳槽的真实原因作出说明等。

4. 刻意讨好

刻意讨好是指，应试者通过表达考官或组织所认同的观点、态度、价值观等，或通过恭维、夸赞组织、考官来达到博得考官好感的目的。刻意讨好的主要表现包括：对考官提到的任何事情都表现出很大的热情和兴趣；尽量避免表达与面试官的观点相矛盾的看法，尽力表达出与考官相同的观点；根据考官表现出的价值观或观念来调整自己的回答；夸大考官的资质和能力以及组织的规模等。

（二）面试作假的控制

作假的控制策略可分为事前控制和事后识别，上文所讲的作假识别量表、IRT识别技术、反应时识别技术和逻辑陷阱均为作假的事后识别技术，这里主要探讨面试作假的事前控制技术。

作假的事前控制技术主要是在设置面试情境时或在面试过程中增加一些控制手段，以阻止被试作假反应的产生，其具体技术主要包括警告和面试情境设置。

1. 警告

有研究显示，在面试指导语中加入警告语，比如"本次面试有成熟的技术来识别虚假回答，请如实回答面试中的提问"，能够在很大程度上抑制被试对自己的夸大行为，同时也会降低作假者的人数比例（即阻止作假的发生）。德怀特（Dwight）的研究显示，警告会降低应试者在面试中作假的程度，使测谎分数降低0.23个标准差。艾林森（Ellingson）指出，识别出作假者后，对其作出警告并给予其重新测试的机会，能够非常有效地控制作假。但警告也会使被试在面试过程中的焦虑程度提升。要求被试重新接受测试，可能会使其认为测验是不公平的，进而影响到完成测验的动机。因此，要特别注意测评过程中被试的态度变化、焦虑程度，以及完成测验的动机等。

2. 面试情境设置

应试者面试作假行为的实施受到作假能力、作假动机以及作假机会这三方面因素的影响。好的面试情境设置能够让应试者尽可能真实地回答面试问题，进而以达到控制作假的目的，具体方法有：

（1）提高面试的结构化水平。有研究显示，非结构化面试为应试者提供了大量的作假机会，主要原因是：非结构化面试更容易让应试者在面试双方的互动关系中掌握主导权；应试者更容易通过转换话题的方式来谈论自己的优势领域，表现自己的优点；由于非结构化面试不易控制话题，缺少评价标准，这使得考官在面试过程中需要耗费大量的认知资源，而忽略了求职者的作假行为。

（2）采用行为描述面试法。结构化面试根据面试题目内容和性质的不同，可分为情境面试和行为描述面试。前者的基本原理是目标设置理论，即认为应试者对假设情境的回答能够预测其未来的行为；而后者的基本假设是"过去的行为是未来发生于类似情境中行为的最好预测指标"。行为描述面试对面试作假的控制要优于情境面试，这是因为应试者过去的行为是历史性、客观性、外显性、可证实性的，因而其作假难度较高；情境面试则是假设性的、主观性的、不可证实的，因而其作假难度较低。尤其对于中高层管理岗位，由于其应聘者大多具有较强的表达能力、丰富的想象力，这两种类型面试在作假上的差异更为明显。

另外，在面试中合理运用细节追问技术也会在一定程度上有助于控制面试作假行为。还有，在面试准备工作中，应尽量安排多位考官参加面试；在面试实施过程中，考官应就一个问题从不同的侧面进行提问；面试时间不要太短，这些方法都可对面试作假起到控制作用。

七、基本编制过程

一份作假量表编制需要经过以下步骤：

1. 收集资料

借助工作分析技术，广泛搜集行为描述。工作分析是对组织中某个特定职务的设置目的、任务或职责、权力和隶属关系、工作条件和环境、任职资格等相关信息进行收集与分析，并对该职务的工作作出明确的规定，且确定完成该工作所需的行为、条件、人员的过程。在作假量表编制过程中，主要是收集筛查岗位或目标群体在工作情境下的典型行为。

主要方法有观察法、访谈法、问卷法、工作日志法、关键事件法等，通常可采用访谈法与关键事件法相结合的方式。

（1）访谈法。访谈法是访谈人员就某一岗位与访谈对象，按事先拟定好的访谈提纲进行交流和讨论。访谈对象包括：该职位的任职者、对工作较为熟悉的直接主管人员、与该职位工作联系比较密切的工作人员、任职者的下属。为了保证访谈效果，一般要事先设计访谈提纲，事先交给访谈者准备。

访谈法通常用于工作分析人员不能实际参与观察的工作，其优点是既可以得到标准化工作信息，又可以获得非标准化工作的信息；同时可以获取其他方法无法获取的信息，比如工作经验、任职资格等。其不足之处是被访谈者对访谈的动机往往持怀疑态度，回答问题时有所保留，信息有可能会被扭曲。因此，访谈法一般不能单独用于信息收集，需要与其他方法结合使用。

（2）关键事件法。这种方法的主要原则是认定员工与职务有关的行为，并选择其中最重要、最关键的部分来评定其结果。它首先从领导、员工或其他熟悉职务的人那里收集一系列职务行为的事件，其次描述特别好或特别坏的职务绩效。这种方法考虑了职务的动态特点和静态特点。对每一事件的描述内容包括：导致事件发生的原因和背景；员工的特别有效或多余的行为；关键行为的后果；员工自己能否支配或控制上述后果。

在大量收集这些关键事件后，可以对它们作出分类，并总结出职务的关键特征和行为要求。关键事件法既能获得有关职务的静态信息，也可以了解职务的动态特点。关键事件法的主要优点是研究的焦点集中在职务行为上，因为行为是可观察的、可测量的。同时，通过这种职务分析可以确定行为的任何可能的利益和作用。但这个方法也有两个主要的缺点：一是费时，需要花大量的时间去搜集那些关键事件，并加以概括和分类；二是关键事件的定义是对工作绩效显著有效或无效的事件，但是，这就遗漏了平均绩效水平。而对工作来说，最重要的一点就是要描述平均的职务绩效。利用关键事件法，对中等绩效的员工就难以涉及，因而全面的职务分析工作就不能完成。

2. 编制题目

从上述搜集的行为描述资料中，提炼出正向和负向两类典型行为，并根据如下两方面原则改编成量表项目的表述条目：

正向条目编制原则：受工作称许，但是很少发生的行为（正向）。

负向条目编制原则：不受工作称许，但是常有的行为（负向）。

【例】

比如，在通用职业和生活情境下，可编制如下正向与负向条目：

正向——平时在工作中，只要同事遇到困难我都会立刻予以帮助。

负向——为人诚实是美德，我从不说谎。

3. 专家评价

请测评专家判断项目的称许性和普遍性。挑选具有较强工作称许性，且有极端发生率的项目，它们很少包含人格特质信息，能够测量个体的夸大反应的偏差。

4. 试测评估

采用被试内实验设计，挑选出充分测量作假，但又很少受自我欺骗污染的项目。

5. 效度分析

（1）结构效度分析。基于试测数据和跟踪应用数据，采用因子分析法考察量表的结构效度。

（2）效标效度分析。在量表正式使用过程中积累测评数据进行跟踪分析，并以效标关联效度考察量表效标关联效度（也称效标效度）。

6. 确定项目数量

采用多元概化理论确定构成量表的项目数量。

7. 确定评价标准

采用逻辑斯蒂回归（Logistic Regression）检验量表的有效性，并给量表划定分界线。

8. 跟踪和修订

在测量实践工作中，跟踪分析、检验作假识别量表的有效性，根据实际需要对量表加以修订。

这八个步骤其实也是一份心理测验量表编制的必备过程。经由这些过程的保证，对品性评估而言，这些功能各异的量表提供了一个非常丰富的题库资源。因此，量表型内省评估明确的目的性就成为品性评估的一个参照，也就是说，因为量表的基础是语言（问题即语言），它的语言为着某个目的而设，其关注点也在目的，而品性关注的是走向目的的过程。换言之，量表如摆好了一盆花，品性要解读的却是如何"看"这盆花。量表或纠结于人们"看花"的不同，尽量要消除不同，使人们能以统一的眼光看花；但品性评估却要发现每个人的不同，还鼓励人们尽量以不同的眼光看花。所以两者之间是一种协调统一（合一）的关系，理解了这点，对品性评估的理解亦大有裨益。

八、小结

本节中的品性评估，已经逐渐凸显出其职业评估"品"的味道，因为量表本身的直接目的是针对个人（或群体）的某些特质（可视为"性"）测评而设的，但是对于该"性"的品，却往往不是量表本身能够实现的，因此才有了作假识别等量表中的权宜之计。尽管权宜，但是其有益的探索之效却成为真正品性评估实现的基础。因此它的问答模式、注意事项等都成为品性评估的必要组成部分。

思考题

1. 如何理解量表中的品性评估？

2. 根据你自己的经验，设计制作一份旨在识别同龄人作假的量表。

3. 构筑一组逻辑陷阱题目。

第四节　总　结

内省评估所采用的一系列手段，目的是将人的某些心理特征数量化，然后通过测验来衡量个体心理因素水平和个体心理差异。它主要用科学设计的量表来测量观察不到的人格结构，也被称为潜变量测试。内省评估之心理测验一般采用信效度标准来设计问卷，一个有用的心理测验必须是有效的（即有证据支持指定的解释试验结果）和可靠的（或基于时间一致的结果等）。但是这种有效和可靠某种程度上却是建立在需要评估对象愿意被评估（极端一点说就是愿意被骗或能够被骗——知觉欺骗）的基础之上，所以严格来说，每次内省的问卷都是保密或应该随时更新的，这样才能真正维持它的有效和可靠。但是由于信息时代这种保密的效果很难遂人愿，再加上人们很普遍地为测验而测验的功利性追求，所以才有上文所述的种种作假。

本章的内省评估方法，并不完全等同于心理咨询和人才测评时的内省评估，用了大量篇幅说明的是通过量表类的工作进行作假识别，在某种程度上是为心理生理评估方法的垫场之作。尽管如此，作为一种传统心理学常用的方法，其与物理观察之对外不同，针对主要发生于内部，即个人自己能够意识到的主观现象的内省，还是具有非凡意义的。由于内省观察手段是体验、回忆等主观观察方式，所以长期被遮掩在科学客观的光芒之下。适逢品性评估以品为主的理念要求，内省评估得以展现出一种异样光彩。

这种光彩的异样，使其能够在与以多道仪测试为代表的心理生理评估方法之间，建立起一种相辅相成、互补互通的关系，这种关系主要体现在如下三方面：

第一，被试类型。品性评估，可根据人员筛查实际应用情境下测试对象的性质，划分为集中（少量）定向评估和广泛（大批量）预备性（日常性）评估。与之相对应，根据评估目标岗位的重要性，可划分为针对前者的关键对象评估和针对后者的一般对象评估。对于上述两类评估，须内省评估技术与心理生理评估技术的共同介入，但具体配置过程与结果运用上存在差异。

这里的关键对象主要指的是各类组织中的两类规模小，但却发挥关键作用的双关群体，即关键少数和关键岗位。前者往往是政府机构或企业组织中掌握较大职权的高层管理或领导者，其品性特征的水平往往会对组织生存乃至整个社会产生很大范围的影响；后者则通常是在对国家重大利益或组织发展、生存产生至关重要作用岗位上工作的人员，他们掌握组织的核心技术、秘密等。一般对象则指各类组织中除了上述双关群体之外，但对品性特征仍有一定要求的岗位从业者。

第二，技术特性。品性评估技术是一种集事实评估与价值评估于一体的新型评估形式，也是测评技术在人员筛查领域的应用型创新。而对于内省评估而言，其评价内容取自被试对量表言语表述所作出的书面反应结果，测试过程较为省时省力，适合应用于较大规模团体评估以及作为心理生理评估的前期预测试评估；但同时我们也应认识到，内省评估不同于心理生理评估中测试题目呈现与反应结果的即时性，因此也使得被试作假的机会与识别难度大大提升。在提升内省评估的作假识别力度方面，除了进一步完善评价技术本身之外，心理生理评估恰恰可以凭借其较高的鉴别力，为内省评估提供较为可靠的效标。

可见，内省评估与心理生理评估之间是一种互补关系：一方面，在测试规模上能够实现互补；另一方面，在双关群体评估中，两类评估结果在使用上可以相互支持与印证（前者可为后者提供基础信息，后者则可为前者提供效度依据，进而实现整个评估体系的修正与完善）。另外，前者对一般对象的内省评估，还可为后期跟踪与心理生理评估的重点筛查工作提供基础证据。

第三，测试材料和编制技术的通用性。品性评估取向由事实评估向价值评估的延展，为测试材料（题目）的开发和应用提供了更为广阔的空间。比如，测试题目可同时在内省评估（心理测验）和心理生理测试中得以应用并加以检验；心理测量理论中成熟的测验编制技术可得到有效应用；心理生理测验较强的鉴别力和可靠性，能够为效度研究和题目质量控制提供很好的保障；内省评估较大的样本空间可为题库开发积累大量测试数据，等等。

总之，内省评估之于品性评估，其不仅能够为更加深入了解个体的内心世界提供某种依据，而且殊为坚实的理论与严谨的规程，不仅能使得品性评估的专业化程度得以提升，而且还可以嵌入整个评估过程，使得评估的系统化效果得以发挥。

思考题

论述内省评估在品性评估中的作用与意义。

第五章

心理生理方法——多道仪测试

上士闻道，勤而行之。 中士闻道，若存若亡。 下士闻道，大笑之。 不笑，不足以为道。

——《老子》第四十一章

如果说，在式 DCA＝CAI×HERs 中，内省评估的方法重点针对 HERs 的话，那么心理生理方法针对的就是 CAI。

与 HERs 相比，CAI 具有更加突出和特点非常鲜明的具身性，不是说 HERs 没有具身的考虑，如作假识别等，但是因为评估形式的限制，这样的具身往往会被利用，导致诺玛蕊综合征的出现。

与 HERs 的代表——量表回答方式相比，心理生理方法，如多道仪测试采用了问（刺激）答（反应）同时记录的方式，即根据刺激内容，除了直接记录回答内容，还记录被刺激（评估）对象的生理参量变化。因此锁时性、自比性等成为其典型特点。这种在量表型问答方式之上再加一道箍——直接记录生理参量的方式，可以最大限度地直指机体的本真反应，所以能够成为 CAI 获取的不二之选。

目前除了多道仪可以承担这部分 CAI 的获取工作外，眼动仪、脑电仪甚至语音分析等也具有某种同样功能。所以心理生理方法并不只有多道仪测试一种。但是在所有心理生理方法中，又以多道仪测试最具代表性。可以说，掌握了多道仪测试方法，基本上就掌握了整个心理生理方法的核心，当然根据仪器设备的原理不同，操作方法亦有差异，但是整体思路以及基本工作模式还是相对一致的。为此，本章首要介绍多道仪测试，但其他相关技术方法在涉及时也会有所提及。

第一节　多道仪的发展历程

一、概述

多道仪或多道仪测试（polygraph test）如今已经成为与测谎紧密相关一种称谓，甚至可以直接替代测谎，成为大家都颇为心照不宣的表达方式。其历经谎言测试（测谎、欺骗检验）、心理测试（可信度评估）两个重大阶段，多道仪作为一件最得力的器物，[1] 不仅实现了谎言之测试和信息之探查，而且还要在品性评估的舞台上，继续大展拳脚。

说谎或欺骗是品性之元本，其实若采用诸如现象学还原的方式悬置心理咨询（counselling）与心理测量（measurement）的一些固有概念之后，说谎或作假也能浮现出来。这些都更促使我们去回答这样的一个问题——说谎或欺骗到底是什么？

德里达在《谎言的历史》的绪论中指出：[2]

> 如果我相信我说的，即使它是假的，即使我是错的，如果我不是试图通过传达此谬误来误导别人的话，那么，我就没有说谎。人们并非仅仅通过说假话（the false）来说谎，只要他真诚地相信他相信的真理或（深切地）赞同他的意见。
>
> ——他就不是说谎！
>
> 说谎亦即意欲欺骗他人，有时甚至是通过说真话（来进行欺骗）。人们可以说假话而不说谎，但人们也可能说真话同时意在欺骗某人，换句话说，说真话而意在说谎。
>
> ——真话亦可谎！

这种读起来都觉得颇为饶舌的描述，其实真真切切地说明了人之成为社会人的一种最基本最原初、极具胡塞尔之意向性和海德格尔之"此在"含义的一个现象——我们称之为品性之元本——言（word）之欺骗（deception）或真实（truthfulness）的状态与存在。

---

〔1〕 张文初：《从现代美学视域看海德格尔的"器物上手论"》，载《湖南师范大学社会科学学报》2011年第2期，第101~104页。

〔2〕 苏楷：《谎言的历史》，载 http://blog.sina.com.cn/s/blog_7e3e2dfc0100x6n1.html，最后访问日期：2018年9月14日。

《圣经》上讲完上帝造出亚当和夏娃后，很快就出现夏娃被骗，进而欺骗上帝，被逐出伊甸园的叙事。对于这次被骗，耶稣曾对那些犹太人这么说：你们是出于你们的父魔鬼，你们父的私欲，你们偏要行。他从起初是杀人的，不守真理，因他心里没有真理；他说谎是出于自己，因他本来是说谎的，也是说谎之人的父。[1] 这里耶稣直接将说谎的师祖定位为魔鬼撒旦，似乎不仅隐含着欺骗的出现与人类诞生一样长久，而且某种程度上也寓示出欺骗与真实的决定性意义。

试想心理咨询也好，心理测量也罢，倘若首先没有搞清楚咨询（测量）对象是男是女，那么后续结果自然便无从谈起。但是由于这种区分太过于简单，一眼望去即可确定，所以就成为一种似乎不用区分的默认状态。现象学悬置就是将这种默认显现出来。许多娱乐性节目可用这种默认结果前提造成的误会而使人捧腹，而面对严肃的品性评估，其误会却不可以简单一笑置之。在品性评估提出之时，立即对这个新的概念追根溯源，幸有先期储备，故而能入手简捷，直奔元（本）根基而去，这似乎只是一种直觉，与此同样的直觉已经在使用测谎技术进行入职筛查或在职监查的实践者那里得到了直接见证。

测谎长期纠结于所谓的证据化，在逻辑实证主义统领的证据标准要求下，自1923年美国出现弗莱伊规则（Frye rule）后，一直徘徊在证据大门之外。

为了满足证据化的要求，历史上的测谎人似乎走了一条曲线救国之路。从开始正式介入测谎的那天起，就与其他前辈一样因为测谎的有罪推定之嫌而避免直接称其为谎言测试。这也基本沿袭了美国同行的认识过程，虽然马斯顿以测谎之名开启了科学证据（scientific evidence）之途，但却产生了弗莱伊规则并成为该规则的第一个祭品。这种价值（证据）评估层面的否定，导致该技术不得不长期停留在事实评估层面。甚至美国目前的官方通用称谓 Psycho-physiological Detection of Deception（PDD）都把心理生理一词放在最前面，以示其事实性。而美国的普罗大众自基勒的多道仪定型并在测谎领域大放异彩后，似乎多少已经领悟到了其价值含义。

多道仪的成型并未历久弥新，而是呈现出了一条与近当代主流科学技术及仪器设备发展有些相悖的图景，多道仪在精密和单一的方向上止住了脚步，即便血压、呼吸这种似乎都非常成熟的检测项目，其绝对值在这里并没有显示出特别的

---

[1]《圣经·约翰福音》8:44，中国基督教三自爱国运动委员会·中国基督教协会出版，2013年版，第115页。

意义，这种不精、不准，反而取胜的现象，或才是海德格尔认为的那种真理发生的真技术。[1]

多道仪，目前除了继续扮演测谎仪的角色外，还成为心理学实验室的必配，亦是医院心电监护仪的始祖。围绕着它产生的技术方法、技术过程以及技术原理对后来意欲有所作为甚至想取而代之的设备与技术都成了一个参照、门槛和标准。品性评估以此为先行和基础顺势而为，确属历史之大幸，时代之必然。

二、发展阶段

（一）以时间顺序区分[2]

依照时间顺序谎言测试技术可以分为以下几个阶段，以 1895 年为界，以前可称为自然发展阶段，以后则为科学发展阶段。（见表 5.1）

1. 自然发展阶段（1895 年以前）

（1）肉体摧残、神示与诈术。这是一个自然探索时期，由于绝大部分的调查是从人开始的，所以调查者的目的和手段都直接而简单，最明显的特征就表现在目的是以获取被调查人的口供为主，随之而来就是手段的随意性和非理性，如刑讯逼供等，造成了诸多的冤假错案。例如公元前 600 年，波斯人相信红热的烙铁可以检验真理——嫌疑人被迫用他们的舌头在红热的烙铁上舔几下，以有没有被烫伤来证明自己的清白。我国古代的酷刑之一——炮烙也借助了热烫的威力来获取口供。这种以肉体折磨为特征的酷刑有许多种，不少让人听到都不寒而栗，其非人道、非理性之处可见一斑。

另外这个时期，人们对自然和自身的认识都非常有限，所以神灵的力量还可以左右人们的思想，这样在神灵面前不敢说谎就成为共识。现在西方国家许多重大事件场合会出现摸着《圣经》宣誓的场面，可以说就是神示力量的继续。在犯罪调查中，由于真正犯罪人自身罪恶感的驱使，也使得其在神的面前时常会出现忏悔或道出实情的情况，所以神示的效果在一个时期内被经常使用。

除了刑讯逼供和神示的力量外，以欺骗对付欺骗也是自然发展时期经常使用的手段，我们称之为诈术。在古印度，他们用神驴来判断是否说谎，声称有罪的人拽住神驴的尾巴时，它就会嘶叫。所有犯罪嫌疑人都被带入神驴待的黑暗帐篷

---

〔1〕　吴国盛：《海德格尔的技术之思》，载《求是学刊》2004 年第 6 期。
〔2〕　陈云林等：《现代心理测试技术导论》，知识出版社 2005 年版，第 3 页。

里，并让他们轻轻地拉住神驴的尾巴。由于无辜者不害怕神驴会叫，于是进到里面就拉住神驴的尾巴。其实，神驴的尾巴上涂有乌黑的涂料，而嫌疑人却不知道自己已被实施了测试。有罪的人当然也将进到里面，但由于害怕，进去后他待一会，也不碰驴的尾巴就从帐篷出来，干净的双手上没有黑颜料。从而，便断定他就是犯罪的人。这种诈术使用的例子在我国的古代记载中更是多如牛毛，如广为流传的寇准阴间断案、阿凡提审驴等都是这方面的例子。

（2）朴素科学意识的实践。无论肉体摧残、神示还是诈术，其对识别谎言的作用都是非常有限的。刑讯逼供产生的口供或神示、诈术诱骗出的陈述，是不是就真的可信，很大程度上只能由获得者凭经验去判断，即如何客观核实口供或陈述的真实性仍然是个问题，所以探索也一直在继续。在这样的历史和文化条件下，一些有识之士的探索对多道仪测试技术的发展而言弥足珍贵。

在古代印度，犯罪嫌疑人可以通过称体重来判断他们说的是不是实话。做法是：嫌疑人坐在大天平的一端，平衡锤放在另一端进行精细的调节。通过横梁上沟槽里流动的水来显示平衡的精确性。被告人先暂时离开，听取法官发表关于平衡的讲解。然后，被告再回到天平上来重新检验平衡。如果发现他比原来轻了，那便宣告无罪。

还有长期流传在多道仪测试界的嚼米讯问传说。对此一般有两种说法：第一种是让嫌疑人吃用稻米做的蛋糕，观察他在强大罪恶精神压力下咽下蛋糕的形象。如果嫌疑人被蛋糕噎住，那么这个人则被认为供述不实。第二种方法是让嫌疑人咀嚼一把干米，过一段时间再吐出来。查看嚼过的米，如果吐出来的是热的且成团状，则嫌疑人说的是实话。如果吐出来的米成散状的，那么嫌疑人被认为是说假话了。还有记载则说数清楚米粒的个数，让嫌疑人含在嘴里，然后让他一下吐出来，检测吐出米粒与原来米粒的个数是否吻合。

毋庸置疑，测谎技术在自然探索发展时期的代表就是天平称重和嚼米讯问。这在以刑讯逼供和用欺骗对付隐瞒为特征的时期，即便这种调查方式显得幼稚和粗糙，但仍具有一定科学依据，为这个时期的调查过程增添了一抹亮色。

2. 科学发展阶段（1895年以后）

通常认为科学发展阶段又分为：

（1）探索发展时期（1895—1920年）。这个时期自朗布罗索（Lombroso）的工作到拉尔森（Larson）发明专业测试仪器以前，是一个百花齐放的时期。由于第一次世界大战的影响，传统测谎技术的中心从欧洲转移到美国。在美国这块新大陆上，测谎技术的萌芽遇到了更加适宜的土壤，为今后成长为参天大树提供了保障。

（2）专业化发展时期（1921—1986年）。1921年拉尔森发明了专用测试仪——多道仪，是测谎技术发展史上的重大事件，测试活动才得到了基本保证，加之基勒成功在拉尔森测试仪的基础上引入了皮肤电，使得多道仪的效果更加稳定和明显。基勒因此被誉为"现代多道仪之父"，1948年基勒又建立起专业培训学校——基勒多道仪测试技术学院，专业的设备和专业的人才结合，为测谎技术转化为多道仪测试技术的全面发展奠定了基础。

里德（Reid）和贝克斯特（Backster）等人在多道仪测试技术和测试理论方面作出了突出的贡献，使多道仪测试技术成为独立的学科。

专业化的发展极大地促进了技术普及，因此对技术的规范化管理势在必行。

（3）规范化发展时期（1986年至今）。1986年国防部多道仪测试技术学院成立，及1988年《雇员多道仪测试保护法》（Employee Polygraph Protection Act，EPPA）的颁布，是多道仪测试技术走上规范化发展的标志，由此多道仪测试技术逐步进入成熟发展期。

表 5.1　多道仪测试技术发展简况

时间顺序			代表人物、事件	功能发展	说　明
自然发展	1895年以前		天平称重、嚼米讯问	自然探索	尽管拉尔森反对"特异撒谎"反应，但是里德等人一直坚持"特异撒谎"反应存在
科学发展	探索发展时期 1895—1920年	1895年	意大利犯罪学家朗布罗索首次成功运用仪器设备测试说谎	谎言测试	
		1908年	谎言测试技术进入美国		
		1917年	美国人马斯顿将测试技术引入美国军队		
	专业化发展时期 1921—1986年	1921年	美国人拉尔森发明多道仪		
		1938年	拉尔森的学生基勒将皮肤电引入多道仪——现代多道仪成型		
		1942年	基勒开始专业培训，系统整理测试方法，主要是紧张峰测试（POT）		
		1947年	里德总结完成准绳问题测试技术（CQT）		
		1948年	基勒创建基勒多道仪测试技术学院（Keeler Polygraph Institute）		

续表

时间顺序		代表人物、事件	功能发展	说　明
科学发展	1959 年	贝克斯特提出区域比较测试（ZCT） 大卫·T. 莱克肯（David T. Lykken）提出犯罪情节测试（GKT）	欺骗检验，求实检验，信息探查	欺骗检验是影响最大的功能解释
	1961 年	美国军队提出改进的区域比较测试（ZCT）		
	1966 年	美国多道仪测试技术协会（APA）成立		
	1970 年	拉斯金系统改进区域比较测试（ZCT）		
	1977 年	美国警察多道仪协会（AAPP）成立		
	1978 年	大卫·拉斯金（David Raskin）开始测试技术计算机化		
	1980 年	多道仪测试技术进入中国		
	1981 年	莱克肯出版《血液的颤抖》		
	1985 年	尤伊尔提出"可信度评估"概念		
	1986 年	计算机化仪器设备商品化		
	规范化 1986 年至今	1986 年	国防部多道仪测试技术学院成立		
		1988 年	《雇员多道仪测试保护法》颁布		
		1991 年	国产仪器开发成功		
		1992 年	扬克（Yankee）提出心理生理欺骗检验概念		
		1996 年	迈特（Matte）提出"求实测试"概念		
		1999 年	最高检发布"910 批复"，国内官方出现"多道心理测试"一词		
		2000 年	国内第一个"心理测试"建制机构诞生	心理信息探查，可信度评估	
		2004 年	国内心理测试技术专业委员会成立		
		2007 年	国防部多道仪测试技术学院被更名为"国防部可信度评估科学院"（DACA），可信度评估官方定义出现		
		2011 年	国防部可信度评估科学院（DACA）被更名为"国家可信度评估中心"（NCCA）		

（二）以功能发展变化区分

若以功能发展变化区分，同样可以以朗布罗索的工作为界，其前期功能在时间顺序里已经涉及，这里不再详述，下面就朗布罗索以后的测试功能的演变进行分析介绍。

1. 谎言测试——对说谎特异反应的追求

朗布罗索的成功似乎为谎言的辨别找到了客观依据，一时间许多实验心理学研究都聚集在这个方向。1904年，韦特海默（Wertheimer）和克莱因（Klein）这两位德国心理学家发表了有关词汇联想实验的论文，指出实施犯罪后，作案人产生的复杂思想过程在适当的条件下是可以被检测出来的。此后数十名德国、奥地利、瑞士和美国的心理学家，纷纷尝试用心理学的方法进行犯罪调查。

1914年，贝努西（Benussi）在德国发表了《呼吸变化在测谎中的影响》（The influence of breathing changes on lie detection）这一研究报告，他首先开始了说谎特异反应的研究，把吸气与呼气的比率原理发展应用到测试技术中。他将一根有弹性的管子绕在被测试人胸部，管子一端是封死的，另一端附有一根橡皮软管记录描绘被测人吸气与呼气的变化曲线。根据这些记录，贝努西发现，一般情况下，吸气深度与呼气深度相比，如果前者比后者大则讲实话的程度大，反之则说谎的程度大。据说贝努西还用脉搏记录仪做了一些测试，但是未能找到测试结果的报道，目前多道仪呼吸传感器与贝努西的设计基本相同。在贝努西的论文发表后不久，就爆发了第一次世界大战，谎言测试的工作在欧洲不得不暂时结束。

1915年，美国人马斯顿（1893—1947年，毕业于哈佛大学）是公然声称能够实现测谎的第一人，他发现心脏收缩压的改变与有意欺骗行为有关，并称自己发现了说谎特异反应。据说马斯顿用此技术在1917—1918年间帮助美国军队处理过几宗间谍案的调查。资料记载他"组装了一套可以检测证人脉搏（变化）的设备，并将这种变化活动呈现给陪审团"。1921年，他在《刑法与犯罪学月刊》（The Journal of Criminal Law and Criminology）上发表了论文《欺骗检测的生理可能性》（The Physiological Possibilities of the Deception Test）。1923年他曾为弗莱伊（Frye）出庭辩护，致使科学证据之弗莱伊规则的诞生。

因为对谎言测试的着迷，美国加州伯克利警察局长命令拉尔森研究专门的测谎仪器。终于，1921年拉尔森制作出第一代多道仪，一台可以连续记录的仪器装置，它可以同时测量记录呼吸和心跳两个参数。这个设备制作出不久就发挥了作用，在一起盗窃案中成功地从38名评估对象中识别出一名嫌疑人。这次成功激励了拉尔森以及他的学生基勒，他们将谎言测试推到一个应用高峰。

1938年，基勒将皮肤电传感器引入拉尔森的仪器，使之成为现代多道仪，此后 Polygraph 一词也成为现代多道仪的代名词。1942年基勒开始为警察培训专业人员，并开发出紧张峰测试（POT）技术。

里德出身于律师，非常热衷于使用多道仪对嫌疑人进行问讯，1930年左右他与基勒相识，后来创办了自己的培训学校——基勒多道仪测试技术学院，该学院有权授予美国伊利诺伊州承认的硕士学位。

里德的贡献不仅在于推动测谎的普及，而且在于1947年他总结形成了准绳问题测试技术（CQT），成为现代多道仪测试技术基础测试方法之一，目前仍在使用。毋庸置疑，里德将谎言测试与多道仪测试技术紧紧地捆绑在一起，从而掀起了谎言测试应用的高峰。

但是由于里德的工作目标是问讯，所以在对说谎特异反应的追求过程中，他将特异反应大大地延伸到了测试之外，他和他的学生理查德·O. 阿瑟（Richard O. Arther）提出了"说谎征候"的概念，将测试功能淡化，主要依靠测试外因素来评判测试结果。对多道仪测试技术发展而言，里德不乏热情，但其使用技术却轻视技术，致使他的理念与多道仪测试技术的发展相距越来越远。可以说，里德并没有似乎也不可能对多道仪测试技术进行真正的科学化处理。

回顾这段历史不难发现，谎言测试无疑是推动多道仪测试技术向前发展的巨大动力，也是多道仪测试技术着力描绘的一幅图画，里德等人沿着这个方向的努力，将多道仪测试技术的应用推向了谎言测试的高峰，但其实是将其置于悬崖之巅。

谎言测试带给我们的巨大收获是测谎设备的诞生。尽管测谎仪的发明者拉尔森对说谎特异反应并不认可，但是并不妨碍其他人利用设备在这条道路上越走越远。以里德和阿瑟为代表的谎言测试一直执着于供述的获取，即以服务于问讯为目的。这样做的后果不仅造成对测试技术本身的轻视，将测试仪器道具化、测试过程表演化、测试结果随意化、测试人员巫师化，最终导致技术从业者素质水平参差不齐。

可以说，对问讯的重视等同于对口供的重视，而在口供证据地位日益下降的今天，谎言测试经常被人质疑，便不足为奇了。

2. 欺骗检验

对谎言测试功能作出重大修改的是里德的学生贝克斯特，有人认为，贝克斯特对此做出了十分杰出的贡献，故现代多道仪测试技术是从其之时真正开始产生与发展的。

贝克斯特，1924 年 2 月 27 日出生于美国新泽西的拉菲耶特（Lafayette）。在美军队反间谍部（Counter Intelligence Corps，CIC）的工作为催眠和麻醉讯问。前期，因上司对他的工作未给予足够重视，他便对上司的秘书进行了催眠，并让该秘书打开上司的保险柜取出了机密文件。之后贝克斯特拿着文件找到上司，提出可以控告自己私自取得机密文件，把自己送上军事法庭，或者给自己提供足够的帮助以便更好地进行研究。上司经过权衡选择了后者，从此贝克斯特成为这方面的开拓者。

因对催眠和麻醉讯问的贡献，贝克斯特引起了新组建的美国中央情报局（CIA）的注意。1948 年他进入中央情报局，被任命为安全部主任，着手进行多道仪测试技术的研究应用。1950 年基勒意外身亡，贝克斯特被任命为基勒多道仪测试技术学院院长。他于 1951 年在华盛顿开设了多道仪测试事务所，1959 年又与人合作在纽约建立了多道仪测试培训中心，同年开发出多道仪测试技术的理论和实践标准，使之成为多道仪测试技术的最大贡献。

贝克斯特开发的多道仪测试技术包括区域比较技术（ZCT）及测试图谱的量化分析。通过他的努力，从标准的实施方法、直接的行为记录、客观的评判技术和外在的效度标准四个方面奠定了现代多道仪测试技术的模型，基本上实现了多道仪测试的标准化。1961 年，美国军方的多道仪测试技术学校接受并改进了贝克斯特技术，此后贝克斯特的影响遍及世界。1970 年，美国犹他大学（The University of Utah）的拉斯金对区域比较测试进行了系统评估，进一步完善了有关概念，20 世纪 70 年代末多道仪测试添加了计算机操作，使得多道仪测试技术愈加成熟。

从形式上看，贝克斯特并没有彻底摆脱谎言测试的局限，例如他的学校仍叫贝克斯特谎言测试学校（Backster School of Lie Detection），他的评判标准还是欺骗指示（Deception Indicated，DI）与无欺骗指示（No Deception Indicated，NDI），这个评判标准一定程度上仍是说谎特异反应的翻版，但其技术的实质内涵已经与里德的谎言测试截然不同，成为现代多道仪测试技术的基础。

此后，1966 年美国多道仪技术协会成立时，放弃了能够制造影响的谎言测试，而使用了一个仪器设备的中性词——多道仪（Polygraph）为这个组织进行命名。同时在其章程里定义多道仪是用来进行欺骗检验（Detection of Deception）的。应该说这个时期的多道仪测试已经具有欺骗检验的功能。

1986 年美国国防部多道仪测试技术学院（Department of Defense Polygraph Institute，DoDPI，又译为国防部多道仪测试技术研究所）成立，其首任校长扬克博士提出使用对欺骗的心理生理学检测（psychophysiological detection of deception，PDD）替代谎言测试。1988 年 6 月 27 日，由里根总统签署的《雇员多道仪测试保护法》里也定义多道仪是用来进行欺骗检验的。这个时期多道仪测试技术的欺骗检验功能占据了绝对主导地位。

与谎言测试比较，欺骗检验有明显的进步，但是欺骗检验的直接目标还是针对"言"，即检验评估对象的言辞表述，这在欺骗检验的技术实施时表现尤其突出。由此可以认为，传统多道仪测试技术进入欺骗检验后，其科学内涵丰富了许多，为形成现代多道仪测试技术，即以信息为测试基础的多道仪测试打下了一定基础。

3. 信息探查

2005 年，陈云林主笔的《现代心理测试技术导论》，旗帜鲜明地提出测谎之实质就是信息探查（Information Probe）的观点，将以谎言测试和欺骗检验为代表的多道仪测试技术称为"传统多道仪测试技术"，而将以信息探查为主要功能的多道仪测试技术称为"现代多道仪测试技术"，由此标志着多道仪测试技术的重大转变。2012 年，陈云林的英文论文《心理信息与可信度评估》（Psycho-information and Credibility Assessment）在美国多道仪测试技术协会（APA）会刊《多道仪》（Polygraph）第三期首篇全文发表，说明心理信息（Psycho-information）的理念已经成为国际共识。

（三）多道仪测试技术在我国

早在 1943 年多道仪测试技术就由美国进入中国，在重庆的中美技术合作所使用。由于其使用目的和有限的使用范围，极大地妨碍了该技术在我国的进步和发展。我国台湾地区虽一直在使用多道仪，其重大步骤均紧随美国，但各种因素导致在我国大陆地区谈及多道仪测试技术时，一般认为是 1980 年才进入中国的。

1980 年，时任公安部刑侦局局长的刘文同志率领公安系统刑事技术人员在日本考察，经考察认为多道仪测试"是有科学根据的"，为这项技术进入我国创造了条件。经公安部批准，该技术开始试用，由北京市公安局民警王补同志主持该项目的具体实施。随着其作用和效能的逐步发挥，多道仪测试渐渐为大家所接受，王补被称誉为"国内多道仪测试第一人"，其编译的著述《犯罪情景测试》成为早期国内多道仪测试人员的入门读物。1991 年，中国科学院和公安部、北京市公安局等部门联合开发的国产仪器设备研制成功，为计算机化的多道仪设备，水平起点相当高。在这期间，公安部第四研究所杨承勋、公安大学的武伯欣、中国科学院的黄兰友等同志为多道仪测试技术在国内的普及和发展都作出了积极的贡献。

虽然受美国欺骗检验的影响很大，当时的从业人员认为多道仪测试技术就是测谎，但是从王补同志开始，就积极探索，力图将多道仪测试技术从谎言测试的传统思路中解放出来。

1994 年，沈阳市中级人民法院派员赴美系统学习多道仪测试技术，首开国内司法系统评估人员专业化之先河。

1998 年以后，多道仪测试技术的研究纷纷结出硕果，其中北京、上海、广东、辽宁等地的相关技术通过了各种技术鉴定，表明国内对该技术已经从简单模仿进入到自主开发实践的阶段。期间对多道仪测试技术的认识也在不断加深，尤其是实践中积累的经验和教训，逐渐让人们明白了多道仪测试技术的核心要义之所在。

1999 年最高人民检察院作出的《关于 CPS 多道心理测试鉴定结论能否作为诉讼证据使用的请示》的批复是国内首次将多道仪测试与心理测试发生关联的官方文件，此后多道仪测试之称呼逐渐被心理测试所替代。受此影响，2000 年北京市公安局组建该技术的正式专业建制时，采用的称谓即为心理测试室。2004 年 7 月 13 日，经公安部和民政部批准，中国刑事科学技术协会心理测试技术专业委员会正式成立。同年，《关于在全国公安机关刑事科学技术、技术侦察队伍试行专业技术职位任职制度的通知》（国人部发〔2004〕67 号）规定："心理测试专业技术职位工作内容主要包括：利用有关仪器设备探查、推断人的个体心理信息。"该文件的发布，标志着心理测试技术正式进入我国公安刑事科学技术专业行列，是对国内心理测试技术的全新定位，为心理测试技术专业在我国的进一步全面发展奠定了坚实基础。自此，心理测试一词在国内几乎全面替代了多道仪测试。

2005 年，中华人民共和国公共安全行业标准（GA544 - 2005）——《多道仪心理测试系统通用技术规范》发布实施。

2005 年，公安部首次在全国公安系统内评定出八名心理测试技术高级工程师。

2011 年 2 月，中国刑事科学技术协会心理测试技术专业委员会的英文译名定为 Professional Committee for Credibility Assessment，简称 PCCA，与国际上的可信度评估正式接轨。

2012 年，PCCA 发布《多道仪测试技术应用规程（试行）》，2013 年，PCCA 正式发布《多道仪测试技术指南》。

随着国内法治改革的进程，特别是 2012 年颁布、2013 年生效的《刑事诉讼法》，对心理测试称谓及定义的严谨性和准确性的要求逐渐增加。2005 年《关于在全国公安机关刑事科学技术、技术侦察队伍试行专业技术职位任职制度的通知》要求陈云林等受命主笔编写《公安机关刑事科学技术专业技术职位任职资格考试大纲——心理测试技术篇》时，心理测试技术的定义为：能检测个体生理指标状况的仪器设备用于或其结果被用于对个体（被测人）就特定事件或特定目的进行的相关心理信息探查、推断行为就是心理测试。相关技术则为心理测试技术。显然多道仪测试属于心理测试范畴，但心理测试技术并不完全就是多道仪测试。为此 2013 年，PCCA 发布的技术标准为《多道仪测试技术指南》，而非心理测试技术指南。因此在论及技术属性时用多道仪测试，而论及功能属性时用心理测试。

无论是多道仪测试还是心理测试，这项技术自进入我国，其功能基本上一直被严格限定于犯罪调查范畴。

三、多道仪测试与品性评估

（一）演化

通过内省评估或多道仪测试等技术手段判断评估对象与岗（职）位的适配度，在很早以前就已经开始实施了。

据说在第一次世界大战期间，马斯顿就曾受邀为美军进行过类似的筛查工作，或许出于保密，或是效果不理想，马斯顿并没有对外公布过工作结果。直至二战期间在战俘营中选拔战俘警察，实际上马斯顿已经开始了从界定良好的调查测试向筛查测试的过渡，成为多道仪筛查测试的开端。

筛查测试（Screening Test）是多道仪测试应用的另一个重要领域，涵盖了入职筛查、在职监查和离职追查等若干环节，以及一些特殊人群的监控管理等，在国际上，特别是在美国，筛查测试占了整个多道仪测试工作量的九成以上，但整个社会对待多道仪筛查测试的态度却是大为不同，筛查测试的效果在学界被质疑，在民间受诋毁（很多所谓的反测试网站都是以此为由出现的）的筛查窘境却是不争之实。2003 年美国国家科学院（National Academy of Sciences，NAS）发表了《多道仪与测谎》（The Polygraph and Lie Detection）这一研究报告，在报告中对筛查测试的态度几乎是直接的贬低与排斥,称其准确度不足以(insufficient)使其在联邦机构中对雇员进行安全筛查(security screening)。而 2007 年美国国防部将多道仪测试研究院更名为国防部可信度研究院,2011 年再次更名为国家可信度评估中心,其所做的一切,及其在相关通令(Directive)中的种种表达却毫不隐讳地表明了对多道仪在筛查测试应用中的依赖与信任。

2003 年,陈云林团队受命主持组织了国内首次真正意义上的筛查测试,取得了一定的效果。但是与调查测试相比,差距明显,测试内容在陈云林等人所著的《犯罪心路探微》[1]中有详细论述。但在很长一段时间内,除了简单的数据积累外,实际效果难有质的变化,亦曾被人质疑,在一定程度上也陷入了筛查窘境当中。

(二)突破

2013 年生效的《刑事诉讼法》中最重要的变化就是对证据定义的修订,导致重新燃起多道仪测试证据之火。经过多年沉淀,陈云林等对测试的理解和判断又有新的心得,特别是对贝叶斯定理的重新解读,拨开了长期笼罩在多道仪技术上的迷雾。贝叶斯定理对测试结果之证据权重(WoE)(旧称证据证明力)的计算,准确地捕捉到了证据问题的核心所在,从而越过了多道仪调查测试证据之途中最艰难的沟壑,助推多道仪测试结果可以与 DNA 比肩而立。

调查测试的成功,彻底唤醒了沉睡多年的筛查梦,通过贝叶斯方法检讨之前的数据,发现别有洞天。再来探究美国的筛查窘境,发现原因有二:一是筛查范围狭窄,几乎全部局限于安全筛查(security screening),或只围绕其做有限展开。如长期以来,多道仪测试对于信仰、宗教、意愿等具有价值取向的领域和问题讳莫如深。美国多道仪测试协会(APA)有明文规定禁止多道仪测试涉足于此,但是当伊斯兰圣战已经不只是一个简单的词组,而转化成为血淋淋的恐怖行为时,依旧拘泥于这种教条,就令人不敢苟同了。二是尚未意识到贝叶斯理论在多道仪领域的意义和价值;受所谓频率学派的统计思想影响,对多道仪的测试结果之解释,一直停留在狭义的求真层面,也使得其证据之路尽显坎坷。幸有贝叶斯理论在 20 世纪末的复活,加之在 DNA 领域的巨大成功,使得频率学派的统计思想日渐式微,进而影响到多道仪测试,从而获得实质性突破。

---

〔1〕 陈云林、孙力斌:《犯罪心路探微——心理测试技术的理论、研究与实践》,中国大百科全书出版社 2004 年版,第 64~75 页。

（三）使命

对于信念、意愿等曾被多道仪测试视为禁区的范畴，不仅能够制造出诸如"人肉"炸弹式的恐怖行为，能够培育出国内诸多巨贪、大鳄对钱色之超常贪婪，而且能够渗透于日常生活，亦能体现在工作态度和职业追求等方面。

多道仪测试的动机调查和履历筛查等也可以算是闯入了此类禁区，但是鉴于曾经的技术与理念所限，这些活动只能是浅尝辄止。

品性评估，诚如一柄久经磨砺却又深藏于匣的利剑，此时恰逢出鞘之机。

品性评估，不仅具有深入灵魂的调查功能，亦具有前瞻性的反恐防恐督查功能，更具有结合岗（职）位需求、展现真实履职意愿的人员筛查功能。

品性评估，不仅使多道仪测试从单一的犯罪调查应用拓展到社会各领域各岗位的人员评估，而且跨越了筛查测试只针对安全系统进行测试的狭小范畴。

品性评估，不仅仅是某一项技术的延伸应用，更是要通过构建专业品性评估体系，完成学科建设，组建品性评估师队伍，使品性评估从业者走上专业化的职业道路。

多道仪测试，这一历经百年却愈老弥坚的小技术，不仅成为科学证据的探路者，还要在品性评估的舞台上大展身手。回望谎言测试到欺骗检验到心理测试（可信度评估），再看当下品性评估之多道仪测试，诚如"众里寻他千百度，蓦然回首，那人却在，灯火阑珊处"一般，虽历经风吹雨打，却显本质坚韧，愈加成为全新战场之战斗主力！

思考题

1. 你认为多道仪发展的哪个阶段对你的印象最深？为什么？

2. 结合前几章内容，简要分析"筛查窘境"的成因与应对之策。

3. 为什么说多道仪测试是品性评估的主力？

第二节　多道仪测试原理

一、多道仪的生理参量基本组成

目前，被广泛选用成为多道仪测试基础的三种生理指标分别为皮肤电反应、脉搏率（血压）反应和呼吸反应。它们是经过数十年的实践检验所形成的，也是目前最通用、最具权威的三种生理参量检测指标。

（一）皮肤电反应

皮肤电，是皮肤电阻或电导的简称（电阻与电导倒数关系），最早叫心理电反应（PGR），即利用皮肤电流描记器把不同情感状态时皮肤电反应的变化以曲线的形式记录下来。考虑"心理电"含意不甚确切，一般实际应用中采用"皮肤电反应"这一术语。

1. 简史

皮肤电反应（又称基础皮肤阻抗，或简称皮电现象或皮电活动），最早由维戈罗克斯（Vigouroux）在1879年观察到。19世纪晚期，人们已经熟知不同模式刺激反应的皮肤电活动，且被认为是研究中枢神经系统最早的电生理学方法之一，但皮肤电活动的探测和记录在20世纪后期才引起人们的特别注意。20世纪60年代文献介绍过神经电生理技术，其中皮肤电反应被用于研究人类自主神经活动、传导和反应，特别是对交感神经的研究。由于皮肤电检测的非侵入特点，基勒在1938年将其引入多道仪设备中。

皮肤电活动的术语众多而混乱，常被称为皮肤电流反应（Galvanic Skin Response，GSR）或心理电流反射（Psychogalvanic Reflex，PGR），20世纪七八十年代被称为正皮肤电活动（Electro-Dermal Activity，EDA），在临床神经生理学的文献中被称为周围自主神经表面电位（Peripheral Autonomic Surface Potential，PASP）或更为常用的交感神经皮肤反应（Sympathetic Skin Response，SSR）。因为交感神经皮肤反应包含了皮肤电反应产生的系统、身体记录的区域和被诱发的事实，因此在本教材中多使用交感神经皮肤反应的称谓来代表皮肤电反应。另有需要时也会使用其他术语。

2. 原理

1879年赫尔曼（Hermann）发现皮肤汗腺与交感神经皮肤反应有关的生理现象，他认为人体汗液可能是交感神经皮肤反应产生的来源，由汗腺膜因钾离子通透性的变化所致。目前较一致的看法是只要保留汗腺，交感神经皮肤反应就能够出现，甚至在被麻醉的皮肤表面也可以出现，但可以通过局部应用阿托品能够使其消失，通过减少皮肤的水合作用可以改变其反应程度。1888年费尔（Fere）研究得出，感觉或情感刺激可以引起自主神经系统功能活动，并引起交感汗腺运动神经纤维支配区皮肤电阻及电位的改变，故称之为交感神经皮肤反应。

支配汗腺的中枢神经系统通路从下丘脑后部开始，经过脑干腹外侧网状结构下行至颈脊髓。人类的交感神经纤维下行到脊髓外侧柱，在此会聚的节前催汗神经元位于中间外侧细胞柱中。从这些神经元来的节前纤维在神经节与支配汗腺的节后交感（胆碱能）神经的 C 型纤维形成突触，所以出汗和外周皮肤的局部改变，有助于交感神经皮肤反应的产生。这解释了交感神经皮肤反应的独立性，以及产生交感神经皮肤反应的中枢和周围通路是造成血管收缩的独立性通路。皮肤血管收缩改变了皮肤电反应，肢体缺血 30 分钟并不消除交感神经皮肤反应，但可以改变它的形态。

交感神经皮肤反应是在中枢神经系统参与下的催汗反射，不同于热出汗，它属于精神性出汗，由精神紧张或情绪激动所引起，受大脑高级皮层的调节，属于信息加工的过程。这种出汗局限于手掌和足跖部位，可能涉及新皮层、边缘系统及其他中枢部位的高级神经活动，可影响手掌及全身发汗的中枢机制。

研究利用交感神经皮肤反应方法，已计算出脊髓中自主神经纤维反应的中枢传导速度是 1.2 ± 0.2 m/s；腿部周围交感神经纤维的传导速度约为 1.02 m/s~1.49 m/s，手臂的约为 1.57 m/s。相似的值也能从早期的皮肤交感神经传导速度的直接测定值中获得。

所有年龄小于 60 岁的、身体健康的人均应能够产生交感神经皮肤反应。大于 60 岁的交感神经皮肤反应可能不好，尤其是特别年老的人有可能无法产生交感神经皮肤反应。

脚部的交感神经皮肤反应比手部更易缺失。

3. 记录技术

不同的实验室记录交感神经皮肤反应的技术不同，在此提供一些适用于实验室的一般原则。

（1）室温必须保持≥20℃。仅少数实验室报道可以在小于20℃室温能检测到完整的交感神经皮肤反应。

（2）皮肤温度保持≥34℃。大多数保持≥32℃。皮肤温度小于30℃时无交感神经皮肤反应被记录。

（3）被测人位于舒适的椅或床上，放松、清醒。

交感神经皮肤反应描记传感器通常为标准的银-氯化银电极。

4. 交感神经皮肤反应的刺激类型、波形、波幅和潜伏期

刺激类型：眶上神经、正中神经、胫后神经的电刺激，或听觉声刺激等。

波形：交感神经皮肤反应波形易变，甚至在同一评估对象的不同检测中都有

可能发生。波形为双相或多相，极少是单相波。在手部常见的反应是初为低幅负波，随后为高幅正波。40%以上的健康成人出现的波形基本上是这种模式。

初为高幅负波的反应亦经常可见，但初为正波的反应非常罕见。由于反应的多变性，使用平均技术可使波的极性抵消，波形和波幅发生变化，故数据处理时建议不使用平均技术。在脚上的反应通常是双极性，手上的反应通常要比脚上的高。

波幅：交感神经皮肤反应的波幅是可变的，可以达到数毫伏（mv），波幅随密集的重复刺激而降低，但反应的潜伏期不受影响。增加刺激强度，波幅的变化可以很小。当被试进行连续数天的重复试验时，反应的平均波幅会更低。

潜伏期：交感神经皮肤反应的潜伏期手掌是 1.3~1.5 秒，脚掌是 1.9~2.09 秒，两手之间是 0.02~0.19 秒。对于不同的刺激部位和类型，潜伏期没有显著性差异。在电流或爆破短声刺激后，上肢交感神经活动的反应平均潜伏期无差异。

5. 应用

交感神经皮肤反应作为心理生理学的指标广泛应用于精神病学和神经心理学领域的研究。近年来，在医学上也作为评价自主神经功能的神经电生理学诊断方法广泛应用于临床研究和疾病诊断，并可在临床中用于监护病人的生理状态。另外在传统的中医学中，利用皮肤电阻可找出针灸点。

在心理生理学方面，早在1938年多道仪测试就将交感神经皮肤反应作为检测依据并应用于测试实践中。随着测试技术的发展，虽然增加了其他的生理信号，但皮肤电反应依然是多道仪测试技术最常用、最重要的一个生理信号。

（二）脉搏率和血压反应

因脉搏率和血压反应的生理变化紧密相关，即脉搏率增加，血压则升高，反之则下降，因此在多道仪测试技术中通常按照一个生理参数来处理。

在情绪状态下，个体循环系统变化的一个指标就是脉搏率的变化。我们都有过这样的体会，紧张、恐惧、暴怒或狂喜时，心跳加速；平静愉快时，心跳如常。

1. 脉搏率

公元前300年，希腊医师埃拉西斯图特（Erasistrautus）就注意到了脉搏与谎言的关系，因此可以说测谎的历史从那时就开始了。据说，叙利亚王子阿泰尔克斯突然消瘦而憔悴，国王以为王子得了重病便将埃拉西斯图特请来为王子把脉，医师在把脉的同时与王子谈论王后斯瑞尔德娜爱斯的美德，结果证实了王子与年轻漂亮的继母斯瑞尔德娜爱斯坠入了爱河的传言，王子只是试图隐藏对王后的强烈感情而消瘦而憔悴。这里的把脉其实就是对脉搏的检测。1895 年，意大利犯罪学家朗布罗索的测谎也是从脉搏检验开始的，所以说脉搏与谎言测试的关系可谓源远流长。

正常成人脉搏为 75 次/分钟左右。运动员在运动中的脉搏频率可高达 200 次/分钟，在安静时，脉搏却可少到 30 次/分钟（运动有素的运动员安静时的脉搏比普通人的要慢许多）。

脉搏的测定部位通常在腕关节桡动脉或颈动脉处，也可用听诊心音的方法测定心跳频率。由于测试的脉搏振动是通过血液传递的，所以脉搏与血压有着紧密关系。多道仪测试技术实践中通常将二者合并处理。

2. 血压

所谓血压，是指血液对血管壁产生的侧压力。

单位面积上压力的大小叫压强。液体有流动性，液体内部向各个方向都有压强，且同一深度，液体向各个方向的压强相等。血液属液体，血液在血管内流动时对血管壁有侧压力，叫血压，也就是血液作用于单位血管壁上的压力，因此血压实际是压强，血管无论在什么位置都有压强，即动脉、静脉和毛细血管都有血压。

血管分为动脉、静脉和毛细血管，而血压也就有动脉血压、静脉血压和毛细血管血压之分。我们通常所说的血压，都是指动脉血压而言。血压的测量单位为千帕（KPa）和毫米汞柱（mmHg），1mmHg＝0.133KPa。

心室收缩将血液射入动脉。通过血液对动脉管壁产生侧压力，使管壁扩张，并形成动脉血压。心室舒张不射血时，扩张的动脉管壁发生弹性回缩，从而继续推动血液前进，并使动脉内保持一定血压。因此心室收缩时，动脉血压升高，它所达到的最高值称为收缩压；心室舒张时，动脉血压下降，它所达到的最低值称为舒张压。心室的一张一缩就是一次心动，在每个心动周期中，动脉内的压力发生周期性波动，这种周期性的压力变化引起的动脉血管发生波动，就产生了动脉脉搏，被称为脉搏率或脉搏。由此可见血压与脉搏的紧密关系。

收缩压与舒张压之差称脉压。在上臂部测量动脉血压，正常成人动脉收缩压为 12 KPa～18.7 KPa（90mmHg～140mmHg），舒张压为 8 KPa～12 KPa（60～90mmHg），脉压为 4 KPa～6.7 KPa（30mmHg～50mmHg）。正常人在运动和情绪激动时血压会有一定限度的升高。一般来讲，收缩压高低主要与心输出量多少有关，运动时心输出量增加，收缩压升高。舒张压则主要与血流阻力，特别是与小动脉口径有关。如果小动脉收缩，口径缩小，血流阻力就加大，则舒张压升高。脉压主要与大动脉弹性有关，老年人大动脉硬化，对血压波动的缓冲作用减弱，因此收缩压与舒张压的差距增加，即脉压增大。

各类血管的血压随它们在血液循环系统中所处的位置不同而不同，在整个血液循环中，主动脉由于离心室最近，它的压力最高，约为 13.33 KPa。主动脉血压维持较高水平，对于推动血液循环，维持血流速度，保持足够的血流量，具有重要的意义。

正常血压值为：收缩压小于 140mmHg（18.67KPa），舒张压小于 90mmHg（12KPa）。

多道仪测试技术对脉搏率和血压的检测不要求绝对值的准确，采集的方式因此可以多种多样，传统的套袖式传感器、指脉式或压腕式传感器均可以使用，原则上只要能够检测到相对变化量即可。目前有多道仪测试系统已经引入其他与个体血液循环系统紧密相关的生理指标，如指脉和血管容积，其应用原理与脉搏率和血压的基本相同，但是血管容积的变化正好与血压变化相反。

（三）呼吸反应

在情绪状态下，呼吸系统的活动会有所改变，或加快或减慢，或变浅或变深。当个体受到某种刺激时，呼吸反应会异常，表现为呼吸频率加快或呼吸抑制，即憋气等。例如，对剧痛的情绪反应往往呼吸加深加快；突然惊惧时，呼吸会发生临时中断；狂走或悲痛时，会有呼吸痉挛现象发生。

人体的生命及其活动都伴随着能量消耗。由于人体内部器官始终在工作，即使当人们处于安静状态时，也在发生着能量的消耗。人们从食物中获得营养物质，补充并贮藏着能量，但人体必须通过氧化的方法才能够利用这些营养物质，因此就需要氧气来参与，必须让氧气不断进入体内才能够维持生命，所以人们靠呼吸从大气中取得氧气。而在营养物质的氧化过程中，人体内形成了分解生成物，它们的聚集对人体是有害的，又必须及时将它们排出体外。在需要排出体外的生成物中，最主要的是在人体内不断生成的碳酸气。在呼与吸的过程中，吸收空气中的氧，排出二氧化碳，人类就是在肺里实现着与外界环境之间的气体交换，满足人体的这两种不同要求。

人体完整的呼吸过程包括：外部的或肺呼吸（肺中的气体交换），内部的或组织的呼吸（组织中的气体交换）；血液将氧气输送给组织，或将二氧化碳从组织输送到肺。多道仪测试技术检测的主要是肺呼吸，所以在这里重点讲解肺呼吸。

1. 肺呼吸

外界空气首先进入的是人体的鼻腔，鼻腔是我们呼吸系统的开始部分。空气经过鼻咽进入喉头后，随后进入气管，由支气管和细支气管进入肺泡，达到了吸入空气的最终目的，实现了空气与血液间的气体交换，构成了肺呼吸的实质。

2. 肺运动

气体出入肺，靠肺内外气体的压差。空气被吸入肺内，是由于肺扩张，肺内压低于大气压；而气体被呼出体外，则是由于肺缩小，肺内压高于大气压。肺的张缩是靠胸廓运动，肋间肌和膈肌等呼吸肌群的收缩和舒张，使胸廓扩大和缩小的运动，它是肺通气的动力。由停顿隔开的吸气和呼气的交替动作组成一般正常的呼吸。由此可见，在胸廓的呼吸运动中，肺仅具有消极作用，起积极作用的是呼吸肌肉组织的收缩。

3. 呼吸肌肉

胸廓的呼吸运动机构基础是呼吸肌肉组织的机能活动。因机能不同，呼吸肌肉分为吸气肌和呼气肌，胸式呼吸和腹式呼吸的差别就在于参与呼吸的肌肉不同。

4. 呼吸与情绪

呼吸是生物体存在的重要生命体征，伴随着生命的整个过程。正如人们常说的：生命就是呼吸，呼吸就是生命。

呼吸对于生物体的作用主要在两个方面：①吸进氧气，呼出二氧化碳，进行气体交换，维持生物体正常的生理需要，即为生理性呼吸；②作为气息动力，形成一定的气流，参与情绪过程或主动地配合发声器官发出各种声音。

自从有了生命和语言，呼吸就为人们之间进行情感的交流起着举足轻重的作用，随着人类语言的进步与发展，以及人们情感表达的需要，人类呼吸也是由最初单一的生理呼吸状态，而变换出多种不同的情绪性呼吸状态，以适应人类活动各种要求。如歌唱的出现，就是呼吸的特殊运用。

呼吸和生命与生俱来，一个有生命、有情感、有交流愿望的人，就会呈现出多种多样的、与人的情绪状态有关的呼吸。

在生理学上，是靠神经中枢的调节来实现呼吸控制的。神经中枢向呼吸系统发送的命令有两种：一种是维持正常的生理呼吸，称自律性呼吸；另一种则是根据人的情绪反应，为适应情绪表达的需要，而形成语言和行为的呼吸。早已有实践证明，人的呼吸会随着情绪的改变而变化，当人的情绪越强烈，动机也就越强，驱动力增大，推动行为的能量也就越大，意味着表现出来的呼吸行为也就越强烈。

多道仪测试技术选用呼吸作为生理指标监测，其基本原因也是如此。

5. 呼吸测量的基本数据

正常情况下，每一次呼气后有一个短暂的停顿。有人认为短暂的停顿是在神经系统上把呼吸和发声器官进行组织和调整，以便指挥这些复杂器官进行有效的工作。

呼吸的频率因年龄、肌肉强度、情绪变化而有所不同。最大吸气时与最大呼气时胸围大小的差数叫呼吸差，一般人呼吸差约为6cm~8cm，经常锻炼的人由于呼吸肌肉力量较强，肺组织弹性好，肺活量大，呼吸差可达8cm~10cm，长期从事运动员行业的人则可达12cm~15cm。

6. 应用

呼吸是在双重作用下进行活动的。平常呼吸是受到自主神经系统控制的，但也可以受到大脑控制，所以出现呼吸异常时可能是来自大脑的有意识行为，也可能是受到刺激后的无意识行为。多道仪测试中凡是出现呼吸抑制反应，评估人员就应特别关注。

呼吸反应易记录，虽干扰因素多、个体差异大，但仍为一种有效检测人体情绪变化的生理指标。在多道仪测试技术中呼吸属于传统指标，通常有两道传感器检测：一道检测上呼吸（胸呼吸），一道检测下呼吸（腹呼吸）。同其他生理指标一样，呼吸变化亦不要求绝对量的准确，只需要能够采集其相对变化。

有关心理变化能引起生理指标变化的内容还有很多，如果抛开无损检验的要求，那么血糖、血液的化学成分（如血氧含量）、外部腺体（泪腺、汗腺）、内分泌功能（如肾上腺素、胰岛素、肾上腺皮质激素、抗利尿激素）等都可以列入名册，但因这些指标的采集属于有创检验且存在难以实时监测等问题，在测试过程中鲜有使用。另外，心理过程是一个复杂的过程，某一单独的生理指标很难全面地将它反映出来，为了更加接近正确的心理生理反应，力求排除人体植物神经系统和中枢神经系统反应的差异性，同时也排除生理指标本身的局限性，开发和遴选出新的具有综合特点的生理指标十分重要，这也是多道仪测试技术改进与发展的一个主要方向。

（四）小结

多道仪之最大特性在于其"多"道，倘若没有"多"的支撑，其每一项指标并不具备"砥柱中流"的作用。例如若抛开无损检验要求不谈（其实目前的有损检验有的已经近乎无创），那么血糖、血液的化学成分（如血氧含量）、外部腺体（泪腺、汗腺）、内分泌功能（如肾上腺素、胰岛素、肾上腺皮质激素、抗利尿激素）等都可以成为某个方面的佼佼者。由于心理过程的复杂性，所以单凭一个指标去检测，显然属于范畴错误（category mistake），这是多道仪（测试）能够长盛不衰的主要原因之一。

其他还有动作检测等附属设施作为多道仪的配套设施，对于测试质量保证不无益处，由于其性能过于外显，此处不再专门介绍。

二、心理生理反应

(一) 基本现象

心理生理反应指的是由心理活动引起的生理变化，是个体面临情境时的一种反应。也是在环境影响下所引起的对心理变化的生理反应。

美国心理学家吴伟士（R. S. Woodworth）[1] 将这种反应通过行为分解为下列公式：

stimulus（S,刺激）→organism（O,有机体）→response（R,反应）(S-O-R)

所以心理生理反应可视为人类的一种行为现象。

行为是表现人们一定思想动机的行动，是个体与环境作用的结果。人的行为可以因时、因地、因所处环境和个体心身状况而表现不同的反应。心理生理反应是人类为了维护个体的生存和种族的延续，在适应不断变化的复杂环境时所作出的必要反应。

行为分为反应行为和操作行为两类：反应行为又称不随意反应或无条件反射，是人出生后无需训练就具有的反应。操作行为又称有目的反应，是人类出生后通过学习得来的，或称条件反射。品性评估的心理生理反应既包括反应行为，也包括操作行为。

行为有广义和狭义之分。狭义行为是表现于外的行为，可以被人直接观察或记录、测量，如人的言论、行动；广义行为不限于外显的行为，还包括不能被人直接观察到的思想、意识、情感、态度、动机等内在的潜在行为。

---

〔1〕 "Robert S. Woodworth", available at http://en. wikipedia. org/wiki/Robert_S._Woodworth, last visited on 14 September 2018.

品性评估的心理生理反应，强调的是通过可记录、观测的生理现象，来推测不能被人直接观察到的潜在行为，或已经直接属于具身心智的范畴。

（二）基本机制

吴伟士的 S-O-R 理论，与传统的刺激-反应（stimulus-response，S-R）模型有重大不同，因为对一个有机体、尤其是人来说，同样刺激会引起不同反应，这种不同是由机体的状态决定的，是机体（O）在调停（mediates）着刺激与反应的关系。

机体的调停作用，被不同的理论作出不同的解读，见表 5.2。

显然这种调停是一个复杂综合的过程，各个理论都不同程度地涉及这个过程，但生物反馈技术能将这种过程有形化和可视化，无疑成了 S-O-R 模式的直接证明。

机体的调停机制所产生的反应，可视为一种耦合与共鸣的结果。这点将会在后文"心理信息的耦合与共鸣"部分充分展现。

心理生理机制，远不像人们以自然科学逻辑或人文科学思路预设的那么简单，具身的提出就是这种思考的一个突破。相信这种突破也会深刻影响对品性评估技术的理解。

表 5.2　不同理论的不同解读

理　论	内容特点	解　　读
精神分析理论	本能活动无意识、童年经历、心理创伤	人类的各种行为主要受内在本能活动的驱使，与一些潜藏在内心深处的无意识矛盾冲突、冲动、欲望等有关，即认为行为是内在心理活动的外部表现，研究方法主要是自由联想以及分析梦和日常生活中的某些失误等，侧重探讨人的本能、需要、动机、情感、无意识以及人格等深层心理问题，强调童年早期的经历和心理创伤对成年后行为的影响。
人本主义理论	主客观结合	行为研究必须考虑行为内在的、固定的决定因素，也包括外在的、环境的决定因素。仅仅客观地观察人的行为是远远不够的，也必须研究人的主观，考虑人的感情、欲望、需求和理想。
应激学说	非特异性、心理中介	认为应激是机体针对外界刺激的非特异性反应，即不论外界刺激的性质如何，机体总是作出大致相同的反应。应激必须通过一定心理过程的中介，强调应激不仅取决于外部刺激的特征，而且还取决于个体对应激情境的认知评价和应对过程。

理　　论	内容特点	解　　读
生物反馈	内脏学习、需要借助于仪器设备	应用操作条件反射原理训练控制动物内脏的生理活动，并建立了内脏学习理论。借助于仪器的感受、放大或转换，可以将人体内部的一些不受意识支配或不被觉察的内脏生理活动，如皮肤温度、肌张力、血压、心率和心律、胃肠平滑肌收缩以及脑生物电活动等信息，以声、光、仪表指针或监控装置显示的符号、数字等信号形式，连续不断地直接反馈给被测试者，使其能随时觉察到自己体内的某些生理过程的动态变化情况，并根据这些反馈信息有意识地调整自身的活动，从而使这些原本不受意识支配的生理活动在一定的范围内受到有意识的调控。

　　2013 年 10 月 11 日，《中国社会科学报》上的一篇文章《神经现象学破解认知难题——现象学与神经科学碰撞催生新学科》指出：从碰撞交锋的"冤家对头"到"情投意合"的合作者，现象学与神经科学走过了一段耐人寻味的道路，它们之间的对话与融合催生了一门此前双方学者始料未及的新兴学科——神经现象学。总体而言，神经现象学正在向"心身问题"与"他心问题"这对笛卡尔时代以来遗留下来的哲学难题发出挑战。

　　文章最后说，在研究宇航员航行体验的实验中，加拉格（Gallagher）使用了神经现象学方法。他在接受记者采访时表示，"在这些实验中，我们将被测试对象连接上神经成像仪器，模仿太空航行的情境，用瓦雷拉的神经现象学技术记录下其第一人称经验。我们已能展现经验、脑活动与被测试对象的社会、文化实践活动的关联。"

　　而多道仪测试关注的恰恰就是"经验、脑活动与被测试对象的社会、文化实践活动的关联"的具身性，由于这种模式的实践非常不符合传统的二分思维，一直处于尴尬的边缘状态，殊不知，现在它却在不知不觉中有望同神经现象学一样，成为"新现象学"的一个分支。品性评估，或正是在这样的一条进路上前行。

　　（三）小结

　　心理生理学原理无疑是多道仪测试的基本原理。心理生理学研究的心理现象之生理机制，是在大脑中产生的心理活动的物质过程，它的研究主要集中在以脑为中心的神经系统及其有关结构和功能，同时也关注内分泌系统的作用，感知、思维、情感、记忆、学习、睡眠、本能、动机等心理活动和行为的生理机制都应该是其目标。

传统上心理生理学原理对多道仪测试技术的基本解释是围绕情绪理论展开的。情绪是个体对待认知内容的特殊态度，它包含情绪体验、情绪行为、情绪唤醒和对情绪刺激的认知等复杂成分。情绪总是由某种刺激引起的，自然环境、社会环境和个体自身都可能成为情绪刺激源。成为情绪刺激源的大前提是，该刺激必须是能够认知的内容，即被认知。一般说来，认知越是清晰，情绪状态会越激烈，伴随的生理变化也就越明显。

由于认知内容和个体的需要有各种不同的关系，个体对认知内容就会持不同态度。而情绪反应往往又伴随有生理反应，就为情绪状态的甄别提供了可以检测的指标或者变量。又因为个体对认知内容的不同而引起的不同状态是属于个体内系统的调节，所以多道仪测试所检测的变化也只是个体自己认知内容之间的变化，这就是多道仪测试技术的自比性特点。通俗讲，这也就是我们通常所说的多道仪测试是自己与自己比较的原因。

多道仪测试技术的应用不仅仅是为了科学研究，更重要的是具有某种社会、法律意义的实践行为，所以在生理指标选用时还应该考虑到对被测人尽可能的尊重与保护。因此具有损伤性特点的生理指标检测形式就不能够使用，或严格限制使用。正因为如此，多年来一直有人试图找到新的可供检测的人体生理指标，但多道仪测试技术所选用的生理指标检测始终处于相对保守稳定的状态。

三、心理信息原理

（一）信息与认知心理学

以信息加工观点研究认知过程是认知心理学的主流，可以说认知心理学相当于信息加工心理学。它将人看作是一个信息加工的系统，认为认知就是信息加工，包括感觉输入的编码、贮存和提取的全过程。按照这一观点，认知可以分解为一系列阶段，每个阶段是一个对输入的信息进行某些特定操作的单元，而反应则是这一系列阶段和操作的产物。信息加工系统的各个组成部分之间都以某种方式相互联系，相互影响。

随着现代认知心理学的发展，特别是信息论的巨大影响，信息加工理论逐渐成熟，使得我们可以从更深入的层面理解心理现象。如对情绪，认知心理学家就把脑的信息加工过程和有机体的生理生化活动结合起来进行解释。美国心理学家 P. H. 林赛（P. H. Lindsay）和 D. A. 诺曼（D. A. Norman）把情绪唤醒理论转化为一个工作系统，即情绪唤醒模型。该模型包括以下几个动力分析系统：一是对环境输入的信息的知觉分析；二是在长期的生活经验中建立的对外部影响的内部模式，即对过去、现在和将来的期望、需要或意向的认知加工；三是情境事件的知觉分析与基于过去经验的认知加工之间进行比较的系统，称为认知比较器。认知比较器附带着庞大的神经系统和生化系统的激活机构，并与效应器官相联系。

上述情绪唤醒模型的核心部分是认知。当外部事件作用于人，当前知觉材料的加工引起过去经验中储存的记忆信息的再编码，这个认知过程就会产生人的预期或判断。当现实事件与预期、判断相一致，事情将平稳地进行而没有情绪产生；若有足够的不一致，比如出乎意料的或违背愿望的事件出现，或无力应付给人带来消极影响的事物产生时，认知比较器就会迅速发出信息，动员一系列神经过程，释放适当的化学物质，改变脑的神经激活状态，使身体适应当前情景的要求，这时情绪就被唤醒了。所以，人类所特有的认知过程同它所附带的庞大的生化机构形成一个反映活动的系统，该系统的工作就体现为情绪。

多道仪测试过程实际上就是吻合了情绪唤醒模型的核心部分。

(二) 心理信息

任何测试或测量的目的都是获取信息，多道仪测试也不例外。多道仪测试所要获取的就是评估对象的心理信息，故而其可简要理解为心理信息探查（Psycho-information Probe，PiP）。明确这个观点，对于问题"你们多道仪测试测的是什么?"就可以准确回答为心理信息。

虽然心理信息的推出，貌似掩蔽了多道仪的测谎或欺骗检验，即通常依照情绪反应特点检测评估对象的言辞表述属性的功能。但是却去蔽了测谎后面的隐蔽的主线——信息，因为20世纪初时基勒的紧张峰测试（POT）和1959年美国的莱克肯教授提出的犯罪情景（节）测试（GKT）就是明显的信息检测，而贝克斯特的区域比较测试技术（ZCT），实际上也是现代认知理论强调的信息选择加工过程。因此陈云林老师提出心理信息概念，从实证的角度助力多道仪测试结果成为法庭证据并不奇怪。

1. 心理信息的产生

个体注意并被感知的外部刺激，就可以形成心理信息。所以：

（1）广义上可以认为个体的所有心理活动都可以产生心理信息。

（2）狭义上心理信息是指个体在受到外来刺激的作用后对刺激作出认知、判断、记忆和思维的结果；例如犯罪活动中，整个犯罪过程对相关个体而言就是一种外来刺激。

（3）从静态意义上讲，心理信息的基础是记忆。

（4）从动态意义上讲，心理信息是思维，包括个体依照记忆元素衍生出的推理、分析等内容。

2. 心理信息的主观性

心理信息具有强烈的主观性特征。虽然心理信息主要是由外部刺激产生的（亦可通过内源刺激产生），但是它的形成会受个体的认知水平、意识能力、价值取向等诸多因素影响，导致同样刺激会形成结果迥然不同的局面。

3. 心理信息的层级性（hierarchy of psycho-information）

认知心理学认为，人的大脑就是一个典型的多层信息复合体。从感觉和知觉层面来看，心理信息至少同时具备感知和认知两个层面的信息特性。

感知反映的是人脑对直接作用于感官的事物的个别属性，给我们提供经验；认知反映的是在人脑中直接作用于感官的客观事物的整体，使我们形成认知，上升到理性。或可用常说的感性与理性来区分。

感觉层面解决的是有与无的问题，即通过分析了解个体是否具有某种（些）心理信息。知觉层面解决的是真与伪（假）的问题，即分析了解个体对被感知了的某种（些）心理信息的属性判断。

多道仪测试中，如果测试的是评估对象（个体）知道（参与）或不知道（未参与）某事件的发生，这样的测试属于感知测试，检测的是评估对象相关心理信息的有无。题目的问法可以是：你知道（参与）××事件吗？××事件是你干的吗？

而当评估对象已经承认知道或了解某事件，评估人员又要判别评估对象所述的真伪时，需要进行的就是认知测试，是对评估对象已有心理信息属性进行真或假的判断。题目的问法就是：你编造了××事件吗？你说的××事件是假的吗？

原则上，多道仪测试中的一组题目应该对应心理信息的一个层级。

心理信息的层级还可以理解为记忆中的组块（chunks）形式。

4. 心理信息单元

心理信息单元是心理信息的基本构成，亦是心理信息的层级构成元素，具有整体性和不可分性。整体性指的是每一个心理信息单元是一个相对完整的心理信息概念，不可分性指的是它是心理信息之所以成为完整概念的最小单位。心理信息单元可以理解为记忆中各组块中的基本元素。

人类的记忆是有限的，研究证明，人类短时记忆的最大限度大约是 7~9 条信息，这7~9条信息便是心理信息单元的基础。尽管记忆是有限的，但是人们可以通过把信息重新编码组成组块来克服这个限度。这个组块过程就是对信息的编码和译码过程。多道仪测试的测前谈话就是要尽力将评估对象的编码和译码过程与评估人员的编码和译码过程对应起来。

多道仪测试中，一个心理信息单元可对应一个相关（准绳）问题。

（三）心理信息分布

1. 两个分布

这是心理信息通过信号检测论（SDT）方法在多道仪测试中取得的有重大意义的阶段性成果。

按照信号检测论的方法，在多道仪测试中，依据准绳问题测试的设计思路，准绳与相关可以互为信号与噪音。在品性评估的过程中，对清白的评估对象来说，准绳问题刺激为信号，而相关问题刺激为噪音，而对"有问题"的评估对象来说恰好相反。因此在多道仪测试中就可以构成与之对应的"两个分布"。

根据贝克斯特打分技术在区域比较测试（ZCT）中常见的得分为标准的两个分布：一个是围绕着+6或+9展开，另一个则围绕着某个-6或-9展开。迈特的四区域比较测试曾给出两个分布：+6.0±3.1和-4.1±2.8。

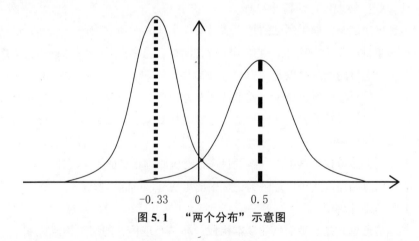

-0.33　　0　　0.5

图5.1　"两个分布"示意图

2011年，由陈云林主持的科研项目"犯罪嫌疑人心理信息基础模型建立与应用"获公安部科学技术三等奖，其核心内容就是总结提取出了"两个分布"（图5.1）。

其中左侧的一个正态分布被称为"通过"域分布：Rr＝-0.33±0.17；而右侧

的一个正态分布被称为"不通过"域分布：Rr＝0.50±0.25。

这里 Rr 被称为相关系数，且：Rr＝(Ir−Ic)/Max(Ir, Ic)，式中 Ir 和 Ic 分别代表相关问题和准绳问题的反应强度。

2. 用途

"两个分布"为多道仪测试的科学性判断提供了一个基点，成为整个系统的基本参照，具体表现在：①可以准确评价测试的整体准确度；通过信号检测论绘制 ROC 曲线，可对测试的整体准确度进行衡量；②图谱评析提供基础依据；为制定打分标准提供数据支持，使得打分更严谨准确；③为技术改进指出方向；准确发现技术的局限与优势所在，有针对性地改进和提高技术水平。

另外对分布本身成因的探究亦可对多道仪测试技术发展产生积极意义。而根据统计量选取的不同，还应该存在多个类型的"两个分布"，激励着多道仪评估人员去探索和发现更适合其评估对象的相应分布模式。

（四）心理信息耦合与共鸣

1. 心理信息耦合（coupling）

耦合（coupling）原是电磁学术语，是指两个或两个以上的电路元件的输入与输出之间存在紧密配合与相互影响，并能通过相互作用从一侧向另一侧进行能量传输的现象。耦合的特点是简单直接、高度依存。

信息耦合最早见于控制论（Cybernetics）创始人维纳（Wiener）的名著《人有人的用处：控制论和社会》（*The Human Use of Human Beings：Cybernetics and Society*），将信息耦合与能量耦合（energy coupling）相提并论，后者是物理界、化学界和生物界耳熟能详的基本现象。没有能量耦合，即没有能量转换，而没有能量转化，甚至就不会有我们的现代生活。信息时代，信息耦合之重要自不待言。只有信息耦合才能发生信息转换与传播，才能体现出信息的重要与必须。

耦合通过耦合度（耦合性）的大小（强弱）来区分耦合之物之间的相互影响程度，显然耦合性越大，影响程度越高。

心理生理反应的心理信息耦合（psycho-information coupling）观点就是基于这种特点提出来的，也是信息耦合（information coupling）的一个自然延伸。

2. 心理信息共鸣

共鸣（resonance），或共振的原始概念来自于物理学上对波的研究，意指当两束波相遇时，如果它们的频率相同或倍比，则合成波的强度显著增加。

共鸣是最理想的一种耦合形式，是宇宙间物质运动的一种普遍规律，人及其他的生物也是宇宙间的物质，因此共鸣现象也是普遍存在于这些生命中。人除了呼吸、心跳、血液循环和说话这些随时都可以感觉到的生理活动因其固有频率而可能产生共鸣外，我们的大脑进行思维活动时脑神经元的活动也离不开共鸣的支持。

物理世界的所有物质都有其振动基频（ω_0）存在。每个人的内心也都存在这样的一些基频，反映着我们对某些事件的特定认知、关注和评价程度。当关注和外来事件的某种刺激（ω_s）发生某种契合时，表示我们的心理表征（Mental Representation）开始形成耦合，显然耦合程度越高（$\omega_s \to \omega_0$），心理表征的效果越明显、越强烈，极端的外显特征就是某些个体会出现惊厥、休克等剧烈反应（$\omega_s = \omega_0$）。这种外来信息刺激与内在心理信息耦合产生的最大效果就是心理信息共鸣（PiR）。

如对心理信息来说，当我们听（看）到某事发生时心里或有"咯噔"或"激灵"一下的感觉，这就是心理信息共鸣的一种直观感觉；这种感觉不仅和我们听（看）到了什么事件的内容和性质有关，更和我们的内心深处对这种事件的特定认知、关注和评价程度有关。

心理信息共鸣的外化表现能够引起个体生理参量的变化，如血压升高、心率加快、皮肤电阻降低等，不仅反映出心理信息的高效耦合，而且为心理信息的检测和分析提供了足够的可能。从本质上看，心理信息共鸣的产生是外界刺激与个体心理信息单元之间的耦合与共鸣。即心理信息共鸣的发生实际上是外界刺激的频率（ω_s）与个体心理信息单元基频（ω_{PiC}）之间的耦合与共鸣。

品性评估所采用的外部刺激，多是言语（问题）形式。显然，问题设置越精到、越准确，那么ω_s就与ω_{PiC}越接近，耦合效果会越好，共鸣也会更强烈。

3. 镜像神经元

人脑中能产生典型共鸣效果的神经元被称为镜像神经元，也被叫作共鸣神经元（Resonance Neurons），于20世纪90年代中期被发现。镜像神经元的发现为心理信息共鸣现象提供了生物学依据。

研究认为，大多数的神经元都会对常见的刺激产生反应，不同的神经元负责身体不同的区域和感官。而镜像神经元能使人们在听到或看到他人被刺激（如发生触碰等行为）时也会产生反应，这就是镜像神经元能够产生共鸣的基础。这种共鸣并不需要亲自接受刺激（如触碰等行为），只需要信息刺激就可以产生。

镜像神经元的发现，很充分地成为心理信息共鸣现象的直接证据，同时也为人们更好地开发这种神经元功能指明了一条途径。如一些自闭症患者的康复以及人工智能领域的一些功能开发，都可以借助这条思路。

（五）心理信息与"黑箱"方法

如果我们把评估对象当作黑箱，那么多道仪测试题目就可以被视为输入，评估对象的回答及生理反应就可以被视为输出。如此一来，测试过程就完全可以类同于黑箱方法的过程。

把黑箱和心理信息的耦合与共鸣结合起来理解多道仪测试，形象具体。多道仪测试使用的刺激（如言语、图像、声音等）是输入信息，评估对象是黑箱，评估对象对刺激的反应就是输出信息。直观看，这种输出信息对多道仪测试而言就是评估对象的生理反应。

对于品性评估来讲，输入信息就是与评估事项和评估对象相关的一些信息，黑箱即评估对象。如果输入信息与黑箱内的相关信息发生了心理信息耦合与共鸣，则输出信息就会较之与没有发生心理信息共鸣的输入信息有所改变，通常呈现出的即是生理反应的增强与波动等。对一个正常的有机体（黑箱）来讲，共鸣效应往往还能作为衡量系统功能是否正常运行的一个标志。

（六）心理信息与具身

早在1967年，琼斯和西格就利用多道仪进行了伪管道实验（参见第二章第五节），他们发现和注意到被试切身感受到某种刺激时，其生理体验和心理状态之间的关系会更强烈。这种切身感受就是我们所说的具身，这几乎是最早记载的具身现象，多道仪再次一如当年的"科学证据"先行军。

显然，但凡多道仪测试时评估对象身连传感器，实际上已经进入具身状态，只不过这个现象无论在马斯顿的测谎，还是贝克斯特的欺骗检验，甚至我们的"心理信息探查"中，都被视为当然，遂被遮蔽了起来。

心理信息的提出，是为了去蔽谎言的特征反应，但是却又在某种程度落入遮蔽真理的窠臼中，所以尽管实现了证据化的某些要求，但是仍然是"事实-真相"的节律。幸得品性评估理念启示，心理信息才能在去蔽的道路上再迈一步，朝着真理的方向前进。

（七）小结

心理信息之于多道仪测试，最大贡献是实现了其结果的证据化，所以无论是信号检测论，还是黑箱，都具有某种去蔽语言走向信息本体的倾向。但是当信息自身开始形成遮蔽状态时，就出现了"无人"的心理学，即只有信息，显然这是有问题的。因此需要去蔽"无人"，重新找回"人"。注意这又不能是"惟人"的状态。这种不能"无人"，又不能"惟人"的实际感受，就是具身——因为人是"世界"的人，是"环境"的人，是"关系"中的人，即"道成肉身"的人。否则道是虚妄，人是行尸走肉。

品性评估之于心理信息，就是能让多道仪测试在去蔽（谎言）之中不再遮蔽，这种去蔽—遮蔽—去蔽的过程，就是道路的过程，也是真理的过程。所以品性评估之具身去蔽，既救活了心理信息，也解放了心理信息。

四、总结

20世纪50年代，实验心理学受行为主义思想的支配，以刺激-反应（S-R）为核心，认为机体的所有行为都是对刺激的反应，即把机体视为绝对的黑箱，认为心理学能够研究的只能是直接观察和记录的外显反应，其任务就是把刺激与特定刺激有关的行为鉴别出来，并发现对刺激-反应联结可能有影响的各种因素。早期行为主义原则似乎很管用，在感觉阈限、语词学习、比较心理等研究领域取得了一系列重要成果。但是，在面临复杂刺激的情形时，人类行为远不是用简单的刺激-反应就能说清楚的，所以还需要对黑箱的内部进行探究，而这一探究是从信号检测论开始的。信号检测论把外部刺激能量作为主体探测的对象，把人的内部表征看作是外部刺激与以前经验共同作用的结果，这恰可视为心理信息共鸣的成功佐证，亦为外部刺激能量与内部表征间的关系提供了必要的联系环节。

多道仪测试作为实验心理学的一个典型组成，其原理过程随人们"看"的角度变化，不断被"翻新"，但是每一次"翻新"，都可以成为下一次的先验概率。所以这好似一个连绵不断的进程。品性评估或也只是它的一站，希望多道仪能够继续老树新芽，不断发展。

思考题

1. 简述多道仪主要生理参量的特点和功能。

2. 每一项生理参量的采集都需要注意什么事项？

3. 为什么说心理生理反应不是简单的刺激-反应（S-R）模式？但在什么情形下刺激-反应（S-R）模式又是可以发挥作用的？

4. 心理信息之于品性评估的意义和价值有哪些？

5. SDT 与"两个分布"的关系是什么？

6. "两个分布"的作用有哪些？

7. 简述心理信息耦合与共鸣和心理生理反应的关系。

8. 你如何根据本节内容理解黑箱方法？

9. 结合自身感受，论述具身的意义。

第三节　多道仪测试技术

一、概论

（一）简要演化

目前业界公认的多道仪测试技术有三大类：一是相关/不相关测试（Relevant/Irrelevant Test，RIT），二是隐蔽信息测试（Concealing Information Test，CIT），三是准绳问题测试（Control Question Test，CQT）。从诞生时间看，前两者几乎不分先后，具体时间不详，而准绳问题测试诞生于 20 世纪 40 年代末期。随着人们对测试信度和效度标准要求的不断提高，测试技术本身也在分化与提高，据不完全统计，仅从公开的技术文献上就可以发现准绳问题测试演化出的测试技术模式已有三十多种，因此在介绍测试技术时就面临着一定的抉择与决策。

经验已经证实，说谎并无特征性生理反应（Characteristic Physiological Response），即不可能根据一个人对某个孤立问题回答时的生理反应来判断其是否诚实。如多道仪测试时间及"你捅了 XX 一刀吗"，被测人出现了一个神经系统反应，尽管这个反应可以被记录下来，但是并不能据此说明回答者的诚实或欺骗。

人们为了克服这个窘境，多道仪测试技术引入了比较问题。

最早的比较问题被称为不相关问题（Irrelevant Questions），由字面理解即可知道这是一类与评估事件不相干的问题，如"你是坐着的吗？""今天是周二吗？"等。

测试的理想状态是，被测人的相关问题（Relevant Questions）的生理反应比不相关问题的生理反应更强烈或更微弱的话，就有理由和依据来推断评估对象的诚实性与否。相关/不相关测试（RIT）技术就此出现。

但很快人们就发现，因为相关问题的强烈性，即便是无辜者也会对此类问题产生很强的自然反应，所以相关/不相关测试带来的假阳性问题成为可以预料到的后果。因此这种技术诞生不久就成了实验室的研究方法，而在实案办理中则很少应用。

相关/不相关测试在多道仪测试技术发展过程中无疑是一个承先启后的重要角色，在此基础上诞生了隐蔽信息测试和准绳问题测试两种技术方法。虽然在一些特殊的场合，相关/不相关测试技术仍有应用，但在品性评估的过程中，相关/不相关测试的要求与准绳问题测试趋同，因此这里不再对其进行专门介绍。

（二）问题形式

问，甲骨文写作 ，小篆写作 。《说文解字》对它的解释是：问，讯也；从口，门声。指门，指口，造字本义是"人口在门中间，以示发问"，有询问、质问的意思。后引申出审讯、审问之义，也就有了追究的意思。如，《汉书·王商传》："初，大将军凤连昏杨肜为琅邪太守，其郡有灾害十四，已上。商部属按问。"再如《郎潜纪闻》："复遣侍郎托津等三人抵浙按问。"上述两句中"问"都有追究之义。

题，形声。字从页，从是，是亦声。是意为正对、对准，引申为正面、基准面。页指人头。是与页联合起来表示人头的正面。特指：额。

所以，问题，这里喻指的是冲着正面而去、带有追究之义的发问，表现为希望能够得到正面回答的一句话，而这句话就成了问题形式。

然而判断这句话是肯定意味还是否定意味，却大有讲究。

"问"具有强烈的意向性，当这种意向性转向自身时，就成为内省。因此内省评估也是由问题开始的，只不过多希望这些问题可以变成自问自答。

多道仪测试中的问题，因为其从犯罪调查开始，所以它的问题不大希望能够直接产生出自问自答的效果（当然有了更好，参见后文的测前谈话部分），因为它的假定对象只有两类：要么涉案，要么无辜。所以对于涉案者，因其已知案件事项，无须自问自答；对于无辜者，因其无知案件事项，亦无须自问自答。所以此时的问题，往往是因为法律、因为义务或因为利益等强加而来的。所以它的问题形式较之于内省，会更有要求。

但对于内省的追问方式，却大可借鉴。其中固然有一些需要肯定的追问内容，但是庄子提出的"汝唯莫必"，龙树"中论"的开篇"八不"，其实都已经点明了否定性追问方式的更大意义和作用。

否定性意义的深入讨论不是本教程的重点，单是从最直接的"犯罪人"说谎就是否定自己涉罪的现象来看，问题（尤其是相关问题）的否定性回答设计，既是顺势而为，也是理所当然。请原谅此处的存而不论，欢迎有兴趣者不妨继续深究一番。

因此，多道仪测试的问题应以否定性追问为基本要义，这也是对内省评估中现有传统量表中的一些问题需要加以改造，方可使用于多道仪测试的原因所在。

（三）说明

CIT 和 CQT 自诞生之时直到今天都是多道仪犯罪调查测试的骨干技术，亦顺理成章地成为适合品性评估技术要求的主力方法。因为，无论国外还是国内，初始阶段的多道仪测试技术都主要是应用于犯罪调查，因此在介绍隐蔽信息测试和准绳问题测试两大技术时亦是从此进入，为叙述方便和理解清晰，此章依照犯罪调查测试之习惯多将评估对象称为被测人，并且在需要时分为"有罪"和"无辜"两类予以说明，所以此"有罪""无辜"等只具有标识意义，不包含法律意义，请读者留意。

另，多道仪测试技术部分案例介绍详情参见《心证之义——多道仪测试技术高级教程》一书。

二、隐蔽信息测试

（一）导言

在通过心理生理反应的方式进行心理信息提取时，有一类测试方法无论形式还是内容都能够直接体现出测试的目的，这类方法被称为隐蔽信息测试（CIT）。从历史来看，有两种测试类型更为人们所熟知——犯罪情节测试（Guilty Knowledge Test，GKT）和紧张峰测试（Peak of Tension，POT），但是从其原理、过程及结果来看，犯罪情节测试、紧张峰测试以及刺激测试（Stimulation Test）均属于隐蔽信息测试的概念范畴。

自 20 世纪 30 年代开始，随着测试设备——多道仪的逐渐成形，上述隐蔽信息测试三种模式的应用就陆续开始。

首先，紧张峰测试既被用于对只有评估人员和案件相关人才知道答案的一类问题，且这些问题的答案不能被无辜者所知道而进行的测试，称为已知结果（情节）测试。其次，紧张峰测试还被用于对假定相关人知道，但是评估人员不知道的关键点（如姓名、地点、数量等）而进行的测试，称为未知结果（情节）测试，又称为探索测试。最后，则是评估人员给被测人呈现一个简单的目标选择而进行的测试，通常采用数字、汉字、扑克牌等形式，然后通过检测被测人对所选目标的反应达到某种测试目的，这类测试被称为刺激测试。

另外在实际操作中，紧张峰测试的施测过程基本固定，即将一组测试中的所有问题呈现给被测人，并将目标问题置于中间位置，即使是在紧张峰探索测试中，也要把最有可能的目标问题放在中间位置，在第一遍测试中对这种位置的要求很严格。在轮换题目顺序时，不应将同一问题置于第一位置的次数多于两次，以此避免首题反应带来的干扰。对已知结果的紧张峰测试，第一位置上的问题常被作为缓冲，其反应不应计入评图等等。

犯罪情节测试与紧张峰测试的最大差别在于测试格式。犯罪情节测试没有要求目标问题的固定位置，即除了第一位置外，任何位置均可以。通常测前不告知被测人题目的呈现次序，除了首题，每遍测试的次序都应进行调整。

隐蔽信息测试的出现，如果从语义学角度讲，隐蔽信息或隐蔽情节这类词更适合实验室的模拟研究使用，因为实验室研究中的被测人远不像真正犯罪人那样关心犯罪情节和测试结果，而且实验室研究中的隐蔽信息其实仅对被测人有意义，因为实验设计者是已知这些隐蔽信息的。

几乎所有的实际测试人员都会根据犯罪情节把所谓的隐蔽信息排列成紧张峰测试（POT）的格式进行，而葛森·本-沙克博士（Dr. Gershon Ben-Shakhar）却认为无论已知结果还是未知结果的紧张峰测试都可以视为犯罪情节测试的特殊形式，因为他特别强调了犯罪情节测试的系列性（通常需要多个情节）特点，从其观点中也不难看出犯罪情节测试不仅涵盖了紧张峰测试的要素，还可以避免紧张峰测试的机械形式带来的对目标问题产生的期待反应。

1959 年，莱克肯在他发表的论文中指出，犯罪情节测试（GKT）不是为发现谎言而设计的，它的最终目的是为了发现有罪的情节（guilty knowledge）。也就是说，一个犯罪人应该能够从似是而非的问题中正确识别真正的犯罪相关问题。因为犯罪人通常是不愿意对犯罪相关问题作出诚实回答的，所以不妨让其自主神经系统来进行下意识地回答。

莱克肯等人的这番观点是我们在 2012 年提出大准绳问题测试（Big Control Question Test，BCQT）的自然动因。关于大准绳问题测试的详细讨论参见后文。

所有这些都说明了犯罪情节测试的广义性，显然可以将传统意义上的紧张峰测试包括在内，一般认为紧张峰测试的历史可以上溯到 20 世纪 30 年代，细究起来甚至或可追溯至 1907 年明斯特伯格的工作。其实仅从称谓看，过去的许多紧张峰测试并未产生出峰效应（peaking effect），所以将其称为特殊的犯罪情节测试并不为过。

如果将紧张峰测试作为一个具有历史意义的名词来看，它并不过时，更何况在一些谈史论道的过程中，其还有独特的价值与意义。

（二）发展

实验室的学者大多从理论的角度对技术方法作出探究，但是实践者却更关心技术的用途，此特点在隐蔽信息测试（CIT）的发展过程中非常典型，因此我们首先从实践者的工作开始本节的介绍。

1. 初期——马斯顿、拉尔森、克拉伦斯·D. 李（Clarence D. Lee）和基勒

如果从时间上来区分，1920—1950 年的三十年间，应该是犯罪情节测试（GKT，包括 POT）的探索使用阶段，这期间不少多道仪的测试名家对其均有贡献。

（1）马斯顿的努力。1920—1930 年期间，在测谎方法还不为社会大众所熟悉的时候，马斯顿即以明斯特伯格的理论为基础，在他当演员的妻子的帮助下，为大众展示明斯特伯格技术，可以说其表演的是早期的犯罪情节测试。由于这种技术简单，适于表演，因此成为马斯顿为他妻子设计的保留节目。尽管当时马斯顿对犯罪情节测试的实践带有表演成分，但显然他已经理解了技术原理，并将其命名为排除测试（Elimination Test），认为这种测试首先要找出关键问题，并设计出其他问题作为陪衬。如被测人是作案团伙中的一员，测试人员想通过犯罪情节测试找出团伙中的其他人，便可设计如下问题：

发生谋杀的那天夜里，是琼斯和你在一起吗？

发生谋杀的那天夜里，是史密斯和你在一起吗？

发生谋杀的那天夜里，是马克和你在一起吗？

……

面对这些问题，被测人通常回答"不"，但无法控制的生理反应却可能会揭示出当晚他到底跟谁在一起。这种方式与探索紧张峰测试类似，但在马斯顿的题目系列中包含更多的"相关问题"。

马斯顿试图将测谎结果作为"弗莱伊诉合众国案"（Frye v. United States）当事人的清白证据，并以此而闻名。他的努力不仅首次使得所谓的科学证据走上美国法庭，而且还直接导致了科学证据普遍接受（general acceptance）的标准的诞生。

（2）拉尔森的实践。在马斯顿对犯罪情节测试进行研究与实践的同时，美国

西部的测谎技术开始在犯罪调查领域发力。首先，拉尔森和李在伯克利警察局长要求下开始对测谎技术在犯罪调查中的应用进行针对性研究。此时的拉尔森是伯克利警察局的一名普通巡警，局长允许他边试验边办案，由此他得以在实践中积累了大量经验。拉尔森使用呼吸描记器（Pneumograph）、脉搏记录仪（Sphygmograph）和波动曲线记录仪（Kymograph）等各种各样记录和检测个体生理参量变化的仪表（Graph）进行了大量的实验，为最终多道仪的形成奠定了基础。20世纪20年代，拉尔森进行过数千例这样的测试，开发多种测试技术和图谱分析方法。

拉尔森在1932年出版的经典著作《说谎及其检测》（*Lying and Its Detection*）中，虽未提到犯罪情节测试或紧张峰测试的问题编排或格式，但他描述了类似的测试方法，且他的一些测试行为已经表示他充分了解犯罪情节测试（GKT）的测试思想并付诸实施。

（3）李的工作。李曾是伯克利警察局的首席侦探，1937年他在写给FBI局长胡佛（Hoover）的信中谈到关于犯罪情节测试的具体操作流程。测前应该告诉被测人，"你涉嫌我们正在调查的案件，我们的问题会涉及与这起案件有关的一些事实，如果你是无辜者，则对你毫无意义，如果你是罪犯，你将会通过这些问题意识到你所实施的犯罪。你不用说什么，坐好认真听。"问题示例见表5.3。测试中，如果血压峰反应出现在表5.3中的问题3、6、9和12上，那么被测人可能就是罪犯。如果没有出现反应，那么就可以排除他。

表5.3　犯罪情节测试示例

序　号	题目内容
1	You were recently in Chicago.
2	San Francisco.
3	**Portland.**
4	An old women was clubbed and robbed.
5	A women was criminally assaulted.
6	**A young boy was kidnapped.**
7	The boy was kept in an apartment house in town.
8	In a barn in the hills.

序　号	题目内容
9	**In an old house in the country.**
10	His captors demanded ＄10,000.
11	＄20,000.
12	**＄50,000.**

对这种测试技术，李谈到，如果我们使用的刺激是平衡恰当的，无辜被测人的意识就应该对每一个刺激的反应是相同的，但是对有罪者来说，其反应就应该指向与犯罪事实相关的刺激点。通过测试能够提供出侦查人员尚未掌握的犯罪细节，如在人员走失的调查过程中，对走失原因的调查（见表 5.4）。这种方法如今被称为探索紧张峰测试（Searching POT）的方法，基勒的学生则将其称为Type B。

表 5.4　Type B 的题目格式

序　号	题目内容
1	The bank of American was robbed this morning.
2	Jones was found dead in bed.（mythical）
3	Brown has been missing for two weeks.（the missing man）
4	He has lost his mind.
5	He was accidently drowned.
6	He was murdered.
7	He was shot.
8	He was poisoned.
9	He was beaten to death.
10	He was strangled.
11	He was stabbed.
12	His body was buried.
13	His body was hidden.

续表

序　号	题目内容
14	His body was thrown in the water.
15	His body was cut up or destroyed.
16	The motive was financial gain.
17	The motive was revenge.
18	The motive was jealousy or hatred.

（4）基勒的贡献。基勒在《欺骗检验》（*The Detection of Deception*）一书中，专门用一章的篇幅来讲述紧张峰测试（POT）的应用，对检测用的生理指标变化进行了详细观察和总结，将图谱的特征变化进行定性分析是基勒对紧张峰测试的突出贡献。

基勒说，除犯罪类型测试，紧张峰测试还可以用来检测被测人所知道的一些公共事实，包括姓名测试、数量测试、物体测试、地图测试和年龄测试等。测试过程需要向被测人讲清，被测人尽可能保持平静。数字测试的时长由测试节奏决定，每遍通常耗时 1.5~2 分钟。被测人在测试过程中对所有的问题只需回答"是"或"不"，或是做出非言辞性的表达，如轻微点头或摇头。如果要达到确认性的目的，通常需要重复测试 2~3 遍。题目和题目之间的间隔为 10~20 秒，每一遍测试之间需要有 30 秒以上的休息时间。他将这种测试称为特定反应测试（Specific Response Test）。但基勒没有特别说明系列问题中关键问题的位置，甚至没有提及是否可以放在第一的位置上。

基勒还特别指出，这种特定的测试必须基于所涉及的一切案件事实没有被调查人员随意扩散，测试才能够有效。

2. 中期——贝克斯特

1950—1970 年，是隐蔽信息测试的成形阶段，基勒和贝克斯特在此阶段对以紧张峰测试为代表的隐蔽信息测试技术的成形发挥了极大作用，因为基勒的作用已在前段进行了讲述，因此现主要讲解贝克斯特对这种测试方法形成的重要意义。

1950 年起，贝克斯特开始进行讲座培训，对测试方法的推广及标准化产生了很大的影响。1951 年，担任基勒研究院导师的贝克斯特，授课内容包括紧张峰测试的格式，他的讲义于 1963 年、1969 年和 1979 年做过三次改版，但紧张峰测试部分变化不大。

（1）已知结果紧张峰测试。预备问题、问题前缀、陪衬问题及目标问题等内容已出现在讲义中，并详细讲述了编制问题的相关规定（见表5.5）。例如预备问题是"你知道案件中车辆的品牌是什么吗"，陪衬选项相当于目标选项的备选等，如目标问题是 Oldsmobile，选用 Buick、Chevrolet、Dodge 等陪衬问题作为备选。目标问题可以放在陪衬选项③、④、⑤、⑥的位置上，但不应放在第一和最后的两个位置上。在实际操作中，预备问题之后的第一个陪衬选项发问时在陪衬选项前加上"Was it a"，之后的陪衬选项可不再使用这样的前缀，直接使用陪衬选项发问即可。

表5.5　已知结果紧张峰测试格式

序　号	题目内容	
1	预备问题（preparatory question）	
2	问题前缀（question prefix）	
3	陪衬选项（padding choice）	①
4	陪衬选项（padding choice）	②
5	陪衬选项（padding choice）	③
6	陪衬选项（padding choice）	④
7	陪衬选项（padding choice）	⑤
8	陪衬选项（padding choice）	⑥
9	陪衬选项（padding choice）	⑦
10	陪衬选项（padding choice）	⑧

（2）搜索紧张峰测试。在贝克斯特的讲义中亦称为探查性紧张峰测试（Probing Peak of Tension Test），这种测试应用范围非常广泛，贝克斯特在测谎学校教出来的学生，以及听过其讲座的学员都在使用这种测试方法。格式见表5.6。

表 5.6 探查性紧张峰测试格式

序　号	题目内容
1	预备问题（preparatory question）
2	问题前缀（question prefix）
3	较少可能选项（less probable choice）　①
4	较多可能选项（more probable choice）　②
5	较多可能选项（more probable choice）　③
6	较多可能选项（more probable choice）　④
7	较多可能选项（more probable choice）　⑤
8	较少可能选项（less probable choice）　⑥
9	较少可能选项（less probable choice）　⑦
10	较少可能选项（less probable choice）　⑧
11	包括所有选项（all inclusive choice）　⑨

3. 后期——阿瑟和里德

（1）阿瑟的伪目标问题。1970 年以后，隐蔽信息测试逐渐步入成熟阶段，测试的格式相对固定保证了测试在标准化道路上向前迈进，而且测试效果彰显，很多情况下成为案件破获的必杀技。

1970 年，阿瑟对已知结果的紧张峰测试进行了重新定义，要求测试涉及案件相关的特定细节，格式包含七个问题，只有一个是关键问题，其余为不相关问题。应保证无辜的被测人无法区分目标问题和不相关问题，而对犯罪人来说是确切知道目标问题。

阿瑟就注意到紧张峰测试的一个致命问题，即如果无辜的被测人从不恰当的渠道知道了关键问题，但由于某种境况他又不愿意承认，在测试中他也可能会产生特异反应，而紧张峰测试就失去了意义。另外，如果测试选定的关键问题具有某种特殊含义，也会给无辜的被测人带来特异反应，如被测人曾在其他环境中使用过左轮枪可能会造成对测试题目中"左轮枪"有反应。针对上述问题，阿瑟引入了新奇性原理，建议在已知结果的紧张峰测试中加入称为准绳问题的一个伪目标（false key）问题，放在第二位置上，七个选项中目标问题放于第四位置，一般不加入"其他……"的包含项。

　　在测前谈话时，阿瑟会通过反复说明或加重语气的方式对伪目标问题进行暗示性的强调，问题要设置得尽量明显，以诱导无辜的被测人猜测这是目标问题。

　　（2）里德的紧张峰测试。1977年，里德和英布（Inbau）在教科书《真实与欺骗》中写道：紧张峰测试就是向被测人提问一系列问题，在这系列问题中只有一个问题与所调查的事件相关，当测试时间到这个相关问题时，被测人在多道仪测试图谱上可能会出现一个紧张峰。相关问题所提供的信息是事件的特定细节，如凶器或丢失物品的种类等，无辜和没有被告知过的人均不应知道。

　　他们的紧张峰测试过程如下：紧张峰测试一般要测三遍。第一遍测试时被测人没有被告知测试问题的次序，目的是让被测人在第一遍测试过程中能够产生出惊奇反应。第二遍测试测前告知被测人，题目次序同第一遍，应在第一遍测试后尽快进行。第二遍测试结束后要求测试人员离开被测人几分钟，离开前告知被测人即将进行上述问题的第三遍测试。最终通过第三遍测试确定其是否为犯罪人。如在测试谈话时可对涉及盗窃案的被测人说，"如果你没有跟我们讲实话，下一遍测试将会显示出有哪些东西被盗，通过图谱，我就会知道是不是你拿了这些东西。"之后测试人员要离开测试房间，给被测人一些时间，让其整理思绪。

　　里德和英布描述的测试过程非常专业，他们还在书中附了32张测试图表说明他们的测试模式，图表包括测试图谱、数字、位置和列表选项等测试内容。

　　4. 紧张峰测试的典型格式

　　（1）美国联邦调查局（FBI）格式。1985年，美国多道仪技术协会培训班发放过《联邦调查局技术指导书》，其中描述了美国联邦调查局使用的紧张峰测试。

　　原理：应将被测人置于一定的紧张状态下，随着目标问题的到来紧张情绪会逐渐增加，在目标问题过去后紧张情绪则会逐渐下降。

　　形式：①已知结果测试（即基勒的 Type A）；②刺激测试和；③探索测试（即基勒的 Type B）。

　　作用：美国联邦调查局认为，紧张峰测试通常是作为区域比较测试、修订过的一般问题测试（Modified General Question Technique，MGQT）或其他测试的补充测试使用的。

　　题目设置：题目的选项数目为奇数，这样是为了保证第三次采集图谱时调整题目顺序但目标问题序号不变。题目个数一般是在5~9个之间，推荐使用7个，一组紧张峰测试中应只有一个目标问题。题头和题尾各有两个无关问题作为缓冲。在美国联邦调查局格式中，可以使用伪目标问题但不鼓励使用，除非测试人员能够严格控制测试条件。伪目标问题不在探索紧张峰测试中使用。

采集过程：测试应采集三张图谱。测试前应将题目呈现给被测人，采集前两张图谱时题目顺序保持不变，采集第三张图谱时将题目倒序。如出现结果不清的情况可进行第四次图谱采集。探索测试中可使用视觉刺激进行图谱采集，例如地图、图表等均可使用。

注意事项：任何形式的紧张峰测试都不能作为唯一的形式出具"通过"的意见。

（2）美国军方的标准格式。许多早期美国联邦机构的测试人员都不同程度地参加过美国军警学校的多道仪测试培训。1986年，因美国国防部多道仪测试技术学院成立，军警学校停止了多道仪测试课程。

美国军警学校所教授的紧张峰测试引入了预备性问题，例如，你知道支票上所写的钱数是多少吗？下面紧接着一串问题如下：钱数是XXX吗？多采用7个问题的测试，目标问题放于中间。测试前向被测人呈现题目次序。

美国国防部多道仪测试技术学院的犯罪情节测试过程：一组题目中至少要有4个选项，无关问题放在首题位置作为缓冲，只允许有一个目标问题，位置可随机但不放在首题。理想情况下应编制4~10组犯罪情节测试题目，每组题目不能只测试一次。测试前不让被测人知道题序。评分体系源自于莱克肯的设计，强调的是整体分析。他们在当时就已经区分了犯罪情节测试和紧张峰测试，并且提到了这两种测试可能会带来假阴性的问题。

1991年9月，美国国防部多道仪测试技术学院对紧张峰测试进行了技术校正，在原美国军警学校测试系统的基础上，参照哈里森（Harrelson）在1964年编写的《基勒多道仪学院培训指南》（*Keeler Polygraph Institute Training Guide*），将其使用的前缀"你知道XXX"改为描述性问话，如"是XXX吗？"

对题目设置的特别要求为：设置的问题要确保被测人能够顺利回答"不"，而不应该出现让被测人说"我不知道"的情形。表5.7是一组测试炸弹位置的探索性紧张峰测试，表5.8是一组测试左轮手枪口径的已知结果紧张峰测试。

表5.7　国防部多道仪测试技术学院关于炸弹位置的探索性紧张峰测试实例

序　号	题目内容
1	Regarding the location of that bomb, is it located in:
2	Atlanta?
3	Birmingham?

序　号	题目内容
4	Area A?
5	Area B?
6	Area C?
7	Area D?
8	In an area I have not mentioned?
9	Taledega?
10	Huntsville?

表 5.8　国防部多道仪测试技术学院的已知结果紧张峰测试实例

序　号	题目内容
1	Regarding the caliber of the pistol used to shoot that man, was it a:
2	0. 22 caliber?
3	0. 25 caliber?
4	0. 32 caliber?
5	0. 38 caliber? (key)
6	0. 44 caliber?

（3）斯坦利·艾布拉姆斯（Stanley Abrams）标准化格式。1989 年，艾布拉姆斯在《多道仪测试完全手册》（*Complete Handbook of Polygraph*）中介绍了犯罪情节测试和紧张峰测试。

他专门强调了题目设置过程应该注意：在用单个词描述相关问题时突然改为用两个词进行描述，或是题目设置中出现不匹配的情况，都很容易导致测试出现方向性的失误，例如，上衣、裤子与白色毛衣，枪支型号与刀，贵重物品与廉价珠宝。另外在测试过程中测试人员应该避免按照自己的喜好设置问题或进行谈话，以免影响被测人的反应。对于伪目标问题，他建议测试人员可以根据案件及测试条件来决定是否使用。

下述是对涉及杀人案件的被测人进行的探索紧张峰测试，原题如下：

①Is your wife's body in the river?

②Is your wife's body by the railroad tracks?

③Is your wife's body in the potato field?

④Is your wife's body by the farm buildings?

⑤Is your wife's body by the house?

被测人在这组题目的第 4 题出现了反应，随后根据第 4 题的反应又编制出一组紧张峰测试，进而找到了死者的尸体，案件破获。

5. 刺激测试

刺激测试（Stimulation Test），也被称为适应性测试（Acquaintance Test），历史很悠久，在相关/不相关测试（RIT）盛行的年代就具有一席之地。现在仍认为，无论是在调查测试还是筛查测试中它都有一定的用途。

实施理由：颇为冠冕堂皇，为正式测试前进行仪器调试。但是如今随着仪器设备自适应程度的不断提升，如果仍用此话应对被测人，测试人员就要做好准备，这也许会令被测人质疑仪器的准确度。

使用目的：①让被测人熟悉测试的流程；②对后续图谱的采集很有帮助，能令诚实的被测人相信测试的准确率，同时也让欺骗的被测人产生一定的恐惧；③在相关/不相关测试流行的年代，帮助测试人员对被测人的生理反应水平进行判断；④帮助测试人员判断被测人的反测试行为。刺激测试曾引起广泛关注，但长期以来测试目的众说纷纭，莫衷一是。

形式及内容：使用紧张峰测试的格式，测试内容多种多样，简单和复杂的都有，有很多涉及这些内容的研究报告。方法分为盲测和明测，测试人员不知道被测人所挑选的数字而直接进行测试的方法称为"盲测"；被测人挑中数字卡片后翻开，让测试双方都看到后再进行测试称为"明测"。

因美国国防部多道仪测试技术学院将刺激测试写入了培训教程，使之成为美国军方的测试手段之一，因此影响巨大，正是从那时起数字测试开始大行其道。测试方法如下：被测人要在 3~7 之间选一个数字写下并收起来，之后在多道仪测试中需对他所写的数字进行否定回答。还有一种方式是让被测人把数字写在纸上，并挂于被测人对面墙上，让被测人看着数字进行否定回答测试。另外规定，数字测试放在第一遍准绳问题测试后进行。如果测试的数字和被测人所写的不一致，测试人员应与被测人就被检出的数字进行讨论。

迈特进行数字刺激测试选取的数字是固定的，让被测人在写有 3、5、8、10、12、15 的卡片中随机抽取一张，然后放在被测人身边。不使用数字 7 和 13 的原因是担心有人对这两个数字有特别的想法。测试完成后，迈特首先告知被测人他的反应如何，然后再看被测人所拿的卡片。

除美国国防部多道仪测试技术学院教授的刺激测试之外，多道仪测试人员亦对此种测试进行了无尽的发挥。

艾布拉姆斯的刺激测试在第一遍准绳问题测试之后进行，盲测和明测都会采用。如果在第一遍准绳问题测试中，他意识到被测人有可能实施了反测试，他便用 7 个数字的数字串进行测试。如果没有观察到被测人实施反测试，他使用的数字串是 5 个数字。

希克曼（Hickman）进行刺激测试是选用一个偶数系列：10、12、14、16、18、20，或一个颜色系列：白、蓝、橙、黄、红，让被测人在所选项中圈起其中一项，使用盲测法进行测试。

洛沃恩（Lovvorn）实施刺激测试时选用 31、32、33、34 和 35 这 5 个较大的数字进行盲测，这其中如果包含被测人的年龄数字，这个数字则会被规避掉。第一遍让被测人都回答"不"，第二遍测试时数字顺序根据第一遍测试的反应强度由小到大重新排列，并让被测人如实如答。当被测人在某个问题上回答"是"，则停止测试。

里德刺激测试是使用扑克牌完成的，从问世之时就引起了许多争议。1975年，里德接受批评者的建议不再进行扑克牌的盲测，而将刺激测试改为在测人员和被测人都了解牌面的情况下才进行，也就是我们今天所说的明测。

在实操中，许多优秀的测试人员并不认为刺激测试能够带来特殊的效果，如贝克斯特在从事多道仪测试初期曾使用过一段时间，20 世纪 70 年代中期即停止使用刺激测试了。前美国多道仪测试技术协会（APA）的主席雷蒙德·J. 韦尔（Raymond ·J. Weir）认为，刺激测试不应成为测试过程中的一个必须组成，只有在需要的时候，适当使用刺激测试，而且他坚决反对在刺激测试中使用骗术。

在刺激测试的发展过程中，也有一些测试人员进行了关于刺激测试有用程度的研究。从目前已有的研究结果来看，并没有充分的实验数据表明刺激测试能够改善准绳问题测试准确程度或能够降低测试的"不结论率"。刺激测试衍化出各种各样的模式和手段，但其内涵仍是紧张峰测试或犯罪情节测试的变体，需测试人员结合实际，灵活运用，才能称为一种明智的选择。

（三）结语

与准绳问题相比，隐蔽信息测试（CIT）的拥趸众多，但是诚如唐纳德·J.

克拉波尔（Donald J. Krapohl）等人在 2009 年指出那样：①隐蔽信息测试的设计只是针对知晓特定信息的被测人；②当目标问题被特定的人员了解，如证人、受害人，甚至于声称对测试事件道听途说或是据传说听来的人，均不适合作为被测人；③目标问题的保密程度对测试效果具有直接影响。因此理想的选择应该是与准绳问题测试联合使用，陈云林提出的系统（调查）测试（SPEI）正是这样的一项实践。

长期以来，隐蔽信息测试始终让人感觉测试效果要比准绳问题测试好，但是好在哪里、好多少却一直不大清楚。尽管有人采用实验对比的模式力图解开此结，但是仍模模糊糊，是陈云林等通过贝叶斯理论分析最终解开了这个谜团，也为隐蔽信息测试的改进与发展指出了一条通道。

以贝叶斯的观点看，隐蔽信息测试与准绳问题测试的最大不同就在于编题之时对先验概率的设定，准绳问题测试的格式是 1 个相关问题与 1 个准绳问题相比，它的先验概率即为 1/2；而隐蔽信息测试则是 1 个相关（目标）问题与多个（n个）准绳（陪衬）问题相比，其先验概率理所当然成了 1/(n+1)。设定了先验概率，经过测试后结合图谱分析即可获得后验概率，通过先/后验概率的比较，即可对被测人作出某种判断。正是基于这样的思路，陈云林提出了大准绳问题测试（Big Control Question Test，BCQT）。相对于以往的准确率（accuracy），利用先验概率和后验概率之变化，使用优势比（odds ratio，或 L）来评判，或更易理解和掌握。

三、准绳问题测试

准绳问题测试，又称比较问题测试，英文为 Control Question Test 或 Comparison Question Test，Test 在英文文献中有时被 Technique 代替，巧合的是英文字头缩写均为 CQT，所以这项技术在国内常被称为 CQT 测试。

有文献称，多道仪和多道仪测试技术在 1943 年就进入我国，那时 CQT 测试尚未诞生。至 20 世纪 80 年代初，随着多道仪进入中国大陆，便产生了技术用语的问题。当时北京市公安局的王补先生，受时任公安部刑事侦查局局长刘文先生的委托，率先利用多道仪测试技术进行实案办理，之后他毕其后半生之力进行多道仪测试技术的研究与应用，多道仪测试技术能够走到今日其居功至伟。王补先生将"Control"译为"准绳"，相当传神地在中文语境中表达出了该测试技术的目的和意义。遍查英汉词典及网络词典，在"Control"的中文解释中，鲜有"准绳"的表达，为此不得不佩服他对测试技术之理解的精到与深厚，因此我们称之为"杰作"。2012 年陈云林等人向《多道仪》（*Polygraph*）刊物投稿时将国内的"准绳问题"仍译为"Control Question"，该刊主编建议使用"Comparison Question"。通过沟通得知中英文语境的特点后，他表示理解，仍沿用"Control Question"的用法，在刊发时特别为英文读者作了注解说明。

多道仪及其相关技术是非常典型的舶来品，甚至在某种程度上可以说是美国文化的特别标志。此处如此详细地介绍"Control"与"准绳"的来由，是想通过这一个简单单词的使用和翻译，体现出对舶来技术的认识和把握。

（一）准绳问题概述

对准绳问题的理解，目前至少可以从以下几个方面展开：①概念定义：是为证明无辜被测人"无辜"而设计的"无辜相关问题"；②操作定义：能够触发无辜形成基本心理生理反应的特定问题；③功能定义：能够耦合无辜之固有心理信息并使之产生共鸣的刺激信息，均可称为准绳（刺激）信息，若此类刺激信息以问题的形式呈现，乃为准绳问题。显然这里定义具有如下特点：

（1）针对的目标是"无辜"，即那些可能"通过"测试的被测人。

（2）基本心理生理反应指的是，每个正常个体均应该具备的心理生理反应功能。

（3）特定问题指的是，问题的涵盖范围是通过规定或约定在测试前形成的。

准绳问题的产生和成型并非一蹴而就，同样也经历了一个发展过程，其中比较典型和重要的是里德准绳、贝克斯特准绳和犹他准绳。下面分别从发展、测试结构、测试过程和贡献等方面对上述三种准绳进行详细讲解。

（二）里德准绳测试

1947 年，里德在《刑法与犯罪学杂志》（*Journal of Criminal Law and Criminology*）上发表了名为《谎言检测中修订的提问技术》（A Revised Questioning Technique in Lie-Detection Tests）的论文。他在文中指出，相关/不相关测试（RIT）中的不相关问题，其设置的主要目的应该是确定测试情形下被测人反应的自然状态（purpose of determining the nature of the subject's reactions to the test situation alone），但是在实际应用中却未能如愿，于是基勒等人在相关/不相关测试前施行了扑克牌准绳测试（Card-control Test）以及紧张峰测试（POT）进行补救。里德在分析了相关/不相关测试于设计上出现对无辜不完全公正等问题后，提出了修订的提问技术（Revised Questioning Technique），在原测试格式（表 5.9）中引入表 5.10 中问题 6 和问题 8，分别称为比较反应问题（Comparative Response Question）和有罪情结问题（Guilt Complex Question）。此时里德尚没有提出中性准绳的概念，但他敏锐地意识到表 5.10 的问题 4："Did you ever smoke?" 会在被测人确实抽烟却否定回答时能够产生自然反应。由此他已经充分意识到了修订（Revised）的意义所在，即是比较（Comparative）。

在随后的文献中，里德强调开发准绳问题测试程序的目的是降低相关/不相关测试技术不结论的数量，反复指出多道仪测试人员必须在测前谈话时向被测人表达出比较问题具有重大意义，如果在测试过程中多道仪测试人员表现出比较问题微不足道和不重要的印象，控制测试的目的就失去了。在里德的表述中可以看出，相关问题的价值完全建立在比较问题的基础之上，今天准绳问题测试的核心意义也是如此。

1. 里德结构

1895 年，朗布罗索刚刚开始进行测谎探索时，或是本能地使用了一串问题向被测人提问，而这"一串"问题就形成了最早的测试题目结构。对题目结构的重视最初源于 20 世纪 30 年代，但是真正重视并到了依赖的程度，应该是里德准绳结构出现以后。

表 5.9 是相关/不相关测试结构，表 5.10 是里德最早提出的准绳问题测试结构，几乎是为了对相关/不相关测试进行改进而生成的。

表 5.9　传统测试结构（Conventional Questioning Technique）

序　号	题目内容
1	Is your first name John?
2	Do you live in Chicago?
3	Do you know who shot John Jones?
4	Did you kill John Jones last Saturday night?
5	Did you have something to eat today?
6	Did you fire a. 38 cal. revolver last Saturday night?
7	Were you present when John Jones was shot?
8	Did you go to school?
9	Did you take a diamond ring from John Jones' room Saturday night?
10	Did you shoot John Jones?
11	Have you lied on any of these questions?

表 5.10　改进型测试结构（Revised Questioning Technique）

序　号	题目内容
1	Have you ever been called "Red"?
2	Did you stay in Chicago last night?
3	Do you know who shot John Jones?
4	Did you ever smoke?
5	Did you kill John Jones last Saturday night?
6	Since you got out of the penitentiary have you committed any burglaries?
7	Were you ever arrested before?
8	About two months ago did you kill a man during a burglary at 1121 State Street?
9	Did you steal a diamond ring from John Jones' room last Saturday night?
10	Were you present when John Jones was shot Saturday night?
11	Have you lied on any of these questions?

后来里德和英布等人对其再次改进，形成了如表 5.11 的准绳问题测试结构。

表 5.11　里德准绳问题测试结构

序　号	问题属性
1	不相关
2	不相关
3	相　关
4	不相关
5	相　关
6	准　绳
7	不相关
8	相　关
9	相　关
10	备　用
11	准　绳

20 世纪 60 年代末，美国军警学校（the United States Army Military Police School,

USAMPS）对里德准绳问题测试结构进行了再一次改进，产生了美国军警学校修订的一般问题测试（USAMPS MGQT），其结构如表 5.12。

表 5.12　MGQT 结构

序　号	问题属性
1	不相关
2	牺牲相关
3	准　绳
4	二级相关
5	准　绳
6	一级相关
7	准　绳
8	二级相关
9	准　绳

2. 里德准绳问题测试过程

从测谎技术诞生的那天起，测试过程即相伴而生。在只要结果、不求手段的时代，测试过程非常随性，如马斯顿使用舞台表演的形式实施测试。在如今法治已然深入人心的大环境下，这样随性而为的测试显然终将为时代所摒弃。

测前谈话是多道仪测试开始实施的第一步，也是最重要的一步。在此之前尽管可以通过外围材料形成对被测人的认识、评估，准备好测试题目，但是所有的准备都需要在测试前进行的面对面谈话中于被测人处得到确认，这直接体现了测前谈话的意义和价值。

基勒、里德、贝克斯特等都是非常重视测试过程的行家里手。以里德为例，全部技术过程包括六种类型的测试，准绳问题测试只是其中的一个部分。通过对六种测试类型的调配，里德技术能够成功完成对整个测试过程的掌控，在此进行详细介绍：

（1）直接测试（Straight-through Test，ST）：包括不相关问题、相关问题和准绳问题。题目事先出示给被测人，第一次测试的题目次序不让被测人知道。通常，该测试作为整个测试过程的第一位置和第三位置出现。该测试题目的顺序见表 5.13。

表 5.13　直接测试题目顺序

序　号	题目属性
1	不相关
2	不相关
3	相　关
4	不相关
5	相　关
6	准　绳
7	不相关
8	相　关
9	相　关
10	备用问题
11	准　绳

（2）刺激牌测试（Stimulation Card Test，SCT）：该测试在完成一次直接测试后实施（整体测试第二位置），目的是增强被测人对相关问题的区分能力和反应强度，同时有诱使真正罪犯不配合测试和实施反测试行为的作用。

（3）混合测试（Mixed Question Test，MQT）：一般作为整体测试第四测试位置出现，紧随第二次直接测试。该测试的内容与直接测试的内容相同，但测试题序有变化，有的问题甚至要重复。一般将前面测试有反应的相关问题后移。典型的包括有三个相关问题的混合测试题序是 7、8、2、3、6、1、5、11、8、6。有四个相关问题时，题序如下：7、9、1、3、6、5、11、2、3、6、8、11，或者 7、8、4、9、6、5、11、2、3、6、8、11。

（4）缄默测试（Silent Answer Test，SAT）：该测试的测试内容和题序与直接测试相同，被测人须认真聆听，并在心里如实回答，但不需要口头回答。实施该测试能够避免被测人因为出声回答引起生理反应而带来的图谱变形，也可以避免因为被测人患有某些疾病而引起的表述困难。

（5）指认测试（Yes Test，YT）：该测试只是针对那些具有明显不合作倾向或者有证据表明有反测试行为的被测人而设计。被测人被指令对任何提问的问题都回答"是"。该测试记录如果持续出现曲线扭曲，那么可以证明被测人仍在实施反测试或者有意不配合测试。

（6）犯罪感测试（Guilt-Complex Test，GCT）：在被测人反应过度，被测人的行为及事实已经表示其诚实，而测试数据却显示其没有通过测试时使用。即被测人对相关问题和准绳问题具有相同反应，或测前谈话时被测人对相关问题表现出强烈情绪时，在实施混合测试后进行该项测试。测试内容是使用假设犯罪的问题，需要清楚地告诉被测人假设犯罪问题和他关注所调查的是两个事件。当被测人对所有相关问题都呈现出相同的反应时，结果应该是不结论。

里德认为，测试时可以任意使用其中一项或者几项测试，然后根据测前谈话、测试数据和辅助信息，如观察被测人的有意或无意动作，综合考察给出测试结果。显然他如此努力的目的在于控制测试过程，虽然如今他所述的测试类型有的已经少有使用，但是在特定情形下，如对付反测试，仍然能够发挥出明显效用。

3. 里德的贡献

多道仪测试的技术方法发展过程中，里德无疑是里程碑式的关键人物，他对准绳问题的开发和应用的基本思路如今仍然具有强大的影响力。尽管由于测试理念的局限，他未对准绳问题测试的有关反应强度进行量化处理，从而未能将这项技术推进到更深的层面，但是却为贝克斯特等人奠定了基础，而成为准绳问题测试历史上实至名归的开山鼻祖。

里德曾是一名律师，迄今美国以他名字命名的研究会（John E. Reid Association）仍很活跃，他提出的"问讯九步法"仍是审讯领域的必修课。但他使用多道仪测试的目的是为了获取口供，多道仪测试的工具效能在他及他的学生手里得到了最大发挥。因测试的目的是追求口供，因此也就忽略了多道仪测试技术本身的发展，里德随后提出的准绳问题测试的格式问讯色彩愈加浓厚，如实证准绳测试（Positive Control Test，PCT）等。此外他强烈追求诱发说谎反应的设计，对测试图谱分析的定性描述需要越来越多的图谱外因素，都成了多道仪测试质疑者们的攻击目标，而贝克斯特将测试图谱数据量化分析一步步引入准绳问题测试，多道仪测试技术的发展方向亦出现了重大转变。

（三）贝克斯特准绳

严格说，贝克斯特从内容上并没有对准绳问题提出革命性的改进，但是他通过心理定势理论对准绳问题的作用和意义作了充分合理的说明，使得准绳问题的范围得到了进一步拓展，生动地显示出"批判的武器"和"武器的批判"之间的辩证关系。

贝克斯特用心理定势理论对准绳问题进行了解释，即人类个体每时最关注的其实是生活环境中对其自身威胁最大或最有意义的某个（些）方面。因此当无辜的被测人接受测试时，与正要调查的案件事实相比，他或许更关注对自身品格、历史及道德伦理方面的评价，除非他十分好奇并特别关注所要调查的案件事实（这也是产生假阳性的一个原因）；而"有罪"的被测人恰恰相反。这样就可以通过测试中被测人的反应将二者区分开来。与里德的解释相比，贝克斯特比较成功地规避了里德对准绳和相关问题反应动辄言"谎"的狭义解读，将其应用和理解提升到更高的层面。

1. 贝克斯特准绳问题类型

贝克斯特准绳与里德准绳最大的不同就是贝克斯特在里德准绳问题的前面加上了一个明确的时间分割，形成了所谓的排他准绳问题。如，他为里德准绳加了一个前缀"两年前……"。通过时间分割，贝克斯特试图让被测人从时间概念上与测试当下有一个准确的区分，因此准绳问题在贝克斯特时期分为了排他准绳问题（Exclusive Control Question）和非排他准绳问题（Non-Exclusive Control Question）两大类。发展至今，排他准绳问题的界定已不局限于时间，还可以从地点、行为方式等方面进行排他。如"在北京，你从事过非法活动吗？""除了写匿名信，你还用其他方式诬陷过别人吗？"等等。甚至还出现了非现时排他准绳问题（Non-Current Exclusive Control Question）等更细致的准绳分类。如"在你未成年的时候，你就偷拿过邻居的东西吗？"这个"未成年"与当下有较长的时间差，故为"非现时"。按照贝克斯特的分类，里德准绳问题都属于非排他准绳问题。

2. 贝克斯特准绳测试的结构

1959年，贝克斯特提出了三区域比较技术（Tri-Zone Comparison Technique）的测试结构和相应的技术方法，这是他对准绳问题测试技术的革命性贡献。在这种测试技术中，他首次采用七分制的评图方法对测试数据进行处理，并且在结构中还加入了两个症候问题（Symptomatic Question）。如今这类问题已基本被多道仪测试技术所弃用，但是在当时，贝克斯特用来说明心理定势理论还是发挥了一定效用。

贝克斯特最初对三区域比较技术有严格的限定，即只能用来进行单主题测试，仅包括有两个用不同语言描述的、表示同样意思的相关问题。为了使被测人的心理定势反应区分最大化，他允许测试反应横向得分加和，也允许三遍测试纵向得分加和。贝克斯特的计分方法与阈值标准构成了相对完整的多道仪测试标准化操作单元。

（1）双点区域比较测试（Bi-Spot Zone Comparison Test）。当贝克斯特的区域比较技术以及定量评判系统在 1961 年被美军的联邦多道仪学校（美国国防部多道仪测试技术研究所前身）写入教材后，对题目结构进行了改进，格式如表 5.14：

表 5.14　双点区域比较测试结构

序　号	题目属性	题目内容
1	Irrelevant	Is today Monday?
2	Sacrifice Relevant	Regarding the incident you reported, do you intend to answer truthfully each question about that?
3	Symptomatic	Are you completely convinced that I will not ask you a question on this test that has not already been reviewed?
4	Non-Current Exclusive Control	Prior to 1993, did you ever lie to anyone in a position of authority?
5	Relevant	Did you lie about that man forcing you to have sexual intercourse with him?
6	Non-Current Exclusive Control	Prior to this year, did you ever lie about something you are ashamed of?
7	Relevant	Did you lie about that man forcing you to have sexual intercourse with him in his apartment?
8	Non-Current Exclusive Control	Prior to 1990, did you ever lie to get out of trouble?
9	Symptomatic	Is there something else you are afraid I will ask you a question about, even though I have told you I would not?

在表 5.14 中问题 5 和问题 7 是两个相关问题，而贝克斯特的三区域则指的是测试时使用的记录表格上的颜色标记，因为他使用了绿、红和黑三种颜色分别标注准绳、相关和其他问题，所以将其命名为三区域（Tri-Zone）。当贝克斯特技术被美军采用时，军方技术人员根据他的评图要求，即相关问题反应只与最邻近的准绳问题反应相比较，误以为三区域是指三个"准绳-相关问题对"，所以曾将表5.14 命名为双区域比较技术（Bi-Zone Comparison Technique）。其实贝克斯特将

"准绳-相关问题对"命名为 Spot（点），因此后来表 5.14 被命名为双点区域比较测试。因此，一定要注意贝克斯特技术的区域比较（Zone Comparison）和点分析（Spot Analysis）的区别。

（2）三点区域比较技术（Tri-Spot Zone Comparison Technique）。由于双点区域比较只包括两个相关问题，在打分处理时其可供分析的数据量明显偏少，所以美国国防部多道仪测试技术研究所成立后，很快就在双点区域比较技术基础上开发出三点区域比较技术，这是目前仍在使用的测试结构，见表 5.15：

表 5.15　三点区域比较技术示例

序　号	题目属性	题目内容
1	Irrelevant	Are the lights on in this room?
2	Sacrifice Relevant	Regarding that stolen money, do you intent to answer truthfully each question about that?
3	Symptomatic	Are you completely convinced that I will not ask you a question on this test that has not already been reviewed?
4	Non-Current Exclusive Control	Prior to 1991, did you ever steal anything from someone who trusted you?
5	Strong Relevant	Did you steal any of that money?
6	Non-Current Exclusive Control	Prior to coming to Alabama, did you ever steal anything?
7	Relevant	Did you steal any of that money from that footlocker?
8	Symptomatic	Is there something else you are afraid I will ask you a question about, even though I have told you I would not?
9	Non-Current Exclusive Control	Prior to this year, did you ever steal anything from an employer?
10	Weak relevant	Do you know where any of that stolen money is now?

（3）SKY 格式。SKY 测试格式是由贝克斯特开发的，一种很特别的准绳问题测试模式（见表 5.16）。

表 5.16　SKY 测试

序　号	题目属性	题目内容
1	Suspect（control）	Do you suspect anyone in particular of stealing any of that money?
2	Knowledge（Relevant）	Do you know for sure who stole any of that money?
3	You（strong Relevant）	Did you steal any of that money?

表 5.16 的顺序常被称为怀疑-知情-参与（S-K-Y）格式，其中怀疑问题作为准绳使用，知情问题在有些情况下也可以作为准绳使用。亦可将上述 S-K-Y 改为参与-知情-怀疑（Y-K-S）形式使用，但不多见。

（4）修订的一般问题测试（Modified General Question Test，MGQT）格式。修订的一般问题测试是美国国防部多道仪测试技术研究所在里德准绳问题形式和贝克斯特区域比较技术基础上开发出的测试格式，图谱采用了贝克斯特的打分方法。迄今为止，修订的一般问题测试被认为是美国最符合测试标准化要求的准绳问题测试格式，见表 5.17。

表 5.17　修订的一般问题测试格式

序　号	题目属性
1	Irrelevant
2	Irrelevant
3	Relevant（Usually secondary involvement）
4	Irrelevant
5	Relevant（Always primary issue）
6	Non-current exclusive control
7	Irrelevant
8	Relevant（Usually evidence connection- can be secondary involvement）
9	Relevant（Usually guilty knowledge）
10	Non-current exclusive control

修订的一般问题测试使用非现时排他性准绳时，均放于题目 6 和题目 10 的位

置上。

这种测试虽形式严格，但在实务操作中却不乏灵活。例如，如果按照美国国防部多道仪测试技术研究所的规定，测试图谱需要采集三遍，前两遍测试顺序和表5.17顺序须严格一致，第三遍测试可以调整问题次序，而另外一些联邦机构只要求采集两遍即可。调序有两种选择：一种是无条件的进行，一般为 I、I、R、C、R、C、R、C、R、C，或4、1、5、6、3、10、9、6、8、10；而另外一种则是根据前两遍测试相关问题的反应强度由小到大排列，如7、2、8、10、3、6、5、10、9、6。注意准绳问题不可以接连重复，且在调序测试前必须再对被测人进行测前谈话，告诉其下面的测试要调整题目次序，有些问题可能需要重复提出，而有些问题则可能略掉，但是绝不会出现没有事先讨论过的问题。不相关问题可以根据需要在任意位置插入。刺激测试可以在测前实施，也可以在正式测试的第一遍和第二遍之间实施。

修订的一般问题测试中设计了四个不相关问题的位置，分别位于题目1、题目2、题目4和题目7，这些问题与其所处位置被认为具有如下属性及作用：必须是中性问题，允许被测人用"是"进行回答，且与测试的主题无关，能够平复第一遍测试带来的本能定向反应，克服人为反应，帮助消除测试中的杂乱信号。

修订的一般问题测试中相关问题有四种类型：

一级相关，是一个与测试目的直接相关的问题，一般放置在题目5的位置上；

二级相关，这个问题不直接描述犯罪行为，如盗窃案测试中用"接近"，而不似一级相关使用的"拿走"，一般放置在题目3的位置上，需要时亦可放置在题目8和题目9的位置上。

证据探询问题，是了解被测人是否意识到能够证明犯罪结果的属性、位置等事项的题目，通常放置在题目8位置，需要时亦可放在题目3或题目9的位置上。

犯罪情节问题，用于确定被测人是否知晓犯罪人才能知道的犯罪情节问题，常放在题目9的位置上。

修订的一般问题测试的图谱分析：

在前两遍测试中，相关问题3、5和准绳6相比较；相关问题8与准绳6或准绳10比较；相关问题9只与准绳10比较。

在第三遍测试中，第一个相关问题只与最近的准绳问题比较，其他相关问题则与邻近最强反应的准绳问题比较。

对数据图谱进行量化分析，其规定为：得分加和只在点分析之间进行，不进行总得分加和表示。其中每个点得分和大于+3时，即为通过（NDI）；只要一个点得分小于−3时，即为不通过（DI）；其他情形均为不结论。

3. 贝克斯特的贡献

如果把科学研究比喻为裁缝，那么就里德和贝克斯特对准绳问题的贡献而言，里德完成了"裁剪"而贝克斯特进行了高质量的"缝制"，二者不可或缺。

里德虽然敏锐地觉察到了相关/不相关测试（RIT）在设计上对无辜的不完全公正性，发现了问题的实质所在，并从操作层面提出了对应之策，为解决这个问题迈出了关键的一步，但他追求测谎效果却成为他进一步提升测试理念的关隘。

贝克斯特抛开了里德追求说谎反应的测谎思路，在图谱（半）定量评判的基础上用数值的方式提出了判断被测人"欺骗"的阈值标准。说谎与欺骗，似乎是一对同义程度很高的词，但前者拘泥于言而后者侧重于行的特点，足以使得多道仪的应用范围和功能体现发生巨大的改变。

为了验证准绳问题的效能，避免无辜被测人对相关问题产生的假阳性反应，贝克斯特编制了准绳问题测试题目时，准绳问题的开发采用了不同于里德的方法。

测试前，贝克斯特首先和被测人就与犯罪无关的问题进行了沟通，明确说明这些问题能帮助测试人员了解被测人的性格特征和道德标准。沟通之后，测试人员挑选出被测人进行否定回答的问题，在随后的多道仪测试题目中作为准绳问题使用，并告知被测人如实回答挑选出来的问题和如实回答与犯罪相关问题同样重要，因为对犯罪相关问题诚实回答的判断是基于其对这些挑选出来问题的诚实回答。如此就实现了把无辜被测人的注意力集中在准绳问题上的测试目的，因为被测人相信一旦测试人员发现他对准绳问题有欺骗回答，就可能会导致无法通过测试的后果。

贝克斯特使用上述准绳问题法对40名被测人进行测试后，得出以下结论：

（1）不结论和难以赋分的图谱数量减少，因为非欺骗（NDI）被测人对准绳问题有更大的生理反应。

（2）没有造成欺骗（DI）被测人对相关问题的反应产生负面影响。

（3）这种方法降低了非欺骗被测人被当成欺骗（假阳性错误）的可能性，可达到更高的效度，并能够进行统计处理。

（4）当对律师和法庭解释如此使用准绳问题测试技术时，他们会认为更能说得通，也更容易理解心理定势概念和准绳问题所产生的效果。

（5）使得准绳问题和相关问题对被测人的威胁看起来更加对等。

测前谈话中，测试人员明确告诉被测人对其指控的决定将取决于其对准绳问题和相关问题的诚实反应，欺骗回答造成的威胁已经明确表达给被测人，即有罪被测人继续把相关问题视为最大威胁，而无辜被测人则关注准绳问题，所以对非常微小的问题进行欺骗回答都会诱发被测人相当大的生理唤醒，结果就会表现出更多的"有或无"，而不仅是"多或少"。因此对无辜而言，威胁不再是准绳问题的内容，而是害怕与担心他的欺骗行为被发现。

按照贝克斯特的心理定势理论，只要保证无辜的被测人其定势反应出现在准绳问题上时，所谓的开发即完成。过分拘泥于要求被测人回答时一定要说谎，往往会造成开发过度，反而可能成为"有罪"被测人的保护伞，与准绳问题设置的初衷南辕北辙。可以说贝克斯特对里德提出的准绳开发模式弊端认识非常深刻。

（四）犹他（Utah）准绳问题测试

1970 年时，犹他大学心理学研究者拉斯金开始关注多道仪测试中的准绳（比较）问题测试（Comparison Question Technique，CQT）。拉斯金等人对多道仪测试中的相关概念重新进行了系统定义，使其能够满足科学检验的信度和效度要求。犹他准绳问题测试对传统的贝克斯特单主题区域比较测试（ZCT）进行了调整，增加了事件的多目标测试（Multi-facet Tests），如修订过的一般问题测试（MGQT）、多主题测试（Multiple-issue or Mixed-issue Tests）、一般问题测试（General Question Technique，GQT）等，另外还开发了犹他打分系统（Utah Numerical Scoring System）。实践证明，在事件调查的特定情形下，无论是测试理论还是测试指标，犹他准绳问题测试都能够满足多道仪测试较高的信度和效度要求。

除了用于调查测试，犹他准绳问题测试应用于筛查测试和监查测试。

1. 准绳问题类型

犹他准绳问题测试原则上采用贝克斯特的排他型准绳，但是并没有绝对限制非排他型（Non-exclusionary）准绳问题的使用，两种类型的准绳问题很容易区分开，如："2005 年以前，你偷拿过公司的什么东西吗？""你经常去一些不该去的地方吗？"

在准绳问题测试时不鼓励被测人对准绳问题回答"是"，如果出现这种情形，犹他准绳问题测试建议通过调整句式，诱导或挤压被测人进行否定回答。强调在准绳问题上作出否定回答，其实是在暗示被测人如果相关问题的否定回答不是真的，那么就会产生相应的反应。这种暗示往往对"有罪"的被测人更有效。如果在实操中被测人对准绳问题进行了肯定回答后，测试人员可在测间谈话时对被测人的回答询问原因，之后可以进行如下谈话："除了你告诉我的，你还有其他问题吗？"被测人可能会说"没有了"，"那好，我下面这么问：'除了你刚才说的，你还做过什么不诚实的事吗？'你怎么回答？""不。""很好，一会儿测试时你就这么回答。"以上述对话来对准绳问题及其回答进行修订。

在犹他准绳问题测试技术中明示了准绳问题是为无辜设置判断标准的设计初衷，其刺激的目的是让所有人都能产生反应，所以题目内容为人们生活中多少都会涉及的窘事或能够被原谅的丑事，因此业内人士曾将犹他准绳的效用戏称为"小谎测大谎"。由于这个"小谎"的内容范畴很广，因此就某个（些）特定事件测试时，最好选择与调查内容同属一类的问题作为准绳问题，如盗窃案可用小偷小摸的内容作准绳，暴力案件可用伤害的内容作准绳等等。

犹他技术的另一个突出贡献是扩大了指导谎测试（Utah Directed-Lie Comparison Test，DLC）技术的使用范围，20 世纪 60 年代末期只有少数美国联邦政府机构的测试人员使用，经过犹他技术在调查测试中的使用和推广，1993 年以后指导谎测试大量应用于反谍报防破坏（Test for Espionage and Sabotage，TES）等筛查测试中。随着上述测试的兴起，更多的研究开始关注于指导谎测试的准确率、有效性，以及抗反测试的能力，由此带动了犹他技术的使用数量和范围的不断增长。

指导谎测试问题由评估人员指定被测人对准绳问题进行虚假回答，它似乎能从一定程度上克服评估人员在使用可能谎测试（Probability-Lie Comparison Test，PLC，亦称里德准绳）中遇到的所谓难以标准化和对测试的信任问题。

可能谎测试是从被测人的个人经验或习惯等方面入手，被测人的不同可导致准绳问题非常宽泛，特别是对于有过被测试经历的或者对测试技术有所研究的被测人可能无法产生相应的反应，这种现象的出现大大动摇了准绳问题测试的理论基础，使得指导谎测试顺势而生。

指导谎测试的原理与可能谎测试非常相似，即假定被测人的注意力要集中在他们应该关注的问题上，即规定对指导谎问题做虚假回答时，诚实的被测人就应该关注这个问题，而有罪的被测人应该关注的是相关问题。指导谎问题在测试时是干扰者的角色，理想状态是让诚实的被测人产生一个反应，但不应对有罪被测人相关问题上的反应构成干扰。对任何技术的标准化和简单化都能够增加评判者间和复测信度，而这两个信度是提高效度的基础。因此从心理学的角度来说，指导谎测试易标准化操作，具有更高的表面效度。虽然对指导谎测试的信度研究并不很多，从目前的研究成果看，其信度应该至少不差于可能谎问题，另有研究指出，使用指导谎测试技术会提升对有罪被测人的灵敏度和无罪被测人的特异性。

但是需要注意，测试人员在使用指导谎测试时，应该寻找和遵循适合的准绳问题开发方式。

2. 犹他准绳问题测试结构

犹他结构秉承了贝克斯特的基本内容，但更加注重准绳与相关之间的次序，通常要求准绳问题应放置在欲进行比较的相关问题之前。与美国军方开发的修订的一般问题测试技术相比，犹他结构更具灵活性。经典的犹他准绳问题测试有两种格式，即所谓的三问题格式和四问题格式。

（1）三问题格式（Three-question Format）。三问题格式最初设计的是典型的单主题（Single-issue）测试，但是后来也被用于单主题多侧面（Multiple-facet）测试中，现在更是演化出诸多变体。

表 5.18 是经典的三问题单主题唯你（Single-issue You Phase）测试格式，是对一起银行抢劫案嫌疑人进行的测试。注意三个相关问题中用词差异。

表 5.18　犹他准绳测试技术三问题格式

序　号	题目属性	题目内容
1	I1	Do you understand I will only ask you the questions we discussed?
2	SR1	Regarding whether or not you robbed that bank, do you intend to answer all of these questions truthfully?
3	I1	Are the lights turned on inside of this room right now?
4	C1	（Before turning X,）did you ever do anything that was dishonest or illegal?
5	R1	Did you rob that bank located at in Austin?
6	I2	Are you now physically located within the State of Texas?
7	C2	（Between the ages of X and Y,）did you ever take anything that did not belong to you?
8	R2	Did you rob that bank located at in Austin last Thursday?
9	I3	Do you sometimes listen to music while riding in a car?
10	C3	（Before age X,）did you ever take anything from a place where you worked?
11	R3	Did you rob that bank alone?

其中，相关问题的核心句式始终是"Did you rob that bank…"，这是单主题唯你测试的主要特征，准绳问题均采用的是排他型。需要注意的是，此结构将中性问题、准绳问题、相关问题紧密呈现，形成了三个相对独立的问题区域（Zone），从中可以看出贝克斯特的区域比较测试（ZCT）对犹他准绳问题测试技术的影响。

对单主题多侧面（Multiple-facet）测试，三问题格式有两种选择：一是前两个相关问题意思相近，而第三个问题则有所变化，如可以探寻证据、核查知情等；二是三个相关问题分属调查的不同方向（阶段）。需要特别注意，在所有相关问题上出现一致性反应的被测人，测试准确度高于出现非一致反应的被测人，无论是无辜还是"有罪"均如此，因此测试人员在设置相关问题时，特别是涉及知情的题目时，应该考虑选择能够让被测人产生一致性反应的题目。仍以前述的案情作为材料，单主题多侧面测试题目如下表5.19。

表5.19　单主题多侧面测试题目

序　号	题目属性	题目内容
1	I1	Do you understand I will only ask you the questions we discussed?
2	SR1	Regarding whether or not you robbed that bank, do you intend to answer all of the questions truthfully?
3	I1	Are the lights turned on inside of this room right now?
4	C1	Did you ever steal anything from someone who trusted you?
5	R1	Did you rob that bank located at in Austin?
6	I2	Are you now physically located within the State of Texas?
7	C2	Did you ever steal anything from a friend or family member?
8	R2	Did you plan or arrange with anyone to rob that bank?
9	I3	Do you sometimes listen to music while riding in a car?
10	C3	Did you ever steal anything from a place you worked?
11	R3	Did you participate in any way in the robbery of that bank?

（注意，此表中的准绳问题是非排他型准绳。）

（2）四问题格式（Four-question Format）。四问题准绳测试格式成型于2006年美国国防部多道仪测试技术研究所，此格式为测试人员提供了更大的灵活性，可在一组测试中一次处理一个主题的四个目标项，题目建构原则与三问题格式一致，但在打分时需要同时考虑相关问题周边的两个准绳问题。

N3 Neutral（optional），这个中性问题可以根据测试人员的需要插入使用，目的是为了平复被测人的反应。见表 5.20。

表 5.20 简要的四问题格式

序　号	属　性	备　注
1	I1	Introductory
2	SR1	Sacrifice Relevant
3	N1	Neutral
4	C1	Comparison
5	R1	Relevant
6	R2	Relevant
7	C2	Comparison
8	N3	Neutral（optional）
9	R3	Relevant
10	R4	Relevant
11	C3	Comparison
12	N2	Neutral

3. 犹他技术测试过程

（1）测前谈话。犹他强调，通过测前谈话，测试人员能够面对面地了解测试需要解决的问题，同时也可以采集到一些通过材料无法得到的被测人的背景材料和身体状况信息，为该被测人是否适合接受测试提供判断，以及可以通过行为和情绪判断，对被测人形成一个总体印象，使测试问题更具针对性，且准绳问题的开发也是在这个阶段完成的。在此阶段测试人员还要对被测人介绍和说明测试室内的相关设施，犹他测试特别强调全程记录，因此还要对被测人进行录音录像的告知。

一般来说，测试人员不能够随意打断被测人的陈述，但需要提醒时一定要指出，主要是让被测人明白，他的陈述固然重要，可我们更需要的是事实本身。而对于被测人陈述中的矛盾，测试人员并不需要立即专门指出，不要与被测人发生争执，告知被测人作直率和简洁的陈述。

测试人员坦诚介绍测试设施和测试过程，是一种职业的体现；对被测人的问题简洁、准确的回答，能够营造出更加职业和信任的测试氛围。

（2）数据采集。测前谈话结束后，开始给被测人佩戴传感器，进行数据采集的准备工作。在佩戴传感器的同时，可以向被测人介绍仪器设备、传感器和测试的功能，这样的介绍可以起到舒缓被测人紧张情绪的作用，同时也暗示被测人应该如实回答。

当传感器佩戴完成后，即可进行适应性测试（刺激测试），主要目的是监测被测人的基本生理反应状况，一般采用已知结果的紧张峰测试模式，通常是让被测人在纸上写出3~6之间的一个阿拉伯数字，设计的问题序列是从1到7。

通过适应性测试，测试人员认为被测人适宜继续测试时，即可进行正式测试。测前需要将测试问题一一呈现给被测人，并确认其正确理解。这个过程中视被测人情况而定，可以戴着传感器，亦可解开传感器。特别指出，接在手指上的皮肤电传感器应该解开，开始数据采集时再行连接。

题目的呈现顺序为：①中性问题，②牺牲相关问题，③相关问题，④准绳问题。

牺牲相关问题和相关问题的设置一定要清晰明了，直指测试目的，不允许出现词义模糊或可产生歧义理解的问题。题目尽量使用简单问句式，能够让被测人用"是"与"不"回答。避免使用黑话和过分专业的术语，包括法律术语。通行的做法是尽量控制或诱导被测人在相关问题上回答"不"。

对于准绳问题，犹他技术依照准绳设计的目的，遵循准绳设计的原则和标准进行题目编制。犹他技术还推荐了标准的准绳问题测试模式，但在实操中并不禁止使用其他形式的准绳问题测试。

理想的中性问题就应该不会对被测人造成过分刺激，能够让被测人尽快平复情绪，测试中鼓励被测人在中性问题上回答"是"，但这并不意味被测人不能回答"不"。成熟的测试人员会与被测人探讨中性问题的内容，使其能够发挥出有效的作用。

为检测被测人是否有在测前谈话时未涉及的重要关注点，早期犹他技术在测试中曾使用过症候（Symptomatic）问题。后发现症候问题的效用非常有限，甚至有时会对无辜被测人起到反作用，后来便不再使用。

题目全部讨论结束后，检查并佩戴好传感器，要求被测人平静地坐在测试椅上，对每个问题进行诚实回答。犹他技术不主张测试的形式具有过分的强迫性，而是要营造相对宽松的测试氛围。如测试人员可以对被测人说："我需要你在听问题和回答问题时保持平静，因为你的动作可能会引起图谱的混乱，这样我就会对你进行再次测试，你会要在这里待更长的时间。那么你愿意保持平静吗？"

在测试题目顺序上，犹他技术建议：测试人员在进行第二遍或随后的测试时，要把题序进行适当的调整。目的是为了防止被测人的习惯化反应。

四问题格式调整的参考模式：

第一遍：I1, SR2, N1, C1, R1, N2, C2, R2, N3, C3, R3

第二遍：I1, SR2, N2, C3, R2, N3, C1, R3, N1, C2, R1

第三遍：I1, SR2, N3, C2, R3, N1, C3, R1, N2, C1, R2

四问题格式的测试：

第一遍：I1, SR2, N1, C1, R1, R2, C2, N3（N3 is optional），R3, R4, C3, N2

第二遍：I1, SR2, N2, C2, R1, R2, C3, N3（optional），R3, R4, C1, N1

第三遍：I1, SR2, N1, C3, R1, R2, C1, N3（optional），R3, R4, C2, N2

显而易见，上述调整使得每个相关问题和每个准绳问题在三遍测试的过程中都有机会相临，如果三遍测试后结果仍是不结论，可以再增加两遍测试，题目的呈现方式可以和第一遍、第二遍相同。

犹他技术在三遍测试结束后即可对图谱打分，但不主张立即告诉被测人测试已经结束，因为有可能需要进行第四遍和第五遍的数据采集。2006年，美国国防部多道仪测试技术研究所建议只允许增加一遍测试。

在两次图谱采集的中间，测试人员应该通过测间谈话让被测人对相关和准绳问题进行再次确认。适当的测间谈话，哪怕只针对一个问题，无论是相关问题还是准绳问题，都能够有效地提升测试的相关效度。如果测试人员通过测间谈话后更改了后面的测试题目，犹他技术规定要对更改的题目进行标注，并把每一个经历过测间谈话后的测试都当作一次新的测试。

下面是犹他技术的测间谈话示例：

问：你对刚才问的问题有什么要说的吗？

答：没有。

问：有没有通过我的提问让你想起了什么？

答：没有。

问：有关毒品上的问题你听清楚了吗？明白说的是什么吗？

答：是。

问：关于在这些问题上说谎，你有什么想法吗？

答：没有。

犹他技术从诞生之日就不鼓励刻板和简单的套用，这或也是它至今仍能长盛不衰的原因之一。其实对于实践者来说，最重要的是掌握测试技术的实质，灵活运用各种测试技术，那些认为只要稍有偏离就会导致灭顶之灾的测试人员是不称职的。

（五）小结

如前所述，里德技术的最大遗憾就是未能及时走上数字评估之路，而让贝克斯特在这个方面占得先机。

测试过程虽然在里德技术和贝克斯特技术中已经有了重要地位，但犹他技术的提出，使准绳问题测试技术不仅充实了理论基础，在实务方面，许多纯专业的研究也证实了它的信度和效度水平，研究者们为提高技术的信度和效度付出了极大的辛劳，包括无数的田野实验和模拟实验。三十多年过去了，用如今的观点来看，犹他技术在某些方面已经略显保守，特别是该技术提出三张图谱不结论时需要再进行两张图谱的数据采集。从科学的角度来说，数据越多结果的可信度能够增加，但是就此导致效率低下，使得实践者对此有所抱怨。尽管如此，犹他学者开启的道路却无疑为后来者指明了方向。

四、系统（调查）测试（SPEI）

（一）概述

系统（调查）测试（Systemic Polygraph Examination for Investigation，SPEI）是按照信息探查基本思路，利用信息耦合原理，在被测人心理信息反应模型（两个分布）基础上，结合具体测试实践，系统化、实用化总结形成的研究成果。

系统（调查）测试（SPEI）由基本测试和精细测试组成，是根据心理信息最小测试量的要求，不仅能够对正常被测人施测，而且还可以通过有偏测试对"污染"和"漂白"的被测人实施有效测试的一项技术。

精心组织的系统（调查）测试可以实现以信息探查为指导，心理信息为核心，信息耦合为基础，黑箱理论为依托，通过共情共理的测试方式，探寻出被测人（或嫌疑人）准确的心理信息反应点之目的，进而能够帮助确立起一种证据方法。这样的证据方法不仅有助于改善司法人员对多道仪测试的认识，而且能够提升普通民众的证据理念，在原有的调查手段基础上，自身再发挥出更大的作用。

实践发现，系统（调查）测试具有非常好的鲁棒性（robustness），即它虽为犯罪调查测试而设，但是它的效用却也非常适合于筛查测试及监查测试，从而成为品性评估之多道仪测试的坚实基础。

品性评估之多道仪测试的许多概念基础均源自系统（调查）测试，熟练掌握这个方法是正确实施品性评估的基础，为了完整、深刻地理解系统（调查）测试对品性评估的意义和价值，在此进行详细介绍。

（二）系统（调查）测试结构

系统（调查）测试结构是紧密围绕系统（调查）测试主题构建的测试结构，由基本测试和精细测试两个部分组成。

1. 基本测试

（1）概述。基本测试是为满足能够形成测试结果判断的测试最小量要求而进行的测试，是系统（调查）测试的主轴和中心，设置目的是为了保护无辜，即可以通过基本测试为无辜的嫌疑人提供"清白证明"。从结构形式上看，基本测试可由若干单元测试组成（见图5.2）。

（2）主要形式。系统（调查）测试中，两组多目标准绳问题单元测试和一组隐蔽信息单元测试组合（2+1组合）是基本测试的骨干形式。

①"2+1组合"包含的相关测试点（主题）一般不少于7个。

②满足测试最小量要求的任何测试组合都可以构成基本测试。

③对被测人应率先施测基本测试。

④对"通过"基本测试的被测人无须进行精细测试。

（3）构建原则。系统（调查）测试的基本测试结构旨在确定被测人与评估的案（事）件之间是否存在关系。如果被测人通过了基本测试，可表明其与评估的案（事）件无关或关系不紧密，也就不再需要对被测人进行精细测试；如果被测人没有通过基本测试（或无法明确是否通过基本测试），可表明其与评估的案（事）件相关或不能确定其与评估的案（事）件是否相关，就要对被测人进行精细测试，以确定其与评估的案（事）件之间的真正关系。鉴于基本测试具有区别性特点，所以基本测试有时也称为区别性测试，是测试必须保证的施测内容。

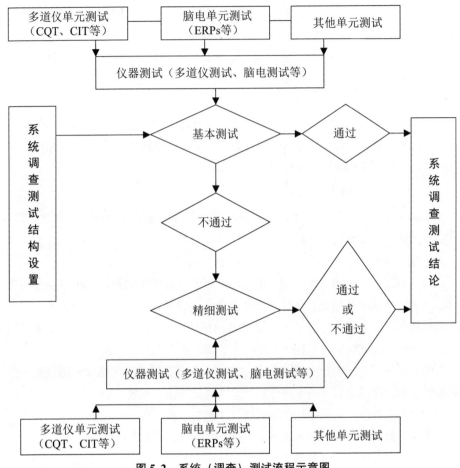

图 5.2 系统（调查）测试流程示意图

2. 精细测试

（1）概述。精细测试结构用于检测通过基本测试确定需要进一步进行检测的被测人，即基本测试确定其与评估的案（事）件存在相关关系的被测人，因而是基本测试的辅助和延伸。主要是用来解决"不通过"基本测试的被测人与评估的案（事）件之间如何相关和相关程度深浅的问题。为了实现这个目的，精细测试则要实现验证性、搜索性和扩展性之要求。从结构形式上看，精细测试也由若干单元测试组成（见图 5.2）。

（2）主要形式。多道仪测试中，通常由一系列（n 个）CIT 测试构成，n≥3 为宜。

（3）构建原则。

①验证性。验证性主要是指使用具体、特定的事实、情节构建的精细测试，如除了被测人和测试人员之外没有人知晓而被测人留下深刻记忆的具体情节。精细测试的验证性意在验证经基本测试确定与评估的案（事）件相关的被测人，以致达到确信的水平。当然，有时验证性也可体现在确定被测人与评估的案（事）件是否存在相关关系。

②探索性。探索性是指利用精细测试对被认定与评估的案（事）件相关的被测人进行心理信息探查的多道仪测试。在调查测试功能中，探索性测试经常作为侦查手段使用，有助于确定侦查方向、查找物证、寻找赃物下落等。而在筛查测试或监查测试中，探索性常常为进一步探明被测人与评估的案（事）件相关的细节提供帮助。

③扩展性。扩展性是指用精细测试解决被测人与评估的案（事）件精确相关的问题。在犯罪调查测试中，扩展性是指用精细测试解决被测人与调查的案件相关之外是否还有其他的问题，是为了扩大战果而设置的测试，实战中经常使用扩展性测试主题测试实施过多宗同类或一类刑事案件的非初犯被测人，以期达到深挖余罪所需的心理信息。

④非求全性。显然，并非对于每一个被测人的精细测试都要达到验证性、搜索性和扩展性。实践中经常是根据案件的具体情况设置不同种类和不同数量的精细测试主题，同时根据测试的进展情况灵活确定和使用测试主题的种类和数量。

（三）基本测试与精细测试的关系

（1）主辅性，即基本测试为主，精细测试为辅。

（2）时序性，即基本测试施行在前，精细测试施行在后。

（3）递进性，即只有基本测试结果出来后才可以决定精细测试是否施行，如果已经可以证明被测人"通过"基本测试，一般精细测试便不再施行。而当被测人"不通过"基本测试时，精细测试一定要施行，并且通常是对基本测试相关问题的展开和深入，即体现验证性、探索性和扩展性之特性。

（4）系统性，即基本测试与精细测试之间不是简单孤立的关系，其具有内在的联系性，需要依事依人的特点仔细设置，互为呼应。

（四）要求

1. 恰当区分基本测试与精细测试

基本测试的目的是保护无辜，因而原则上应对无辜造成最小的测试干扰，这也是测试最小量原则的一个价值体现。而精细测试则是对基本测试"不通过"的被测人才施行的测试，所以一定意义上要具有识别有罪的功能。因此就系统（调查）测试而言，基本测试是保障型的，是测试的中心内容，须尽力保质保量施行；而精细测试是发掘型的，是测试的扩充内容，可以视情形决定扩充和伸展的深度与广度。此二者合理区分意义之重大不言而喻。

2. 合理配置单元测试内题目结构

这是单元测试组织的核心，在单元测试介绍时将详细说明。为了使被测人在接受系列问题刺激时能够有一个平缓的适应过程，尽管系统（调查）测试的每个单元都会涉及多个测试问题，但这些问题的刺激强度是有差别的，所以在不同测试题目之间合理组合与配置十分重要。

3. 合理配置单元测试间结构内容

系统（调查）测试结构是单元测试组成的测试（刺激）系统，如何组合测试结构内容不是随意的过程。合理区分基本测试与精细测试是结构配置的第一步，之后在基本测试和精细测试框架下还应将呈现的刺激按照主题分类，尽量将相近的主题集中在某个（些）单元测试内，使单元测试既有独立性，又有联系性。如在犯罪调查测试中有的单元针对物证进行提问，有的单元针对被测人所在位置进行提问等，总的测试主题问题按照整体测试思路系统安排，这样不但可以让被测人在整个测试过程中保持持续而且平稳的关注，而且使每个单元测试主题清晰，让被测人易于辨识和集中注意力，并能够为图谱评析和判断带来极大的方便。

什么样的命题产生什么样的图谱，评图的基本原则就源于此。

（五）单元测试

如图 5.2 所示，单元测试是构成系统（调查）测试的基础成分，其意义和价值显而易见。就多道仪测试而言，单元测试主要有两大类：一类称为准绳问题测试，另一类为隐蔽信息测试。多道仪测试的单元测试通常要重复进行三次。

1. 准绳问题测试（CQT）

（1）定义。准绳问题测试，或称比较问题测试，是一类多道仪测试题目编排方法的总称，其基本原理是用被测人对准绳问题（比较问题）和相关问题的心理生理反应差异来判断被测人对相关问题是否存在异常心理压力。

系统（调查）测试中准绳问题测试可以用于检测概括性主题，也可以用于检测分析性主题，常在基本测试中出现。因此建议测试人员更多地将其用于检测概括性测试主题。

准绳问题测试的题目结构要求每组测试题目必须包含有相关问题（用 R 代表）、准绳问题（比较问题，用 C 代表）和不相关（中性）问题（用 I 代表）三种类型的主要测试问题。对相关问题和准绳问题的编制一定要依照被测人的心理信息单元（PiC）为据展开。

准绳问题测试结构的一般表述是"你是不是……?"或"你是……吗?"，并要求被测人员做出"是"或"不是"的回答。无论是相关问题、不相关问题，还是准绳问题，准绳问题测试的刺激呈现方式、被测人员的回应方式都一样。使用准绳问题测试时，如果被测人在准绳问题上的反应强于相关问题，那么测试人员就会认为该被测人与所测试的相关问题无关；反之则认为该被测人与所测试的相关问题有关，由此可见准绳问题的"准绳"效果。

（2）相关问题（R）。也叫主题问题，传统理解是一类与测试目的直接有关的问题；从证据角度说是能够为人与事（人）之间提供某种关系关联性证明的问题；而从心理信息角度说是可能与"有罪"被测人的"有罪"心理信息单元发生耦合共鸣的（刺激）问题。

相关问题从内容上来说，是真正犯罪嫌疑人知道、了解但不能或者不愿意被别人（尤其是调查人员）知道和了解的问题；是无辜的被测人不知道、不了解或者知道、了解程度不够深入的问题。而从形式上来说，一是需要有意引导或控制被测人使其能够以否定回答（不）来完成一个问答回合，二是不产生歧义。具体形式和要求有：

①一级（主）相关。所谓一级相关（也叫主相关），采用可能与被测人直接相关的事件为基础设置题目内容，即以被测人可能直接参与、实施等为前提的问题，如"是你干的吗?""是你拿走的吗?"等，具有直接、简洁、刺激性强等特点。一级（主）相关问题主要出现在基本测试中。

②二级（次）相关。二级（次）相关问题，是判断被测人可能处于知道和了解的评估信息，如"你知道 XX 在哪里吗?""你了解这件事是如何发生的吗?"等，具有间接、温和等特点。在基本测试与精细测试中都有出现，而且隐蔽信息测试的主题问题多为二级（次）相关。

③禁止否定发问。所谓否定发问，是指诸如"你不知道是谁干的吗?""不是 XX 干的吗?"等这类否定问句，因为其简单回答"是"或"不"都会引起歧义而被禁用。

④引导否定回答。原则上，相关问题设置尽可能让被测人回答为"不"，常

在陈述核查测试时使用。例如被测人陈述"我去过 XX 地",如相关问题为"你去过 XX 地吗?"被测人会回答"是",可能会引起准绳问题与相关问题回答不一致。此时恰当的相关问题应设置为"你说你曾经去过 XX 地,这是编造的吗?"通过如此设置,引导被测人做出"不"的回答,从而可消弭掉被测人在准绳与相关问题回答上的不同可能造成的评图影响。

(3)不相关问题(Irrelevant Question,I)。也叫中性问题,是与测试目的不直接相关的问题,通常作为引题、过渡和划分测试区域使用。

(4)准绳问题(Control Question or Comparison Question,C)。又称比较问题,是用来和相关问题进行比较的一类问题,可以说是一类特殊的相关问题,主要用于刺激无辜的被测人形成自发反应,从心理信息角度说指的是可能与无辜被测人的无辜心理信息单元发生耦合共鸣的(刺激)问题。所以一般来说,能够触发无辜被测人形成基本生理反应的问题,都可以成为准绳问题。

①强准绳与弱准绳问题。所谓强准绳与弱准绳问题是根据心理信息层级性特点,针对无辜被测人设计的准绳问题分类。强准绳描述的是直接、具体、单一的刺激性(准绳)问题,多从感觉层面去体现,如"XX 时间,你抢劫过一个行人吗?",常和一级相关问题配对使用;而弱准绳描述的则是间接、抽象、复合的刺激性(准绳)问题,多从知觉层面去描述,如"你曾经欺骗过朋友吗?"等,常和二级相关配对使用。从记忆的角度分析,所谓强准绳问题多涉及最基础和原始的材料,重点在"记"的层面,而弱准绳问题则多涉及加工、推理、认知后的材料,重点在"忆"的层面。由于筛查测试缺乏调查测试能够涉及的具体的案件事实材料,所以筛查测试使用的多属弱准绳问题。

②模拟准绳问题。与里德的犯罪情结准绳极为类似,指的是在测前谈话时就要调查案(事)件的基本轮廓模拟出一起类似事件谈及被测人,可以通过强化地点、时间等相关因素上的差异与要调查案(事)件进行区分。在施测时准绳问题的内容就模拟事件展开。如要调查发生在"1 号路"的交通事故,可以告诉被测人说"5 号路"发生过一起交通事故需要一起调查。此时准绳问题可设为"5 号路的事故是你引起的吗?"

③指导准绳问题与可能准绳问题。指导准绳问题,通常在正式测试前的刺激测试中进行铺垫,明确要求被测人对刺激测试的目标问题进行否定回答,并将此题用于之后的准绳问题测试中,故而被称为指导准绳问题。如刺激测试选扑克牌测查,被测人选中的牌面是红心 5,被明确要求进行否定回答,同时要求被测

在后面的准绳问题测试中出现问题"你拿的是红心 5 吗？"时一直否定回答。"你拿的是红心 5 吗？"成为指导准绳问题。

如前所述，在犹他技术中开发出的也是指导准绳问题，也被称为指导谎准绳（DLC）。

可能准绳问题，是上述强准绳与弱准绳问题的另一个称谓，为与指导准绳问题进行对比而命名。

④中性准绳问题。纯粹为了触发被测人形成基本生理反应，与案件无关，但与被测人相关的一类不相关问题，称为中性准绳问题。因里德在论文《谎言检测中修订的提问技术》中仅标注了两类准绳，所以对这类准绳问题关注较少。其实在文中，里德已意识到表 5.10 中的问题 4："Did you ever smoke?"会在被测人确实抽烟但否定回答时可导致被测人产生一个自然反应，这或也可以认为是里德对准绳问题类型的另一个贡献。

中性准绳常用在通过其他类型准绳问题测试已经基本能够推断出被测人属于"无辜"时，它的使用具有一种较明显的确认色彩。2009 年以色列人阿维塔尔·金同（Avital Ginton）在美国多道仪测试技术协会会刊《多道仪》发表论文《相关主题比重（GIT）强度——心理生理欺骗检验的新概念》[Relevant Issue Gravity（GIT）Strength-A New Concept in PDD]，讲述了他利用被测人对颜色的喜爱程度进行准绳开发并取得很好效果的过程，指出这类准绳的开发可以在测间谈话中进行，在第三遍施测前与被测人就其喜欢的色彩（甚至球队、歌星等亦可）进行讨论，假定被测人称喜欢蓝色，那么施测时可用"你喜欢黑色吗？"或"刚才你说喜欢蓝色，是假话吗？"作为准绳。需要提示的是，这类问题开发，对于超级球迷或星迷在选择球队和明星时，不要选择对立性太强的目标放入题目。

⑤大准绳问题（big control questions，BCQ）。大准绳问题特指在系统（调查）测试的隐蔽信息测试中，可把所有陪衬问题当成一个准绳问题来处理的技术方法。因此这里的大（big）意味着多（more），将一般意义上理解的一个准绳问题转化为一群（组）准绳问题。这部分内容在下面一节具体讲解。

2. 隐蔽信息测试（CIT）

隐蔽信息测试，一类多道仪测试方法的总称。

（1）两类核心问题。

①关键问题（Key Question，K）。又称相关问题、主题问题、目标问题、靶问题等，隐蔽信息测试中的相关问题大多属于二级（次）相关问题类型。

②陪衬问题（或称背景问题，Background Question，B）。可分为一般陪衬问题和特殊陪衬问题。

一般陪衬问题，指的是与关键问题同类、同属性的一系列问题。

特殊陪衬问题，指的是施测前有意与被测人就将要进行测试的关键问题进行明确探讨的一类问题，也叫伪主题问题或伪关键问题，作用类似于准绳问题。

（2）已知隐蔽信息测试结构和未知隐蔽信息测试结构。根据测试人员对测试主题的了解程度，隐蔽信息测试结构可以区分为已知隐蔽信息测试结构和未知隐蔽信息测试结构。

（3）隐蔽信息测试的使用。隐蔽信息测试多在精细测试中使用，其更加关注隐藏于被测人记忆中的心理痕迹，能够实现对涉案关键信息的准确识别与提取。

（4）刺激形式。隐蔽信息测试除了传统的言语刺激方式外，有许多其他类型的刺激方式也可以使用，如出示图像、播放声音、动画等，有时使用这些刺激会比使用言语刺激的效果更好，但通常这类刺激出现时仍伴随着相应的言语刺激。

3. 准绳问题测试题目结构

系统（调查）测试结构是围绕测试主题进行构建的，由基本测试和精细测试组成。而基本测试和精细测试的基本单元仍采用传统多道仪测试的准绳问题测试（CQT）和隐蔽信息测试（CIT）形式。

（1）单主题多侧面（Multi-facets）结构。系统（调查）测试中的准绳问题测试更多使用的是单主题多侧面结构，有时也被称为单主题多目标测试，常在基本测试中出现。

一个多侧面准绳问题测试单元中相关问题的设置应具有一定的内在逻辑性，准绳问题用于触发被测人的基本心理生理反应，对于是否能让被测人说谎不作专门要求。

以某杀人案测试为例，一组典型的系统（调查）测试单主题多侧面准绳问题测试如表 5.21。这组题目编排具有典型的 R-C-R 区域比较结构的特点，C3 放在最后，可作为纵向比较的参考。另外从题目内容可发现，这组题目并未要求被测人对所有问题都回答"不"，因此测前谈话应着重强调被测人的如实回答。

所以说，系统（调查）测试没有对格式进行死板僵化的规定，只要符合题目编制原则的要求均可使用，为格式选择提供了最大的灵活性。如此一来，前文所述的里德、贝克斯特、犹他以及修订过的一般问题测试（MGQT）等格式均可成为其基本选项。下面再推荐几种准绳问题单元测试题目编排格式供参考，仍以单主题多侧面（multi-facets）形式为主：

①I1（不相关）—SR1（牺牲相关）—C1（准绳问题1）—R1（相关问题1）—C2（准绳问题2）—R2（相关问题2）—C3（准绳问题3）—R3（相关问题3）

②I1—I2—I3（SR）—R1—C1—R2—I4—R3—C2—R4—I5—I6

③I1—I2—R1—C1—R2—I3—R3—C2—R4—I4

④I1—I2—C1—R1—I3—C2—R2—I4—C3—R3—I5

⑤I1—I2—R1—C1—I3—R2—C2—I4—R3—C3—I5

⑥I1—I2（SR）—R1—C1—R2—I3—R3—C2—R4—C3—I4

表5.21 系统（调查）测试单主题多侧面准绳问题测试题目

序 号	题目属性	题目内容
1	I1	你是XXX吗？
2	SR1	你愿意如实回答我的问题吗？
3	R1	你为王某某的出事做过准备吗？
4	C1	你去过一些你不该去的地方吗？
5	R2	出事那天，你到过王某某家的鸭棚吗？
6	I2	你经常抽烟吗？
7	R3	出事那天，你在鸭棚里干过什么吗？
8	C2	你曾经抢过别人的东西吗？
9	R4	出事那天，你袭击了王某某吗？
10	C3	你还有什么隐瞒吗？
11	I2	你的回答都是实话吗？

（2）单主题唯你结构。与单主题多侧面测试格式对应的是通常所说的传统单主题唯你测试，这种格式在系统（调查）测试中使用频率不高，有时在精细测试中作为隐蔽信息测试的补充使用。表5.22为一组系统（调查）测试的单主题唯你测试的题目内容与结构。

本组3、4、5题构成了一个SKY测试结构，相当于两个准绳问题和一个一级（主）相关问题的测试结构形式。

表 5.22　系统（调查）测试单主题唯你测试

序　号	题目属性	题目内容
1	I1	你是叫 XXX 吗？
2	SR1	有关 XX 被害的一些问题，你愿意如实回答吗？
3	S	你怀疑这件事是别人干的吗？
4	K	你知道这件事是谁干的吗？
5	Y	这件事是你干的吗？
6	C1	除了你告诉过我们的，你还有其他隐瞒吗？
7	R1	是你干了这件事吗？
8	I2	你现在是在 XX 地吗？
9	C1	你干过一些对不起朋友的事吗？
10	R2	XX 是被你伤害的吗？
11	C2	你经常骗人吗？
12	I3	你的回答都是实话吗？

更简单的一组单主题唯你测试题目内容与结构形式如表 5.23。

表 5.23　单主题唯你测试

序　号	题目内容
1	你是叫 XXX 吗？
2	有关 XX 银行被抢的一些问题，你愿意如实回答吗？
3	准绳问题
4	XX 银行被抢这件事是你干的吗？
5	准绳问题
6	XX 时间你抢劫了 XX 银行吗？
7	准绳问题
8	抢劫 XX 银行的人中有你吗？
9	你的回答都是实话吗？

4. 隐蔽信息测试题目结构

隐蔽信息测试均属单主题单目标测试。

（1）一般形式：

① （I1）不相关问题一

② （I2）不相关问题二

③ （B1）背景问题一

④ （B2）背景问题二

⑤ （K）关键问题

⑥ （B3）背景问题三

⑦ （B4）背景问题四

⑧ （I3）不相关问题三

问题③～⑦一般在问题⑦后打乱次序继续第二次测试，并再次打乱次序进行第三次测试。

（2）紧张峰测试（POT）与犯罪情节测试（GKT）。紧张峰测试与犯罪情节测试为隐蔽信息测试的特殊情形，在系统（调查）测试中一般不作特别区分。

（3）已知（隐蔽）信息测试。已知（隐蔽）信息测试是针对特定犯罪情节的测试方法，用于检测被测人对特定犯罪情节是否了解，以此判断被测人与特定事件的关联程度。选用已知（隐蔽）信息测试必须满足以下条件：

①犯罪情节（信息）保密状态好，没有公开，其他无关人员不了解。

②犯罪情节（信息）必须是准确可靠的。

③有理由认为犯罪情节（信息）是罪犯有意识的行为结果或者能对罪犯的记忆影响深刻。

④被测人明确表示不知情的。

（4）未知（隐蔽）信息测试。未知（隐蔽）信息测试是利用被测人对相关问题产生的心理生理反应强烈程度来探查被测人对这个相关问题是否知情的测试方法，也叫搜索测试或探查测试等。

①对于所评估的案（事）件，当需要探查只可能是当事人或行为人知道的情节时，可使用未知（隐蔽）信息测试对被测人进行测试。

②未知（隐蔽）信息测试的测试题目中没有确定的关键问题，必须包括能考虑到的所有可能性，即通过上述题目测试检测被测人与哪个（些）问题更相关，以此来探查出评估案（事）件中的未知信息。

（5）大准绳问题测试。系统（调查）测试中的大准绳问题测试实为隐蔽信息测试，是一类多道仪测试方法的总称，其核心问题有两类：一是相关问题，隐蔽信息测试中被称为关键问题（K）；二是大准绳问题，隐蔽信息测试中被称为陪衬问题、背景问题（B）等，一般有若干个，而且多与相关（关键）问题同类、同属性。

5. 小结

系统（调查）测试强调的是系统的整体性和开放性，摒弃局部性、神秘性和封闭性，所以读者尽可以在基本原则的要求下自由发挥。另外，大准绳问题测试的提出，既是一种传承，同时又是提高，非常精到地体现出了扬弃的效果，如果读者在此感觉尚不完全，那么在图谱数据处理部分会更完整地发现其意义和价值。

（六）系统（调查）测试应用类别

系统（调查）测试设计的初衷主要是为案件调查之需求，最初应用范畴也仅限于此，随着不断尝试扩大应用范围，发现这种测试思想亦可满足筛查与监查之需，测试架构已经涵盖了筛查测试与监督监查测试的基本需求。

1. 调查测试

调查测试包括两个层面的内容：首先是证据测试，即按照《刑事诉讼法》之鉴定意见标准实施的测试，测试结果不仅需要达到定罪标准的要求，而且还要做好充分的质证准备，以备成为定案（罪）证据随时出庭答辩。其次是侦查测试，为调查提供补充与辅助的测试，测试结果以提供侦查线索和发现新证据为首要目的，条件成熟时亦可转化成证据性测试。

（1）证据测试。对已确定发生的案（事）件涉案人的测试，多属此类。当案件现场清晰，必要证据形式具备，只需要确定人与事的直接对应关系时，是此类测试的最佳条件，亦被称为界定良好的案件测试。

此类测试题目与结构按照前文叙述的基本原则操作即可，基本测试可用"2+1"组合，通常其中隐蔽信息测试需要根据测前谈话获取的信息再行确定。精细测试由数个单元的隐蔽信息测试组成。

证据测试通常可以根据先期调查结果将涉案人员进行分类，按照重点嫌疑人、一般嫌疑人和知情人等分别制定测试方案，进行针对性测试准备。

测试开始，还需要根据测前谈话内容对测试题目进行必要调整。如测前谈话时发现被测人已确认测试中的某些相关问题，声明自己"干过""知道""听说过"等，那么与之对应的相关问题内容须进行调整。这也是测前谈话（或测间谈话）的重要意义所在。因此，测前准备可以编制若干组测试题目，但实际测试中基本测试与精细测试的进行则要因人而异。

（2）侦查测试。

①探查测试。调查案（事）件主体发生但其全貌尚未展示，需要进一步对案件进行探查的测试，多属此类。最常见的调查测试类型，大多属于界定不良的案件。此类测试的重点在于信息探查，目的是为了发现，同时亦可兼顾证明。

此类测试题目与结构按照前文叙述的基本原则操作即可，基本测试除了可用"2+1"组合，还可以灵活采用其他符合测试原则要求的模式。因为重点在于发现，所以精细测试多由数个单元的探索性隐蔽信息测试组成，并且注意与基本测试的相关问题有所呼应。

②核查测试。对未确定发生的案（事）件相关人测试，多属此类，如对于只有口供而暂无其他证据甚至连作案现场都没有的嫌疑人实施的测试。例如，某在押人员在接受审查时声称自己曾经将一个卖淫女骗杀后沉尸湖底，但调查人员并未在所述地点发现尸体。为了辨识该嫌疑人的口供真伪而进行的测试就是比较典型的核查性测试。

这类测试由于缺乏细节性的内容而鲜用隐蔽信息测试。

需要说明的是核查测试，结果为"通过"时，其意义为被测人的心理生理反应正常，不可以推演出被测人与所调查案（事）件的无关、无辜或清白；而结果为"不通过"时，反倒可以说明被测人与所调查案（事）件的无关、无辜或清白。以上述案例为例，当被测人"通过"测试时，说明卖淫女的被害或许真的与该被测人有关；而当该被测人"不通过"测试时，说明卖淫女的被害或许真的与该被测人无关，被测人很可能是为了某种原因自揽其罪，即其供述可能是伪供或假供。须在测试报告出具时加以说明。

2. 筛查测试及监督、监查测试

目前国内多道仪测试技术应用将要更多地出现在人员选聘、岗位资格审查等领域，或是重点岗位、关键岗位上人员的日常监督领域，以及为提升监管效率与保证监管质量，维护社会稳定而进行的监查测试，这类准绳问题测试需要同时选用多个主题（Multi-issue），与调查测试的多目标（Multi-facet）性质有所类似。具体操作要领与测试过程将在后文详细介绍。

（七）系统（调查）测试过程

2013年6月，中国刑事科学技术协会心理测试技术专业委员会（Professional

Committee for Credibility Assessment in Forensic Science Association of China，PCCA）在其官方网站（www.fsac.org.cn）发布了《多道仪测试技术指南》。系统（调查）测试过程可按照该指南要求操作，此处从略。

（八）系统（调查）测试图谱评析

系统（调查）测试强调"题图对应，以题为主"的图谱评析原则，测试题目的设置是否合理、恰当是形成理想测试图谱的重要前提，而题目设置不合理，再漂亮的测试图谱也不具有分析价值。另外系统（调查）测试对图谱的分析判别，不仅要求对每个问题进行微观判断，而且要求对其在整个系统中的作用与效果进行宏观分析。在系统（调查）测试中，其数据分析是通过贝叶斯推断（Bayesian Inference）依照贝叶斯定理（Bayes' Theorem）来实现的。

在犯罪调查测试中，根据贝叶斯定理采用优势比（L）计算方法来确定被测人的"有罪"或"无辜"。

相关优势比（L）的有关计算详见后文。

（九）小结

2011年起，系统（调查）测试就曾以多种形式在一些培训班上进行讲授，如今业内已有不同程度的了解和应用。2013年底，一份以系统（调查）测试为支撑的《心理测试技术鉴定意见》被北京市朝阳区人民法院作为刑事证据予以采信，这标志着法庭将证据采信的大门已经向多道仪测试技术敞开。虽然有法律体系进步的支持，但更源于多道仪技术能力和水平本身的跃升。

在此基础上，以系统（调查）测试的基本模式进入品性评估便是水到渠成之事。2017年5月，在开始酝酿品性评估师专业能力培训（CAPCT）项目的时候，系统（调查）测试是我们的信心之源。同时正是系统（调查）测试的法庭证据效应，协助该项目一路畅通，短短时间里就开启了实际操作。可以说，品性评估技术之核心就是系统（调查）测试，掌握了它，也就掌握了品性评估技术的基本要素。

诚然，系统（调查）测试的起始，是以犯罪调查为主要目的，所以在品性评估的实践中，如何让其逐渐褪去调查色彩（除非仍需要调查），[1] 更多地适应预防、监督之需求，是品性评估技术应用的新目标。品性评估师专业能力培训项目的研发以及本教程的努力，都是为了这个新目标和新任务。

---

〔1〕《监察法》规定了监察的职责为"监督、调查、处置"，可见在品性评估的某个阶段，"调查"仍必不可少。

五、总结

2013 年 2 月，美国路易斯安那理工大学（Louisiana Tech University）的杰弗里·J. 瓦尔奇克（Jeffrey J. Walczyk）等人发表在杂志《心理学前沿》（*Frontiers in Psychology*）的一篇综述，题目为《对说谎者诱发认知负荷后的测谎新进展——基于多道仪测试研究课程的理论与技术》（Advancing Lie Detection by Inducing Cognitive Load on Liars：A Review of Relevant Theories and Techniques Guided by Lessons from Polygraph-based Approaches）。该文在详细回顾了一些技术发展过程后，对于准绳问题测试技术给出了比较完整的评价及建议。[1]

可以发现，进入 21 世纪的第二个十年以来，人们似乎开始能够以更加完整和系统的方式来认识和理解世界，多道仪测试也不例外。2011 年美国将国防部可信度评估中心（DACA）升格为国家可信度评估中心（NCCA），悄无声息地赋予多道仪测试以更大职责和更多需求。

多道仪测试之于品性评估，既是技术发展的需要，亦是社会需求的召唤，多道仪进入品性评估，恰如"海阔凭鱼跃，天高任鸟飞"，既给予其机会，也需要其身手，进而才能两全其美，共谱华章。

思考题

1. 为什么说多道仪测试技术都可以称之为相关/不相关测试技术？
2. 隐蔽信息测试技术与心理信息共鸣有什么关系？
3. 准绳问题的基本原理是什么？
4. 准绳问题测试技术的基本要素有哪些？
5. 系统（调查）测试（SPEI）的基本组成是什么？
6. SPEI 的主要过程有哪些？
7. 简述 SPEI 的功能。
8. "大准绳问题"测试的提出意义何在？
9. 亲自操作多道仪，以主测人身份完成一次刺激测试实验。
10. 充当一次被测人，协助完成一次刺激测试，同时写出感想。

---

〔1〕 J. J. Walczyk, F. P. Lgou, A. P. Dixon et al. , "Advancing Lie Detection by Inducing Cognitive Load on Liars：A Review of Relevant Theories and Techniques Guided by Lessons from Polygraph-based Approaches", in *Frontiers in Psychology*, 4（2013）.

11. 组织一次讨论，论证证据权重（WoE）判别标准的意义。

第四节　多道仪测试图谱分析

在准确确定评估主题、合理构建评估结构、规范实施仪器操作程序等之后，可得到一份记录评估对象心理生理反应的图谱。多道仪测试之基本原理就是记录和比较评估对象对相关问题与比较问题（包括准绳问题、陪衬问题等）的反应强度差异，对这种差异进行数字化处理，并得出结果，这个过程就是图谱数据分析的过程。多道仪测试的图谱是原始记录，可以是纸质的，也可以是电子数字图谱式或其他方式的。

图谱数据分析必须严格从图谱数据的原始记录开始，按照图谱分析标准进行，应注明采用的阈值标准、置信度区间等图谱评判标准。

在分析图谱时，应同时分析脉搏（血压）、呼吸和皮肤电等生理参数的变化，并采用统一的评分规则予以评分。

对于出现测试图谱不清晰、不完整或其他不符合正常图谱分析条件的，不进行图谱分析。

禁止与评估对象面对面分析、讨论测试图谱数据。

图谱数据分析结果应首先由实施评估的评估人员独立做出，然后可以让具有相应评估资质的人员对图谱分析结果进行复核。

图谱分析可采用打分（score）方法、直接测量方法、计算机自动评判等。由于打分方法的引入，导致多道仪测试技术能力大上一个台阶，所以本节主要介绍打分技术，且以七分制为代表。

一、"七分制"打分原则

每个"相关-比较问题对"，被称为赋分点（spot）。

七分制，是根据评估对象在赋分点上反应强度的差异程度大小将其分成七个等级；当相关问题反应强度大于比较问题反应强度时，赋分负（-）值，反之赋分正（+）值。

二、"七分制"打分标准

（一）标准

将"相关-比较问题对"的反应进行比较，如果：

（1）略有差异时，得±1分。

（2）差异明显时，得±2分。

（3）差异巨大时，得±3分。

（4）没有差异时，得0分。

（二）图谱反应示例

1. 呼吸图谱

多道仪测试关注的是被测人个体的呼吸变化，而不是此人与彼人之间的呼吸差异。在特征描述时经常使用呼吸正常、呼吸加快、呼吸变缓等术语描记被测人的呼吸状态。需要特别注意能最大程度控制自己呼吸状态的被测人。

呼吸线长（RLL）是特定时间段内呼吸波形的线性长度，是目前呼吸波形评估的首要测试量。可以认为在特定时间段内与正常呼吸状态相比发生了呼吸线长改变的呼吸图谱即为发生了呼吸反应的图谱。

常见呼吸图谱特征中与线长明显有关的是：①呼吸暂停（Apnea）；②幅度降低（Decrease in amplitude）；③动态平衡后的呼吸幅度逐渐降低（Progressive decrease in amplitude followed by a return to homeostasis）；④频率降低（Decrease in rate）；⑤吸/呼比率改变［Inhalation/Exhalation（I/E）ratio change］。

下面介绍几个出现呼吸反应的典型图谱。

（1）呼吸暂停，是呼吸循环的暂时中断，是心理测试呼吸图谱分析的最重要特征之一，如下图。

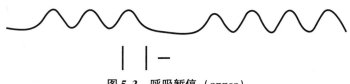

图5.3　呼吸暂停（apnea）

（2）频率改变，是对比与被测人动态平衡时呼吸循环速率的改变。也可以引起吸/呼比比值变化。

图 5.4　呼吸频率改变（rate changes）

（3）强度改变，有以下情形：①强度下降，②回到平衡过程中逐渐下降，③强度增加，④回到平衡过程中逐渐增加，⑤强度逐渐降低后又逐渐增加，波形的平均强度与总平均强度相当。

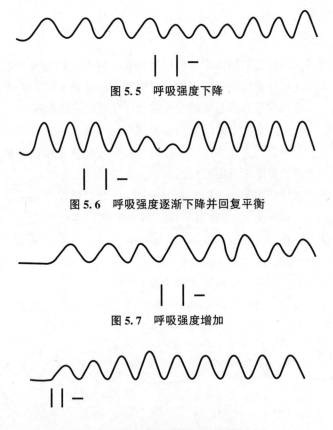

图 5.5　呼吸强度下降

图 5.6　呼吸强度逐渐下降并回复平衡

图 5.7　呼吸强度增加

图 5.8　呼吸强度逐渐增加并回复平衡

图 5.9 呼吸强度逐渐增加后随即逐渐下降并回复平衡

2. 皮肤电图谱

皮肤电图形反映的是人类皮肤表面的电阻（导）变化，测试记录的或是皮肤电阻（SRL），或是皮肤电导（SCL），两者均有相位活动（周期变化），现在常用的是体外法（Exosomatic）测量。

多道仪测试技术中的皮肤电反应图谱主要关注的是强度和持续时间。

（1）强度（Amplitude），图谱的强度是从测前基线或测前强度水平开始到反应的最高峰处的垂直距离，不论图形属于简单反应还是复杂反应，常选择最高峰。

皮肤电反应代表的是整体性变化，不论是电导的增加还是电阻的降低，都会呈现出简单（图 5.10）和复杂（图 5.11）两种反应模式。

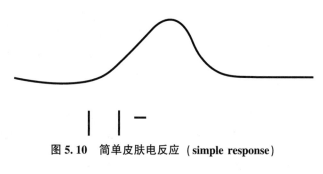

图 5.10 简单皮肤电反应（simple response）

图 5.11 复杂皮肤电反应（complex response）

复杂模式与简单模式的差异就在于前者是多峰的，而后者为单峰。多峰形成的原因通常是由于刺激恢复时又出现了新的唤醒（见图 5.12）。

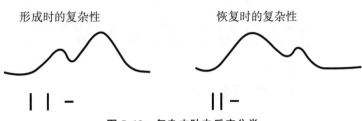

形成时的复杂性　　　　　恢复时的复杂性

图 5.12　复杂皮肤电反应分类

如果峰谷已经回到基线（反应置底）甚至低于基线后再次出峰，这种情形不视为复杂反应，见下图 5.13 示。

图 5.13　皮肤电反应置底（箭头所指）

（2）持续时间，皮肤电反应的持续时间是反应开始到恢复至刺激前强度水平的时间（图 5.14）。一般来说皮肤电的反应持续时间与其反应强度高度相关。

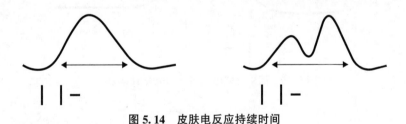

图 5.14　皮肤电反应持续时间

3. 脉搏率（血压）图谱

脉搏率（血压）图谱图形的一般反应特征有：

（1）基线改变（baseline changes）见图 5.15。基线改变有两种：相位和强度。相位基线改变指的是基线的相对快速上扬，其有可能不回到原始基线。强度改变是指缓慢的基线上扬。

相位反应（Phasic Response）　　　　强度反应（Tonic Response）

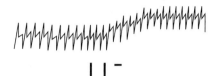

图 5.15　基线的改变

（2）振幅改变（amplitude changes）。振幅改变体现的是收缩压和舒张压的实际强度，有些文献中将振幅与基线上扬视为等价，而且振幅改变通常被视为血压改变。

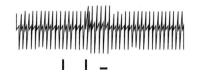

图 5.16　振幅的改变

（3）脉搏率（pulse rate）改变。脉搏率与年龄、性别、体温和身体状况都有关系，通常由自主神经系统控制。最新研究表明，心率还与体内的各种化学物质有关，脉率表示脉冲，与心率等意。

脉搏率增加　　　　　　　　　　脉搏率降低

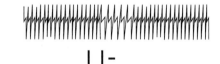

图 5.17　脉搏率的改变

（4）心室早搏（PVC，图 5.18）。PVC 是早于预期发生无规律的心脏搏动，可发生在健康的心脏，也可发生在病态心脏，同时与紧张也有关系。如果这种现象在数据采集时出现，很可能造成舒张期加长。因为心脏的舒张都比较弱，所以被测人的表现是缺少了一次心跳。通常在心室早搏后心脏会产生几个补偿性循环使自己恢复原态。

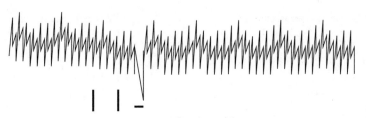

图 5.18　心室早搏（premature ventricular contraction）

4. 简析

上述图谱特征现象都是建立在肉眼观察的基础上，在这种前提下图谱分析的基本原则是：首先，找寻相关问题与准绳问题的图谱反应特征区，有反应特征比没反应特征更有意义；其次，特征明显比特征一般更有意义；不同特征之间的比较需要谨慎。

一般认为，当图谱出现上述各种反应情形之一时，即发生了对应的图谱特征反应，应当给予相应分析，或赋值打分，或增加权重。当图谱反应相当，而无其他特征时，则认为没有发生特征反应。

注意在呼吸图谱中如果只有一个循环的变化，不能说明任何问题。

皮肤电图谱分析时，当两个简单反应的强度差异不大时，依据持续时间评图。但是持续时间通常不作为不同类型皮肤电图谱评估的依据，因为复杂反应明显比简单反应持续更长时间。另外皮肤电图谱分析时，简单反应与复杂反应比较时，强度是首选特征；强度相当时，复杂反应视为更强反应。

三、原始得分（x）

用上述七分制原则参照示例对图谱数据进行赋值打分而来的数字，称为原始得分（x），一般只取正负整数或零。

（一）具体标准

设：相关问题反应强度为 Ir，准绳（比较）问题反应强度为 Ic，那么：

Rr＝（Ir－Ic）/Max（Ir，Ic）

根据作者的实验与研究：[1]

---

〔1〕　陈云林、孙力斌：《心证之义——多道仪测试技术高级教程》，中国人民公安大学出版社2015 年版，第 111 页。

（1）当 Rr≥0.5 时，即 Ir≥2Ic 时，x=-3。

（2）当 0.5>Rr≥0.3 时，x=-2。

（3）当 0.3>Rr≥0.15 时，x=-1。

（4）当 Rr≤-0.33 时，即 Ic≥1.5Ir 时，x=3。

（5）当-0.25≥Rr>-0.33 时，x=2。

（6）当-0.15≥Rr>-0.25 时，x=1。

（7）当 0.15≥Rr>-0.15 时，x=0。

（二）常规准绳问题测试

所谓常规准绳问题测试，指的是准绳问题与相关问题属于 1:1 的情形，即一个相关只与其最邻近的一个准绳问题进行比对的图谱评析模式，亦是贝克斯特区域比较技术（ZCT）的体现。

在常规准绳问题测试图谱分析中，对于反应强度 Ir 和 Ic 的确定，根据不同的生理指标反应特点会有所不同，呼吸采用呼吸线长作为 Ir 和 Ic 的量度，皮肤电采用峰高或峰面积，血压采用基线上扬（或下降）或幅度。需要注意的是，一定要在一遍测试图谱分析中保持强度单位（单元）的前后一致性。下面分别对各指标的图谱分析进行讲解。

1. 呼吸

呼吸图谱变化很容易就能够通过肉眼观察发现，但是与皮肤电、心电（包括血压、脉搏、血容量等）变化相比，被测人更容易对其进行有意识控制，因此它也是判断被测人是否实施反测试的重要指标。

呼吸图谱评判窗口与测试遍数有关，一般第一遍测试的评判窗口从被测人应答时开启，至少 3 个呼吸周期后关闭。第二遍及以后测试的评判窗口从测试人员问话结束后即可开启。注意相关问题与准绳问题的评判窗口期时长需要一致。

虽然对呼吸指标赋分可以通过呼吸线长精确实现，但是实务中人们亦可利用呼吸特征变化的频次进行经验性赋分，实验来看，此二者得到的分值之差异，一般不会对测试结果产生颠覆性（显著性）影响。呼吸特征变化与赋分见下表 5.24 和表 5.25。

表 5.24   呼吸特征变化

特征（1）	特征（1）	特征（>1）
强度或速度变化	呼吸暂停或基线改变	强度或速度变化+呼吸暂停或基线改变
基线改变或偏离	呼吸暂停或强度/速度变化	基线改变或偏离+呼吸暂停或强度/速度变化
呼吸暂停	基线改变或偏离	呼吸暂停+基线改变或偏离

表 5.25   呼吸赋分

	呼吸反应特征数量						
准绳问题	0	1	1	1	>1	0	0
相关问题	0	1	0	>1	0	>1	>>1
得　　分	0	0	+1	−1	+2	−2	−3

注意：呼吸指标赋分很少出现绝对值大于 1 的情形。

2. 皮肤电

在多道仪测试中皮肤电是反应最为敏感的参数，对它的研究始终是多道仪测试技术的焦点，自其出现以来在图谱分析的中心地位一直未有撼动，价值意义不言而喻。

对皮肤电指标赋分既可以参照峰高变化，也可以采用峰面积变化，在 Rr 计算中只要保持其比对单位一致即可。

皮肤电反应示例如下：

（1）皮肤电−3 分反应（准绳在前，相关在后），$Ic=3$ 强度单位，$Ir=7$ 强度单位，$Rr=(7-3)/7=0.57>0.5$，得−3 分。

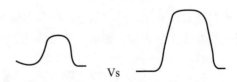

（2）皮肤电+3 分反应（准绳在前，相关在后），$Ic=3$ 强度单位，$Ir=2$ 强度单位，$Rr=(2-3)/3=-0.33$，得+3 分。

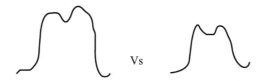

（3）皮肤电+2分反应（准绳在前，相关在后），Ic=2强度单位，Ir=1.5强度单位，Rr=(1.5-2)/2=-0.25>-0.33，得+2分。

（4）皮肤电-1分反应（准绳在前，相关在后），Ic=1强度单位，Ir=1.2强度单位，Rr=(1.2-1)/1.2=0.16>0，得-1分。

（5）皮肤电0分反应（准绳在前，相关在后），Ic=3强度单位，Ir=3强度单位，Rr=0，得0分。

3. 心电反应

心电反应常见的是血压和脉率变化，目前亦有血容量变化等检测方式存在，但是在目前的多道仪测试中，与呼吸和皮肤电变化相比，心电变化由于传感器接戴方式的局限（通常不能够像医院心电监护那样佩戴传感器），而使其自身功效大受影响，因此一般对心电指标赋予较小的权重。

但是，当被测人由于某种原因导致其呼吸、皮肤电图谱反应过度迟钝或明显时，心电反应却能够发挥出其独特效用。

心电指标经验性赋分标准与过程可以参考呼吸图谱的处理模式，另心电指标赋分也很少出现绝对值大于 1 的情形。

（三）大准绳问题测试

所谓大准绳是将隐蔽信息测试中所有陪衬（背景）问题均视为准绳问题的一种称谓，该理念经由陈云林引入多道仪测试后，[1] 使得传统意义上的准绳问题测试与隐蔽信息测试之数据分析的壁垒得以打破，同时也为贝叶斯定理在多道仪测试数据分析中的运用，扫清了障碍。

利用七分制规则可对传统的准绳问题测试设定出打分规则，在引入大准绳问题测试的概念后，即在对隐蔽信息测试进行打分时，规则同样适用。

在大准绳问题测试的打分中，Ic 应为陪衬问题反应强度的几何平均，即如果为已知结果隐蔽信息测试，则 Ic 仅由陪衬问题产生；如果为未知结果隐蔽信息测试，则 Ic 由所有相关+陪衬问题产生，然后让每个问题与这个 Ic 计算得出 Rr 值，再根据前述标准产生得分。

选择 Ic 为陪衬问题反应强度的几何平均，是基于心理物理学基本定律之一——史蒂文森定律（Stevens' Law）的基本原理而得出的。

实务中可采用经验性赋分，用已知结果隐蔽信息测试举例说明，当目标问题反应强度排序如下时，赋分为：

（1）位于第一、第二强度反应时，得负分。

（2）位于第三及以后强度反应时，得 0 分。

（3）位于第一且与第二强度差超过 50% 时，得 -3 分。

（4）位于第一且与第二强度差在 30%~50% 时，得 -2 分。

（5）位于第一且与第二强度差在 15%~30% 时，得 -1 分。

（6）位于第一且与第二强度差在 0%~15% 时，得 0 分。

（7）位于第二且与第三强度差超过 50% 时，得 -2 分。

（8）位于第二且与第三强度差在 20%~50% 时，得 -1 分。

（9）位于第二且与第三强度差在 0%~20% 时，得 0 分。

---

〔1〕 Chen Yunlin and Sun Libin, "Psycho-information and Credibility Assessment", in *Polygraph*, 3 (2012).

（10）大准绳（CIT）不赋正分。

四、加权得分（λ）

指通过对原始得分（x）的赋权处理，使得赋分点的原始得分能够转换为加权得分，以便进行相应的条件概率转换。

多道仪测试中，权（重）主要体现在两个方面：一是生理参量权重（k_i），二是测试遍（次）数权重（q_j）。

根据相应的权重分配即可计算出加权分（λ）。

用矩阵算式表示如下：

$$\lambda = \begin{pmatrix} k_1 & k_2 & k_3 \end{pmatrix} \begin{pmatrix} x_{11} & x_{12} & x_{13} \\ x_{21} & x_{22} & x_{23} \\ x_{31} & x_{32} & x_{33} \end{pmatrix} \begin{pmatrix} q_1 \\ q_2 \\ q_3 \end{pmatrix}$$

式中 x_{ij} 为七分制之原始得分，k_i 为生理指标的权重，q_j 为测试遍数权重。

五、概率计算

（一）概念

（1）先验概率（prior probability）是指根据以往经验和分析得到的概率。

（2）图谱概率是先验概率的一种，指通过对单个赋分点实验数据总结得出的条件概率。

（3）后验概率是指在得到某种（些）结果信息后对先验概率重新修正后的概率。

（二）加权得分（λ）与先验概率

根据心理信息分布规律，结合相应实验数据，当某赋分点加权得分为 λ 时，即有：

$P_{(+|D)} = F_1(\lambda)，\lambda < 0$

$P_{(-|T)} = F_2(\lambda)，\lambda \geq 0$

其中：

$P_{(+|D)} = P_{阳性|欺骗}$

$P_{(-|T)} = P_{阴性|诚实}$

此二者为图谱概率，通过对图谱进行打分即可获得，具有贝叶斯定理中先验概率的属性，也可以称为条件概率。其中，$P_{(+|D)}$ 指的是被测人在实施欺骗时，图谱反应为阳性（得负分，不通过）的发生概率；$P_{(-|T)}$ 指的是被测人表现诚实时，图谱反应为阴性（得正分，通过）的发生概率。

在品性评估实务中，已总结提炼出以下经验式可供参考使用：[1]

当 $\lambda < 0$ 时，$P_{(+|D)} = 50.00 - 5\lambda^3/6 + 0.18\lambda^2 - 9.36\lambda$　　（Ⅰ）

当 $\lambda \geq 0$ 时，$P_{(-|T)} = 5\lambda^3/6 - 0.18\lambda^2 + 9.36\lambda + 52.14$　　（Ⅱ）

同时特别规定：

当 $\lambda = 3$ 分时，取 $P_{(+|D)} = 99.9\%$

当 $\lambda = -3$ 分时，取 $P_{(-|T)} = 99.9\%$

（三）先验概率与后验概率

先验概率与后验概率有不可分割的联系，后验概率的计算要以先验概率为基础。后验概率是信息理论的基本概念之一。

当根据经验及有关材料推测出先验概率后，并不能直接应用，需要根据概率论中的贝叶斯定理对其进行修正后才有意义，修正前的概率是先验概率，修正后的概率为后验概率。

多道仪测试数据分析中的概率转换就是利用贝叶斯定理将图谱概率 $P_{(+|D)}$ 转化为 $P_{(D|+)}$ 的过程，即将实施欺骗的被测人、结果为阳性的概率转化为结果为阳性的被测人实施欺骗的概率。同理，再将 $P_{(-|T)}$ 转化为 $P_{(T|-)}$，即将诚实的被测人、结果为阴性的概率转化为结果为阴性的被测人中诚实者的概率。

六、优势获取

（一）优势（odds）

1. 定义

优势（O）：$O = \dfrac{P}{1-P}$

式中 P 为某事件发生（出现）的概率。因此优势就可以理解为一个事件发生的可能性与其不发生可能性的比值。

---

〔1〕 陈云林、孙力斌：《心证之义——多道仪测试技术高级教程》，中国人民公安大学出版社2015年版，第118页。

2. 贝叶斯定理优势表达

若用：+ ≡ 代表仪器说你说谎（Deception，Lied），即图谱阳性反应；

　　　 – ≡ 代表仪器说你诚实（Truth），即图谱阴性反应；

　　　 D ≡ 代表你确实说谎（Deception，Lie）；

　　　 T ≡ 代表你确实诚实（Truth）。

那么贝叶斯定理可记为：

$$P_{(D \mid +)} = \frac{P_{(+ \mid D)} \, P_{(D)}}{P_{(+)}} \qquad (\text{III})$$

同时还有：

$$P_{(T \mid +)} = \frac{P_{(+ \mid T)} \, P_{(T)}}{P_{(+)}} \qquad (\text{IV})$$

两式相比可得：

$$\frac{P_{(D \mid +)}}{P_{(T \mid +)}} = \frac{P_{(+ \mid D)}}{P_{(+ \mid T)}} \times \frac{P_{(D)}}{P_{(T)}}$$

注意当我们面对的是同一名被测人的同一个问题（主题）时，$P_{(D \mid +)}$ 和 $P_{(T \mid +)}$ 不可能同时出现，用算式来表达，即：

$$P_{(D \mid +)} + P_{(T \mid +)} = 1$$

或：

$$P_{(T \mid +)} = 1 - P_{(D \mid +)}$$

同理，$P_{(D)} + P_{(T)} = 1$，即：

$$P_{(T)} = 1 - P_{(D)}$$

再代入上式可得：

$$\frac{P_{(D \mid +)}}{1 - P_{(D \mid +)}} = \frac{P_{(+ \mid D)}}{P_{(+ \mid T)}} \times \frac{P_{(D)}}{1 - P_{(D)}} \qquad (\text{V})$$

结合优势定义，显然可见，式（V）可改写为：

$$O_{(D \mid +)} = \frac{P_{(+ \mid D)}}{P_{(+ \mid T)}} \times O_{(D)}$$

即：

$$\frac{O_{(D\,|\,+)}}{O_{(D)}} = \frac{P_{(+\,|\,D)}}{P_{(+\,|\,T)}}$$

这就是贝叶斯定理的优势表达。

式中 $\dfrac{O_{(D\,|\,+)}}{O_{(D)}}$ 被称为优势比，也被称为似然比（likelihood），常用 L 来表示。

$\dfrac{P_{(+\,|\,D)}}{P_{(+\,|\,T)}}$ 被称为贝叶斯因子（Bayes factor，BF）。

即：

$$L_{(D\,|\,+)} = \frac{O_{(D\,|\,+)}}{O_{(D)}} = \frac{P_{(+\,|\,D)}}{P_{(+\,|\,T)}} = BF_{(D\,|\,+)} \qquad (\text{VI})$$

另外，根据贝叶斯定理还有：

$$P_{(T\,|\,-)} = \frac{P_{(-\,|\,T)} \times P_{(T)}}{P_{(-\,|\,T)} \times P_{(T)} + P_{(-\,|\,D)} \times P_{(D)}}$$

和：

$$P_{(D\,|\,-)} = \frac{P_{(-\,|\,D)} \times P_{(D)}}{P_{(-\,|\,T)} \times P_{(T)} + P_{(-\,|\,D)} \times P_{(D)}}$$

两式相比，亦有：

$$\frac{P_{(T\,|\,-)}}{1 - P_{(T\,|\,-)}} = \frac{P_{(-\,|\,T)}}{P_{(-\,|\,D)}} \times \frac{P_{(T)}}{1 - P_{(T)}}$$

结合优势定义，通过上式亦可得：

$$L_{(T\,|\,-)} = \frac{O_{(T\,|\,-)}}{O_{(T)}} = \frac{P_{(-\,|\,T)}}{P_{(-\,|\,D)}} = BF_{(T\,|\,-)} \qquad (\text{VII})$$

式（VI）和式（VII）均属于贝叶斯定理的某种表达。

（二）赋分点优势

1. 赋分点（Spot）

对图谱打分（Score）是多道仪测试技术发展过程中的一个创举和巨大进步，是技巧（Skill）能够成为技术（Technique）的一个关键。

孤立的反应往往是没有意义的，心理生理反应的意义只有通过比较才能得以体现，而对多道仪图谱反应进行"打分"就是这种比较的直接反映。

一个赋分点至少包含两个刺激问题，即一个相关问题和一个准绳问题才能进行比较。

多道仪中的准绳问题测试设计是标准的1∶1赋分点。隐蔽信息测试则分为两种类型：一种是一个相关问题与多个准绳问题（比较问题、陪衬问题）的比较，这里的相关问题为目标（Target）问题，且为已知或拟知的（即想要知道），一般被称为已知结果隐蔽信息测试，这种情形可称其为1∶n赋分点，即一个目标（相关）问题（1）与若干个陪衬（准绳）问题（n）；另一种则是目标未知，却欲通过隐蔽信息测试探查出一个或若干个目标来，即在一群貌似不相关问题中，搜寻出被测人可能更在意、更关注的内容，被称为未知结果隐蔽信息测试或探（搜）索隐蔽信息测试，这种情形被称为（q∶n）赋分点。

例如，某保险柜内的钱款被盗，那么对此的测试中就会构成1∶n和q∶n两种情形隐蔽信息测试。

（1）1∶n情形。此情形用来测试被盗物品为何，即已知是钱款，检测的是被测人对目标问题（1），即钱款的反应（钱和款额可分开处理，但仍属已知）。

（2）q∶n情形。而对于测试钱款的去向，侦查人员和测试人员对其均是未知状态的，而且钱款的去向也未必是一个方向（q），则可以通过设置n个题目划定范围，但是在实际测试中可能会出现q个问题出现反应情形，因此我们将其标注为q∶n。

严格说来，q∶n或不应该称为赋分点，但为了叙述方便，在不引起歧义的情况下，这里仍采用赋分点进行标注。

赋分需要直接反映赋分点的特征，这是赋分的依据和基础。

2. 1∶1赋分点

（1）特征。只有一个相关问题和一个比较问题的赋分点，基本构成是贝克斯特的区域比较测试（ZCT），特征表现为典型的对称性，需要有"两个分布"的基础支持，而且理论上这"两个分布"应该是完全对称的。系统（调查）测试心理信息的"两个分布"就是这种分布的一个代表。

（2）赋分要求。七分制（包括五分制、三分制等）显然是针对（1∶1）赋分点而设计的。其特征亦是对称性。有了对称分布，其赋分阈值也就可以确定，随分制不同，阈值有所不同，但是基本思路是一致的，即通过分值刻画，将整体的不确定性程度予以解释。

由于强调对称性，所以零分（0）居中，正负分对称等距[1]展开是这类分制的基本特点。等距的特点决定了这类分值可以进行加减运算，即在平均处理时只可以采用算术平均的模式处理。前文提到的原始得分之加权运算，亦是这种算术平均的一个延伸而已。

（3）优势计算。对于多道仪测试的一个相关问题（R）与一个比较问题（C）比较时（常见于准绳问题测试中），基于准绳问题与相关问题对无辜和有罪的平等性假设，故可以在测试前认为：

$$P_D = P_T = 0.5$$

①阳性结果。指的是相关问题反应强度大于准绳问题反应强度的情形，利用优势计算，结合式（Ⅶ），便有：

$$L_{(R+)} = \frac{P_{(+|D)}}{P_{(+|T)}}$$

式中 R+ 表示的是相关问题反应强度大于准绳问题反应强度，即出现了阳性反应；$P_{(+|T)}$ 是使用准绳问题与相关问题的先验概率，由于准绳问题与相关问题的平等性假设，可令 $P_{(+|T)} = 0.5$。则，

$$L_{(R+)} = \frac{P_{(+|D)}}{P_{(+|T)}} = \frac{P_{(+|D)}}{0.5} = 2\,P_{(+|D)}$$

更一般的情形则是，$P_{(+|T)} > 0.5$，那么假定其与 0.5 的差为 α，那么，对于阳性反应时的欺骗优势提升为：

$$L_{(R+)} = \frac{P_{(+|D)}}{0.5+\alpha} = \frac{2\,P_{(+|D)}}{1+2\alpha}$$

②阴性结果。指的是相关问题反应强度小于准绳问题反应强度的情形，对于阴性反应时的诚实优势提升亦可得出：

$$L_{(R-)} = \frac{2\,P_{(-|T)}}{1+2\beta}$$

---

[1] 见本书"内省评估"之第二节。

式中的 β 为 $P_{(-\mid D)}$，通常称其为假阴性率。

③ 通式。对一个相关问题与一个比较问题比较测试来说，其优势提升幅度为：

$$L_R = \frac{2P_R}{1 + 2(\alpha or \beta)} \qquad （Ⅷ）$$

3.1:n 赋分点

（1）特征。已知结果隐蔽信息测试是这类赋分点的典型代表。其特征表现一眼看去是相关（目标）问题孤立分布的"一花独秀"与陪衬（比较）问题众多分布的"群雄并起"。这种貌似与（1:1）赋分点的明显不同，不仅导致了准绳问题测试与隐蔽信息测试图谱分析的长期不一，而且还对测试机制的解读构成困惑，甚至出现对立状态。

（2）赋分要求。已知结果隐蔽信息测试虽然有"一花独秀"和"群雄并起"之特征，但是明晰其主要目的仍然是要通过比较获得相关反应的意义时，它与准绳问题测试的内在联系就很清晰地呈现出来。系统（调查）测试提出的大准绳问题，就是对这种关系的揭示。

目标问题只有一个，所以其强度特点不用过多考虑，但是陪衬问题的"一群"，只有将其综合处理为"一"，即取其某种代表值（一般是均值）才可形成有效比较。心理物理学的史蒂文森定律，[1] 让这种综合处理具有了坚实的基础。

根据史蒂文森定律，所有陪衬问题反应强度之均值，应是其各个反应强度的几何平均。这样，单就一对一的比较而言，只要能将已知结果隐蔽信息测试中的陪衬问题得分的几何平均转化为算术平均，就可以为其利用准绳问题测试的（1:1）赋分模式创造条件。

几何平均的对数是各变量值对数的算术平均，即只要将几何平均取对数，就能够进行算术平均。尽管变量值取对数后数值会发生变化，但是整体变化是一致的，即可以实现打分的基本要求。

但对数的定义要求是，在实数定义域内负数和零没有对数，因此大准绳问题测试的打分只能采用单向的方式，即实务操作中为了与准绳问题测试打分标准一致，规定隐蔽信息测试不赋正分，而"零分"作为数学上的极值。

---

〔1〕 "斯蒂文森定律"，载 http://baike.baidu.com/item/斯蒂文森定律/11003448？fr＝aladdin，最后访问日期：2018 年 9 月 14 日。

这两种特别情况，正好可用于隐蔽信息测试的阴性（反应不特异）结果描述。

（3）优势计算。针对阳性结果（反应"特异"）和阴性结果（反应"无特异"）预设的先验概率就不一致，需要分别处理。

另外，隐蔽信息测试的相关（目标）问题分为已知结果和未知结果两种情形，这里尽管主要针对的是已知结果的测试，但是由于未知结果的测试是需要转化成为"可能"已知来处理的，所以两者在实务操作中大同小异，其特别之处会在对赋分点的讨论中说明。

①阳性结果。对于一个已知结果的（1:n）赋分点来说，因为相关（目标）问题明确，比较（背景）问题的设置个数确定，所以选用1个目标问题（为"欺骗"准备的相关问题）和n个比较问题时，总共有n+1个相关问题（包括目标与比较）。所以对评估对象来说，其假阳性率为1/(n+1)，故可以认为：

$$P_D = \frac{1}{n+1}$$

和

$$P_T = \frac{n}{n+1}$$

由于目标问题需要和多个陪衬（准绳）问题相比，不似（1:1）赋分点那样具有对称性，所以需要分别处理。

A. 居于首位的阳性结果。此时已知结果和目标问题反应一致，且居于首位，即目标问题反应强度均大于陪衬问题反应强度，将上述假设代入贝叶斯式，并结合优势计算可得：

$$L_{(1:n)+} = (n+1)\,P_{(+\,|\,D)}$$

倘若还要考虑假阳性，即更一般一些：

$$L_{(1:n)+} = \frac{(n+1)\,P_{(+\,|\,D)}}{1+\alpha\,(n+1)} \qquad (\text{Ⅸ})$$

式中 α 为假阳性率。

B. 居于次位（第二位）的阳性结果。即已知目标问题的反应强度小于某一个陪衬问题反应强度，而大于其他陪衬问题反应强度，此时这个反应的优势获得就需要分别计算后再联合。

之所以称其为阳性，是因为只小于一个陪衬问题反应，尚大于其他反应强度，所以就阳性结果来说，可将其视为（1）的情形中少了一个陪衬问题，即将（n+1）变为 n 即可，此时：

$$L_+ = (n+1-1)\,P_{(+\,|\,D)} = n\,P_{(+\,|\,D)}$$

但是，由于有一个陪衬问题反应强度大于目标问题，所以对目标问题来说这时出现了一个"阴性"反应，即除了考虑"阳性"的优势获得，还要考虑"阴性"的优势获得，由于只有一个陪衬问题，即可将其视为一个 1:1 赋分点（传统的准绳问题）来处理，即：

$$L_- = 2\,P_{(-\,|\,T)}$$

在此暂不考虑假阳性、假阴性的影响。那么就有：

$$L(1:n) + second = \frac{L_+}{L_-} = \frac{nP_{(+\,|\,D)}}{2P_{(-\,|\,D)}}$$

显然，假如 P 值相同，位于第二的目标问题反应，其是小于居于首位的目标反应的。这也是前文所述隐蔽信息测试打分时，不对居于第二的目标问题反应赋分为（-3）的一个基本依据。

理论上讲，如果将隐蔽信息测试视为大准绳问题测试，那么目标问题反应强度的位次并不影响它与陪衬问题强度几何平均值的比较关系，所以这里将居于次位的目标问题拿出来专门讨论，是因为这时默认居于次位的目标问题强度依然大于陪衬问题强度几何平均值，仍然属于阳性（特异）反应，但这里却有一个陪衬问题反应强度大于目标问题反应强度，故而不是概率最大的选项，只能赋分（-2）或（绝对值）更小一些的得分。然而正是这个限制，却为其直接应用式（Ⅸ）打开了通道，这也是实务操作中我们苦心孤诣对赋分条件作出规定和限制的目的和意义。

实务应用中，只要目标问题的反应得分为负，即能够确认目标问题反应强度大于陪衬问题反应强度的几何平均值，那么可以直接应用式（Ⅸ）获取相关优势值。

②阴性结果。这里所谓的阴性结果，其实也包括（1）中 B 的情形［居于次位（第二位）的阳性结果］，即广义一点讲，当已知结果的目标问题反应不位于

首位时，即出现阴性结果反应。

将（1）中的先验概率假设代入贝叶斯式，针对 $P_{(-|T)}$ 并结合优势计算可得：

$$L_{(1:n)-} = \frac{(n+1)\ P_{(-|T)}}{n}$$

显然这是目标问题"阴性（无特异）"反应时针对一个陪衬问题所获得的优势。

当目标问题反应强度均小于陪衬问题反应强度，这时：

$$L_{(1:n)-all} = n\ [\ (1/n)\ (n+1)\ ]\ P_{(-|T)} = (n+1)\ P_{(-|T)}$$

因此在计算目标问题"阴性（无特异）"反应优势时，需要首先弄清楚针对的陪衬问题个数。

设 r 为目标问题"阴性（无特异）"反应针对的陪衬问题个数，显然只有在 $r \geq \frac{n}{2}$ 时，目标问题的"阴性（无特异）"才有意义，否则目标问题出现的可能是阳性（特异）反应。所以，一个已知结果的（1:n）赋分点作为"诚实"使用时的最小优势获得为：

$$L_{(1:n)-(min)} = \frac{n\ (n+1)\ P_{(-|T)}}{2n} = \frac{(n+1)\ P_{(-|T)}}{2} \quad (X)$$

此时若还要考虑假阴性 β 影响，那么：

$$L_{(1:n)-(min)} = \frac{(n+1)\ P_{(-|T)}}{2\ [\ 1+\beta\ (n+1)\ ]}$$

4. q : n 赋分点

（1）特征。未知结果隐蔽信息测试是这类赋分点的典型代表。较之于调查测试中的已知结果隐蔽信息测试，品性评估（如入职评估和在职评估）的隐蔽信息测试针对的大多属于对未知结果的探寻，是典型的探（搜）索隐蔽信息测试。其特征表现就是一眼看去只有"群雄并起"，尚无"一花独秀"。但是评估之效却恰要在这种情形下才能充分展现出它的意义与价值，以及高妙和深奥。

（2）赋分要求。探（搜）索隐蔽信息测试在未测试前无法区分相关问题与准绳问题，而通过测试将其进行区分，正是此种测试技术的独特功效。也正因此，其在调查评估之中，常能屡生奇效，甚至成为多道仪测试的表演项目。

在品性评估实操中，虽多以系统（调查）测试（SPEI）思路进行，即基本测试后追加精细测试，基本测试多以准绳问题测试为主，隐蔽信息测试为辅，但是在特定的情形下，品性评估的基本测试也可以隐蔽信息测试为主进行。

由于目标不特定，因此第一遍探（搜）索隐蔽信息测试就是为找出被测人可能的关注目标问题，一旦确定，即可按照已知结果的隐蔽信息测试推进，直至优势计算。测试后可出现以下三种情形：

①无突出项。这时 $q=0$，表示所有 $n+1$ 项反应强度均无差异，即强度变化小于某个判定阈值，如皮肤电反应强度变化在 15% 以内（参见前文评分标准），此时倘若需要，即可对所选 $n+1$ 项中的任意一项赋值 0 分。

注意，此时亦可认为 $q=n+1$，但是赋分不变。

②有一项突出。这时 $q=1$，即可将其转化为（$1:n$）模式处理。

③有若干项突出。这时 $q<n+1$，可将其分解为 q 组（$1:n$）的形式，然后分别处理。

总之，当出现 $q:n$ 情形时，除了 $q=0$，其他均可设法采用指定项目的形式进行测试，即将关注问题以已知结果目标问题的形式（$q=1$）予以再次设置和测试，则可进行赋分评估。

例：$q=2$，那么出现反应的两个问题分别进行（$1:n$）赋分点的形式进行图谱分析。

一般来说，每个大准绳问题测试里 $q>2$ 的情形很少出现，如果这种情况发生，首先要检讨题目的设置，看是否在一组大准绳问题测试中出现了两种（或多种）类别的题目，且类别属性要以被测人的标准为据。

总之，出现 $q:n$ 情形时，一定要具体分析，酌情处理，切不可就图论图，必须考虑题目内容综合处理。另外，$q:n$ 赋分点中几何平均的个数确定如下：一是测试后出现情形 A 时，取 $n+1$ 进行几何平均；二是测试后出现情形 B 和 C 时，取 n 进行几何平均。之后可将测试中的任意一项或是反应突出项与几何平均进行比较赋分。

（3）优势计算。

①$q=0$。表示所有 n 项反应强度均无差异，即强度变化小于某个判定阈值，如皮肤电反应强度变化在 15% 以内（参见前文评分标准），此时倘若需要，即可对所选 n 项中的任意一项赋值 0 分。

根据上文式（II），当 $\lambda=0$ 时，$P_{(-|T)}=52.14\%$，代入式（X）即有：

$$L_{(1:n)-(min)} = 0.5214 \ (n+1) \ /2 = 0.2607 \ (n+1)$$

也就是说，此时所有项都可以获得某种程度的"诚实"优势增加。

②q=1。参照（1:n）模式处理。

③q=m。这时 m<n+1，可将其分解为 m 组（1:n），然后分别按照（1:n）模式处理。

5. 小结

多道仪测试各个赋分点优势变化（似然比）计算式汇总如下表 5.26。

表 5.26　赋分点似然比计算式

赋分点（spot）		1:1	1:n
似然比（L）	假阳性（α）	$L_{(R+)} = \dfrac{2P_{(+\mid D)}}{1+2\alpha}$	$L_{(1:n)+} = \dfrac{n+1}{1+\alpha(n+1)}P_{(+\mid D)}$
	假阴性（β）	$L_{(R-)} = \dfrac{2P_{(-\mid T)}}{1+2\beta}$	$L_{(1:n)-(min)} = \dfrac{n+1}{2[1+\beta(n+1)]}P_{(-\mid T)}$

根据上表算式，即可将通过打分，并经概率转换获得的图谱概率值转化为相应的似然比，从而为联合概率的生成做好准备。表中未列出 q:n 的情形，是因为其大都可以转化为 1:n 形式处理，故而略去。下面对隐蔽信息测试的阴性结果和阳性结果分别进行讨论。

（1）隐蔽信息测试的阴性结果。传统观点认为，隐蔽信息测试只是用来确认罪犯使用的，而其结构设计（先验概率预设）也确实能够保证其发挥这样的作用，属于典型的有偏测试模式。这种意识固然不错，但是其在有意无意间导致了对隐蔽信息测试目标问题阴性结果的忽视和漠然。

品性评估实践中，更要关注阴性结果，大准绳问题测试的提出，也是要解决隐蔽信息测试对阴性结果的漠视问题。

前文已述，当已知结果的目标问题反应强度位置位于 r，当 r=n/2 时，隐蔽信息测试的目标问题反应已经不具有"欺骗"的证明力，这就是说，自此这个目标问题反应开始具有了"诚实"的某种证明力。

由于未知结果的隐蔽信息测试常常可以转换成已知结果来处理，所以这里的目标问题也包括未知结果的关注项问题，不再有意区分。

一般来说，常见的隐蔽信息测试问题个数为 5~7 个，即 n 为 4~6，所以当目标问题居于第三反应强度（$r > \dfrac{n}{2}$）时，基本上就是拐点位置，因此这时的赋分值也就常常被规定为 0，从而开始产生出阴性结果反应的效力。

根据心理信息"两个分布"结果，当 $\lambda = 0$ 时，$P_{(-|T)} = 52.14\%$，代入式（X）即有：

$$L_{(1:n)-(min)} = 0.5214(n+1)/2 = 0.2607(n+1)$$

即此时的优势获得只与陪衬问题个数有关。

理论上来说，陪衬问题越多，似然比越高，但是过多的陪衬问题不仅涉嫌故意的混淆视听，而且影响测试数据的正常生成，因此实务操作中常控制在 4～6 个，如若确实需要，可以拆分成另外的组别进行测试。

引人注意的是，当 q∶n 赋分点出现 q = 0 的情形时，所选项均可以获得 0.2607（n+1）诚实优势比，从而证明了搜索隐蔽信息测试在品性评估中的独特优势，即能够实现若干评估项的同时评估，当然这样的参评项需要有基本标准，题目设置即成为关键。

（2）非首位阳性结果。对于一组有 n 个陪衬问题和一个目标问题的隐蔽信息测试来说，经测试，当目标问题反应强度位于 r 位置时（r = 1 时为目标反应处于第二位置），$1 \leqslant r < n$，那么：

$$L_+ = \left[(n+1) - r \right] P_{(+|D)}$$

$$L- = (r+1) P_{(-|T)}$$

$$L_{(1:n)+} = \frac{(n+1-r) \, P_{(+|D)}}{(r+1) \, P_{(-|T)}} \qquad （XI）$$

换成阴性结果表示，则为式（XI）的倒数，有：

$$L_{(1:n)-} = L_-/L_+ = (r+1) \, P_{(-|T)} / \left[(n+1) - r \right] P_{(+|D)}$$

因为 r 为目标问题反应强度的位次，根据隐蔽信息测试的设置目的，其只有位于 n/2 之前，即小于 n/2 时，才属于阳性（特异）反应。

隐蔽信息测试的优势计算，很好地说明了其与准绳问题测试的效应之别，也为其在品性评估中发挥更充分作用指明方向和奠定基础。

（三）联合优势

前文解决了单个赋分点的优势生成问题，但就数据分析角度来说，多道仪测试评估是由一系列赋分点构成的，经过测试，每个赋分点都会生成自己的优势变化，对这些优势变化的统合，便是联合优势。

根据概率学原理及贝叶斯分类算法原理，如果某次多道仪测试评估包括了 k 个（1:1）赋分点和 m 个（1:n）赋分点，那么本次测试评估的联合优势即为：

$$L_{联合} = L_0 \times L_{(1:1)1} \times L_{(1:1)2} \times \ldots \times L_{(1:1)k} \times L_{(1:n)2} \times \ldots \times L_{(1:1)m}$$

式中 $L_0 = 1$，显然，有些赋分点的优势是正向的，有些是反向的，它们应该分别被统合。因此在多道仪测试中，赋分点的加权得分 $\lambda < 0$ 的（"阳性"反应，记为+），与赋分点的加权得分 $\lambda \geq 0$ 的（"阴性"反应，记为-）要分别统合，即：

当 $\lambda < 0$ 的"（1:1）赋分点"有（k+）个，"（1:n）赋分点"有（m+）个时，

$$L_{+联合} = L_0 \times L_{+(1:1)1} \times L_{+(1:1)2} \times \ldots \times L_{+(1:1)k} \times L_{+(1:n)1} \times L_{+(1:n)2} \times \cdots \times L_{+(1:1)m+}$$

当 $\lambda \geq 0$ 的"（1:1）赋分点"有（k-）个，"（1:n）赋分点"有（m-）个时，

$$L_{-联合} = L_0 \times L_{-(1:1)1} \times L_{-(1:1)2} \times \ldots \times L_{-(1:1)k} \times L_{-(1:n)1} \times L_{-(1:n)2} \times \ldots \times L_{-(1:1)m-}$$

其中

$$(k+) + (k-) = k, \ (m+) + (m-) = m, \ L_0 = 1$$

七、证据权重

（一）概述

在证据理论中，如果说真实性和合法性倾向于对证据进行形式上的要求的话，那么关联性则倾向于对证据内容上的要求，具体表现就是证据权重（WoE）。

证据权重是指证据事实对案件事实证明作用之有无和程度，是证据本身固有的属性。

证据对案件事实有无证明权重，以及证明权重之大小，取决于证据与案件事实有无联系，以及联系的紧密、强弱程度。证据不仅是真实存在的，而且必须是与案件事实存在某种联系的材料，这种联系可以为人们所认识，从而对证明案情具有实际意义。所以证据权重也就是证据关联性的衡量。

（二）证据权重优势表达

$$WoE = \frac{odds\ of\ Relative\ Frequency\ of\ Guity}{odds\ of\ Relative\ Frequency\ of\ Innocent}$$

为 WoE 的一般表达式。

显然多道仪测试中，上式中的分母即为 $L_{-联合}$，分子即 $L_{+联合}$；于是多道仪测试的 WoE 就有下式：

$$WoE = L_{+联合}/L_{-联合}$$

（三）证明标准

对于证据权重来说，其价值除了取决于关联性，还取决于证明标准。

2012 年《刑事诉讼法》第 53 条规定：对一切案件的判处都要重证据，重调查研究，不轻信口供。只有被告人供述，没有其他证据的，不能认定被告人有罪和处以刑罚；没有被告人供述，证据确实、充分的，可以认定被告人有罪和处以刑罚。

证据确实、充分，应当符合以下条件：

（1）定罪量刑的事实都有证据证明。

（2）据以定案的证据均经法定程序查证属实。

（3）综合全案证据，对所认定事实已排除合理怀疑。

因此可以说"排除合理怀疑"便是我国的一条刑事证据标准。

根据国际通用的刑事证据标准，如采用排除合理怀疑（beyond reasonable doubt）规则，那么通常的证后优势要达到 9（WoE = 9，相当于概率 90%），才可以认定有罪。如果经过质证能使证后优势达到 5（WoE = 5，相当于概率 83.3%），则可以构成有效质证，但此时尚不能认定有罪。

因此在多道仪测试结果犯罪调查评判中，就可有：

WoE ≤ 1 时，被测人测试结果为"通过"；

1 < WoE ≤ 5 时，被测人测试结果为"不结论"；

5 < WoE ≤ 9 时，被测人测试结果为"不通过"；

WoE > 9 时，被测人测试结果可被用于作为"定罪"的某种依据。

若按照民事证据规则，一般采用的是优势证明（preponderance of evidence）标准，即要求证后优势（WoE）大于 1，即使只有 1.01，该证据也可能被采纳。多道仪测试结果常常在美国民事诉讼中承担责任，与此不无关系。

八、小结

简言之，贝叶斯决策（Bayesian decision theory）指的是在不完全信息下，对部分未知的状态用主观概率估计，然后用贝叶斯公式对发生概率进行修正，最后再利用期望值和修正后的概率做出最优决策。

贝叶斯品性评估中的多道仪测试，也是通过特定条件下被测人各个心理生理参量的变化，获得其分布概率，并利用期望值——即未来可能出现的平均状况作为决策准则的一个典型过程。

其基本步骤是：

（1）获取已知类条件概率密度参数表达式和先验概率。

（2）利用贝叶斯定理转换成后验概率。

（3）根据后验概率大小进行决策分类。

在多道仪测试中，贝叶斯决策通过贝叶斯定理的优势表达（似然比 L）来予以实现。

贝叶斯定理的优势表达已经通过式（Ⅵ）和式（Ⅶ）得到体现，不仅从数学形式上彻底规避掉了所谓"先验概率"的影响，而且其最大贡献是能够通过联合概率得出联合优势，进而得出证据权重，通过各个信息点的整合，完整实现了由"不确定"向"确定"的推进与转化。

思考题

1. 利用自己采集的图谱，完整地进行一次图谱分析过程。

2. 列出分析问题和难点，小组讨论。

3. 结合对贝叶斯决策的理解，谈谈在自己现实生活中的意义。

4. 从教师提供的实际案件办理中，总结 WoE 的生成规律。

第五节　总　结

一、WoE 与 CAI

在本章开篇即言明，如果说，在式：DCA＝CAI×HERs 中，内省评估的方法重点针对 HERs 的话，那么心理生理方法针对的就是 CAI。

　　历经数十年的测谎探索，尽管多道仪被定位于发现"罪犯"，但是经年累月的与犯罪嫌疑人打交道的过程，却也启发我们得出一个似乎无法确定一个人有多"好"，但是在"罪"的氛围中，却可以发现他有多么的"不坏"的初步结论。也就是说，即便是在"涉罪"的情形下，通过对 WoE 的计算，即获得相关优势值后将其倒置亦可得到品性评估指数（CAI）来证明无辜的"无辜"，这也是品性的证明，只不过是一种"反证"。

　　WoE 就成为真正罪犯"坏"和真正无辜"不坏"的一个基本判据。

　　CAI 就是这个基础上的自然延展。

　　个人品性，尤其是品格品性（见前文）对其岗（职）位能力（称职与否）的影响毋庸置疑，所以品格品性之重要程度之于其岗（职）位与证据的关联性（relevance of evidence）之于案件事实来说，一点不差。所以品性愈高者，其岗（职）位能力愈强（愈称职，愈"好人"）——而证据权重愈大者，证据能力愈强（愈涉案，愈"坏人"）。这种相互关系在数学表达上来说，恰互为倒数。所以：

$$CAI = \frac{1}{WoE} 或\ WoE = \frac{1}{CAI}$$

当然在更一般的情形下，

$$CAI = \frac{odds\ of\ Relative\ Frequency\ of\ Goods}{odds\ of\ Relative\ Frequency\ of\ Bads}$$

其与 WoE 的优势定义描述中的细微差别就请读者自行寻味吧。

二、CAI 标准

　　显然通过 CAI 定义可知，当分子与分母相同时，其值为 1，而当分子为小时，其值大于 1；分子为大时，其值小于 1。这便可以将品性的证明属性和强度大小作出区分，即通过多道仪测试：

$$CAI = L_{-联合}/L_{+联合}$$

当 CAI>1 时，为 A 级；

当 0.2<CAI≤1 时，为 B 级；

当 0.1<CAI≤0.2 时，为 C 级；

当 CAI≤0.1 时，为 D 级。

显然，CAI 越大，可信赖程度越高。

CAI=1 时，没有品性证明力；CAI>1 时，具有正向品性证明力；CAI<1 时，具有反向品性证明力；且 CAI 与 1 的距离越大，证明力越强。

品性评估，不需要"排除合理怀疑"这样强力的阈值标准，它恰恰适合于优势证明的阈值标准，所以 CAI 只要大于 1，即使只有 1.01，也能够证明其品性与岗（职）位的适配程度。

三、意义

CAI 的获取，完成了 DCA＝CAI×HERs 等式中的一个大项，其价值与意义不言而喻。至此，品性评估从操作层面上实现了评估的基本追求。换言之，品性或将不再是朦胧缥缈的道（word）与在（being），通过具身（embodied，道成肉身）和此在（beings）成为我们可感可触的实体性（entity）存在。

这种实体性不仅表现在 CAI 或 WoE，更重要的是方法（道路）的彻底确立。然而这种确立的基础，就是贝叶斯理论。

多道仪测试之于贝叶斯品性评估，不仅严整地从实践中证实了 CAI（或 WoE）的意义与价值，而且也成为贝叶斯理论自身的一个证据。将多道仪测试这么系统地纳入贝叶斯体系，SPEI 的探索功不可没。所以当一些多道仪（甚至其他类似技术）的实践者仍然按照刺激–反应（S–R）核心，使得心理生理反应的研究仍然拘泥于刺激的纯化、纯化、再纯化，反应的特异、特异、再特异追求时，是贝叶斯理论的强劲东风，一扫迷雾，使人感受到一种通透的力量，这或许就是海德格尔的澄明之境吧。

思考题

1. 为什么说 CAI 的获取是方法而不是结果？
2. 结合本章的 WoE（或 CAI）定义，论证其与第二章之定义的关系。

第六章

品性评估方法范式

> 道常无为而无不为。 侯王若能守之，万物将自化。
>
> ——《老子》第三十七章

第一节　模式与范式

一、模式

模式，英文为 model，或 mode，pattern，指的是"事物的标准形式或标准样式"（《古今汉语词典》），也被称为"某种事物的标准形式或使人可以照着做的标准样式"（《现代汉语词典》）。显然，在这里，模式包括两层含义：一是规范性的标准形式；二是参照性的标准形式。

所谓规范性的标准模式，更多地具有 pattern 的内涵，其实质是一种被广泛使用的解决问题的方法，是对被证实有效的解决某些具体问题的方法的理论归纳。这样，人们就可以通过这种标准模式，无数次地面对相同的工作而使用已有的解决问题的方法。规范性的标准模式，在自然科学领域得到广泛的应用。例如，建筑领域里关于建筑设计的模式，工程领域里关于数学建模的模式，软件领域里的某种程序设计开发模式等。

所谓参照性的标准模式，更多地具有 model 的内涵，实质上它是一种被广泛提倡的解决问题的方法，是对被证实有用的解决某些具体事件方案的理论归纳。这样，人们就可以通过标准模式，有选择地运用现存的解决事件的方案而避免重复的尝试。参照性的标准模式，在社会科学领域得到广泛的应用。例如，法学领域里关于自然人、经济人、中性人、法律人四种人的模式等。

模式，是对隐藏在事物之间客观规律的归纳，是对蕴含在前人实践之中成功经验的概括，是人类把握和认识外界的一个关键。模式可分为：①抽象的，如理念、意识、思想、议论、流派等概念层面的模式，主要有语义模式、数学模式、经济模式、文化模式等，属于非实物模型的模式；②具体的，如波形、图像、照片、文字、符号等对象层面的模式，主要有模拟模式、仿真模式，属于实物模型的模式。模式生成于不断重复出现的事件或事物之中，又完善于不断发展创新的过程或进程之中。由此简言之，模式就是方法，就是技术规则。

总之，模式是主体行为的一般方式，包括科学实验模式、经济发展模式、企业盈利模式等，是理论和实践之间的中介环节，具有一般性、简单性、重复性、结构性、稳定性、可操作性的特征。[1]

心理量表之于心理测量，多道仪测试之于测谎，均可以将其理解为某种典型的评估模式。

二、范式

范式的概念和理论是美国著名科学哲学家托马斯·库恩（Thomas Kuhn）于1962 年在其名著《科学革命的结构》（*The Structure of Scientific Revolutions*）中提出并系统阐述的。

范式，英文为 paradigm，源于希腊语 paradigma，意为"按既定的用法，范式就是一种公认的模型或模式"，尤"指常规科学所赖以运作的理论基础和实践规范，是从事某一科学的研究者群体所共同遵从的世界观和行为方式"。[2]

作为一种公认的模型或模式，范式至少包含两层含义：一是群体所共同遵循的理论基础；二是群体所共同采用的实践规范。显然范式更强调的是共同体成员所共享的信仰、价值、技术等，是一个更大的集合。所以在科学哲学中，范式多指科学所赖以运作的理论基础和实践规范，是从事某一科学的研究者群体所共同遵从的世界观和行为方式，是开展科学研究、建立科学体系、运用科学思想的坐标、参照系与基本方式，体现出科学体系的基本模式、基本结构与基本功能。

作为科学共同体所共有的理论背景、框架、传统、共同的信念、方法等，范式可分为三种类型：一是哲学层面的，即作为信念、形而上学思辨的哲学范式或

---

〔1〕《范式》，载 https://baike. baidu. com/item/范式/8438203，最后访问日期：2018 年 9 月 14日。

〔2〕［美］托马斯·库恩：《科学革命的结构》，金吾伦、胡新和译，北京大学出版社 2003 年版，第 40 页。

元范式；二是社会学层面的，即作为科学习惯、学术传统、具体的科学成就的社会学范式；三是方法论层面的，即作为依靠本身成功示范的工具、解疑难的方法、用来类比的图像的人工范式或构造范式。范式生长于科学研究的过程之中，无法事先创立，而是由一个或多个权威的科学家或研究者"不自觉"地建立起来的。品性评估及其范式之所以给人以横空出世之感，也远非我们事先料想的结果。

范式一词，无论实际上还是逻辑上，都很接近于"科学共同体"这个词。一种范式是，也仅仅是一个科学共同体成员所共有的东西。反过来说，也正是由于他们掌握了共有的范式才组成了这个科学共同体，尽管这些成员在其他地方也是各不相同的。由此，简言之，范式不仅是方法，而且是一个科学共同体所共有的特质，其内涵为一定时代科学共同体的共同信念、共同传统以及它所规定的基本理论、基本方法和解决问题的基本范例的总和。

将心理量表模式与多道仪测试模式经由贝叶斯理论系统整合后的品性评估过程，足以称得上是某个范式。因为：

第一，它具有品性评估科学共同体的共同承诺——即以品性评估师培训为核心纽带，成就一个新的科学共同体——品性评估师。

第二，它具有品性评估科学共同体的共同范例——无论是心理量表的人格测评，还是多道仪测试的坦诚度分析，品性评估师将遵循同样的价值观念、同样的理论框架、同样的范例方法来研究对象的本质和规律。

因此，提出品性评估科学范式，绝非心血来潮的一时之举，而是历经数十年人们对品性评估科学发展各个阶段特殊内在结构的模型化及其相应科学理论的范例化，进而在共同认可的学术成就、共同遵循的标准、共同采取的研究方法、共同构建的学术平台上形成的科学共同体——品性评估师条件下的一个水到渠成之果，是品性评估科学研究走向成熟的一个标志和过程。

三、小结

从局部与整体的角度理解，模式孕育着范式，具有局部性的意义；范式涵盖了模式，具有整体性的意义。从形式与实质的角度观察，模式不与个体直接相关，是形式上的存在物；范式却总与个体直接相关，是实质上的存在物。从方法与思维的角度诠释，模式仅指处置事件的方法，显现个体的行为特征；范式既包括处置事件的方法，又涵盖认识事件的思想，彰显群体的行动特征。从组分与系统的角度分析，模式往往非自成系统，同一模式可适用于不同的范式的科学共同体，而范式则常常自成系统，同一范式仅适用于同一科学共同体。

所以，模式更多地显现为形式上的规律，而范式更多地显现为实质上的规律，范式是一个在内涵上比模式更丰富的概念。库恩指出："取得一种范式，取得范式所容许的那种更深奥的研究，是任何一门科学领域的发展达到成熟的标志。"范式不仅是科学研究的必要条件，而且是学科成熟的根本标志。

回溯多道仪测试的发展与演化，其率先成为品性评估的一个模式就毫不奇怪。而这种模式向范式的演化，既是自身蜕化的结果，也是科学发展的必然。

与范式相关的一个更重要的概念是范式转换。它强调了科学革命的实质，是部分人在广泛接受的科学范式里发现原有理论解决不了的例外，尝试用竞争性的新理论取而代之，进而排除"不可通约"原有范式。如果说测谎或心理测试尚可称得上为某个范式的话，那么品性评估范式，更多地则是一种诞生，是对旧有以多道仪测试为主的一种范式（模式）的替代和扬弃。这种范式转换表明，品性评估之于测谎或心理测试，已经出现了结构性的颠覆过程，是抛弃旧范式、接纳新范式的过程，是结构与重构的过程，可以将内省评估、脑电技术、声音分析、眼动技术等通过转换形成品性评估新范式。

品性评估既有力量一步步成熟而成为崭新的范式，也有信心弃旧纳新，敞开胸怀，去拥抱或将出现的更多更新的范式。

思考题

1. 什么是模式？
2. 什么是范式？
3. 模式与范式的区别和联系是什么？
4. 为什么说品性评估可以成为范式？

第二节　品性评估方法范式

一、概述

按照人们对范式的理解，一般有三个层面的范式：一是哲学层面的，即作为信念、形而上学思辨的哲学范式或元范式；二是社会学层面的，即作为科学习惯、学术传统、具体的科学成就的社会学范式；三是方法论层面的，即作为依靠本身成功示范的工具、解疑难的方法、用来类比的图像的人工范式或构造范式。

品性评估尽管在信念层面、学术层面亦有贡献，但是更多地还是体现在方法层面，因此被称为品性评估方法范式（Disposition-Credibility Assessment Method Paradigm，DCAMP）。

显然，贝叶斯理论在 DCAMP 中发挥着核心作用，因此将其称为哲学范式（philosophical paradigm）也不过分。但是品性评估的立足点是解决问题，并非单纯的理论思辨，所以将其称为方法范式（method paradigm）亦未尝不可。

根据所谓的科学方法的四种范式，[1] 品性评估方法范式可以归入最后一种，即"数据驱动的研究方式"，也是最新的科学方法。因此数据获取、分析和应用就成为这个范式的一条基本主线。

结合信息论角度的一般评估范式，也包含三个步骤，即信息获取、信息分析和信息应用。只不过其信息范畴似乎较之于数据要更广泛一些而已。无论是数据，还是信息，围绕着它们，还可产生出各自相应的某个（些）范式，例如，信息获取并不是获取无标准无要求的所有信息，这种标准和要求的执行亦可以产生出相应的范式来。

就品性评估而言，无论是量表模式，还是多道仪测试模式，其经由贝叶斯定理统合后的意义和价值，就在于它为我们的评估实践提供了一个可参照，甚至可复制的有效范式。

评估的需求，是范式生成的动因。有了动因的驱使，信息获取与信息分析自然而生，可形成许许多多的信息获取与信息分析技术、方法等。但是多道仪测试技术和方法始终未形成真正的科学范式，这或也是多道仪测试技术在诉讼领域能长期受制于 Frye 规则[2]的主要原因。

2012 年，陈云林首先提出调查中的系统心理信息探查（systemic psycho-information probe for investigation，SPiPI）概念，考虑到多道仪测试特殊性，同时提出了系统（调查）测试（SPEI）。由于多道仪测试的影响力，使得系统（调查）测

---

〔1〕　①以实验为主：最早的方法。功能：描述自然现象。②以理论为主：归纳总结出一般规律，往往基于一些假设条件。功能：运用理论模型并总结出一般规律。③以仿真（计算）为主：模拟或仿真复杂的自然现象，能解决的问题往往无法得出解析解。④数据驱动的研究方式：目前最新的研究方式。通过设备采集数据或是模拟器仿真产生的数据（如蒙特卡罗方法等），并通过计算机实现过程仿真。将数据和资料（信息）存储在数据库中，采用数据挖掘、机器学习等方法来分析相关数据，并发现其中的相关知识和规律。

〔2〕　王继福：《美国科学证据可采性标准的变迁及对我国的启示》，载《山东社会科学》2010 年第 2 期。

试成为此后一个时期的主角，SPiPI 倒有些退居幕后了。其实目前在多道仪测试领域被视为一种范式的 SPEI，只是 SPiPI 的一个特例而已，类似于多道仪测试只是品性评估技术中的一种技术。这也从一个方面说明了生长于科学研究的过程之中，无法事先创立的范式现象。

因此品性评估方法范式，不是我们事先有目的创立的，是随着品性评估师专业能力培训（CAPCT）项目的开展而一步步浮出水面的。厘清这个关系，再理解品性评估方法范式的提出就会轻松不少。

二、基本内容

品性评估方法范式（DCAMP）的提出，是因为品性评估涉及的不仅仅是某项孤立的技术和学说。品性的复合性特点，决定了品性评估的综合性。但这种综合并非简单的加和或累积，这正是所谓科学范式的规定与要求。

一般来说，范式具有如下特点：

（1）范式在一定程度内具有公认性。

（2）范式是由基本定律、理论、应用以及相关的仪器设备等构成的整体，它的存在给科学家提供了一个研究纲领。

（3）范式为科学研究提供了可模仿的成功的先例。

按照上述范式特点要求，可以发现，品性评估技术具备：

（1）基本定律：认知定律、心理生理反应定律、自比性（ipsative）定律等。

（2）基本理论：贝叶斯理论、心理学理论、生理学理论、系统科学理论等。

（3）基本应用：品性评估。

（4）相关仪器设备：量表、多道仪等。

（5）技术方法与标准：……

……

通过贝叶斯理论指导的品性评估技术及其应用的存在，加之其公认性和可模仿性，引导着量表评估、多道仪测试等技术成功实现了品性评估方法的一个基本模式至范式的转换。

以此为参照，品性评估方法范式（DCAMP）之要素为：

（1）科学理论与原理：具备科学理论原理和科学基本定律。

（2）评估内容为言语；言语，及其衍生品作为品性评估的基本内容。

（3）评估语境营造：根据评估目的和评估对象状态来营造适宜的评估语境。

（4）多元信息采集：量表多道仪的优势不在于其精准，而在于其"多维"和"多道"，恰因其"多"，方成就其品性评估的效用，这就是信息采集的多元化价值。

（5）信息分析和处理贝叶斯化：贝叶斯理论介入后，多道仪测试成为一个整体。贝叶斯理论对品性评估的更大贡献是，在一个层面上整合了各项技术，而在另一个层面上推演出品性评估指数（CAI），将品性评估对设备的要求在学理层面从多道仪延展至其他，为其他设备的顺利登堂使用，既奠定基础，亦打开了通道，从而可以将品性评估技术拓展成为群技术，亦将评估状态提升到一个新的境界之中，成为品性评估方法范式（DCAMP）成全的华丽篇章。

综上，品性评估方法范式即是：

$$DCA = (WoE\ or\ CAI) \times HERs$$

即：品性评估＝品性评估指数×历史性评估考查结果

三、贝叶斯定理到贝叶斯理论

品性是一个复合概念，品性评估方法范式也是一个集合。能够复合或集合的最根本支撑，非贝叶斯理论莫属，而从定理到理论，或也是模式到范式的一个必然。

2016 年 1 月，科学美国人网站（Scientific American）一篇博文《贝叶斯定理：一个大忽悠？——被兜售为统合知识的强力方法，其实也可用于培养迷信和伪科学》（Bayes's Theorem：What's the Big Deal？Bayes's theorem, touted as a powerful method for generating knowledge, can also be used to promote superstition and pseudoscience）[1]，其文末的一句话准确地评价了贝叶斯定理：贝叶斯定理是全能的工具，可以用于任何目的（Bayes' theorem is an all-purpose tool that can serve any cause）。

拉普拉斯曾言：概率理论不是别的，只不过是普通感觉引起的计算而已（Probability theory is nothing but common sense reduced to calculation.）。reduced，生动地表现出用于计算（calculation）的定理，只不过是理论的降格（reduced）而已，所以将定理还原到理论，或才是贝叶斯的真谛。

---

〔1〕 J. Horgan, "Bayes's Theorem：What's the Big Deal？Bayes's theorem, touted as a powerful method for generating knowledge, can also be used to promote superstition and pseudoscience", in *Scientific American*, 2016.

无论如何，贝叶斯理论的定理化，恰如言语的数学化，通用、简洁、形式化的方式确实有助我们理解理论，因此这里还是先从数学语言开始。

（一）贝叶斯定理的通用式

贝叶斯定理的最简式为：

$$P（A/B）=\frac{P(B/A)P(A)}{P(B)}$$

其数学通用式如下：

设 D1，D2，……，Dn 为样本空间 S 的一个划分，如果以 P（Di）表示事件 Di 发生的概率，且 P（Di）>0(i = 1，2，……，n)。对于任一事件 x，P（x）>0,如下式：

$$P（D_j/x）=\frac{p（x/D_j）P（D_j）}{\sum_{i=1}^n P（X/D_i）P（D_i）}$$

（二）贝叶斯理论

贝叶斯理论也被称为贝叶斯决策理论。

贝叶斯决策理论是主观贝叶斯派归纳理论的重要组成部分。贝叶斯决策就是在不完全情报下，对部分未知的状态用主观概率估计，然后用贝叶斯公式对发生概率进行修正，最后再利用期望值和修正概率做出最优决策。

贝叶斯决策理论的基本思想是：

（1）已知条件概率密度参数表达式和先验概率。

（2）利用贝叶斯公式转换成后验概率。

（3）根据后验概率大小进行决策分类。

（三）分析应用

（1）如果我们已知被分类类别概率分布的形式和已经标记类别的训练样本集合，那我们就需要从训练样本集合中来估计概率分布的参数。在现实世界中有时会出现这种情况（如已知为正态分布了，根据标记好类别的样本来估计参数，常见的是极大似然率和贝叶斯参数估计方法）。

（2）如果我们不知道任何有关被分类类别概率分布的知识，已知已经标记类别的训练样本集合和判别式函数的形式，那我们就需要从训练样本集合中来估计判别式函数的参数。在现实世界中有时会出现这种情况（如已知判别式函数为线性或二次的，那么就要根据训练样本来估计判别式的参数，常见的是线性判别式和神经网络）。

（3）如果我们既不知道任何有关被分类类别概率分布的知识，也不知道判别式函数的形式，只有已经标记类别的训练样本集合。那我们就需要从训练样本集合中来估计概率分布函数的参数。在现实世界中经常出现这种情况（如首先要估计是什么分布，再估计参数，常见的是非参数估计）。

（4）只有没有标记类别的训练样本集合。这是经常发生的情形。我们需要对训练样本集合进行聚类，从而估计它们概率分布的参数（这是无监督的学习）。

（5）如果我们已知被分类类别的概率分布，那么，我们不需要训练样本集合，利用贝叶斯决策理论就可以设计最优分类器。但是，在现实世界中很难出现这种情况。

（四）适合条件

第一，样本（子样）的数量（容量）不充分大，因而大样本统计理论不适宜，但大样本之大，实难以界定。

第二，试验具有继承性，反映在统计学上就是要在试验之前有先验信息。用这种方法进行分类时要求两点：

（1）决策分类的参考总体类别数是一定的。例如两类参考总体（正常状态 D1 和异常状态 D2），或 L 类参考总体 D1，D2，……，DL（如良好、满意、可以、不满意、不允许……）。

（2）各类参考总体的概率分布是已知的，即每一类参考总体出现的先验概率 $P(Di)$ 以及各类概率密度函数 $P(x/Di)$ 是已知的。显然，$0 \leqslant P(Di) \leqslant 1$，（$i=1$，$2$，……，$L$），$\sum P(Di) = 1$。

（五）范式应用

品性评估方法范式（DCAMP）实现恰恰能够满足上述条件：

（1）品性评估的样本不可能充分大，即不可能将某个岗（职）位的需求拓展到所有人群。

（2）评估具有继承性，即评估之前已有相当的评估对象之信息，加上评估技术的基础数据，保证了参考总体概率分布的继承性和一致性。

（3）决策分类的参考总体类别是确定的，既可以选用两类参考总体（如是与否的判断），也可以多类排序（如品性评估指数）。

（4）各类参考总体的概率分布根据相应技术可以是已知的。

因此，品性评估方法范式成为贝叶斯理论应用的不二之选，其范式基础也理所当然地成了贝叶斯理论。

四、基础构成

从品性评估方法范式以及学科技术组成角度来说，品性评估可以用图6.1简单说明。提供技术支撑的主要学科基础为心理生理学、心理测量学和心理咨询等等，但最终汇总于贝叶斯理论，形成品性评估结果。综上所述，品性评估其实就是一个综合的评估体系（范式），其过程与结果为贝叶斯理论应用与实践的过程与结果。

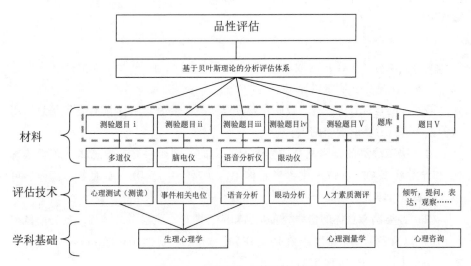

图 6.1　品性评估之基础构成图

五、语境影响

品性评估方法范式（DCAMP）能够生成，语境是决定因素。在对品性评估的深入思考和实践摸索的推进过程中，越来越清晰地感受到语境的意义和价值。与品性评估涉及的检测技术中的各类技术现象，如假阳性和假阴性、信度和效度等，其产生的影响以及对其本身的影响，都脱离不开语境影响和影响语境。

语境影响和影响语境的直接表现就是假阳性（α）和假阴性（β）。

（一）假阳性（α）影响

以多道仪测试为例说明。

测前谈话在多道仪测试进行时，就是一个典型的语境营造。尤其是在犯罪调查测试中，语境营造（测前谈话）的重要任务就是对被测人（评估对象）的污染状态（测前状态）进行把握，其主要目的是控制假阳性（α）。而此时的假阳性，若按照评估者对语境的要求来说，即是一种影响因素——影响语境。因为假阳性指的是对无辜的"冤枉"，所以这种已有的、先期的犯罪生成因素，构成了对评估语境的影响，易出现假阳性，即无辜者因为已发生的犯罪语境而出现其不应该产生的反应。此时，在犯罪调查评估中，可在测前谈话时按照如下标准对假阳性给出基本估计，以抵消影响语境的因素。

表 6.1　被测人污染评估与假阳性

条件	一　级	二　级	三　级	四　级	五　级
生理状态	良　好	正　常	中　等	偏　弱	很　弱
心理信息	未被干扰	轻微干扰	中度干扰	重度干扰	严重干扰
假阳性（α）	0~0.1	0.1~0.2	0.2~0.3	0.3~0.4	0.4~0.5

对被测人污染的预先评估是语境营造过程中需要特别把握的事项，这种预估亦是准确实施测试技术即保证测试质量的关键第一步，多道仪测试犯罪调查实践中对被测人的评估分成两个方面，即生理状态评估和心理信息（受干扰）状态评估。通常分成五级来考虑，具体见上表。

当心理信息被干扰在二级以内和生理状态在三级以内时，可以通过测前谈话控制获得比较正常的测试效果（可给 α 赋值 0 或 0.1）；当生理状态或心理信息任意一个出现五级情况时，这时就不能够通过测前谈话来调整测试状态，测试将失去意义，即没有必要进行测试；当心理信息和生理状态出现三、四级及一些交叉情况时，可以有条件取得测试效果，为有偏测试（即 α 赋值 0.2~0.3，极端情况下赋值 0.4）。

正是由于犯罪调查的特殊语境，使得这类评估一般情况下需要为了保护无辜和无罪推定，需要将无辜被测人从默认的语境状态影响（污染状态）中调整过来，进入评估需要的语境状态，这就是影响语境的一种表现方式。

（二）假阴性（β）影响

同样以多道仪测试为例说明。

一般来说，犯罪调查评估的关注事项是防止无辜被测人受到污染产生假阳性（α），即因为犯罪的发生因素导致了其对评估语境产生影响，即影响语境。

在犯罪调查评估中，除非特殊情况发生，如醉酒、服药等，一般对于假阴性（β）并不需要特别关注。但当人员与其岗（职）位适配度发生关联时，如果评估对象不能够进入适宜的评估语境，那么评估效果就会大受影响，此时很容易出现语境影响——即不当语境营造产生的不良影响。因为这种影响产生的后果往往是评估对象对相关问题的弱反应或不反应，所以此时的语境影响就形成了假阴性结果。

如前述，对于假阴性，犯罪调查评估关注不多，但是就任职筛查和在职监查而言，却是必须要考虑的一个影响因素，通过语境影响的分析，对于这种考虑会更细腻和更完整。

（三）语境与心境

心境可理解为心理上反映出的情绪状态，在不同的心理状态下就有不同的情绪，也就一定有不同的心境。心境可视为人的情绪的一种，指的是一个人持续性的精神活动状态。人常说的心里有事，指的就是心境。在品性评估活动中，如果语境与心境相宜，那么就是一种"合一"状态，即可视为品性的理想状态，意味着问心无愧。

语境的营造依据是评估标准，心境与语境的"不合一"，便是品性出现变化的征兆，亦是品性评估的核心要义所在。

与心境相关的还有一个词，叫意境。如果心境与意境相宜，或是更深的"合一"状态，但心境与意境几乎完全是个人体验，似与他者无关，故不涉足评估，此处略过。

内省评估（量表心理测量）的语境营造，是要让评估对象尽量依照自己的心境来接受测量，但由于这种要求过于直接，故而使得评估对象有可能故意遮掩，而丧失了测量的初衷，易在某种程度上出现假阴性（β）。

总之，语境的影响是现实的，也是微妙的，评估人员的专业高妙之处，在语境营造这里不仅需要实践与经验，更需要自身的体会和感悟。

六、品性评估指数（CAI）影响

品性评估指数的获取依赖于贝叶斯定理，所以品性评估范式在品性评估指数上的体现亦是贝叶斯定理的合宜运用。

由于贝叶斯定理又可表述为：

后验概率＝（似然度×先验概率）/标准化常量＝标准似然度×先验概率

品性评估指数可视为式中的标准似然度，因此某种（类）评估技术，只要能够参照多道仪测试评估，通过贝叶斯定理获得品性评估指数，即具备品性评估范式要求。

七、小结

范式的提出，绝非壁垒高筑，反而是大门敞开。品性评估目前主要以心理量表和多道仪测试为主，尽管脑电、语音和眼动等技术从心理生理原理上来说，介入品性评估并无障碍，但是受贝叶斯理论的影响，这类技术目前直接成为品性评估技术，显然与品性评估方法范式要求不符。倘若某一日，这些技术可以在贝叶斯语境的要求下，将其结果以某个似然比（L）的形式提供，那么，根据其处理相关问题的模式（1:1）或（1:n）或（q:n），结合贝叶斯理论标准并入品性评估之似然比计算式：

$$L_{联合} = L_0 \times L_{(1:1)1} \times L_{(1:1)2} \times ... \times L_{(1:1)k} \times L_{(1:n)1} \times L_{(1:n)2} \times ... \times L_{(1:n)m}$$

即成为该式中的一项合并处理。

因此，从原理上讲，只要这类技术能够提取出似然比项，其就可以无障碍并入品性评估指数，这也是范式之优的一个直接体现。

思考题

1. 品性评估的范式主要有哪些内容？
2. 贝叶斯定理在品性评估范式中发挥什么作用？
3. 为什么需要语境？

第三节　范式应用

一、概述

根据品性评估方法范式：DCA =（WoE or CAI）×HERs，结合现有的各类量表形式与问题，可以形成一些范式应用。

对于现有量表，已经多少有过一些遴选和应用，如果符合品性评估的基本要求，大可以直接应用。所谓的直接应用，一是其评估目的和内容可以直接按照原来的模式作为内省评估使用；二是其问题经由适当转换后，即可作为心理生理评估使用。

但是由于心理生理评估对问题形式有一些特别要求，如区分事实与价值评估、确认标准的倡导性与禁止性、引导（控制）否定回答等，都使得大部分用于内省的量表问题需要进行适当转换。本节以此为例，具体说明品性评估方法范式应用。

二、量表及使用的意义价值

(一) 评估类别

1. 行为评估

人们的常见行为大都以外显作为区分依据，所谓的行为后果便是以行为造成的影响来对行为进行评估。这种评估相对直接简单一些，而且"善以心论、恶以行断"明确说明了行为的评断标准。

品性的一个表现就是言行一致性，这里的"行"仍然以外显为主。尽管行为是外显的，但是又是内部驱动的，所以就出现了一些心理行为测验技术，力图通过标准化的程序对人们的某种行为进行评定，以判断个体心理行为状况的差异。这就是品性评估中行为评估的意义所在。

如今的心理行为测验，被视为行为样本的一种客观的、标准化的测量，可通过数学方法依据一定的法则对事物的属性做出量的描述（如计分）。通过心理行为变化量数据的测量，可比较、鉴别和评价不同个体之间心理行为上的差异，或者同一个体在不同时期、不同条件或不同情景下的心理反应和心理状况。最常用的评估工具是心理行为评定量表。

前文已述，编制量表的材料都是经过精心选择的，是一些能够反映人们某些心理行为特点的问题和操作任务。把这些材料用标准化的方法加以组织和编制，进行对行为样本的测查和统计处理，形成一种常模，作为评价的尺子，以判断被试者的心理行为特征。

测验可分为个体行为测验和群体行为测验。

（1）个体行为测验。个体行为指的是行为主体为一个个相对独立的个体，其自身具有独立的意识和在一定范围和条件下进行行为选择的自由。职业行为测验就是这类测验的一个代表。

（2）群体行为测验。行为主体又是社会化的处于各种社会关系网络的一种主体，任何个体行为都与他人发生着千丝万缕的联系，因此即使对个体的行为分析也不能完全脱离社会群体。群体行为是一种有组织有分工的行为，各个个体在其中起着不同的作用，群体行为影响甚至决定个体行为，群体行为中每个个体的积极主动性及其行为质量，又影响着群体行为活动的质和量。

另外，依据评定工具的功用、测量方法和测验材料的性质可分为人格测验、行为功能测试、心身健康评定、智力测验及心理社会因素调查等。

2. 人格测验

这是一种传统的评估个体心理特征的技术，在行为医学、心身医学上常用来作为诊断心身障碍的工具。人格是指一个人对内外环境刺激所特有的反应方式和行为模式，它是在个体的生活早期开始形成的，在人格方面最具有特征性的是人的性格特点。已形成的性格特点与心身障碍有密切关系，某些性格特点常是许多疾病发生的基础。用于评估人格的技术和方法很多，一般可分为两大类，即客观性测验和投射性测验。较常见的方法有：明尼苏达多相人格测验（Minnesota Multiphasic Personality Inventory，MMPI），艾森克人格问卷（Eysenck Personality Questionnaire，EPQ），卡特尔 16 种人格因素问卷（Sixteen Personality Factor Questionnaire，16PF）等。注意这里的人格与品性评估中"人格品性"的"人格"并不完全一致，是一种更大范围的泛称。

3. 行为功能测试

人类的行为功能，是一种极其复杂的综合性功能。所谓行为，按人们的一般理解，系指一种活动或一种变化。人的行为是人的心理的外在表现。不仅疾病有各种各样的行为表现，更重要的是人的行为对健康状况有着极大的影响。行为功能测试是"借用"实验心理学和临床心理学、行为科学，以及神经生理学的理论和方法，根据检查对象和研究目的来选择或建立所需要的行为功能测试方法和指标。理想的测试方法要求：①所反映的行为功能具有较强的针对性；②具有较高的有效性和客观性，不受外来混杂因子（如年龄、个人习惯）的影响；③有足以区分正常、影响、病例的敏感性；④具有较好的可靠性，重复测验结果稳定，并便于定量比较；⑤技术操作的复杂程度及耗费的时间能与现场和临床的条件相适应。

4. 智力测验

评估被试者智力水平和智力功能损伤或衰退程度的一种技术。智力测验通常都是由一定数量的测量项目或作业组成的量表，这些项目或作业必须经过精心挑选和加工，并经标准化确定下来，形成一定的常模。测量成绩按完成项目或作业的数量来计算，把这种成绩与常模比较，便可了解一个人智力水平的高低。智力单位是在智力测验中衡量智力高低的尺度，目前常用的有三种表示法，而最常用的又是人们较为熟悉的智商（IQ）表示法。智商有两种：一种是年龄智商（也称比率智商），它是以一个人的年龄为参照尺度对智力进行衡量。由于人的智力在成年时不会随着生理年龄持续增长，因此年龄智商的应用受到一定的限制，目前多被另一种离差智商所代替。还有一种智力单位叫百分位法，它是以一个人的智力水平在团体中的位次（百分位）来表示。如一个人的成绩为百分位 50，说明他的智力水平中等，比他好的和差的各占 50%。此外，也有用等级来对智力进行划分的，虽然粗糙些，但也简便实用。

5. 量表结果特点与品性评估方法范式（DCAMP）

量表测验发展至今已经成为一个庞大测验门类，其功效在内省评估部分已有说明。正因其功效，所以在品性评估方法范式（DCAMP）中，其可以发挥出历史性评估考查结果（HERs）的作用。而且恰如前文已经指出的那样，HERs 可以作为品性评估结果直接使用，只不过在品性评估方法范式中，其品性评估指数（CAI）或证据权重（WoE）被默认等于 1 而已。

至于这时的 CAI（或 WoE）到底是不是等于 1，这就是需要品性评估进一步来回答的问题了。

（二）评估模式

通过内省评估可以获取历史性评估考查结果（HERs），其模式有以下两种：

1. 使用特定的内省评估问卷

采用特定的内省评估问卷，前后进行两次施测，其中，第二次测答应引入"口头多道仪"，即对下一步的多道仪测试进行预告。根据两次测答的数据通过一系列公式计算得到历史性评估考查结果。内省评估需实施两次，第一次的测答结果是评估对象向所在单位主管或相关人员展现的自我品性，可能经过了有意识的掩饰。第二次的测答结果更贴近评估对象对自我品性真正的认识。通过对两次测答结果的比对分析，发现评估对象呈现于外与隐藏于内的品性之间的差距，作为获取历史性评估考查结果的依据之一。

内省评估问卷的编制和施测过程详见本书第四章相关内容。这里着重提及两次内省评估之间的差异。

在间隔时间方面，两次测答间隔时间不宜过长，也不宜太短。若间隔时间过长，评估对象的品性可能随时间发生变化，失去了两次测答之间比较的意义；若间隔时间太短，则评估对象对前一次测答内容印象太深，影响其在第二次测答中的真实反应。一般间隔 2~15 天较为合适。

在指导语说明方面，较之于第一次测答，第二次的指导语应告知评估对象后续会有多道仪测试以检验其量表测答的真实性（可根据评估对象的理解或者了解程度将多道仪介绍为测谎仪），目的是发挥多道仪测试的震慑作用，以获得最贴近评估对象真实品性的数据。

有条件的可以在两次测答之间开展多道仪测试理论讲解及以刺激测试为主的实操演示，以加深评估对象对测谎原理及作用的理解。

2. 沿用已施测的问卷

若评估对象之前已经施测过某一类型或多种类型的心理测评问卷或量表，那么这类心理测评问卷或量表可以暂时替代品性评估的问卷，同样引入"口头多道仪"后获得第二次重测数据。利用过去测答结果和当前测答结果进行比较分析，由此转入第一种模式的数据分析步骤。在原有施测的基础上对原问卷或量表进行修订，生成新的内省评估问卷，以供下次评估之用。

（三）历史性评估考查结果的生成

1. 确定有效题目及阈值

根据问题测答，得到对每个题目的原始分。绘制不同阈值条件下两次测答数据的 ROC 曲线，根据曲线下方面积，推断两次数据吻合程度大小，确定有效题目的最佳阈值，再进行品性维度的计算。

2. 坦诚度（rectitude，R）评估

计算坦诚度可从测答内容及测答结果一致性（consistency，C）两方面来实现。

在测答内容上，按阈值对原始分数进行重新赋分并计算测答总分 T。

若将两次测答一致性（C）视作 T 的权，WoR 可视为坦诚（R）的一个基本度量，那么：WoR＝T×C。

3. 适配度（suitability，S）评估

计算适配度时要区分两类问题，即禁止性适配（negative suitability，NS）问题和倡导性适配（positive suitability，PS）问题，其计算方法与坦诚度类似。

4. 计算历史性评估考查结果

HERs＝aWoR×b（NS or PS），其中 a+b＝1。

评估目标不同，对坦诚度和适配度的重视程度可能不同，因此要根据评估的

实际需要来确定 a 和 b 的值。

（四）评估结果的应用

尽管在 DCA = CAI×HERs 中，CAI 可以对应于 WoR（不是 WoE），禁止性适配（NS）和倡导性适配（PS）可以对应于历史性评估考查结果，但是根据评估需求，其组合更应该是：

DCA = aWoR×b(NS or PS)，其中 a+b = 1。

尽管一般来说，CAI 由多道仪提供，但是在量表的再次测答过程中，其中的坦诚度问题一定程度上替代了 CAI，而量表的具有实质回答一致性的适配度内容，就成为历史性评估考查结果的代表，所以只有"口头多道仪"的介入，即实现了一次品性评估的初评，也成为两次量表使用以后多道仪介入的一个先验概率基础。即此时的 DCA 就成为多道仪测试的一个新的 HERs，即 HERs（量表）= aWoR×b(NS or PS)。

显然对于 WoR，或 NS 与 PS 的重视程度不同，会导致不同的多道仪使用强度。在一个更侧重忠诚要求的岗位上，显然要侧重于 WoR 的进一步确认，多道仪测试题目首先须以此为基础展开。而在更侧重于禁止性适配，即那些以风险（负面）防控为主要目的的应用者来说，如监管对象、服刑人员等，多道仪测试需要针对 NS 题目继续展开；对于那些拟提拔或入职评估来说，侧重或许更应该在于其对岗位的未来贡献有哪些，所以重点在于 PS 题目或许不为过。

总之，相同量表两次之间的口头多道仪介入，即内省评估与多道仪测试的结合，成为品性评估的一个独特范式，该范式不仅适用于自己开发调查量表施测，亦可成为传统量表测验的深入。具体应用参见下文范式示例 B。

三、CAI（或 WoE）的问题转换

决定 CAI（或 WoE）的问题，是需要评估对象能够采用"是"或者"不"来回答的问题，很多量表的回答采用的是分级制，如李克特量表（Likert scale），该量表由一组陈述组成，每一陈述有非常同意、同意、不一定、不同意、非常不同意五种回答，分别记为 5、4、3、2、1，每个被调查者的态度总分就是他对各道题的回答所得分数的加总，这一总分可说明他的态度强弱或他在这一量表上的不同状态。

这样的量表单独作为 HERs 使用时，毫无问题，但是如作为 CAI（或 WoE）的问题使用时，就需要进行一些转化。转化的方式有两类：一类是属性转换，一

类是问题形式转换。

（一）属性转换

指的是评估对象在接受评估时的接受程度以及理解程度，换言之即评估态度。这时的问题以"你以应付的态度填写了量表吗？"或"你说你认真回答了量表问题，是欺骗吗？"为代表。

这类问题的目的非常清楚，就是从一个更高的层面去整体性评估评估对象的评估态度，因此经常作为 CAI（或 WoE）的第一组问题来使用（详见实例）。

（二）问题形式转换

1. 区分事实与价值评估

任何一个量表，均应该程度不同地包含有事实评估与价值评估的内容。中文语境中一个简单的区分方法是，事实评估的问题除了可以采用"是"或"否"来回答外，还可以用有或无、知道或不知道来确切回答；而价值评估的问题一般只能采用"是"或"不"来回答。前者如"今天是星期三吗？"，后者如"你喜欢春天吗？"

2. 区分问题的倡导性与禁止性

评估问题是以评估标准为基础设置的，但凡成熟标准，均含有倡导性和禁止性内容。如任何一种职业标准，必然包含有倡导性内容和禁止性要求，前者以引导、自愿为出发点，不设上限；而后者则以禁止、强制为特点，划定底线。

2016 年 1 月 1 日，新修订的《中国共产党廉洁自律准则》和《中国共产党纪律处分条例》（该条例 2018 年 8 月再次修订）同时施行。前者不到 300 字，被称为道德高线；后者 17 000 多字，被称为行为底线。例如，这其中倡导性内容有："确保党章党规党纪在全党有效执行，维护党的团结统一。""保证党的组织充分履行职能、发挥核心作用，保证全体党员发挥先锋模范作用，保证党的领导干部忠诚干净担当。"禁止性内容有："党的领导弱化、党的建设缺失、全面从严治党不力、党的观念淡漠、组织涣散、纪律松弛，管党治党宽松软。"这些都生动地阐释和完善了中国共产党党员的职业标准。

区分问题的倡导性与禁止性，对于评估问题的设置，与问题回答控制紧密相关，所以请与下段一起理解。

（三）否定性回答引导与控制

否定性回答要求是 CAI（或 WoE）品性评估的一个显著特征，其原因原理已在前文申明，此处不再赘述。对于禁止性问题，由于默认评估对象回答的否定性，所以可以自然引导，但是对于倡导性问题，由于默认评估对象的回答都是肯定的，所以需要转换形式予以引导（控制）。

1. 倡导性转换

如对于倡导性标准"维护党的团结统一"，问题的简单转换就是："你说你能够维护党的团结统一，这是骗人吗？"

通过这种复合句形式的转化，就能成功地实现否定性回答引导与控制。

前文"属性转换"问题设置时，也有类似现象，可以相互参考使用。

2. 禁止否定设问

所谓的否定设问，是提出如"你没有认真回答问题吗？"这样的属性转换问题，也有"你没有维护党的团结统一吗？"这样的倡导性不当转换问题。这类问题提出后，在中文语境中，评估对象可以随意回答"是"与"不"，而且都能给出合理解释，因此需要避免之。

另外问出"你说你没有见过这篇文章，是假话吗？"这样的问题同属否定发问，在中文语境中应该予以坚决避免。

四、范式示例 A

（一）内省量表

以《职业召唤感问卷》（Dobrow, 2010）[1]为例。

指导语：测试题中的职业，即您现在所从事的职业（例如，人力资源经理、销售员、中学教师、律师、画家、音乐家、企业家等，泛指各个职业领域）。请根据您对您目前所从事职业（刚才填写的职业）的切实感受，于对应的度量项下（1＝完全不符合，7＝完全符合）打勾"√"。（共 12 个项目，此处仅节选 5 题）

（1）我对我的工作充满热情。

（2）我享受做我的工作胜过其他任何事情。

（3）从事我的职业让我有巨大的满足感。

（4）为了我的职业，我会不惜一切代价。（例：为了成为一名画家，我会不惜一切代价。）

---

〔1〕 S. Dobrow, "A Siren Song? A Longitudinal Study of the Facilitating Role of Calling and Ability in Career Pursuit", in *Academy of Management Annual Meeting Proceedings*, 2012.

（5）每当向别人描述我是谁时，我通常首先想到的是我的职业。（例：每次自我介绍，我会首先想到我是一名职业经理人。）

……

（二）量表分析

这是一份李克特量表，其得分分布从 12 到 84 不等。通过得分分布，可以评测出一个人对其职业的喜欢与投入程度，显然得分越高，越喜欢自己的职业。但是这么明显的题目设置，也给了评估对象可能的造假机会，因此，单纯的量表得分，不足以反映评估对象的真实想法。

（三）评估

1. 获取 HERs

按照量表设计，假定某人通过量表评估，得分 80。按照量表设计，80 分为该人对目前职业的一个基本态度，即 HERs＝80。

2. 获取 CAI

题目编制（可参考前各章节，这里仅示例部分相关问题）。

（1）属性问题 CAI。

表 6.2　属性问题 CAI 列表

序　号	内　　　容	CAI
1	你是为了应付评估回答问题的吗？	c11
2	你说你认真作答，是在欺骗吗？	c12
……	……	……
合　计		C1

（2）HERs 问题与 CAI 问题。

表 6.3　HERs 和 CAI 问题列表

序　号	HERs 问题	CAI 问题	CAI
1	我对我的工作充满热情。	你说你对你的工作充满热情，是假话吗？	c21
2	我享受做我的工作胜过其他任何事情。	你说你享受做你的工作胜过其他任何事情，是在骗人吗？	c22

续表

序　号	HERs 问题	CAI 问题	CAI
3	从事我的职业让我有巨大的满足感。	你说从事你的职业让你有巨大的满足感，是编造的吗？	c23
……	……	……	……
合　计			C2

3. 获取 DCA

根据 DCA = CAI×HERs，本例中：DCA = 80C1 或 80C2，其中：

C1 = c11×c12×……

C2 = c21×c22×c23×……

（四）标准

根据评估标准的不同，DCA 可采用 80C1 或 80C2 两种形式。

因为 C1 和 C2 是不同层面的 CAI，所以需要分别处理。

一般来说，当 C1 小于 1 时，可通过追加 C2 来确认一下小于 1 的来源；而当 C1 大于等于 1 时，可以不启用 C2 评估。

这个标准可以根据委托目的自行调整。

五、范式示例 B

以服刑品性评估为例。

（一）概述

服刑品性，主要指的是服刑人员的服刑态度和服刑自觉性，是服刑人员从内心深处的知罪悔罪和对回归正常社会生活的热切向往。对知罪悔罪和回归正常的程度评估，就是服刑品性评估。

知罪悔罪表现为服刑人员言行一致、心口如一，能够如实地说出自己内心真实的想法，不会有伪装、隐瞒或说谎的行为。

回归正常表现为其行为遵守监狱管理相关规定，而且态度端正，积极认真改造自己。

服刑品性评估的目的是为服刑人员和管理人员营造更安全、更清洁、更健康的环境。将品性评估技术之监禁人员行为判别应用列入监查测试范畴，能够在我国的监狱管理工作中发挥出更大的作用。

在针对服刑人员进行评估时，品性评估技术能够规避传统的心理学问卷存在的三个明显弊端：

第一，传统心理测评问卷的记分标准使用正常人群或大学生作为常模，统一作为衡量所有人群的标准，以此评估服刑人员这类特殊群体的品性态度和行为倾向，弱化了群体的特异性。不同群体使用的评估标准应该是不同的。

第二，服刑人员属于高度个体化的人群，他们的年龄、履历、犯罪类型、服刑期限等各不相同，因此对于问卷中同样一道题目，可能适用于某一犯罪类型的服刑人员而不适用于另一种犯罪类型的服刑人员。如此，问卷的评估意义是有限的。

第三，目前心理学问卷的滥用，使得评估对象容易抱着随意作答的态度，也使得有些监狱管理人员不够相信和重视评估的作用，只是将其作为一项必须应付的工作任务，在实施评估过程中常常敷衍了事，对于评估对象的作答真假浑然不知。虽然有些问卷（如MMPI）中加入了测谎题，但是效果还有待商榷。

动态而准确的信息掌握对监狱管理工作的创新和提升至关重要。信息掌握旨在监督管理，而品性评估技术具有一套相对完整的方法和流程。

（二）总则

1. 评估原则

服刑品性评估遵循以下原则：

（1）遵守国家法律法规有关规定。

（2）科学、客观的评估态度，如实反映服刑人员的品性。

（3）全面、细致地进行资料的搜集、获取及数据的分析。

（4）评估报告格式规范，有章可循。

2. 评估依据

（1）法律法规、规章、指导性文件。《刑法》《刑事诉讼法》《监狱法》《监狱服刑人员行为规范》以及各省市《社区服刑人员管理规定（办法）》等。

（2）学术期刊。《犯罪与改造研究》《中国监狱学刊》等杂志。

（3）其他参考资料。

3. 评估范围

服刑人员品性评估项目针对监狱服刑人员、社区矫正人员开发使用。

4. 评估程序

见图 6.2 示。

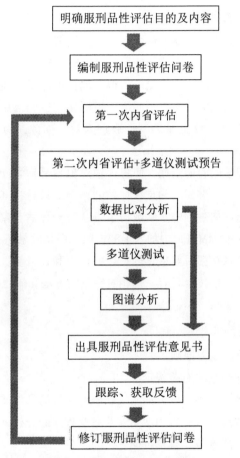

图 6.2　服刑品性评估程序图

（三）操作细则

为达到"获取真实信息"这一目标，品性评估采用了与传统评估不同的信息采集和处理的步骤和方法。

1. 评估问卷的编制

（1）收集资料。

①了解有关部门（如执法机关）、监狱管理人员等委托方的需求和服刑品性

评估目标。

②了解过去采用的评估方法及效果，已有问卷可作为参考资料。

③查阅相关法律法规、指导性文件、学术研究中关于服刑品性的内容。

④通过对狱警、监狱心理工作者进行访谈，以及对服刑人员档案资料的分析，了解评估对象的基本情况。

（2）拟定编题计划。确定题目的数量、题目类型、答题形式和题目的范围，一般涵盖测谎题、倡导性问题和禁止性问题。禁止性问题在服刑品性评估问卷中所占比重较大。

（3）编写题目、记分键和指导语。编制者和有关方面专家要对题目反复审查修订，改正意义不明确的词语，取消重复项和不适用的项目。再将初步选定的题目汇集起来组成一份预备问卷。编写每道题的赋分规则。

在问卷的使用说明中，要阐明"服刑品性"的概念、问卷的功能、评估范围、评估对象等。在评估规则中，要阐述更具体的操作事项，如对服刑人员作答方式的要求。

第二次内省评估的指导语在第一次评估指导语的基础上，还应有所补充，即对下一阶段的评估内容"测谎"进行预告和说明（根据服刑人员的文化水平将多道仪介绍为测谎仪）。

2. 内省评估的实施

内省评估共实施两次，通过对两次评估所获得数据的比对分析，发现服刑人员呈现于外的品性与隐藏于内的品性之间的差异，作为其服刑品性 HERs 的获取依据。

3. 数据处理及分析

在两次评估之后，问卷分析时，根据贝叶斯算法，对所有题目进行评估、筛选与合成，同时以有效的题目来评估监狱方所关注的评估目标。

（1）数据录入与初筛。为便于后期的数据分析，建议使用 SPSS 统计软件。对施测过程的记录进行分析，对于答题过程中出现异常反应的个体（如答题用时过短、趋同应答、极端应答偏误等），其内省评估数据不纳入后续的数据分析中，可进行事后访谈或直接参与多道仪测试。

（2）题目有效性检验及阈值的确定，剔除不理想的题目。

（3）品性的计算。重新对数据进行赋分，计算服刑品性分数 HERs。

4. 实施多道仪测试

分析各个服刑人员服刑品性得分情况，根据实际需要决定哪些服刑人员参加多道仪测试。具体分析每个评估对象在每道题目中的选择，根据其选项有针对性地编制相应的多道仪测试题目并实施测试。经过图谱分析，计算 CAI。

5. 出具服刑品性评估意见书

结合内省评估和多道仪测试结果，形成书面的服刑品性专业评估意见书。

六、小结

品性评估的出现，使得传统意义上的心理量表又有了一个新的用途，其实这个用途是被量表设计者以某种方式默认处理的，如今经过品性评估的努力，终于将其昭告于天下。因此，是品性评估使得这些量表能够不断焕发青春，同时，假若品性评估足够普及，那么这些量表的编制者就可以将更大的精力投入到本性刻画中，而不是要顾及如实回答的困惑。这样的效果，或许才真正是所谓的"风清气正"之状态。

思考题

1. 根据下面的"内省"之内省量表，按照品性评估范式要求制定一个评估方案。

（1）问卷内容：

①我爱探索我的"内在"自我。

②我常常爱以哲学的方式看待我的生活。

③我爱冥想事情的本质与意义。

④我真的不喜欢内省或自我反省思考。

⑤我对事物的态度和情感让我着迷。

⑥我爱分析为什么我这么做事情的原因。

⑦我不太喜欢自我分析。

⑧我真的不是一个冥想类型的人。

⑨哲学或抽象思考并不那么吸引我。

⑩思考自我并不是我的乐趣。

⑪人们常常说我是一个"深度"内省类型的人。

⑫我天生就对自我充满好奇。

（2）回答方式：

每题五个选项：

①非常不同意

②不同意

③不确定

④同意

⑤非常同意

2. 自行查找《霍兰德职业兴趣测量表》，按照品性评估范式要求，根据量表制定评估方案。

第四节 总 结

品性评估范式的出现，绝非一时一日之功，凝聚着各项工作的努力与实践，这里主要论及的是品性评估相关技术方法，其实它的范式提出更是人的综合。范式不仅是方法，更是科学共同体所共有的特质，体现科学共同体的共同信念、共同传统以及它所规定的基本理论、基本方法和解决问题的基本范例。因此，范式有两层关键含义：一是科学共同体共同的承诺，二是科学共同体共有的范例。或可说，范式是科学共同体的一种约定和范例。

人常说，技术是为人服务的，模式也好，范式也罢，都应该遵循这个原则。但是技术（模式）的发展又往往使人成为技术（模式）的附庸，当今互联网和人工智能的蓬勃兴起，使得人们开始隐隐担心某一日机器成为人的主宰，其实在某个层面上来说，这并非危言耸听。2017 年 6 月，美国苹果公司 CEO 蒂姆·库克（Tim Cook）在麻省理工学院的毕业典礼上发表演讲，"我不担心人工智能让计算机像人类一样思考问题，我更担心的是人类像计算机那样思考问题——摒弃同情心和价值观，并且不计后果。"

这才是所有的模式更新、范式形成更需要严肃认真对待的一个问题。

第七章

品性评估应用——总论

大道泛兮，其可左右。万物恃之以生而不辞，功成而不名有。

——《老子》第三十四章

第一节　概　述

一、应用与使用

应用与使用，或可对应于应然与实然。即前者是价值性的，即应该之用；后者是事实性的，为使唤之用。本教程主要阐述品性评估结果的时候，多以"应用"来说明。当为强调品性评估之实用时以"使用"来说明，即用途。使用是为了应用，即应用是使用的目的和价值之体现，故可统称为品性评估应用。

贝叶斯品性评估更是将其公式化为：

$$DCA = CAI \times HERs$$

应用，或可对应于 DCA（品性评估）；使用，或可对应于 HERs（历时性评估考查结果）。

由于长期以来人们在品性问题上并未彻底区分"用""使用"和"应用"，一个重要的原因就是 CAI 被层层遮蔽，这种遮蔽不是默认其为 1，而是视之为无。

另外，中文语境中，使用多指工具，应用则是理论，还有一个运用可指方法。就多道仪来说，其本身是工具，可称之为使用，但是当出现多道仪测试技术时，或可称其为运用。陈云林等人的第一本心理测试技术专著，原定书名为《如何应用心理测试技术》，但出版后却发现封面赫然印成《如何运用心理测试技术》。[1] 其中虽一字之差，意蕴还是有些不同的，好在印数不大，现在倒成为一些拥趸的收藏。

以传统理念看，品性评估提出显然以理论见长，但这种理论在现象学视野里又只是方法而已，所以似乎称为"品性评估运用"为当，但是考虑到中文语境的特点，这里采用了"应用"（应该之用）的说法，可以与品性评估强调的价值评估对应起来。

因此，自本章开始围绕着品性评估方法展开，在理解"应用"之意的同时，也可以从不同的角度更有味道地欣赏其精彩演出。

二、可信与信任

品性与可信度，曾在某种程度上密不可分。但可信度的这种遮蔽，使得人们经常为可信而可信（诺玛蕊综合征），这不仅妨碍了对品性的理解，而且还由此产生了许许多多的负效应，如犯罪调查中的常见冤假错案，其往往并不缺乏可信证据；人员筛查中的知假造假及履职评估中的形式文章等。殊不知可信并不等于信任，所以人们纠结于可信之时，却往往忘记了信任，这既有人们对品性本身的"反动"，也有人们对品性之应用知之不足的根本原因。

若将可信视为 HERs，那么信任就是 DCA，能够决定两者进行转换的就是 CAI。

这是现象学反思与贝叶斯品性评估的巨大成果，使得我们能对品性的认知进入到另一条通道，进而足以让品性走出人心难测的无奈和难以取信的惆怅，解除用人、识人之困境，召唤品性之真正应用，即品性之于自身的评估——品性评估。

当品性终于通过自身评估的方式再次展现于犯罪调查和人员筛查时，它的效果和作用可就不仅仅是属于调查和可信度评估了——而是将可信转化成信任。简单的例证就是，犯罪调查测谎之经历与积累，成就了证据，催生了品性评估，而品性评估反过来能够更彻底地帮助测谎发挥出真正之功用——堂堂正正的证据化（将证据由可信变成信任）。

多道仪，因其执着于 CAI，因此成为应用舞台之主角。

---

〔1〕　陈云林、孙力斌：《如何运用心理测试技术》，九洲图书出版社 2001 年版，第 1 页。

三、向实与向虚

换个角度来说，品性评估的坦诚度与适配度，前者是手段，后者是目的。这个解释虽有些狭义，但是并不妨碍对其广义的理解。所以，品性评估，评估的也是评估对象对被评估事件（包括评估内容、评估方式、评估标准等）与其自身关联性的一种认知状态。这个事件可以是广义性质上的任何事件，当其作为职业选择出现时，入职评估就出现了。

入职评估也可称为筛查（screening）评估，筛查与调查之实质不同，就在于测试（评估）目标对象属性的迥然不同。调查是以根据已发生事件与被测人之间的是否关联为目标，是一种对所谓客观存在的认知（向实而为）；而筛查却往往不同，它是以一个设定的事件与被测人的关联程度为目标，由于这种设定并"不存在"，所以筛查针对的是评估对象对"不存在"的一种认知（向虚而为）。这种差异在筛查的入职测试（pre-employment test）中表现得最为突出。

受可信度评估影响，筛查评估的参照是调查评估，因此在 HERs（历时性评估考查结果）的处理上也一直将其视为 1（HERs = 1）。这固然有一定道理，但是入职评估向虚而为的特点，导致了其与调查评估方向性的差别，如果将调查评估的 HERs 理解为 $\infty \rightarrow 1$，那么入职的 HERs 就是 $0 \rightarrow 1$，因此入职评估语境营造的价值和意义也就成为特殊与重要的了。

入职评估的向虚而为，其最直接的要求就是营造语境（constructing context）。

语境（context）的问题，这里专门需要强调的是多道仪评估过程中的言语环境，它既包括语言因素，也包括非语言因素。上下文、时间、空间、情景、对象、话语前提等与语词使用有关的都是语境因素。

语用学的语境，是人们在语言交际中理解和运用语言所依赖的各种表现，为言辞的上下文，或不表现为言辞的主观因素。[1]

由于品性评估的评估材料，尤其是 HERs，均属于语言范畴，或口头，或书面；或量表，或笔录。所以区分语境和营造语境，是品性评估的必须前提。

犯罪调查评估时的语境能够轻而易举地通过警察介入的方式获得调查（评估）对象的认可和接受，这时犯罪事件已经发生，成为一个客观事实，那么围绕着这个事实产生的语境对于调查评估来说是一种默认的状态，一般情况下并不需

---

〔1〕 王建华、周明强、盛爱萍：《现代汉语语境研究》，浙江大学出版社 2002 年版，第 54 页。

要刻意去营造，也不需要特别的内省（一般所谓的笔录过程即可视为内省评估），而且有时为了保护无辜起见，还要略微转换一下语境。

在职评估也类似，由于评估对象在职履职已经属于既成事实，所以围绕着这个事实产生的语境对于在职评估来说也是一种默认的状态，除非转换新的岗（职）位（此可视为入职），一般情况下也不需要刻意去营造。

而入职品性评估主要评估的是个体对于新的岗位、新的职业的适配度，而新的岗位和职业对于求职者来说都属于未见之事（what we do not see）或所望之事（what we hope for），我们所评估的恰是评估对象对这些"事"的确信（being sure of and certain of）程度。一定意义上讲，确信程度高者，品性高，确信程度低或不确信者，品性低，甚至为无品。显然，不确信者声言"确信"，或确信者声言"不确信"，都是处于说谎或欺骗的状态。

品性评估其实都是在内省基础上评估，这里的内省包括调查问卷、心理量表、笔录、问话等，其基本过程在品性评估范式（DCAMP）中已有体现。但是范式部分并未详细涉及 CAI 的具体获取，而目前鉴于多道仪测试对于 CAI 获取的暂时不可替代性，所以各类应用围绕多道仪测试展开亦不为奇。

入职评估将作为应用的第一部分展开，履职和调查将作为第二部分和第三部分呈现，而第四部分则是质量控制。

思考题

1. 使用与应用的关系说明了什么？
2. 解析可信与信任的关系。
3. 向实与向虚之于评估应用的意义是什么？

第二节　应用标准

评估应用与标准，二者相伴相生，如影随形。无标准即无应用。

什么是标准？

国标对标准描述为：通过标准化活动，按照规定的程序经协商一致制定，为各种活动或其结果提供规则、指南或特性，供共同使用和重复使用的一种文件。[1]

---

〔1〕 GB/T 20000.1-2014《标准化工作指南 第1部分：标准化和相关活动的通用词汇》，条目5.3。

对标准的定义是：为了在一定范围内获得最佳秩序，经协商一致制定并由公认机构批准，为各种活动或其结果提供规则、指南或特性，供共同使用和重复使用的一种文件。[1]

国际标准化组织（ISO）的国家标准化管理委员会（STACO）一直致力于标准化概念的研究，以指南的形式给标准的定义作出统一规定：

标准是由一个公认的机构制定和批准的文件。它对活动或活动的结果规定了规则、导则或特殊值，供共同和反复使用，以实现在预定领域内最佳秩序的效果。

抛开（悬置）这种文件的形式化不说，我们可以很直观地发现，所谓标准，其实就是一种协约或者约定。由此可知，法律，也可以理解为一种约定。对个人来说，这些约定有时是自愿的，有时是强迫的。显然，任何约定并非一成不变，但是任何约定又都具有特定的恒常性，不然世界将会成为混沌。倘若约定具有足够的自愿，那么违约就是明显的欺骗。

明晰了标准的约定属性，同时也知晓了违约与欺骗的关系后，再来理解品性评估的标准，会更积极、更深刻。

一、职业标准

1. 应用

应用者，曾见于《宋书·袁豹传》："器以应用，商以通财。"宋朝曾巩《洪州到任谢两府启》："材不堪於施设，动辄乖宜；学多失於变通，理难应用。"前者指的是物品、工具之用，而后者则是人才之用。其实望文生义即可知：应用——应该的用。说到"应该"便与价值发生了关系，是谓"价值之用"才是应用。其实无论何用，其主导者或操作者，均是应用者，即人本身。故此同样应用，会有不同效果，不仅对外产生的社会效果不同，而且对应用者个人本身的感受、感觉也不同。对于社会效果之不同，人有共识，常说把好事办好，指的就是同样的一件"好事"，然而却未必能够"办好"，这种"办好"与"办坏"即是应用于"外"（社会）的不同效果。然对于个人感受之不同，却似乎见仁见智。因为当今的应用，多属技术的应用，或是一种专业或职业的应用。所以就个人宽泛而言，同样的营生（专业），却能够感受到不同的风采，而且这种现象自古即有之，同

---

〔1〕 GB/T 20000.1—2014《标准化工作指南 第1部分：标准化和相关活动的通用词汇》，附录A表A.1序号2。

为屠户，既有简单宰羊杀猪，也有庖丁解牛；同为舞剑，既有花把式，也有公孙大娘。就是这种普通应用与职业应用之不同，直接催动了职业的诞生。

2. 职业与职业标准

职业（career）不同于工作（job），职业问题不仅仅是工作问题。称职指称的是职业。显然，一份营生变成职业的标志就是职业标准的诞生。在德语中，职业（beruf）一词还有"天职"之含义，某种程度上意味着个人毕生应当为之不懈奋斗的一个目标。因此，论及职业既有专业的分工，也有精神追求，即个人价值不断实现的过程，否则不能称为职业，只是一份工作而已。

但是随着职业的发展，所谓的职业化也呈现出某种垄断色彩，所谓的好职业难免门槛高筑，更有甚者，如中国古时职业就有世袭，代代相传，以职业作为自己的姓氏（如姓屠、师、桑、陶、卜、贾等），反映了人们的职业归属感和排他性。这种倾向伤害了职业的本来属性，因而出现了从事外表光鲜的职业，其内心却十分痛苦的尴尬局面。品性评估，试图还职业之本分，成个人之意愿，功莫大焉。

3. 职业标准与"三品"

品性评估，除了自身定位于职业建设，展现职业水准之外，其服务（评估）对象也是职业，所以才产生了对应于职业境界的人格品性、品格品性和性格品性（"三品"）。同理，倘论及品性评估师的职业，此"三品"亦可用于其本身。

人格品性评估对应的是庖丁解牛、公孙大娘舞剑的境界，是一类纯粹的价值评估活动；品格品性评估对应的是一般尽职履职的境界，是一类既有事实，又有价值的评估活动；而性格品性评估则对应的是个人之日常生活的态度与认知境界，也是一类既有事实，又有价值的评估活动。

当然，这种划分并不绝对，会互有交叉。若能将"三品"评估熟稔地应用于各行各业的品性评估师，也就与庖丁解牛时之庖丁、公孙大娘舞剑时之公孙大娘的纯粹人格品性境界有所接近了。

二、倡导与禁止

任何一种成熟的职业标准，必然包含有倡导性内容和禁止性要求，前者以引导、自愿为出发点，不设上限。而后者则以禁止、强制为特点，划定底线。

2015 年修订、2016 年实施的《中国共产党廉洁自律准则》和 2018 年新修订并实施的《中国共产党纪律处分条例》生动地阐释和完善了中国共产党党员的"职业"标准。将共产党员称为一种职业，并不是我们的首创。列宁最早就提出过职业革命家的概念并付诸实施，中国共产党的创始者中也有许多人都被誉为职业革命家，如毛泽东、周恩来等。

2016 年 10 月 27 日发布并实施了《中国共产党党内监督条例》。其第 3 条规定：党内监督没有禁区、没有例外。信任不能代替监督。各级党组织应当把信任激励同严格监督结合起来，促使党的领导干部做到有权必有责、有责要担当、用权受监督、失责必追究。

这短短七十余字的表述，不仅把信任和监督的实质揭示无遗，而且也具体准确地指明了品性评估的职业评估目标和任务，同时也用倡导性的信任激励和禁止性的严格监督，画龙点睛一般精准地阐释出了品性评估的价值和意义。

不仅职业标准，就连人之为人的标准，也时时处处都包含着倡导与禁止的相关内容和要求。这在西方的基督文化里，比较集中地体现在所谓的恩典与律法（Grace and Law）关系上。这里无意去更多探讨恩典与律法之关系，只是想借此说明对于一个标准来说，含有倡导性内容和禁止性要求的必然性和普遍性，理解了这些，并且在评估应用对其予以有效区分的前提下，对于品性评估的人格、品格、性格之分的应用，或更主动，更直接，也更有效。

三、法律法规

法律，首先是指一种行为规范，规范性为其首要特性，是指法律能为人们的行为提供模式、标准、样式和方向。每一个法律规范都由行为模式和法律后果两个部分构成。行为模式是指法律为人们的行为所提供的标准和方向。其中行为模式一般有三种情况：

（1）可以这样行为，称为授权性规范。

（2）必须这样行为，称为命令性规范。

（3）不许这样行为，称为禁止性规范。

或由于上述三种情形中的两种体现的是命令性和禁止性，所以提及法律多少会给人一种冷冰冰的无情感觉，因此法律的禁止性功能往往尽人皆知，而其倡导性作用常有意无意处于遮蔽状态。

其实法律的倡导性，是指法律作为一种行为规范，为人们提供某种行为模式，指引人们可以这样行为、必须这样行为或不得这样行为，从而对行为者本人的行为产生影响，也就是说，法律的倡导功能（作用）是通过规定人们的权利和义务来实现的，它涉及的对象主要是指本人的行为。

品性评估并非直接执法，但是它需要用法的精神和意志来武装，所以其对标准的理解与执行，应与对法律的理解和执行相一致。

因此，国家的法律法规，也为品性评估的应用提供了坚强保障。

四、小结

在评估标准上，分为倡导性和禁止性的标准，而这些标准又体现在人格品性、品格品性和性格品性三方面。标准之解释其实与标准本身的属性很有关系，如宪法、章程之类的标准，必须有相应解释才能实施；而有些条例、规定等已经足够详细，直接照用即可。不同的评估对象，对应不同的标准。倡导性标准和禁止性标准，人格品性、品格品性和性格品性所占的比例均有所不同。

第一，人格品性标准往往具有典型的倡导性特征，其具有明显的价值观导引功能。所以具有倡导性特征的职业标准，适合进行人格品性评估。

例如，《中国共产党廉洁自律准则》通篇体现了引导、自愿的倡导性原则，十分符合人格品性对信念、理想、意愿的强调与刻画。因此它为各部门领导人和大部分公务员的人格品性评估的方案设计提供了一定的参照。

第二，品格品性标准体现的是倡导性与禁止性相结合原则，其具有典型的由事实导向价值的过渡、转承、飞跃等特征，是职业适配度评估的中心内容。虽其上接人格品性的高尚价值引导，然而下却承担着性格品性的自我实现之冲动，所以其主要内容具有禁止性特征。

例如，《中国共产党纪律处分条例》就不同于《中国共产党廉洁自律准则》，明确阐明了纪律之属性，是"必须遵守的行为规则"，因此具有强烈的禁止性底线特征。

另外，所有律法都具有禁止性特征，其可以理解为纪律和法律的合称。因此，无论职业纪律，还是职业守则，其主要体现的都是禁止性和强制性。这种禁止性和强制性的标志之一是不对等性，即对其遵守与触犯的后果不对等，不是成则奖，否则惩，而是成则成，否则罚。

惩罚有不同程度之分。中文，惩者，戒也，而罚者，罚赎也。前者可以理解为告诫、提醒，是停留在口头阶段的提示；而后者则是实在的处罚行为。因此，纪律与法律或可理解为前者以告诫为重，后者则以处罚为要。

品性评估之调查测试的主要内容，是根据法律标准施行的，既是品性评估的发端，也是品格品性评估的重要内容和组成，因为调查测试独特的重要性，本教程将用单独一章予以介绍。

第三，性格品性标准应完全是禁止性标准，因在品性评估中性格品性测试主要用于不良行为主体的监查矫正，如对问题青少年的管教和家庭暴力行为的监督清查，对缓刑假释或保释人员的监督控制等，评估对象为一些特殊的群体或个人，无法论及正常的信仰、职业，这些人的代表就是成瘾群体和已决犯。

性格一般是指人在自身态度和行为上所表现出来的心理特征，性格品性主要是为了与人格品性的道德化、信仰化和品格品性的职业化有所区分，主要立足于自身态度和行为，所以与社会性的职业、精神性的信仰等有所区分，并且在很多时候成为人格品性评估和品格品性评估的基线，即在进行人格品性和品格品性评估时将性格品性作为准绳问题内容，以此为基础展开。

思考题

1. 为什么说成熟的职业标准都具有倡导性和禁止性双重内容？
2. 区分标准的倡导性和禁止性内容对品性评估的意义是什么？

第三节　应用依据

品性评估，是对个体之坦诚度和岗（职）位适配度的评估，其显然包含两个基础性的评估要素：一是言语（对应坦诚度），二是标准［对应岗（职）位需求］。因此，言语即成为品性评估应用之依据。也就是说，品性评估应用需首先获得评估对象的言语（说法），然后就其言语使用相应的标准进行评估，这就是两个基础要素的基本关系。

言语于个体之意义价值前文早叙，得到评估对象就评估内容的"言语"或叫"说法"，是评估的基础所在。这或是在犯罪调查的历史上口供曾被称为证据之王的重要原因。

一、言语的基元性

品性评估需要的言语，是评估对象针对评估事项的真诚自述。这里的真诚不是单纯意义上的求真，而是让评估对象诚实地表述自己的意向性，意向性的原初性决定了其无真假之分，并不可更改（倘其可改，便不是意向性）。意向性需要通过现象学还原才能够得到，正因为此，评估对象的自述需要首先进行现象学还原处理，才能够成为品性评估的基本素材。

所谓的现象学还原并不神秘，对评估对象的自述进行还原，其关键就是发现和确认评估对象的心理信息单元（Psycho-information Cell，PiC）。[1]

PiC 具有最小性和整体性两层含义，最小性指的是评估对象对事物（不论存在与否）之意义的感觉最小单元。而整体性，指的是某事物之所以为"某"事物的整体意义。由于 PiC 亦是通过言语予以体现的，因此这就是言语的基元性。

下面利用心理学家乔治·A. 米勒（George A. Miller）使用的案例来说明人们在语言使用时的意向性含义和基元性特征，这个案例也显示出了格式塔心理学（Gestalt Psychology）和构造主义心理学（Structural Psychology）的不同。

当你走进心理学实验室，一个构造主义心理学家会问你，你在桌子上看见了什么。

> "一本书。"
> "不错，当然是一本书。可是，你'真正'看见了什么？"
> "你说的是什么意思？我'真正'看见什么？我不是已经告诉你了，我看见一本书，一本包着红色封套的书。"
> "对了，你要对我尽可能明确地描述它。"
> "按你的意思，它不是一本书？那是什么？"
> "是的，它是一本书，我只要你把能看到的东西严格地向我描述出来。"
> "这本书的封面看来好像是一个暗红色的平行四边形。"
> "对了，对了，你在平行四边形上看到了暗红色。还有别的吗？"
> "在它下面有一条灰白色的边，再下面是一条暗红色的细线，细线下面是桌子，周围是一些闪烁着淡褐色的杂色条纹。"
> "谢谢你，你帮助我再一次证明了我的知觉原理。你看见的是颜色而不是物体，你之所以认为它是一本书，是因为它不是别的什么东西，而仅仅是感觉元素的复合物。"

那么，你究竟真正看到了什么？格式塔心理学家说："任何一个蠢人都知道，'书'是最初立即直接得到的不容置疑的知觉事实！至于那种把知觉还原为感觉，不是别的什么东西，只是一种智力游戏。任何人在应该看见书的地方，却看到一

---

〔1〕　陈云林、孙力斌：《心证之义——多道仪测试技术高级教程》，中国人民公安大学出版社 2015年版，第 86 页。

些暗红色的斑点，那么这个人就是一个病人。"[1]

格式塔心理学家强调的是语言意向性，亦即基元性。因为在其看来，知觉到的（意向到）东西要大于眼睛见到的东西；任何一种经验的现象，其中的每一成分都牵连到其他成分，每一成分之所以有其特性，是因为它与其他部分具有关系。由此构成的整体（整体性），并不决定于其个别的元素，而局部过程却取决于整体的内在特性。完整的现象具有它本身的完整特性，它不能分解为简单的元素（最小性），它的特性不能被元素所包含。

人们对言语的掌控，反映的就是他的意向性。而品性评估谈话对 PiC 的掌控，其实就是用格式塔心理学家的观点来分析评判评估对象之自述的一种模式，PiC 的出现就是一种现象学还原的结果。

将现象学还原视野投向对自然之认识，如化学研究（还原）知道水是一氧化二氢（H_2O），意味着具备 H_2O 结构的物质都可以称之为水，孤立的氢或氧对水来说，并无意义。可以说 H_2O 既是整体又是最小，这就是现象学还原的知觉应用。

二、言语的信息性

言语行为是人类社会的基本活动，人与人就是在言语行为中传递信息、交流感情和表达意愿的，也正是通过这种社会性的交流，人才把握了语言，从而成为社会性的人。

信息的传递需要载体，实物、手势、表情、姿势、动作行为等，都具有信息载体功能。但是在所有的载体中，声音是最方便、最灵活、成本最低的载体。直观便知，打手势、摆姿势、做动作等，都会某种程度影响到正常的活动；表情必须在一定的距离内，否则看不清；实物载体太笨重，使用不便，而且有时间限制，如鲜花、水果等。而声音就没有这些限制，可以边走边说，边干边说，即使伸手不见五指的夜晚，也可以说出来。更重要的是，其他各种载体所能传递的信息量很有限，语音却可以组合成无穷无尽的话语来载负所要表达的一切信息。所以说，有声的言语是人类最重要的信息载体符号系统。为此言语才成为一个人类社会的基本特征，也是社会之所以称之为社会的基本标志。可以说，言语行为是

---

〔1〕《学术讨论：格式塔心理学与构造主义心理学之间的分歧》，载 http://iask.sina.com.cn/b/3847748.html，最后访问日期：2018 年 9 月 14 日。

人类社会得以形成、延续和发展的一条纽带，是每一个个体维持自身社会性、建立主体间性的媒介，同时也是人类认识、改造、把握外在世界的工具，反映表征世界的一面镜子，它为人类社会与自然界搭设了桥梁。邓晓芒指出："无论如何，人通过语言将自己的概念和表象自由地与自然界区别开来，并将客观世界作为'意义'与自己的主体性不可分割地、均匀地'混合'起来，这的确是一个现象学意义上的'事实'。"[1]

邓晓芒的"语言"与本文的"言语"含义并不完全相同。语言指的是把人的内在的意识活动与关于外在经验世界的给予、呈现活动联接起来的一种方式，因此，语言的意义就具有了综合、协同的性质。但是，从本质上说，真正使内在主体性和外在客观性连结在一起的并不是负载意义的语言，而是人类自身的意识。语言作为思维的工具仅仅起到了显现意识意向性的作用，意识不是静态的某种对象或东西，而是动态的现象或活动，与之对应的不应该是静态的语言，而是言语，是言语行为将意识现象呈现出来，离开言语行为的言说，意识将无法得到澄明，所以言语与意识之间存在着本质的关联性。这种关联性的一个重要体现，就是信息。

测谎虽以谎之"言说"为对象，貌似简单直接，但是却在有意无意中箭中靶心，成为远早于胡塞尔等人以现象学方式关注言语行为时的另一束目光，当这束目光如今有幸加配上现象学的"显微镜"和"望远镜"时，言语行为会呈现出它更加本真的色彩，真正"回到事情本身"（胡塞尔语）。这也是旧日测谎之嫩芽，虽几经风霜，却还能够萌发成今日品性评估之参天大树的根基所在！亦是当初将测谎引向信息探查的一个原动力。

从现象学意义上说，言语行为作为社会现象可以一分为二：一方面是物理现象，言语行为在时空中，根据其可视、可听、可感和可触的自然要素（人、语言、环境等）构造起自身；另一方面是精神现象，参与主体在自我意识中必然赋予言语行为以含义和主题，并使之作为可直观感知的行为现象呈现出来，同时，还在与被言谈对象构建关系中构造自身。正是由于赋予意义的意识性，言语行为才不单纯是制造声响的自然活动。言语行为在说者和听者意识中都意指某物或某事态，并且，正是因为这种意指性，它才与对象性之物发生关系。也就是这种意指性（意向性），品性评估才可以蓬勃生长。

---

[1]　邓晓芒：《关于美和艺术的本质的现象学思考》，载《哲学研究》1986 年第 8 期。

借助于现象学的视角和信息论观点，在品性评估中：

1. 言语要有含义

对评估对象的引导、控制性言语，就是要保证其具有评估所关注的含义。含义又分为含义意向和含义充实两部分，前者可以是空的、不充实的，但却有意义，能够传递信息，属于纯粹现象学意义上的精神领域；后者是心理体验按照对象所给予的方式呈现对象，属于精神与自然的临界领域——这就是语境。语境为言语行为的真正实现提供了场所，这就是品性评估强调营造语境的根源所在。

2. 含义要具有可理解性

可理解性是言语行为的本质，一旦行为本身变成可理解的活动时，它就从物理意义上的外感知表象转为精神意义上的内感知表象。此时，作为言语行为的参与者，不再把行为的自然属性（声响、表情、动作等）作为感知对象。只理解行为主体所运用的语词的意义、理解主体的意图、抓住话语的主题，这就是真正的言语行为。其他的一些自然属性，如声响、表情、动作等都只是言语主题的附属品。这是言语信息的实质。

3. 可理解性并不意味着现实存在

即无论言语行为所言及的对象在物理世界中是否存在，也无论行为本身针对谁，只要行为都在意指某个"东西"，那么可理解性就可以实现。

对言语行为能否理解的判断，不仅反映了对言语行为的参与程度、对事态的关注程度以及对言语者的移情化程度，而且至关重要的是言语者自身意识的意向性是否解释了言语行为的意义。因为言语行为是作为外感知的自然现象还是内感知的心理现象，反映出意识自身的意向性结构，同时，一种行为能否被转化成可理解的精神现象则折射出该行为本身的可理解程度。这就是信息可以生成。

三、言语的数学性

文字与数字的历史几乎一致，而且从小学就开始教授的语文和数学（过去称为算术）也成为人们接受教育的最基础内容。但是不知道从什么时候开始，它们又成为人们思维甚至教育中的两个极点：一个是作为文科代表的语文，另一个是作为理科代表的数学，从而给人一种分道扬镳的感觉。其实这两门表面上如此不同的学科，却有着更为深刻的联系，甚至就是一体，其特征反映之一就是言语的数学性。

1894 年，德·索绪尔（De Saussure）就指出，"在基本性质方面，语言中的量和量之间的关系可以用数学公式有规律地表达出来。"后来，在其名著《普通语言学教程》（1916）中又指出，语言学好比一个几何系统，"它可以归结为一些待证的定理。"[1]

数学与言语发生更紧密关联也是从上文所述的信息性开始的。从英国数学家图灵（Turing）提出人机对话开始，信息作为一个中介就将文字和数字紧紧地捆绑在了一起，也为信息成为信息论奠定了基础。

但这里要说的言语的数学性，并不仅仅想说明用数学的方法可以处理语言的问题，或者人机对话，而是想要指出就其实质而言，数学也是人类的一种言语（语言），只不过是一种所谓的"科学"语言罢了。但是随着社会历史发展，有时从解释世界这个角度讲，这里的数学语言是第一优位的，甚至随着计算机和人工智能的发展，这种优先性可能还会越来越强。

理解了数学语言的优先性，便可以理解品性评估中诸多评估项和相关技术都可通过贝叶斯定理予以解释的原因了。

四、小结

当言语成为语言，进而成为语言学时，其涉及的内容远非本节所述的基础性、信息性和数学性的内容。我们仅对此进行讨论，主要是针对品性评估的内容和目标，为明晰品性评估之言语（语言）的主要特性，强大品性评估，并通过品性评估加深对言语的理解与哲思。

此时，油然而生的不仅仅是对评估本身的期待，同时期待我们更加美妙的体悟与更加深刻的思索。

思考题

1. 为什么品性评估离不开语言（言语）？

2. 言语都有什么特性？

3. 数学语言的特点有哪些？

---

[1]　冯志伟：《语言与数学》，世界图书出版社 2011 年版，第 1 页。

第四节 应用反动

一、引言

有品性评估应用，即有针对品性评估应用的反制，即品性评估应用反动。在多道仪测试实践中，这类行为被称为反测试（countermeasure，CM）。

反动可视为品性评估的独特现象，反动的目的有两个：一是想要获得自己喜欢的评估结果，二是干扰正常评估结果的生成。前者是想利用评估，关注评估结果并从中获益，属于认真的反制；而后者则多是不喜欢被评估，对评估结果并不关注，属于不认真反制。对于反动的关注，更多针对地是认真的反制。

从岗位或者职业的角度来说，极致的职业反动就是"间谍"。是故《孙子兵法》云：

> 故三军之事，莫亲于间，赏莫厚于间，事莫密于间。
>
> 非圣智不能用间，非仁义不能使间，非微妙不能得间之实。
>
> 微哉微哉！无所不用间也。
>
> 间事未发，而先闻者，间与所告者皆死。

能将职业反动置于死地者，非间谍莫属。由此即知对于评估反动的关注程度最高者是何许人也，亦知这种认真反制的"认真"程度是多么得严酷和冷峻。

多道仪测试中反测试是由被测人有意施行的一些旨在影响测试结果的方法或策略，属于典型的反动。本节以多道仪的反测试为例，讲解品性评估反动。

多道仪反测试可通过动作、意念、药物等方法具体实施，可以出现在任何测试类型和测试的任何阶段。

不少学者和研究者喜欢将多道仪测试与医学测试进行类比，但是需要明白此二者之间的一个本质差异，那就是被测人的主观评价截然不同。一般来说，医学检验的被测人是主动和积极的，而多道仪测试的被测人恰恰相反，是被动和消极的，在犯罪调查评估中尤为明显。也正是被测人的主观态度导致反测试成为多道仪测试的一个独特现象。即便是无辜被测人面对简单的理性判断即能得出的筛查测试有益无害论，但当其需要真的坐在测试椅上接受测试时（具身），其内心多少都会萌生出一种本能的对抗或担心。

多道仪测试的反测试与多道仪测试显然是相伴相生的，很难界定最早的多道仪测试反测试源于何时。但是对多道仪测试反测试的系统研究却是从 20 世纪 70年代开始的，因为有报告指出，如果被测人系统接受过反测试培训，那么该被测人会对多道仪测试结果构成实质影响。在 20 世纪 90 年代中期以前，实际测试中鲜有系统反测试行为出现，对测试结果的影响非常有限。到了 20 世纪 90 年代中期以后，有关反测试的实际报道逐渐增多，随着世界网络化进程的加快，各种教授和传播所谓击败（beating）多道仪测试的网站纷纷出现，使得反测试真正成为实际测试过程中的一种影响甚至构成威胁的因素。美国国防部多道仪测试技术学院（现为 NCCA，National Center for Credibility Assessment）甚至出台了专门的反测试现象报告制度，即测试人员如果怀疑被测人采用了某种反测试手段，那么可以将测试数据（包括测试过程）报送美国国防部多道仪测试技术学院，由他们帮助判断对测试结果的影响程度，并为此建立了专门的数据库系统。

反测试行为可以在调查、筛查和监查测试的任何阶段出现，甚至有人认为可以将犯罪人的反侦（调）查手段一并列入反测试行列，反测试虽具有普遍性，但不应该将其泛化处理，所以本节讨论的反测试仅限于在多道仪测试中，指的是被测人有意实施的目的在于误导测试者形成正确判断的一些行为和方法，亦即认真的反制。

实践证明，对于无辜来说，实施反测试通常只会增加得到"不结论"甚至"不通过"结果的可能，效果往往是弄巧成拙。但是由于他们自知无辜，故而有足够的信心去应对任何测试（评估）结果，就反测试来说，这种行为其实是一种不认真反制。通过多道仪测试的测前谈话以及整个测试过程的控制，如果能够清晰解读出"认真"与"不认真"，那么对反测试的应对，即反反测试，或反反动都会大有裨益。

二、反动类型

多道仪测试的反测试，其具体类型有：

第一，药物与酒精反测试。酒精或镇静与兴奋类药物的使用，是这类反测试研究的重点，但是多道仪测试中，目前还没有理论或研究认为这类药物和酒精能够针对特殊的问题引起特殊的生理反应，但饮酒和服用药物可以整体减弱或增强机体的生理反应强度，因此通常能够引起对测试结果的直接影响是"不结论"率增加。

美国国家科学院 2003 年的结论是："对药物和酒精的效果研究尚未证明这类

物质能够影响多道仪测试结果，所以很难说明哪些基于药物反测试的研究是否有效。"（Research on drug and alcohol effects has not yet examined the processes by which these substances might influence polygraph outcomes, making it difficult to interpret any studies showing that particular drug-based countermeasures either work or fail to work.）

第二，精神反测试（mental countermeasures）。曾有研究表明这类反测试的效果微弱，而通过催眠作为反测试手段几无效果。

第三，身体（动作）反测试（physical countermeasures）。使用动作传感器（movement sensor devices, MSD）很容易将真正的自主神经反应与伪造的反应区分开来，所以加装适当的传感器能够有效识别动作反测试。发现此种情形的，通常都按"不通过"结果处理。

第四，故意不合作（purposeful non-cooperation）反测试。这类反测试极易识别。发现此种情形的，也通常都按"不通过"结果处理。

第五，事件相关电位（event-related potentials, ERPs）技术的反测试。事件相关电位技术曾因可替代多道仪测试技术而名噪一时，其中一个充足理由便是其能够抵御反测试，但是实践证明 ERPs 似乎更容易被反测试，这里略作介绍，以飨读者：

秘密武器。尽管 ERPs 测试检测的是被测人在极短时间（小于 1 秒）内的反应，其自主对抗和反测试的难度大大提高，但是由于这类测试的高灵敏度，所以某些干扰因素就有可能成为被测人反测试的秘密武器，如眯眼、跑神，甚至一闪念等均可以干扰测试。

眼球运动。眼球的运动产生一定的潜在电压会干扰到大脑在头皮区域产生的电反应。一般可以通过放置在被测人的同一只眼的上下电极进行收集，然后在数据处理时剔除。对于比较剧烈的眼球运动甚至眨眼等，容易识别和去除，但是对于轻微的甚至有意地闭眼或聚焦模糊，则难以防范，需要特殊关注。

肌肉的运动。肌肉的运动既会产生高频的运动，也会产生大的、相对缓慢的电位改变，或者只产生其中一种。为了对肌肉的运动进行估计，测试会根据程序设定自动剔除一些现象的特定数据，如某电极通道出现的大的电压转换、较大的斜率变化、超过限度的平均绝对值偏差和超过限度的高频活动等，但是需要注意这种剔除也伴有牺牲有效数据的巨大风险。

三、对策

(一) 测前准备阶段

首先了解被测人对测试及测试过程的了解程度，包括是否接受过多道仪测试，或其他形式的心理测试，以及对这些测试持有的态度等。此过程应面对面进行，测试人员态度应是和缓而非责备性的。当被测人承认对测试有所了解时，应立即问清了解的方式和程度。对于了解测试甚至反测试的被测人，测试人员也应以通常的态度和被测人认真进行讨论，实事求是地说明测试的效用，同时测试人员一定要对此提高警惕。

在这个阶段就已经开始进入对被测人的反测试评估。对被测人反测试评估需要在测试前根据背景材料对被测人可能反测试的行为策略进行预估，在测前谈话甚至整个测试的数据采集过程中给予动态掌控。一般根据被测人可能采取的反测试手段以及对测试结果的影响程度，可将反测试评估分为 A、B、C (低、中、高) 三种级别的状态。A 级状态是指被测人的某些无意识行为，此类行为也可能对测试结果构成影响，但是一般将其归为"干扰测试"而不是真正的反测试，故可以采用提醒的方式予以说明；B 级状态是指被测人对测试过程比较了解，或曾有过类似的被测试经历，处于此级别的被测人需口头提醒告诫，并在测试中加戴反测试传感器；C 级状态是指具有明显对抗测试的被测人，处于此状态的被测人，需在测试过程中加戴反测试传感器，并在测试方略上进行相应的调整。

被测人的反测试可以出现在测试的任何阶段，测前谈话及测间谈话时都应注意被测人的状态，随时调整被测人反测试状态的评估级别，并加以应对处置。

(二) 测试实施阶段

如果数据采集开始后，测试人员发现被测人实施了反测试，一般不要立即中断测试，但需进行标记。待完成一组数据采集后，再利用测试间隙检查数据，确认判断。同时告诫被测人测试设备和测试环境都有反测试监控系统，以适当震慑被测人的反测试行为。

对于确认有反测试行为的被测人，可临时改变测试题目组次序 (如将隐蔽信息测试提前) 和形式 (如让被测人缄默回答等)，让被测人意识到测试人员已知晓其反测试状态。另外还可以临时在附加准绳问题测试中加入"你是不是在本次测试中实施了反测试?"等问题，为防止被测人过度警惕造成整体测试系列的不连续，这组测试一般放在数据采集的最末阶段。

测试过程中应随时注意被测人是否有反测试行为出现，及时采取措施。

反测试可以通过肉眼观察（动作监控）和图谱变化监察等方式实现。发现被测人的反测试状态属于 B（中）级水平的，应施行抗反测试措施（加接动作传感器，调整测试椅高度、角度等），并在测间谈话时给予提示、警告。发现被测人的反测试达到 C（高）级水平时，应启动反反测试程序，即在将要进行的测试（一般在第三遍测试）时施行缄默测试，要求被测人缄默回答（不出声回答，多用于隐蔽信息测试）；或采取反式回答测试形式，即要求被测人的回答与前面测试时相反（原来回答"不"的题目此次测试要求被测人回答"是"，多用于准绳问题测试）。下一遍测试正常进行。需要注意的是，反反测试的图谱数据一般不参加评析，但要在测试报告中描述测试过程时特别加以说明。发现被测人持续 C（高）级反测试状态时，可以立即中止测试，以不配合测试导致测试结果"不通过"结论之。

还有其他反反测试的方法，如添加反制问题、设置套娃测试等也可以在控制反测试中使用，但是此类测试手段的引入多以获取被测人的口供为直接目的，与循证（Evidence-Based）测试目的有所不同，故我们并不倡导这种做法，所以不再详述。有兴趣者可参阅相关资料了解掌握。

（三）数据分析阶段

对于已经确认有反测试行为的测试数据，一般直接给出"不通过"测试结果。

（四）术语

抗反测试（anti-countermeasures，ACM），意在通过测试过程控制、抑制、阻吓被测人的反测试实施或消减其反测试效果。

反反测试（counter-countermeasures，CCM），意在确认实施反测试的被测人行为或结果后进行揭穿并给出"不通过"结论。

四、设备改进

20 世纪 90 年代中期以后面世的测试设备一般都加装了动作传感器，对这种传感器的介绍应该在测前谈话时和其他传感器一并介绍。

五、动作评估

从现有的测试资料分析，动作反测试由于其简便易行而更常见，所以需要专门评估。

由于测试是一个比较缓慢的过程，所以不能简单认为被测人的任何动作都有反测试意义，因此需要具体动作具体分析。要特别注意蓄意和战术性行为。

对反测试动作的评估要关注以下三个特征：

（1）锁时性特征，即动作是否出现在关键的时刻。

（2）频率性特征，即动作是否具有某种特定频率。

（3）强度性特征，即动作强度是否可明显识别、区分。

六、小结

对于品性评估来说，正常的评估对于评估反动的关注并不似犯罪调查评估那么敏感和直接，因为此时更多的评估对象或属于犯罪调查中的"无辜"范畴，因此即便反动，其强度和频次也不是真正"犯罪人"可以比拟的。

但是作为一个品性评估的特有现象，反动有时是不自觉发生的，因此也应该予以注意，在需要时启动相应对策亦不为过。

具体来说，有如下几点可以参考：

（1）对图谱数据中出现的特征反应一定要观察是否源于反测试行为，以确保被测人的特征反应干净、纯粹。

（2）如果怀疑被测人出现了反测试状态，对于其无特征反应的结果也要慎之又慎，通常先放入"不结论"区域等待通过其他方法再行确认。

（3）被测人连续出现测试不合作情形，无论是消极（被动）不合作还是主动不合作，均可在测试报告中注明故意不合作，并以测试"不通过"论。

有评估就有对评估的反动，品性评估也不例外，只要牢牢掌握品性评估之要谛，任何反动其实都不可怕，有多道仪百年历史为证，恰恰也是不断地反动出现，才能够促使品性评估的不断发展与壮大。

思考题

1. 反测试都有哪些类型？

2. 反测试的应对之策主要有哪些?

3. 结合自己的实践，谈谈对反测试的理解。

第五节　总　结

品性评估之应用，狭义来说，对象是言语，标准是岗（职）位要求。但是广义来看，言语可不仅仅是言辞性的，亦可包括动作语言；不仅仅是"实在"的，也可是"虚构"的。而标准，既可以是法律法规规定性的，也可以是相互协商约定性的。所以，品性评估的应用虽以职业为起点和参照，但不仅仅限于职业标准和诉求，更是对人之为人的一种深度评估，因而注定了它有着更大的用途和更广的空间。因此品行评估师作为一个崭新的专业（职业）门类，其职业的"职业评估"价值和意义更是不可小觑和不言而喻的。

学与用，或可理解为知与行，王阳明因为合一的要求，知行不可分，但是"纸上得来终觉浅，绝知此事要躬行"的规劝和警示，不断地提醒着我们"学以致用"才是真正的知行合一。学与用、知与行的关系道理毋庸赘言，但就价值意义来说，高妙的道理倘无形而上下，即理论与实践的通畅沟通，其终将死板、概化，沦为清谈。

兵法，一般不在传统的哲学范畴内，但正是兵法，却由于用兵者涉及的是一个毋庸遵守任何现成规约（除当今文明社会或已经约定了的一些），两方（甚至多方）相搏的局势，所以兵家面临的是非常直观的一种终极态势，即极端的应用状态，此时道理、规律等都成为双方欲使其彻底失效或反其道而用之。不论欲使其彻底失效，或反其道而用，必先知其所以，此或可理解为学；而用则当仁不让地要让学、失效或反动成为最高境界。集此之大成者，首推国之瑰宝——《孙子兵法》。

孙子曰：

兵者，诡道也。

……

兵者，国之大事，死生之地，存亡之道，不可不察也。

故经之以五事，校之以计而索其情：一曰道，二曰天，三曰地，四曰将，五曰法。道者，令民与上同意也，故可以与之死，可以与之生，而不畏危。天者，阴阳、寒暑、时制也。地者，远近、险易、广狭、死生也。将者，智、信、仁、勇、严也。法者，曲制、官道、主用也。凡此五者，将莫不闻，知之者胜，不知者不胜。

道，恰是我们品性评估之精核！或只有通过品性评估，才能够确认生成"民与上同意"，方得"可以与之死，可以与之生，而不畏危"的得胜之道矣。

而天、地、将、法等则完全围绕着"道"之"用"而展开，层层体现的是条件、方法、功能和标准（质量），惟此，孙子才能自信满满的：

> 凡此五者，将莫不闻，知之者胜，不知者不胜。

这种精妙深邃而又针对性极强的宝章，常咏常新，遂成经典。

天、地、将之妙，常被浓缩为天时、地利、人和之说。

天和地，无疑寓示的是外部条件、社会大环境。在《中国共产党党内监督条例》中明确"信任不能代替监督"，习近平总书记在十九大报告中坚定指出："加强纪律教育，强化纪律执行，让党员、干部知敬畏、存戒惧、守底线，习惯在受监督和约束的环境中工作生活。"《监察法》业已颁布实施。在这样的氛围里，品性评估的各类应用，殊可谓"顺天时，应地利"。

而将者，人和也，其中显然重点就是我们这里的"品性评估师"。

法，则含义极为广泛，几乎可以说《孙子兵法》大部分都是对"法"的解读和运用，其不仅仅是方法和技术，而且更多的是功能体现、法律标准，甚至于道德伦理等都有涉及。单纯的技术和品性评估方法，前文已经详细论及，毋庸赘述，但对于功能体现、评估标准以及评估活动的价值性含义，尚需进一步说明，惟此，"用"才能正确进入使用和应用。

第八章

品性评估应用（1）——筛查评估

天下有始，以为天下母。 既得其母，以知其子。

——《老子》第五十二章

第一节 历史和背景

1995 年，美刊《多道仪》第 24 卷第 1 期刊发了 1994 年美国国防部向美国国会呈送的《多道仪项目报告书》（The 1994 DoD Polygraph Program Report to Congress），称："我部所辖机构已在安全筛查中用 TES（Test for Espionage and Sabotage）替代了 CSP（Counterintelligence Scope Polygraph）。"由此揭开了多道仪技术参与入职筛查测试的神秘面纱，美国国防部多道仪测试技术学院早在 1994 年就开始举办过为期一周的 TES 培训。由此可见，多道仪技术很早就介入了美国联邦机构的人员任职安全评估，亦即有关人员需要进入某些涉密岗位时，需要由多道仪测试把关。显然这就是入职评估。

入职评估使用多道仪，开始时只是其调查功能的一种衍生，所以很难界定出最早的单纯入职应用。但就职业的演化与认识，直到 20 世纪 80 年代才比较明确地意识到职业要求不仅仅是知识和能力的要求，更需要对品性的要求。

2003 年，陈云林团队曾与有关部门合作，在国内首先以入伍新兵为评估对象开始了入职筛查多道仪测试的研究与实践，其数据成为入职评估的基本平台，开国内纯粹意义上的入职评估之先河。

十几年来，由于技术能力和认识水平的限制，国内也多多少少陷入过类似美国的筛查窘境，但是调查评估的证据化使得多道仪测试技术在我国发生了质的飞跃，筛查评估能力有了突飞猛进的提高，一举突破了长期萦绕的筛查窘境，入职评估的效果得以真正发挥。

第二节 内省评估

　　人员筛查评估往往涉及较大规模的团体评估，由内省评估作为前期预测试评估至少起到两个方面的作用：一是节省评估的人力和时间成本，内省评估可以较大规模实施，作答便捷，根据作答信息，以决定是否对其进行下一步的多道仪测试；二是提供人员的基础信息，内省评估的内容是测试人员根据评估目的而设计的，针对性强，收集到的信息更有效，为后期的多道仪测试提供基础依据。

　　一个效果好的内省评估量表，其题目的编制是核心环节。内省评估量表一般采用是非题形式，其优势是易于快速阅读和回答，多用于只需快速粗略了解被测人对其内心想法和一般行为的自我评价。其劣势是易受被测人反应定势和随便作答的影响。这就要求在编制题目时，需要考虑到编题的方法与技巧：

　　首先，在题目内容上，要求符合评估目的，避免贪多而乱出题目。各个测试题必须彼此独立，不可互相重复或牵连，切忌一个题目的答案会影响另一个题目的回答。评估的内容应以有意义的事实、概念或原理为主。意义必须明确，不得含糊。文句须简明扼要，既排除与答题无关的陈述，又不遗漏理解题目的要素。

　　其次，在题目形式上，使用准确的当代语言，不要使用晦涩难懂的词句，且尽量避免主观性、情绪化，及社会禁忌或个人隐私的字句。每道题最好只包含一个重要的概念，避免两个以上的概念出现在同一题目中，造成"半对半错"或"似是而非"的情况，令被测人为难。除特殊情况外，尽量避免否定的叙述，尤其是要避免双重否定的叙述。因为采用否定的叙述容易使人困惑，否定词也容易被一些粗心的被测人所忽略。例如，题目"我不是一直都不想参加工作"改为"我有时想参加工作"。

　　表8.1是通用的入职人员内省评估测试题，在实际的人员筛查中，需要针对不同岗（职）位的人员设计不同的内省评估题目，以期能更高效、细致地收集到人员的基础信息。表8.2是以教师为例的入职内省评估题目。

表8.1　入职人员内省评估题列表（示例）

题　号	测试题	选　项	
1	我对我即将从事的工作很有热情。	是	否

续表

题　号	测试题	选　项	
2	我愿意在工作之余花时间阅读了解本专业领域最新动态和信息，密切关注理论与实践前沿。	是	否
3	我会遵守本单位的规章制度或岗位的基本要求。	是	否
4	如果发现同事在工作中存在违法、违纪或违规行为，我不会检举。	是	否
5	我希望别人能帮我分担一些工作任务。	是	否
6	我愿意为有需要的同事提供我力所能及的帮助。	是	否
7	当我遇到挫折时，我能尽快调节好情绪，不会让负面情绪影响我的工作。	是	否

表8.2　新入职教师内省评估题列表（示例）

题　号	测试题	选　项	
1	我对我即将从事的教育工作很有热情。	是	否
2	我愿意认真备课、钻研教材。	是	否
3	我会遵守学校的规章制度及有关规定。	是	否
4	如果发现学生考试作弊，我会装作没看到。	是	否
5	我希望让同事帮忙代课。	是	否
6	我会尽心尽力辅导学生的功课。	是	否
7	如果遇到屡教不改的学生，我可能会大发脾气。	是	否

　　根据从业资格，教师可具体细分为幼儿园教师、中小学教师、高等学校教师等，还可按学科分类。相应地，内省评估题目也可依据每种类别岗位的具体要求和特点进行更有针对性的编制。

　　需要注意的是，这里所说的内省评估不同于一般意义上的心理测验。心理测验质量的好坏需要用信度和效度指标来衡量。一个测验的信度较高，则说明它的分数是稳定的、一致的，测量结果是可靠的。一个测验的效度较高，则说明它所测得的结果能代表欲测特质的真正水平。不仅如此，一般意义上的心理测验还要对测评过程和测验内容进行标准化，以控制无关因素（如环境）对测评结果的影响。但是，内省评估不需要进行信度检验、效度检验、标准化和常模的建立。内省评估的有效性是通过多道仪测试来衡量的。也就是说，在进行人员筛查时，内省评估过程关注的并不是被测人在内省评估量表上如何作答以及答案的真伪，而重在收集被测人的品性资料，通过内省评估提供一个机会让其充分展现自己的品性，而多道仪测试才是一个真正的评估过程。可以说，内省评估是多道仪测试的一个铺垫，它并不是一个完整的评估体系，只有与多道仪测试相结合，内省评估才有意义。

思考题

结合自身实际，设计和实施一份入职筛查内省评估问卷。

第三节　多道仪测试

入职评估可由基本评估和岗位评估两个基本模块组成。前者是岗位（或职业）入职（上岗）时的共同要求，具有基本性特点，故而被称为基本评估；后者则是依照岗位（或职业）的特定要求而定。这里首先介绍基本评估应用。

一、基本评估

显然所有的职业或岗位对从业者的一些要求具有共性特点，美国原 DACA（Defense Academy for Credibility Assessment），现 NCCA（National Academy for Credibility Assessment）在其执法人员入职测试（Law Enforcement Pre-Employment Test，LEPET）中干脆将这些共性特点直接命名为"适合度"（suitability，S）。其评估内容分为两大类：一类是履历核查，另一类是前科核查。前者某种程度上属于"倡导性"内容，而后者则是"禁止性"内容。这里以此为参照，来具体说明基本评估的应用过程。

（一）评估过程

多道仪的入职评估过程，是由测前准备、测前谈话、数据采集、图谱分析、结果生成等步骤构成。

1. 评估目标

一般入职基本评估模块的测试内容比例如下表：

表8.3　基本评估内容比例表

品性评估	评估内容		
	人格品性	品格品性	性格品性
所占比例（%）	30~40	50~60	10~20

表8.4　基本评估标准比例表

评估标准	倡导性	禁止性
所占比例（%）	30~40	60~70

2. 题目设置

由于入职评估和调查评估的参照事件有巨大不同，所以尽管步骤几乎一致，但是具体操作和控制方面还是有所差别的，特别是测前谈话的控制。在此相同或类似的步骤不予过多介绍，重点介绍差别之处。下面本教材结合美国执法人员入职测试（LEPET）的具体操作对基本评估的过程进行说明，在今后的人员入职评估中可以借鉴他们的做法，并作适当的调整。

（1）执法人员入职测试（LEPET）基本评估模块的起始单元为一组标准的准绳问题测试格式（CQT-S-1），用以进行对前科及履历的核查。题目具体内容如下：

表8.5　LEPET（CQT-S-1）

题　号	题目内容	预期回答
21	房间的灯是亮着的吗？	是
22	关于你的申请过程，你愿意诚实地回答每一个问题吗？	是
23	在……之前，你曾经通过撒谎以便使自己表现得更好吗？	不
24	你曾经有过严重的犯罪行为吗？	不
25	你曾经欺骗过家庭成员吗？	不
26	你曾经参与过与非法药品有关的活动吗？	不
21A	这个月是……吗？	是
27	在……之前，你曾经在学校有过作弊行为吗？	不

题　号	题目内容	预期回答
28	你曾经故意伪造了你申请表上的信息吗？	不
29	有……之前，你曾经传播过卑鄙或残忍的传闻吗？	不

（2）对应上组测试题目中的问题 24、问题 26 和问题 28，执法人员入职测试（LEPET）分别有相应的精细测试题目对应如下：

表 8.6　CQT-S-11（问题 24-严重犯罪）

题　号	题目内容
1	今天是……吗？
2	关于你涉及的严重犯罪，你愿意诚实地回答每一个问题吗？
3	在……之前，你曾经有错填过官方文件的行为吗？
4	你曾经有过严重的人身犯罪行为吗？
1A	你现在是在……吗？
5	在……之前，你曾经违反过政府法令或规章吗？
6	你曾经有过严重的财产犯罪行为吗？
7	今年之前，你曾对你的朋友说过谎吗？

表 8.7　CQT-S-12（问题 26-药物滥用）

题　号	题目内容
1	今天是……吗？
2	关于你曾使用的药品，你愿意诚实地回答每一个问题吗？
3	在……之前，你向你老板隐瞒过什么事情吗？
4	你曾经使用过违法药物吗？
1A	你现在是在……吗？
5	在……之前，你曾经违反过政府法令或规章吗？
6	你曾经买卖过违法药品吗？
7	今年之前，你曾经对别人说过谎吗？

表 8.8　CQT-S-13（问题 28-履历隐瞒）

题　号	题目内容
1	今天是……吗?
2	关于你的申请表，你愿意诚实地回答每一个问题吗?
3	在……之前，你曾经向老板撒过谎吗?
4	你曾经在你的申请表上填错了什么信息吗?
1A	你现在是在……吗?
5	在……之前，你曾经违反过政府法令或规章吗?
6	你忽略了你申请表上的一些信息吗?
7	今年之前，你曾经通过说谎给别人留下深刻的印象吗?

3. 针对执法人员入职测试

美国国家可信度评估中心规定："在被测人熟悉相关问题的同时，测试人员要确保每个问题的关键部分都向被测人进行了详细的解释。"规定中的"详细解释"则是通过测试谈话过程中的营造语境来完成的。下面教材给出美国国家可信度评估中心和美国海关与边保办公室可信度评估处（CBP-CAD）对上述相关问题（问题 24、问题 26 和问题 28）的谈话列表及谈话过程，用以说明如何在人员入职评估的基本测试中进行语境营造，并通过谈话对相关问题进行调整的方法。表 8.9 和表 8.10 中右栏是测试谈话的指导原则与注意事项，评估人员可根据实际情况借鉴使用。

表 8.9　关于严重犯罪问题（问题 24）清单

营造语境	问题 24：你曾经有过严重的犯罪行为吗? (你曾经进行、策划、掩盖或参加过下列犯罪吗?)		回　答
这个问题的范围应该覆盖所有受试者会因之而被逮捕的犯罪以及他们曾经犯下的未被发现的严重犯罪。其中所涵盖的关键问题是所有被发现的和未被发现的已经或可能导致逮捕、起诉、控告、判决、服刑、	人身犯罪	杀　人	
		袭　击	
		恶意的人身伤害	
		性暴露	
		绑　架	
		导致他人死亡或伤害的犯罪	

续表

营造语境	问题24：你曾经有过严重的犯罪行为吗？（你曾经进行、策划、掩盖或参加过下列犯罪吗？）		回　答
耻辱、失去声望的犯罪行为。应该针对所有的重罪和较严重的轻罪，包括针对人身和财产的犯罪。另外，任何受试者因之被警方作为严重犯罪嫌疑人盘问或关押的事故也应该被列为目标。青少年涉及的较轻的犯罪行为不应该被列为目标，除非受试者是青少年。在涉及青少年的案件中，测试者应该记录最近3年所有的轻微犯罪行为。严重的犯罪行为会在受试者的档案中终身记录。每个测试者会给受试者提供对其严重犯罪的成因解释，其将成为刑事犯罪活动包括重罪和严重违规的样例。要特别注意与性相关的犯罪，因为整个多道仪测试不会涉及性行为不检点的问题。性相关犯罪包括强奸、性虐待儿童、窥阴癖、乱伦、裸露癖、兽交，等等。自愿的成年人之间的性行为（法律认为或不认为是犯罪）不应该被列为目标，或被记录，除非可能导致了受试者被逮捕，或警方介入涉罪行为。	针对儿童的犯罪	对儿童性虐待	
		对儿童躯体虐待	
		与未成年人发生性关系	
		教唆未成年进行犯罪	
		对儿童实行可认为是犯罪的行为	
	财产犯罪	纵　火	
		入室盗窃	
		盗窃商场	
		破坏他人财物	
		其他可被认为是财产犯罪的行为	
	偷窃和白领犯罪	对人和场所进行抢劫	
		侵　占	
		信用卡诈骗	
		以获利为目的伪造支票或文件	
		制造、使用假币	
		变造货币（如把5改成50）	
		接收赃物	
		敲诈勒索罪	
		邮件欺诈	
		在法庭上作伪证	
		冒充执法人员	
		电脑诈骗/网络侵入/传播病毒	
		诈骗银行	
		盗窃政府资金	
		保险诈骗	
	其他的混合犯罪	贩卖或传播违法药品	
		卖淫或组织卖淫	

续表

营造语境	问题24：你曾经有过严重的犯罪行为吗？（你曾经进行、策划、掩盖或参加过下列犯罪吗?）		回　答
人身犯罪		为了性满足和动物发生性关系	
		虐待动物	
		入店盗窃	
		交通肇事逃逸（不管是否有人员伤亡）	
		违规持有武器	
		可能会因之受到关押惩罚的其他行为，密谋或教唆，不管是否受到了刑事控告	

表8.10　关于涉药事项问题（问题26）的列表

营造语境	问题26：你曾经有过与非法药品有关的活动吗？（你曾经试图隐瞒你参与违法药品活动的行为吗?）		回　答
问题涉及的事件范围是多道仪测试日期之前的5年。为了方便进行测试，受试者经历中的重大事件如查是在5年范围之内，则可以替代问题中的日期。 为了确定受试者在最近5年内全部参与的违法药品或毒品活动，需要设计关于受试者参与违法药品或毒品活动的问题，主要应该针对以下几点： （1）个人使用或尝试，包括以前使用、假装使用或多次使用。 （2）购买违法药品或毒品（帮助他人购买违法药品或毒品也应该被纳入，并成为相关问题，该问题在测前谈话讨论购买违法药品或毒品时，应该向受试者核实）。 （3）种植或制造违法药品或毒品。 （4）违法药品或毒品的传播包括运输、储藏、售卖或协助售卖违法药品或毒品。 （5）为了社会目的而滥用处方药。为了合法的医疗目的少量使用别人的处方药不应该	涉药清单	大　麻	
		麻醉药	
		海洛因	
		可卡因	
		摇头丸	
		霹雳可卡因	
		甲基苯丙胺	
		致幻剂（毒蕈碱、麦角酸二乙基酰胺LSD、苯环己哌啶PCP）	
		兴奋剂	
		类固醇	
		处方药的娱乐性使用	
		类似性质的药物	

营造语境	问题26：你曾经有过与非法药品有关的活动吗？(你曾经试图隐瞒你参与违法药品活动的行为吗？)		回 答
成为问题的针对点。 （6）为了获利传播、制造、合成违法药品或毒品属于严重犯罪，测试中会进行严重犯罪和滥用药物双重问题对其调查。当用严重犯罪问题进行调查时，以获利为目的的违法药物的传播、制造和合成将会扩大至受试者的一生，而不限制在5年范围之内。但是，如果受试者自愿交代了上述信息，但与安全审查表格上所列的内容有出入，测试者会纠正审查表格或在测试报告中记录下其他的参与事项。	药物来源	持有违法药物	
		违法药物的制造	
		违法药物的提纯	
		违法药物的传播	
	药物使用（主动使用）	吸　入	
		注　射	
		吞　食	
		在确实使用违法物质之后（非故意）被他人告知	
	药物使用（被动使用）	吸二手烟	
		出现在他人使用违法药品的音乐会、聚会或汽车上	

（1）国家可信度评估中心执法人员入职测试（LEPET）。针对问题组 CQT-S-1 中的每个相关问题都需要进行详细的测试谈话，国家可信度评估中心的具体做法如下：

通过表8.9和表8.10的问题清单，可以严格、全面界定所谓的严重犯罪行为和涉药事项问题。可与被测人沟通时边聊边填，营造相应语境，亦可将其单独制出备用。根据评估对象对上述谈话清单中不同问题做出的相应回答，可对 CQT-S-1 中的相关问题进行调整。

对问题24"你曾经有过严重的犯罪行为吗?"，测试人员可根据测前谈话的情况调整题目的提问方式：

①如果被测人对此问题全部否认，则依原题施测。

②如果被测人承认了某些涉罪行为（事项），则题目改为：你还隐瞒了一些其他的严重犯罪吗？或你还实施了一些我们没有讨论过的严重犯罪吗？

③测试人员已经认为有必要对此问题进行精细测试时，这个题目则改为：（a）你还隐瞒了你的重大财产侵犯案吗？（b）你还隐瞒了你的重大人身伤害案吗？或（c）你还实施了其他类型的严重犯罪吗？之后可对某项犯罪行为进行隐蔽信息测试。

对问题26"你曾经参与过非法药品有关的活动吗？"，测试人员可根据测前谈话的情况调整题目的提问方式：

①如果被测人对此问题全部否认，则依原题施测。

②如果被测人承认了某些涉药行为（事项），则题目改为：你还隐瞒了一些与非法药品有关的活动吗？或你还隐瞒了一些与非法药品有关的信息吗？

③测试人员如果已经认为有必要对此问题进行精细测试时，题目则改为：你还藏匿了一些非法药物吗？或你还隐瞒了一些其他类型的非法药物活动吗？之后可对某项涉药活动进行隐蔽信息测试。

关于问题28"你曾经故意伪造了你申请表上的信息吗？"其关键点为：故意在招聘文件上填错信息或故意遗漏招聘文件上要求的信息，进行安全调查和录用的政府官员的招聘时，可认为应聘人员意在欺骗或误导招聘决定。无意的填写错误不在此范围之内。

通过测前谈话，测试人员可能会对问题28的提问方式进行调整：

①如果被测人对此问题全部否认，则依原题施测。

②如果被测人承认了某些伪造行为（事项），则此题目改为：你还伪造了申请表上的其他信息吗？

③测试人员如果已经认为有必要对此问题进行精细测试时，题目则改为：你故意隐匿了一些申请表信息吗？或你故意修改了一些申请表信息吗？之后可对某项故意隐匿或修改信息的行为进行隐蔽信息测试。

（2）美国海关与边保办公室可信度评估处的入职测试。美国海关与边保办公室（Customs and Border Protection Office，CBP）的可信度评估处（Credibility Assessment Division，CAD），简称CBP-CAD，其在进行人员入职测试时参考国家可信度评估中心执法人员入职测试（LEPET），但在测试谈话时将其中的相关问题更加细化后与被测人进行详细沟通，操作步骤如下：

①与被测人就问题26"你曾经参与过非法药品有关的活动吗？"进行谈话时应有明确指向，包括：

（a）使用方面包括：个人用或实验用，包括一次性使用、假使用或多用途使用。

（b）购买非法毒品或麻醉品（帮助购买非法毒品或麻醉品应被列为相关问题，并在讨论非法毒品或麻醉品的采购时进行审查）。

（c）生产或制造非法毒品或麻醉品。

（d）非法毒品或麻醉品的分发，包括运输、拥有、储存、销售或协助销售非法毒品或麻醉品。

（e）出于娱乐目的滥用处方药。注意：未成年人出于合法的医疗目的而使用另一人的处方药，则不得涉及此问题。

②关于问题26"你曾经参与过非法药品有关的活动吗？"，不包含如下活动：

（a）二手烟（即使抽烟导致了与烟感器报警）。

（b）出席音乐会、派对或在汽车中，有其他人使用非法毒品。

（3）在入职评估时需要审查"你曾经参与过非法药品有关的活动吗？"时，测试人员可以参阅并适当使用国家可信度评估中心或美国海关与边保办公室可信度评估处的具体操作方式及表8.10，让被测人充分了解所有类似性质的毒品（包括使用"街头"毒品），以便在评估过程中对此项的评估能够取得最佳效果。

针对问题28"你曾经故意伪造了你申请表上的信息吗？"进行沟通谈话时，美国海关与边保办公室可信度评估处在操作时将其细化为如下的谈话重点：

①针对此问题的关键信息列表如下：

（a）故意在求职文件中列出虚假资料，以欺骗或误导负责就业决定、安全调查、清关行动的政府官员。

（b）故意将求职信息从雇佣文件中删除，以欺骗或误导负责安全调查、清关行动的政府官员。

（c）递交的求职文件中存在特殊信息。

②伪造或遗漏个人申请表所关注的信息，包括：出生地点、双重公民身份或移民身份、地址或住所（申请人必须在过去3年内不断在美国居住，才能获得美国海关与边保办公室就业资格）、就业、外国亲属或同事、参军史、医疗或健康问题（包括心理健康咨询）、超过300元的交通处罚或与酒精、药物相关的交通处罚、过去或现在的安全调查、财务问题（破产、税务留置权、丧失抵押品赎回权）。

（4）过程控制。显然，CQT-S-1是基本评估模块的基本测试单元，三个相关问题涉及三个重要事项，即涉罪（严重犯罪）、涉药（药物滥用）和涉假（履历造假），主要采用准绳问题测试方法进行测试。根据系统测试法模块化的要求，当被测人的基本测试有阳性反应时，需要进行精细测试。这里的阳性和阴性反应可以对应于执法人员入职测试（LEPET）的特异反应（Significant Response，SR）和无特异反应（Non-Significant Response，NSR）。执法人员入职测试有特异反应（SR）的被测人，将采用扩展测试（Breakout Test）和突破测试（Breakdown Test）进行后续工作。虽名称不同，但仍属于隐蔽信息测试范畴。这个步骤我们称之为精细测试。

（二）结果分析

以适配度共性评估为例。

基本测试单元之三个相关问题：问题24"你曾经有过严重的犯罪行为吗？"，问题26"你曾经参与过非法药品有关的活动吗？"以及问题28"你曾经故意伪造了你申请表上的信息吗？"下面对上述问题出现的反应进行结果分析讨论。

1. 同向阴性反应

均出现阴性反应（反应较之于准绳问题为弱或相当）时，如其加权得分 λ 均为 0 时，有：

$$P_{-/T}=5\lambda^3/6-0.18\lambda^2+9.36\lambda+52.14=52.14\%$$

对应的 $L=2P_{-/T}=1.04$（暂不考虑 α 与 β）

这时 $L_{联合}=1.04\times1.04\times1.04=1.12$

因为均是同向反应（一并反应较之于准绳问题为弱或相当），所以此时：

$$CAI=L_{联合}/L_0=1.12/1=1.12>1$$

评估结果："A"级。

同理当这些相关问题的加权得分均大于 0 时，CAI 肯定大于 1，亦即评估结果为"A"级。如果没有特殊需要，此时的评估即可告一段落。

2. 单项阳性反应

当其中一项（涉罪）出现阳性反应，如表 8.11。

只要一项反应出现阳性时（CAI=0.66<1），即应启动精细测试，与犯罪调查评估一般直接启动的隐蔽信息测试不同的是，这时启动的是二级题目准绳问题测试，即 CQT-S-11、CQT-S-12 或 CQT-S-13，亦即执法人员入职测试的扩展测试，即针对一级题目的阳性反应予以扩展。

扩展结果见表 8.11，如果出现扩展测试阴性反应，如 0.66（1）情形，这时计算 CAI＝1.01>1，即可终止测试。

表 8.11　一级题目阳性反应示例

一级题目	问题 24：你曾经有过严重的犯罪行为吗？					
λ_1	−2					
L_1	1.52（1）		1.52（2）		1.52（3）	
CAI	0.66（1）		0.66（2）		0.66（3）	
二级题目	4（人身）	6（财产）	4（人身）	6（财产）	4（人身）	6（财产）
λ_2	2	2	−1	−1	0	0
L_2	1.54	1.54	1.21	1.21	1.04	1.04
三级题目	……	……	……	……	……	……
λ_3						
CAI	1.01	1.01	0.54	0.54	0.68	0.68

而当出现 0.66（2）和 0.66（3）情形时，即需要根据 CAI 之结果进行推定。无论 0.54 还是 0.68 均属 B 级范畴，这时的裁决权便由委托者决定，决定是否启动三级精细测试，也可叫突破测试。

三级精细测试多用隐蔽信息测试，是在二级扩展上的进一步细化，但是由于入职评估并不承担调查之责任，所以三级精细测试的启动需要专门考虑后（或请示有关机构、领导后）才予施行。

本单元选取的示例为美国入职测试讲解多道仪测试前语境营造的重要性和必要性，我们在做入职筛查基本测试时可根据申请人员具体情况确定测试的相关问题，并将需要测试的相关问题如示例所示进行分解，分解后的项目要涵盖相关问题的全部，在测试前与被测人详细沟通，直至被测人完全理解并能够如实回答。

二、岗位评估

（一）概述

前述讲解的是入职人员进行的基本评估测前谈话，本节细述具体的岗位的语境营造。

一般来说，职位是随组织结构设定，而岗位是随工作事项设定，岗位是组织要求个体完成的一项或多项责任以及为此赋予个体的权力的总和。一份职位一般是将某些任务、职责和责任组为一体；而一个岗位则是指由一个人所从事的工作。品性评估评估的是个体的一种专（职）业状态，所以既可以针对岗位，也可针对职位。

由于岗位与人有比较紧密的对应关系，即通常只能是一人一岗，所以比较狭义。而一个或若干个岗位的共性体现就是职位，即职位可以由一个或多个岗位组成，所以职位更广义一些。对于品性评估而言，关注的是适配度，而适配度是由相应的标准和条件决定的，所以品性评估对岗位和职位的区分并不十分严格，完全可以根据评估的具体需要来说明评估的目标是岗位还是职位。这里为了简略起见，用岗位评估来阐述入职评估的特殊性要求，若其相关评估和标准涉及职位时，亦可同理操作。

(二) 岗位关键性

在不同的组织机构中，都存在一些关键性岗位，岗位的关键性就体现在其直接关系到组织（如机构、企业等）能否正常运营。因此，在这些岗位的人员选择上，组织机构的招聘都非常慎重，除了严格的招聘和选拔程序外，在相关合同的签订上，也往往为这些岗位的员工设置一定的离职壁垒。这都是岗位重要性的某种体现。

2001 年 "911" 事件以后，美国联邦机构开始对其敏感岗位进行筛查，区分出若干密级对应的关键岗位。对这类岗位人员的招募，除了入职的基本评估以外，对保密事项的关注，就成为这类岗位的特定标准和要求，正是这种特殊性，可以很好地体现出品性评估之入职评估的岗位评估特性，可成为岗位评估的范例。下面用美国国家安全人员入职测试的示例讲解岗位评估模块。

(三) 评估过程

1. 评估目标

一般岗位评估模块的测试内容比例如下表：

表 8.12　岗位评估内容比例表

品性评估	评估内容		
	人格品性	品格品性	性格品性
所占比例（%）	30~40	50~60	10~20

表 8.13 岗位评估标准比例表

评估标准	倡导性	禁止性
所占比例（%）	30~40	60~70

2. 题目设置

在入职筛查的某些敏感或重点岗位的评估中，国家安全（National Security，NS）涉密事项的评估是重中之重，执法人员入职测试使用了一组准绳问题测试（表 8.14）对此目标进行评估，我们可以借鉴。

表 8.14 CQT-NS-1

序　号	问题内容
1	你现在是坐着的吗？
2	关于国家安全，你愿意诚实地回答每一个问题吗？
3	在……之前，你曾经在一些重要的问题上撒过谎吗？
4	你曾有过未经批准就与国外进行联系的行为吗？
5	在……之前，你曾经向别人隐瞒过什么事情吗？
1A	今天是……吗？
6	你曾经故意错误处理过保密信息吗？
7	在……之前，你曾经撒谎隐瞒过一些事情吗？
8	你曾经参与过什么恐怖活动吗？
9	你曾经在背后编造过别人的谎言吗？

3. 营造语境（测试谈话）

岗位评估模块的相关问题为问题 4、问题 6 和问题 8，测试人员需要对这三个问题与被测人进行专门的谈话与沟通，要按规定进行详细的解释，以至被测人完全理解。使用执法人员入职测试的谈话步骤进行示例讲解。

（1）问题 4 "你曾有过未经批准就与国外进行联系的行为吗？"关于 CQT-NS-1 问题 4 的测试谈话，美国海关与边保办公室可信度评估处将其包含的内容更加细化，见表 8.15，谈话题纲如下：

①在谈话时就 "与非美国公民或代表外国政府、政权、团体或组织的某人

（美国公民或非美国公民）进行秘密、未经授权的联系"这个问题进行沟通时，其涵盖范围包括：

第一，与个人境外有如下联系：通过电话、电子邮件、书面、信件进行常规联系；未来联系的计划；共享个人的亲缘关系或联系，包括性亲密；共享在美国或境外的生活空间（包括在境外过夜）。

第二，与外国有如下"非法活动"：协助任何外国人非法进入美国；与美国或境外已经或正在参与任何非法活动的任何外国人（如贩毒集团）有关；被外国执法机关或外国情报部门逮捕、扣留、审讯或走访；个人意识到有涉及任何非法或犯罪的外国人。

第三，在境外有如下商务联系的：在国外拥有生意；有外国商业伙伴；在国外有出租物业；外商投资；外国银行账户。

表 8.15　LEPET 关于问题 4 的谈话清单

序　号	问题 4：你曾有过未经批准就与国外进行联系的行为吗？	回　答
1	私下里、秘密地、未经批准和非美国公民或一些外国政府、证券、社团或组织的人（美国公民或非美国公民）进行联系	
2	有对测试者或美国政府隐瞒的联系活动	
3	会导致潜在的或现实的对美国国家安全不利影响的联系活动	
4	没有上报的与外国大使、领事馆，或通讯设备的联系活动	
5	你隐瞒的与外国的密切的、持续的或亲密的联系	
6	参与间谍活动	
7	为间谍活动提供支持	
8	为间谍活动招募人员	
9	为间谍活动提供培训	
10	策划间谍活动	
11	以间谍或破坏为目的的活动包括不恰当的保密材料/信息拷贝、移动、运输和泄露等，以损害国家利益为目的破坏政府财产	

②就"隐藏与对外情报局或安全局的接触和联系"这个问题进行讨论时，其涵盖以下范围：接受间谍活动委托、从事间谍活动和接受间谍活动经费。

③一些受测者想向测试者或美国政府隐瞒的对外接触和联系。

④一些可能会对美国国家安全造成潜在或实际的不利影响的对外接触和联系。

⑤未经报告访问外国大使馆、领事馆或设施的行为。

对于问题4，经过以上内容的测试谈话后可以进行修正：

（a）如果受测者一概否认，那么依原题施测。

（b）如果受测者承认了一些未经授权的涉外联系，那么这个题目应改为：你还隐瞒了一些其他的未授权对外联系吗？

（c）已经认为有必要进行"精细测试"时，这个题目应改为：你还隐瞒了你未授权的对外个人联系吗？或你还隐瞒了你未授权的对外商务联系吗？

（2）问题6"你曾经故意错误处理过保密信息吗？"CBP-CAD在涉及这个问题的谈话时将其细化为：

①这个问题涉及机密资料散播（给予或出售）给未经授权的人，它还包括从授权位置获取机密信息并将其存储在未经授权的位置。

②未经授权的人是不可接收机密信息或材料的人。未经授权的地点是指美国政府没有特别指明存放机密资料的地点。

③该问题的关键是引起以下行为或后果：间谍、破坏、损害美国、让美国尴尬、援助外国势力、个人获益、泄露到媒体、有意/故意地泄露计划安排、无意中泄露或违反须知。

此外，为了界定这个问题，"机密"一词仅指美国政府的信息，其包含以下任何分类：机密、秘密和顶级秘密。

对于问题6，经过以上内容的测试谈话后可以进行修正：

（a）如果受测者一概否认，那么依原题施测。

（b）如果受测者承认了一些故意处理涉密事项，那么这个题目应改为：你还隐瞒了一些其他的故意处理涉密事项问题吗？

（c）已经认为有必要进行"精细测试"时，这个题目应改为：你还藏匿了一些未授权解密的机密材料吗？或你还有意将一些机密材料放置在未授权的地方吗？

（3）问题8"你曾经是否涉及过恐怖活动？"CBP-CAD对于上述相关问题的详细表述为：这个问题旨在确定个人是否参与破坏或恐怖活动或支持破坏或恐怖组织。

恐怖活动是利用暴力或暴力威胁来引起恐惧，为了在政治、宗教或意识形态方面追求目标而强迫或恐吓政府或社会。简单来说，恐怖活动是一种具有政治动机的暴力活动。

破坏活动是任何干扰、破坏或否认美国宪法保障下的个人权利的活动，否则可能导致或引起暴力或非法推翻美国政府的结果。

确定个人是否涉及破坏活动和恐怖活动的关键要素是从事破坏或恐怖活动的途径，与破坏或恐怖组织或其代表接触，提供从事破坏或恐怖活动、组织破坏或恐怖活动的招聘和培训，策划破坏或恐怖活动、从事或协助破坏或恐怖活动、为破坏或恐怖组织提供支持（如金钱、设备、个人时间、后勤支援等）、补偿破坏或恐怖组织（如金钱、身份、个人/家庭所得）或支持破坏或恐怖组织、未经报告的破坏或恐怖活动信息。

对于问题 8，经过以上内容的测试谈话后可以进行修正：

（a）如果受测者一概否认，那么依原题施测。

（b）如果受测者承认了一些涉恐事项，那么这个题目应改为：你还隐瞒了一些其他的涉恐事项问题吗？或你还从事了一些我们没有讨论过的恐怖活动吗？

（c）已经认为有必要进行"精细测试"时，这个题目应改为：你还藏匿了一些涉恐信息吗？或你是否隐瞒了你加入某个恐怖组织的信息？

（4）过程控制。通过上述营造语境就可以发现，其目的就是营造一个特别针对该模块需要的"语言环境"，使得被测人能够清晰准确地明白本模块的相关问题的范围、意义和价值等，这样才能够保证模块测试的有效性。在基本测试模块进行语境营造后，还可以为可能进行的精细测试语境营造做好铺垫。这种对模块内相关问题的不厌其烦的讲述，与事件调查的测试评估要求形成鲜明对比，这也是入职评估与犯罪调查评估的一个最大不同。

（四）结果分析

对应于 CQT-NS-1 的三个相关问题：

问题 4：你有过未经批准就与国外进行联系的行为吗？

问题 6：你曾经故意错误处理过保密信息吗？

问题 8：你曾经参与过什么恐怖活动吗？

上述任何一个相关问题持续出现阳性反应（SR）都是危险信号，针对敏感岗位的敏感需求，往往实行的是"一题否决制"，即从品性评估指数（CAI）的角度来说，只有所有相关问题的品性评估指数都大于 1 时，岗位评估才能够算是"合格"。

允许其中一个问题的品性评估指数小于 1 时，给予被测人一次复测机会，复测时除了对 CQT-NS-1 再次测试外，还要就出现阳性反应的相关问题进行精细测试。

如问题 4 "你有过未经批准就与国外进行联系的行为吗？"出现阳性反应，其对应的精细测试可见表 8.16。

显然这种题目设置是根据语境营造的具体要求而编制的，其针对性特别明显。据此可以组织出若干类似的题目以供测试。同时由于岗位评估的敏感性一般高于基本评估，因此其筛出（Screening-out）效果更为明显。

表 8.16　CIT-NS-11

序　号	针对问题 4 "你曾有过未经批准就与国外进行联系的行为吗？"	回　答
1	你是……吗？	
2	你与国外人员或组织等有过未经授权（批准）的联系吗？	
3	有与国外人员的非授权联系吗？	
4	有与国外政府的非授权联系吗？	
5	有与国外证券机构的非授权联系吗？	
6	有与国外社会团体的非授权联系吗？	
7	有与国外非政府组织的非授权联系吗？	
8	你的回答都是实话吗？	

思考题

结合自身实际，设计和实施一次完整的入职筛查多道仪测试流程和方案。

第四节　总　结

很显然，入职评估的基本评估针对的是岗位（或职业）入职（上岗）时的共同要求，所以集中在学历造假、前科审查和不良习惯确认等方面，其内容与岗（职）位的标准要求并不直接相关。但因基本评估事项并非凭空而来，评估事项又相对一致，因此对语境的营造要求也相对宽松，可以通过某种程度的标准化、程式化（"双化"）过程予以实现。而岗位评估显然不同，本章用"涉密"标准为例对岗位评估要求做出介绍，其实真正的岗位标准或许可能比这个要求（标准）要高或复杂很多，涉及的事项也不尽一致。所以每一次岗位评估都是一次新的语境营造，故而很难通过所谓的"双化"过程予以实现。即便是能够实现某个局部的"双化"，也远非普适意义上的"双化"，所以对评估人员（品行评估师）的要求就会截然不同。

"双化"的要求也是为了 HERs 的稳定，品性评估筛查测试的向虚而为并非绝对的空穴来风，个人对职业的关注与向往，往往从幼时就已开始，在某些成功人士的自述与自传里，时常会透露出这些信息。虽然随着社会发展，职业划分越来越细，即便是日后的成功，并非一定是幼时心中所向往的成功，但是对成功或成就的渴望，却是决定职业向往的核心力量，这便是意向性的表现。

倘若个人的意向与职业的倡导性标准一致，那么成功与成就就会成为个人意向的助推剂，推动（或导引）着个人对职业倾注更多的热情，从而达到与职业标准的高度契合、完美适配。所以，一般来说，职业工作者关注的多是职业标准的倡导性内容，因为在这个方向上，他会收获到成功与成就的感觉。

倘若个人的意向与职业的倡导性标准不一致，即他来求职并非为了在职业范畴内建功立业，甚至是另有所图，如间谍或卧底，那么他首先关注的是职业标准的禁止性内容，因为只有守住底线，才能混到饭吃，才能将间谍做到底。当然，间谍或有间谍的职业标准，便是通过职业掩盖对从事职业标准的反动，这种反动既可以利用职业标准的倡导性，也可以利用职业标准的禁止性，无论如何，却同样也取决于对间谍职业本身的倡导性与禁止性标准的倾向。

1994 年，美国国防部多道仪测试技术学院将反间谍多道仪测试（Counterintelligence Scope Polygraph，CSP）改称情报搜集和破坏测试（Test for Espionage and Sabotage，TES），从名称变更可以看出，突出了日后测试的目标重点，而在某种程度上有淡化间谍职业特性的趋势，或因为作为一个职业来讲，间谍的特性太过明显，故而才将职业名称予以规避，代之以针对间谍行为，即情报搜集与破坏行为的测试。

当然，从技术角度讲，以具体行为作参照进行语境营造，其难度比单纯的抽象言辞叙述要降低许多，所以就入职筛查的初衷来说，语境营造的向虚而为，在可能时若能将其转化为以实为据的评估，其结果说服力或更强大一些。

间谍，作为一种极为特殊的职业门类，其通过对正当职业的反动，成为入职评估的极致样本，故而《孙子兵法》曰：

> 非圣智不能用间，非仁义不能使间，非微妙不能得间之实。

换句话说，非微妙亦难得品性之实也！

处于微妙之处的品性评估，任重而道远。

第九章

品性评估应用（2）——监查评估

使我介然有知，行于大道，唯施是畏。

——《老子》第五十三章

品性评估的监查评估，是配合监督、监察的一类评估模式，强调的是职内评估，即对在职履职是否称职的评估。

与入职评估的向虚而为相比，监查评估除了升职评估之外，多属向实而为，所以对于语境营造的要求有所降低。但与入职评估最大的不同是，对于申请入职的被测人，入职不成不过是一种选择的终结，完全可以另谋高就。但是监查评估往往被评估目的所要求，评估必须以发现问题为目的，可是问题发现之后却难以处置。但这个困境不是技术本身引起的，而是相关配套制度缺失所造成的，因此一项专业的兴起，创新的不仅是技术本身，还有随之而来的制度变革。

在使用多道仪进行人员评估的早期，除调查测试以外的评估统称为筛查测试。因品性评估涵盖了对人的所有评估，因此对案（事）件相关人员的评估仍为调查评估，筛查评估单指入职申请相关人员的评估，而监查评估则包括在岗在职人员的监督评估和特殊人员的监查评估。另因调查评估、筛查评估及监查评估的标准各不相同，导致语境营造或是编题等技术方法上有差异，故将其更加细致的区分。

但教材中介绍基勒等人的测试实践活动时亦称之为筛查测试，其实包含入职筛查评估、职内监督评估和特殊人群的监查测试等，请读者注意。

第一节　职内监督评估

一、历史回顾

1895 年，朗布罗索开始通过仪器设备采集被测人生理变化，用来决定该人是否是犯罪人。朗布罗索所使用的设备即是多道仪的前身，今天多道仪测试仍在犯罪调查领域发挥着作用。但是多道仪用于人员资格的筛查测试是由基勒等人在 20 世纪 30 年代开始的。

有史料记载，20 世纪 30 年代基勒与英国的一家保险公司签订了一份协议，要求基勒对美国芝加哥 12 家银行的雇员进行定期测试，以防止职务侵占，通过测试发现至少 3 人有职务侵占行为。基勒此次测试应属于定期职内监督测试。

20 世纪 40 年代初期，随着二次大战的阴云漫向美国，多道仪测试技术在其间被用来对间谍和破坏行为进行筛查。1945 年 8 月，美国政府利用德国战俘开始了多道仪筛查测试实验，目的是在收押的战俘中挑选战俘的管理人员。此项工作仍由基勒负责实施，测试了 274 名战俘。通过测试发现了许多纳粹分子和纳粹的同情者，以及其他犯罪行为、破坏计划和反犹太人的活动。

1946 年起，大规模的多道仪筛查测试开始，如美国橡树岭（Oak Ridge）核武器研发项目中几乎所有的雇员都接受过多道仪测试。至 20 世纪 70 年代到 20 世纪 80 年代，美国众多企业都利用多道仪进行筛查测试。据统计，当时每年的筛查测试量多达 200 万人次。

至 1988 年，因技术标准、测试范围、测试人员能力以及测试费用不断提高等原因，美国国会颁布了《雇员多道仪测试保护法》，制止了多道仪测试的广泛使用甚至滥用行为。然而《雇员多道仪测试保护法》并没有禁止政府和公共安全领域的测试行为，还增加了对制药和核能行业职员的测试力度。1995 年，美国多道仪测试协会对实施过多道仪筛查测试的全美 626 家司法部门进行了调查。调查显示，上述机构雇员的平均人数是 447 名，其中 62% 都接受过多道仪测试，接受过测试的 1/4 雇员因未通过测试被调岗或劝离。测试中发现最多的问题是违禁药品的使用，此外还发现了一些刑事犯罪行为。

二、职内监督测试案例

(一) 橡树岭雇员监督测试

1946 年 2 月 17 日，橡树岭核武器研发项目聘用基勒等 6 名经验丰富的多道仪测试人员对该项目的雇员进行筛查测试，首批测试了 690 名工作人员。在测试开始时曾有 5 名雇员拒绝测试，但得知测试工作不会涉及个人隐私时有 4 人同意接受测试。测试效果出奇的好，测前就有雇员交待了犯罪行为，偷盗生产资料的占多数，还有泄露秘密的犯罪行为。通过测试不仅发现了私藏放射性物质、盗窃生产工具和出卖情报的雇员，值得一提的是，实施多道仪筛查测试项目一经公布，就有许多失窃的工具和生产材料被悄悄地送了回来。此时多道仪筛查测试的作用尽显无疑。

至 1953 年 4 月，美国原子能委员会在华盛顿原子能会议上宣布停止橡树岭多道仪筛查测试项目，他们认为该项目对提高安全性仅起到了边角料的作用。但是于 20 世纪 60 年代，在中断了 11 年之后，该项目又被迫恢复了。有报道称，在中断期，橡树岭丢失了可以制造出 85 颗原子弹的炸弹级铀，导致再次引进多道仪进行事件调查测试。在项目恢复后丢失的原材料又被陆续送回。因此说橡树岭核武器研发项目中的监督测试被视为迄今为止最成功的多道仪监查应用。

(二) 埃姆斯间谍案测试

1994 年，美国中央情报局（CIA）行动办公室官员奥尔德里奇·哈森·埃姆斯（Aldrich Hazen Ames）因曾向苏联和俄罗斯出卖机密情报被逮捕。据报道，埃姆斯曾接受过多道仪反测试训练，且有证据表明，在被捕以前，埃姆斯成功地躲过了两次多道仪职内监督测试。这些报道让筛查测试的反对者们一片欢呼，他们认为支持筛查测试的人可以因此闭嘴了。同时这起案件也造成了社会大众对政府部门，尤其是中央情报局等核心部门使用多道仪进行人员筛查产生了质疑。

但后来发现，对埃姆斯案的热炒曾掩饰了一个事实，即在其接受的多道仪测试图谱中曾经出现了两处欺骗反应。通常的做法是，中央情报局人员的筛查测试是由联邦调查局（FBI）实施，测试后测试人员对埃姆斯测试图谱上的两处欺骗反应进行了标注，但中央情报局没有采取任何监管措施。此后中央情报局官员也承认埃姆斯并没有从多道仪测试中逃脱。

揭示这样的事实，说明了结果分析与结果认识是两回事，也只有跨越过这种事实与价值的界限，技术才真正成熟。

三、职内监督评估功能

（一）验证功能

验证对于无论是组织的监督条例，还是处分规定，或是企业内部的纪律规定、绩效考核，执行的第一步都是核实，是指根据评估对象本人提供的信息进行的确认，而只有在核实的基础上才能够实施有针对性的监督或处分。例如，绩效考核（performance examine）是企业绩效管理中的一个环节，是指考核主体对照工作目标和绩效标准，采用科学的考核方式，评定员工的工作任务完成情况、员工的工作职责履行程度和员工的发展情况，并且将评定结果反馈给员工的过程。一个品性优秀的员工，应该是对绩效考核标准自觉执行最严谨的员工，所以管理者可以通过员工对绩效考核的自觉程度评判员工的品性，并根据员工的真实反应，准确了解绩效标准的合宜程度。上述内容属于现代管理学范畴，说明评估可以成为衡量自觉真假的刚性标准，适当应用不仅能提升员工的自觉程度，还能为绩效考核的改进提供依据。

（二）发现功能

通过评估可以揭示和发现评估对象本人所提供信息之外的新信息。例如，本次监（督）查主要是针对《中国共产党党内监督条例》第5条之"落实中央八项规定精神，加强作风建设，密切联系群众，巩固党的执政基础情况"进行，但是也会关注其他一些问题。如对上述内容的监查评估已经完成，可对其他问题的揭示进行设问：

（1）你还违反党内监督所要求的其他主要内容吗？

（2）违反过第1条内容吗？

（3）违反过第2条内容吗？

（4）违反过第3条内容吗？

（5）违反过第4条内容吗？

（6）违反过第6条内容吗？

（7）……

（三）选择功能

选择功能是鼓励评估对象在评估前主动检讨自己的实际工作情况，并对当事人的主动坦白持宽大的态度，其效果是信任激励。前提是建立在有效的验证与发现基础之上的，产生的效果是"不战而屈人之兵"的最佳境界，能帮助使用单位彻底实现评估对象"不敢做、不能做、不想做"之监督要求。

思考题

职内监督评估的功能有哪些?

第二节　评估过程

一、在职（岗）评估

（一）党内监督评估

作为一名中国共产党党员，在工作岗位上除了有职（岗）位标准，还有像《中国共产党党章》这样更高和更严格的标准，因此我们首先分解党内监督评估过程。对于党内监督评估依照《中国共产党党章》《中国共产党廉洁自律准则》《中国共产党纪律处分条例》《中国共产党党内监督条例》等标准，以及具体评估要求设定评估目标。

1. 评估目标

表9.1　党内监督评估内容比例表

品性评估	评估内容		
	人格品性	品格品性	性格品性
所占比例（%）	40~50	50~60	0~10

表9.2　党内监督评估标准比例表

评估标准	倡导性	禁止性
所占比例（%）	50~60	40~50

2. 评估标准

依照《中国共产党党章》《中国共产党廉洁自律准则》《中国共产党纪律处分条例》《中国共产党党内监督条例》中的具体细则设置评估标准。

例如，《中国共产党廉洁自律准则》要求，中国共产党全体党员和各级党员领导干部必须坚定共产主义理想和中国特色社会主义信念，必须坚持全心全意为人民服务根本宗旨，必须继承发扬党的优良传统和作风，必须自觉培养高尚道德情操，努力弘扬中华民族传统美德，廉洁自律，接受监督，永葆党的先进性和纯洁性。

《中国共产党廉洁自律准则》对党员廉洁自律规范进行了详细规定：

第1条：坚持公私分明，先公后私，克己奉公。

第2条：坚持崇廉拒腐，清白做人，干净做事。

第3条：坚持尚俭戒奢，艰苦朴素，勤俭节约。

第4条：坚持吃苦在前，享受在后，甘于奉献。

而对党员领导干部廉洁自律规范的规定：

第5条：廉洁从政，自觉保持人民公仆本色。

第6条：廉洁用权，自觉维护人民根本利益。

第7条：廉洁修身，自觉提升思想道德境界。

第8条：廉洁齐家，自觉带头树立良好家风。

这份廉洁自律准则，通篇体现了引导、自愿的倡导性原则，十分符合人格品性对信念、理想、意愿的强调与刻画。因此它为人格品性评估的方案设计，提供了一定的参照，完全可以成为党内监督评估的评判标准。

3. 内省评估

根据评估标准，编制党内监督内省评估测试题，题目可以设置如下：

（1）我能在关键时刻挺身而出，冲锋在前。

（2）我严格遵守了党纪国法。

（3）我是一个热心公益、乐于奉献的人。

（4）我认为在平时的工作中，个人的政治素养对提高工作能力毫无帮助。

（5）我坚持吃苦在前，享乐在后。

……

4. 多道仪评估

（1）相关问题设置。上述评判标准为倡导性人格品性标准。对于这种倡导性的人格品性标准、规则，因为其践履执行的程度（原则无上限或"高线"）因人而异，很难设立一个统一标准。所以评估的前提是自评，即要根据评估对象自己理解的品性标准来确定其践履程度。而且对于这种倡导性的标准，评估对象的自述一般会有如下表述：

本人能够严格遵守《中国共产党廉洁自律准则》的相关规定，做到：

①公私分明，先公后私，克己奉公。

②崇廉拒腐，清白做人，干净做事。

③尚俭戒奢，艰苦朴素，勤俭节约。

④吃苦在前，享受在后，甘于奉献。

……

在品性评估过程中，无论是哪个测试模块，首先都需要评估对象接受态度评估，即"你是否愿意接受评估？"

可根据评估对象的自我评估设置对应的相关问题，如考核评估对象对于评估的态度、评估对象的自述与行为是否一致等。

（2）题目格式。对于此类叙述，多道仪相关（评估）问题设问常采用"你说……，是为了应付评估的吗？"这种格式。

"你说……，"是完全引用评估对象自评叙述。这个格式能演化出若干更直接的变体，如：

你说你能够……，这是编造的吗？

你说你能够……，这是假话吗？

另外对一些特殊情况，如接到举报，或已有某种证据证明评估对象有违反廉洁自律规范的行为发生时，亦可直接设问：

你违反了党员廉洁自律规范的……条吗？

对于倡导性评估目标，可以设置如下的题目格式：

①你说你能够遵守党章党规，这是假话吗？

②你说你具有坚定的理想信念，这是编造的吗？

③你说你能践行党的宗旨，这是假的吗？

④你说你模范遵守了宪法法律，这是说谎吗？

……

而对于禁止性评估目标，测试题目可以设置如下：

①你曾经收受过别人的钱物吗？

②你曾经利用职权做过什么不该做的事吗？

③你曾经贪污过公款吗？

④你做过一些严重违法违纪的事情吗？

……

（3）测试格式。鉴于这种评估的相关问题以概括性为多，所以多采用 CQT 格式施测。其编排形式依照 SPEI 之基本测试形式展开。例如：

问题 1：你是 XXX 吗？

问题 2：你愿意接受本次开展的品性评估吗？

问题 3：你说你做到了"公私分明，先公后私，克己奉公"，是为了应付评估的吗？

问题 4：你是一个心口不一的人吗？

问题 5：你说你做到了"崇廉拒腐，清白做人，干净做事"，是想通过本次考察吗？

问题 6：你现在是在……（地方）吗？

问题 7：你说你能够"尚俭戒奢，艰苦朴素，勤俭节约"，这是假话吗？

问题 8：你经常欺骗朋友吗？

问题 9：你说你能够"吃苦在前，享受在后，甘于奉献"，这是骗人的吗？

问题 10：你的回答都是实话吗？

（二）在职（岗）评估（国家机关、企事业单位）

此部分主要针对国家机关及事业单位的人员，特别是对这些部门中的关键岗位和敏感岗位进行在职（岗）评估，因此依照《监察法》《公务员法》《检察官法》《中国共产党廉洁自律准则》《中国共产党纪律处分条例》《中国共产党党内监督条例》等相关法律法规、各部门的纪律规定和具体评估要求设定评估目标，建议按照下表中的比例设置测试相关问题。

1. 评估目标

表9.3 在职评估内容比例表

品性评估	评估内容		
	人格品性	品格品性	性格品性
所占比例（%）	20~30	60~70	10~20

表9.4 在职评估标准比例表

评估标准	倡导性	禁止性
所占比例（%）	50~60	40~50

2. 评估标准

依照《监察法》《公务员法》《检察官法》《中国共产党党章》《中国共产党廉洁自律准则》《中国共产党纪律处分条例》《中国共产党党内监督条例》中的具体细则设置评估标准。

例如，《公务员法》要求，公务员要模范遵守宪法和法律、保守国家秘密和工作秘密、清正廉洁、公道正派等，需要时，这些就可以成为制定品性评估内容的标准。

3. 内省评估

根据评估标准，编制在职内省评估测试题，题目可以设置如下：

①我曾经篡改、伪造了个人档案资料。

②我的一切公务行为都是从公共利益出发行事的。

③在处理公务时我会给予我的家人优先照顾。

④有时我会用公款从事一些与公务无关的活动，比如请客吃饭。

⑤我有过受贿行为。

……

4. 多道仪评估

（1）相关问题设置。品性评估的前提是自我评价，即要评估对象按照自己理解的品性标准来确定其对评估目标和评估标准的践履程度。如果评估对象是一名检察官，那么在职评估的标准除《中国共产党党章》《中国共产党廉洁自律准则》《中国共产党纪律处分条例》《中国共产党党内监督条例》以外，还会有只针对其岗位或职业的标准，如《公务员法》《监察法》《检察官法》，等等。

《检察官法》第8条：检察官应当履行下列义务：

①严格遵守宪法和法律；

②履行职责必须以事实为根据，以法律为准绳，秉公执法，不得徇私枉法；

③维护国家利益、公共利益，维护自然人、法人和其他组织的合法权益；

④清正廉明，忠于职守，遵守纪律，恪守职业道德；

⑤保守国家秘密和检察工作秘密；

⑥接受法律监督和人民群众监督。

第35条：检察官不得有下列行为：

①散布有损国家声誉的言论，参加非法组织，参加旨在反对国家的集会、游行、示威等活动，参加罢工；

②贪污受贿；

③徇私枉法；

④刑讯逼供；

⑤隐瞒证据或者伪造证据；

⑥泄露国家秘密或者检察工作秘密；

⑦滥用职权，侵犯自然人、法人或者其他组织的合法权益；

⑧玩忽职守，造成错案或者给当事人造成严重损失；

⑨拖延办案，贻误工作；

⑩利用职权为自己或者他人谋取私利；

⑪从事营利性的经营活动；

⑫私自会见当事人及其代理人，接受当事人及其代理人的请客送礼；

⑬其他违法乱纪的行为。

第 8 条为倡导性评估标准，第 35 条则为禁止性评估标准。评估人员可根据评估对象的自我评估设置对应的相关问题，如考核评估对象对于评估的态度、评估对象的自述与行为是否一致，等等。

（2）题目格式。对于倡导性评估目标，可以设置如下的题目：

①你说你做到了公私分明，是在欺骗我们吗？

②你说你严格遵守了党纪国法，这是假话吗？

③你说你始终能够秉公执法，是在欺骗我们吗？

④你说你始终能够遵守组织纪律，这是假话吗？

……

而对于禁止性评估目标，测试题目可以设置如下：

①你曾经有过刑讯逼供的行为吗？

②你曾经滥用职权侵犯他人的合法权益吗？

③你曾经私下从事营利性的经营活动吗？

④你有过受贿行为吗？

……

（3）测试格式。例如，"态度评估"准绳问题测试格式如下：

问题 1：你是 XXX 吗？

问题 2：你愿意接受评估吗？

问题 3：你认为这种评估可有可无吗？

问题 4：你经常说假话吗？

问题 5：你的确认识到了接受评估的意义吗？

问题 6：你现在是在 XX 地方吗？

问题 7：你觉得需要为接受评估进行专门的准备吗？

问题 8：你会欺骗朋友吗？

问题 9：你为通过评估进行了专门的准备吗？

问题 10：你说的都是实话吗？

根据对该测试单元之相关问题 3、问题 5、问题 7、问题 9 的回答及反应情况，可以决定是否追加单元测试。如对问题 9 出现了相关反应，那么可以对其专门设置一组隐蔽信息测试单元，题目格式如下：

问题 1：你是 XXX 吗？

问题 2：你愿意接受评估吗？

问题 3：你为通过评估进行了专门的准备吗？

问题 4：你为此查阅过网站吗？

问题 5：你为此询问过朋友吗？

问题 6：你为此接受过培训吗？

问题 7：你为此服用过药物吗？

问题 8：你为此伪造了材料吗？

问题 9：你说的都是实话吗？

二、升职评估（国家机关、企事业单位）

1. 评估目标

表 9.5　升职评估内容比例表

品性评估	评估内容		
	人格品性	品格品性	性格品性
所占比例（%）	50~60	30~40	10~20

表 9.6　升职评估标准比例表

评估标准	倡导性	禁止性
所占比例（%）	70~80	20~30

我们用《党政领导干部选拔任用工作条例》第 7 条作为评判标准来进行此部

分的讲解。

党政领导干部应当具备下列基本条件：

（1）自觉坚持以马克思列宁主义、毛泽东思想、邓小平理论、"三个代表"重要思想和科学发展观为指导，努力用马克思主义立场、观点、方法分析和解决实际问题，坚持讲学习、讲政治、讲正气，思想上、政治上、行动上同党中央保持高度一致，经得起各种风浪考验。

（2）具有共产主义远大理想和中国特色社会主义坚定信念，坚决执行党的基本路线和各项方针政策，立志改革开放，献身现代化事业，在社会主义建设中艰苦创业，树立正确政绩观，做出经得起实践、人民、历史检验的实绩。

（3）坚持解放思想，实事求是，与时俱进，求真务实，认真调查研究，能够把党的方针政策同本地区本部门实际相结合，卓有成效开展工作，讲实话，办实事，求实效，反对形式主义。

（4）有强烈的革命事业心和政治责任感，有实践经验，有胜任领导工作的组织能力、文化水平和专业知识。

（5）正确行使人民赋予的权力，坚持原则，敢抓敢管，依法办事，清正廉洁，勤政为民，以身作则，艰苦朴素，勤俭节约，密切联系群众，坚持党的群众路线，自觉接受党和群众批评和监督，加强道德修养，讲党性、重品行、作表率，带头践行社会主义核心价值观，做到自重、自省、自警、自励，反对官僚主义，反对任何滥用职权、谋求私利的不正之风。

（6）坚持和维护党的民主集中制，有民主作风，有全局观念，善于团结同志，包括团结同自己有不同意见的同志一道工作。

从《党政领导干部选拔任用工作条例》第7条可以看出，我们选拔干部的第一原则是德才兼备、以德为先，所以人格品性和倡导性准则将会在升职评估中发挥主导性作用。

2. 评估标准

依照各部门各单位和各职级工作性质不同会有不同要求，一般来说，职级越高，人格品性要求越高。对于普通的升职评估，主要考量的还是工作业绩，因此业绩评估就是关键。

3. 内省评估

根据评估标准，编制升职内省评估测试题，题目可以设置如下：

①我对组织绝对忠诚。

②我始终能够遵守组织纪律。

③我总是根据法律或行政政策切实有效地履行我的职责和职能，做到秉公办事。

④我侵占过单位的利益。

⑤我能对带有机密性质的资料保守机密。

……

4. 多道仪评估

（1）相关问题设置。升职评估的评判标准也主要是倡导性人格品性标准，因此同在职评估一样，其评估的前提亦是自评。以《公务员法》的规定为例，评估对象根据法规中的规定，一般会有如下表述：

本人能够严格履行《公务员法》第 12 条规定的各项义务：

①模范遵守宪法和法律；

②按照规定的权限和程序认真履行职责，努力提高工作效率；

③全心全意为人民服务，接受人民监督；

④维护国家的安全、荣誉和利益；

⑤忠于职守，勤勉尽责，服从和执行上级依法作出的决定和命令；

⑥保守国家秘密和工作秘密；

⑦遵守纪律，恪守职业道德，模范遵守社会公德。

可根据评估对象的自我表述设置对应的相关问题，如考核评估对象对于评估的态度、评估对象的自述与行为是否一致，等等。

（2）题目格式。对于倡导性评估目标，可以设置如下的题目：

①你说你始终能够忠于组织，这是假话吗？

②你说你能够一直遵纪守法，这是假话吗？

③你说你能够坚持忠于职守，这是编造的吗？

④你说你能够一直廉洁自律，这是编造的吗？

……

而对于禁止性评估目标，测试题目可以设置如下：

①你有违反国家宪法和法律的行为吗？

②你是不是曾经有过玩忽职守的行为？

③你是不是曾经泄露过工作秘密？

④你是不是私自参与过一些非法组织的活动？

……

（3）测试格式。可参照在职评估模式施行。

三、离职评估（国家机关、企事业单位）

1. 评估目标

表9.7　离职评估内容比例表

品性评估	评估内容		
	人格品性	品格品性	性格品性
所占比例（%）	30~40	40~50	10~20

表9.8　离职评估标准比例表

评估标准	倡导性	禁止性
所占比例（%）	30~40	60~70

2. 评估标准

离职的原因有两个：一个是在某一职位上任期满了而离职，还有一个是个人原因而离职。因此离职评估的对象要么是身居高位，要么是在关键、敏感或核心岗位。离职评估的核心仍是对评估对象在职或在岗时的状态进行评估，其评估标准和方法与在职评估相同。

依照国家和部门的有关规定及岗位的性质，按照上表的比例设置测试相关问题。在此不再赘述。

四、特定岗位人员监督评估

这里的特定岗位人员包括：所有涉密岗位、敏感岗位、军队重点岗位、涉外岗位等。

1. 评估目标

依照特定岗位的相关规定，可按照下表中的比例设置测试相关问题。

2. 评估标准

参照岗位的有关规定即可。

3. 内省评估

特定岗位人员的内省评估与岗位紧密相关，无法给出确切的量表，仅提供普通的量表给大家参考。根据评估标准，编制特定岗位内省评估测试题，题目可以设置如下：

①我曾在公共场所谈论涉密信息。

②我曾未经批准擅自翻印、转载秘密文件。

③我曾在私人通讯中谈及党和国家的秘密。

④我侵占过单位的利益。

⑤我能对带有机密性质的资料保守机密。

……

4. 多道仪评估

（1）相关问题设置。参照岗位的有关规定要求设置。

（2）题目格式。同样可分为倡导性评估目标和禁止性评估目标，分别设置。

表9.9　特定岗位人员监督评估内容比例表

品性评估	评估内容		
	人格品性	品格品性	性格品性
所占比例（%）	30~40	50~60	10~20

表9.10　特定岗位人员监督评估标准比例表

评估标准	倡导性	禁止性
所占比例（%）	30~40	60~70

（3）测试格式。对于特定岗位人员的评估，如涉密岗位，教材中借鉴美国国家可信度评估中心执法人员入职测试（LEPET）关于涉密岗位"保密事项"的测试格式。示例如下：

问题1：你现在是坐着的吗？

问题2：关于国家安全，你愿意诚实地回答所有的问题吗？

问题3：在……之前，你曾对一些重要的问题撒过谎吗？

问题4：你曾未经批准与国外有过联系吗？

问题5：在……之前，你曾向别人隐瞒过什么事情吗？

问题6：今天是晴天吗？

问题7：你曾经故意错误处理过保密信息吗？

问题8：在……之前，你曾撒谎隐瞒过一些事情吗？

问题9：你曾经参与过恐怖活动吗？

问题10：你曾经在背后编造过别人的谎言吗？

这组题目的相关问题4、问题7、问题9是执法人员涉密岗位"保密事项"测试的三个方向，在品性评估的实际操作中，可以根据委托单位的岗位要求和委托目的对相关问题进行调整，即用于安全岗位人员的日常监督测试。

五、企业职员监督评估

1. 评估目标

表9.11　企业职员监督评估内容比例表

品性评估	评估内容		
	人格品性	品格品性	性格品性
所占比例（%）	30~40	60~70	10~20

表9.12　企业职员监督评估标准比例表

评估标准	倡导性	禁止性
所占比例（%）	40~50	50~60

对企业在职、履职人员进行的日常监督评估中，重点考核评估项目为考察企业的绩效。表9.13为某企业绩效考核的内容，亦即企业日常监督评估的重要标准之一。

绩效考核是企业绩效管理中的一个环节，是指考核主体对照工作目标和绩效标准，采用科学的考核方式，评定员工的工作任务完成情况、员工的工作职责履行程度和员工的发展情况，并且将评定结果反馈给员工的过程。一个品性优秀的员工，应该是对绩效考核标准自觉执行最严谨的员工，所以管理者可以通过员工对绩效考核的自觉程度来评判员工之品性，也可以根据员工的真实反应，准确了解绩效标准的合宜程度。这些内容属于现代管理学范畴，这里提出只是说明评估可以成为衡量自觉是真是假的刚性标准，适当应用不仅能提升员工的自觉程度，而且还能为绩效考核的改进提供依据。

在对企业员工进行日常监督评估时，评估人员可根据表9.13中的评估目标、企业内各部门的纪律规定和具体要求设定企业员工日常监督评估目标，以及考核时员工对绩效考核的自评，按照表中的比例设置评估相关问题。

表 9.13　某企业绩效考核评估表

评估目标	评估标准				
诚信	○法纪意识淡薄； ○没有契约精神，缺乏羞耻感，对履行与公司的约定缺乏严肃认真的态度； ○不能够通过正确的渠道和流程，表达自己的观点； ○会传播未经证实的消息。	○在上级或者其他同事的提醒下，能建立基本的契约精神，有基本的羞耻感，大部分时间遵守与公司的各项约定承诺； ○大部分时间能够通过正确的渠道和流程，表达自己的观点； ○有时会传播未经证实的消息。	○遵纪守法，廉洁奉公； ○具有契约精神，遵守与公司的各项约定承诺，有羞耻感； ○能够通过正确的渠道和流程，表达自己的观点； ○大部分时间，言行一致，前后一致； ○不传播未经证实的消息。	○遵纪守法，廉洁奉公； ○具有契约精神，严格遵守与公司的各项约定承诺，视诚信为自己的荣誉； ○能够通过正确的渠道和流程，表达自己的观点； ○一贯保持信息透明，言行一致，前后一致； ○不传播未经证实的消息。	○遵纪守法，廉洁奉公； ○具有高度契约精神，严格遵守与公司的各项约定承诺，视诚信为自己必须捍卫的荣誉； ○一贯能够通过正确的渠道和流程，全面表达自己的真实观点； ○一贯保持信息透明，言行一致，前后一致； ○通过自己的言传身教，带动和影响周边同事，持续一贯地推动组织的诚信文化。
求实	○喜欢作秀，追求表面文章； ○用大量务虚代替、粉饰务实； ○严重的形式主义和官僚主义。	○偶尔喜欢作秀； ○只注重过程，不注重结果； ○有形式主义和官僚主义倾向。	○脚踏实地地做好本职工作，讲究落实，追求结果； ○无形式主义和官僚主义倾向。	○深入一线，获取业务或职能板块事实与数据，并加以分析，控制过程与结果的统一； ○重视执行。	○主动深入一线，积极获取业务或职能板块事实与数据，并加以分析，控制过程与结果的有效统一； ○在实践中形成系统思想，并应用于执行过程中的实践； ○强大的执行力； ○通过自己务实的行为持续一贯地影响周围的同事，积极推动建立务实、直接的执行文化。

评估目标	评估标准				
担当	○逃避现实中的困难与挑战； ○推卸个人责任，习惯寻找借口，指责他人； ○经常负面抱怨； ○对有担当的同事冷嘲热讽。	○不愿意面对现实中的困难与挑战； ○逃避个人责任，不习惯独立承担任务，宁可躲在幕后； ○有时会抱怨。	○大部分时间能够面对现实中的困难与挑战； ○相对正确地看待公司和部门的不足，大部分时间不抱怨、不找借口、不推诿，在自己力所能及的范围内解决问题。	○一贯能够面对现实中的困难与挑战，发挥正能量，聚焦问题，而不是责备他人； ○一贯勇于挺身而出、承担责任； ○有主人翁精神，能够独立承担某项艰巨的任务，并打破部门界限协调资源； ○愿意成为某个想法或立场的唯一拥护者； ○根据收到的反馈投入实际行动，并保证结果落地。	○一贯能够面对现实中的困难与挑战，直面争端、冲突，不责备他人，永葆正面心态，以认识现实的残酷性； ○一贯勇于挺身而出、承担责任； ○有强烈的主人翁精神，有强烈意愿独立承担某项艰巨的任务，并打破部门界限协调资源； ○有强烈意愿成为某个想法或立场的唯一拥护者； ○一贯确保工作和关键结果协调统一，并从失败与成功中积累经验； ○积极根据收到的反馈全身心投入实际行动，并保证结果完整落地。

续表

评估目标	评估标准				
协同	○个人主义、英雄主义，无视他人和团队； ○在团队作战或者跨部门协作中不配合，甚至拖延、阻碍项目进展或目标达成； ○窃取他人或团队成果。	○倾向个人作战，不习惯团队合作； ○在团队中工作效率不高，甚至影响团队绩效。	○能够和他人协作，通过在团队中共同协作，达到目标； ○能够进行跨部门合作。	○积极融入团队，善于利用团队的力量解决问题，达成目标； ○决策前积极发表建设性意见，充分参与团队讨论； ○决策后，无论个人是否有异议，在言行上完全给予支持； ○能够有效地进行跨部门合作。	○能够主动创造组织或者团队愿景、积极分享知识和经验，主动给予团队成员必要的帮助，并通过卓越的领导力激发团队斗志，引导多元与坦诚讨论，高效达成目标； ○能够360度全方位协同，既能将个人、团队、组织的绩效目标和谐统一，又能在跨部门之间紧密无缝合作配合。

2. 评估标准

如上述企业，即可依照绩效考核评估表中的相关细则设置评估标准。

3. 内省评估

根据评估标准，编制企业职员内省评估测试题，题目可以设置如下：

①我做到了遵纪守法。

②我做过损害公司利益的事。

③工作中做好自己分内的事就行，同事的事与我无关。

④我积极参与公司的决策和管理。

⑤工作后我仍不断学习专业知识和技能。

……

4. 多道仪评估

（1）相关问题设置。针对企业绩效考核具体内容可以在如下几个方面设置评估的相关问题：

①态度问题；

②法律、纪律问题；

③价值观问题；

④禁止性问题。

（2）题目格式。对于倡导性评估目标，可以设置如下题目：

①你说你始终遵纪守法，廉洁奉公，这是编造的吗？

②你说你一贯勇于挺身而出、承担责任，这是骗我们的吗？

③你说你主动给予团队成员必要的帮助，这是编造的吗？

④你说你一贯保持言行一致，前后一致，这是骗我们的吗？

而对于禁止性评估目标，测试题目可以设置如下：

①你曾经窃取过他们的成果吗？

②在团队合作中，你曾经故意拖延过项目进度吗？

③你曾经私下传播过未经证实的消息吗？

④你私下经常会抱怨公司吗？

（3）测试格式。针对企业绩效考核的得分规定，可以设计出如下测试格式：

问题1：你是XXX吗？

问题2：你自觉执行了绩效考核要求吗？

问题3：你考虑过你的XX考核最适合的得分吗？

问题4：得5分吗？

问题5：得4分吗？

问题6：得3分吗？

问题7：得2分吗？

问题8：得1分吗？

问题9：你说的都是实话吗？

这种通过简单数字来代表复杂内容的过程，这里称为形式化。通过这样的形式化，可以将很多难以简单刻画的品性内容纳入品性评估系统评估。

六、小结

本节所述之内容，与上一章的入职筛查的最大不同就是由比较彻底的向虚而为逐步转化为向实而为，评估所需的倡导性标准的比例开始明显变化，这种比例的变化，说明了评估主导思想——评估者本身意向性的调整。

本节的评估对象涵盖极大的应用范围，任意一个"正当性"岗位、职位均可以发生这种评估，因此可以说，品性评估是涉及人群最广、范围最宽的一类评估模式。

习总书记在十九大报告中指出，"加强纪律教育，强化纪律执行，让党员、干部知敬畏、存戒惧、守底线，习惯在受监督和约束的环境中工作生活。"其实已经说明了在职监查评估的意义与价值，相信随着《监察法》的颁布实施，监查评估定当再上征程，扬帆远航。

思考题

1. 如何对党员进行在岗监督评估？
2. 升职监查评估与离职监查评估在题目的编制上有什么区别？

第三节　特殊人群监查评估

一、概述

1973 年，美国俄勒冈州波特兰市法官约翰·贝蒂（John Betty）为防止惯犯在缓刑中再次犯罪，提出只有接受定期多道仪测试的罪犯才能被缓刑。随后的三年间，艾布拉姆斯等人对监查测试效果进行了跟踪观察与研究，发现在多道仪测试监查下的缓刑犯中，69%的人圆满完成了缓刑，而没有引入多道仪测试的对照组中，仅有 26%的人完成缓刑，且两组的重犯率也有显著差别。他们的研究初步证明了多道仪测试作为缓刑监管手段与工具的有效作用。

20 世纪 90 年代后，在美国等西方发达国家，性犯罪（尤其是儿童性侵害犯罪）呈愈演愈烈之势，人们开始有针对性地将多道仪测试作为性犯罪者社区矫正手段引入。此后，多道仪测试便成为应用于这类已决犯缓刑、假释监管及社区矫正的一个新工具。

2010 年，在有关部门的协助下，陈云林团队开始了国内监查评估摸索，经过多年的努力，目前已经初步形成了一套相对完整的评估技术方法与流程。

特殊人群的监查评估是品性评估范畴中的性格品性测试的应用，主要是通过监查评估对特殊人群行为进行监查及矫正，起到管教、监督、清查和控制的目的。

接受特殊人群监查评估的基本上都属于社区监管对象，包括问题青少年、有家庭暴力行为者、服刑人员、缓刑假释或保释人员、刑满释放人员、强制隔离戒毒人员、社区矫正人员、社会吸毒人员、易肇事肇祸严重精神障碍患者等。这类人群因种种原因放置于社区之中，发生漏管脱管现象会导致他们重新犯罪，或给社会带来不稳定因素。

因评估对象的特殊性，所以对其监查评估有以下三种模式：①申请评估，②保证评估，以及③禁止令评估。特别是禁止令评估，这是其他评估对象不具有的评估模式。

申请评估的内容为常规监督项目的评估，与日常表现评估挂钩，根据评估结论可采取不同处理方式，评估由监查对象自愿申请，对主动申请并且正常通过评估的人给予特定奖励；保证评估针对危险性较高的重点对象，根据其表现或特殊事件专门开展，在自愿接受评估的前提下，依据监管工作的要求建议其参加评估；禁止令评估是对法院禁止令规定的特定行为进行评估，可由法院在发布禁止令的同时，将评估作为缓刑、假释的条件，由具体负责监管矫正的司法机关委托具有专业资格的评估人员，在取得监查对象同意的前提下进行。

二、评估目标

表 9.14　特殊人群监查评估内容比例表

品性评估	评估内容		
	人格品性	品格品性	性格品性
所占比例（%）	0	0	100

表 9.15　特殊人群监查评估标准比例表

评估标准	倡导性	禁止性
所占比例（%）	0	100

三、主题界定依据

为使测试具备较好的有效性和较高的敏感性，需对评估主题进行界定，依据如下：

（一）时间框架（Time of Reference）

时间框架，即相关问题关注的特定时间段。初次评估的时间框架一般设定为"自从开始实施社区监管措施之时至本次测试之时"，第二次测试的时间框架一般

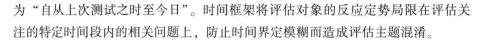

为"自从上次测试之时至今日"。时间框架将评估对象的反应定势局限在评估关注的特定时间段内的相关问题上，防止时间界定模糊而造成评估主题混淆。

（二）事件框架（Event of Reference）

事件框架指在某段时间内，评估问题所关注的具体的、明确的、特定的事件主体。事件框架与时间框架一起将评估对象的反应定势限定在评估关注的范围内，建立起评估的结构和界限，防止主题混淆、目标不清。

四、评估测试模式

（一）申请评估

申请评估主要针对改造良好、罪行较轻的社区监查对象，评估内容为监查期间的常规监督项目。监查评估的关键在于鼓励监查对象主动申请接受评估，对主动申请并且正常通过评估的监查对象给予奖励，旨在建立一种激励机制，激发监查对象积极改造的热情与决心。

1. 评估目的

申请评估的目的重在奖励，鼓励危险等级较低，即罪行较轻、表现较好的监查对象主动申请。所关注的是日常监管内容，预期情况下通过率较高。对通过评估的监查对象，及时地给予奖励，从而起到正强化作用，使监查对象心理上得到肯定与满足，同时也能帮助其养成长效的、良好的行为模式。在监查管控群体之中，良好行为得到及时公正的奖励，对整个群体起到示范与鼓励的作用，从而营造人人争优的氛围，促进监管对象的有效改造。该模式的执行要件是自愿，以鼓励矫正效果显著的监管对象通过测试。

2. 适用范围

申请评估适用于罪行较轻、表现较好、改造态度端正的社区监管对象，在监管对象分级的地区，则适用于低危险等级的人员。申请评估可起到调整其此类人员的心理状态，提高其改造热情，同时能够及时发现问题、防止精神松懈。

3. 评估流程

（1）内省评估主题设置。申请评估的内省评估内容涉及监管对象对监管期间心理状态和行为表现的自我评价。

（2）多道仪评估相关主题设置。申请评估的多道仪测试以行为筛查为目的，采用多主题准绳问题测试，测试主题为监管对象行为规范的具体规定，如是否未经批准擅自离开居住地等。

4. 评估间隔

建议内省评估和多道仪评估的时间间隔均为 6 个月。

5. 后继奖惩

建议按照《社区矫正实施办法》等规定，定期对申请评估的社区监管对象进行考核，对通过评估的人员依据各地监管政策表扬加分，且结合考核计分体系的规则，转化为实质性的奖励，以此鼓励监管对象的行为不断向良好方向转化。

（二）保证评估

保证评估相对于申请评估更多地体现刑罚强制改造的理念，更具"监"和"管"的性质，所以保证评估的执行要件是规定和强制，目的在于警示、阻遏和发现监管对象可能的越轨行为，适用于社区重点监管人员或特殊事件的卷入者，评估内容包括常规监管项目，以及监管过程中发生或可能发生的违规事件。保证评估的奖惩模式可参照申请评估模式进行操作，原则上仍鼓励监管对象主动接受评估。

1. 评估目的

保证评估具有强制性和针对性。强制性体现在对重点监管对象发挥着强制执行力，接受保证评估作为此类人员的缓刑规定，或作为监督工具定期或不定期使用。针对性则是指保证评估针对小部分的特定人员，评估内容除常规监管项目外还包括重点关注的事件。

2. 适用范围

适用于重点社区监管对象，即其中的高危险等级人员。此类人员大多不能主动配合工作人员管理，矫正态度不端，行为不规范，再犯罪可能性大，容易卷入违法违规事件。建议执行社区监管之前就应签署相应的法律文书，将定期或不定期接受评估列入监管条例中，评估结论将成为评定矫正效果的相应指标。

3. 评估流程

（1）内省评估相关主题设置。保证评估的内省评估内容除了涉及监管对象对监管期间心理状态和行为表现的自我评价外，还涉及对特定违法违规事件参与情况的自我评价。

（2）多道仪评估相关主题设置。保证评估的常规监管内容，即定期报告、参加活动、接受教育以及违禁行为情况，对其进行的多道仪测试内容和题目的编制均同申请测试一样。

对保证评估的特定事件进行测试，则根据社区监管对象的具体情况灵活编制题目，可采用多主题的准绳问题测试，也可以采用单主题准绳问题或隐蔽信息进行精细测试。精细测试用于对准绳测试中反应异常的问题进行深入核实、调查，为形成评估报告提供更具体、更准确的信息。

4. 评估间隔

对社区重点监管对象的常规保证评估可每 6 个月进行一次。常规评估结果为不通过后，可继续进行信息核查评估。信息核查评估根据常规保证评估的情况和具体事件进行，不设置评估时间限制。

对特定事件卷入者的保证评估依监管需要或调查需求进行，不设置具体时间间隔。

5. 后继奖惩

建议通过常规保证评估的社区监管对象予以表扬或加分，具体奖励手段由地方依据《社区矫正实施办法》具体落实。保证评估对高危险程度的社区重点监管对象具有强制处罚性质，所以对不通过评估者需给予警告或扣分处罚。

（三）禁止令评估

随着《刑法修正案（八）》的施行，各地法院已经陆续发出了禁止令，如有禁止涉黄人员从事按摩、洗浴等娱乐休闲场所经营活动，或有涉赌人员禁止开设赌场等等。因缺乏相应的操作细则，目前禁止令的执行还在摸索阶段。品性评估之监查评估有希望能够成为禁止令评估的核心工具和手段，根据前文提出的保证评估模式，以"是否违反性评估"和"试图违反性评估"两种类型区分，建立起禁止令评估的监查机制。

1. 测试目的

（1）是否违反性评估。禁止令的"是否违反性评估"，旨在检测社区监管对象在规定的期限内是否有违反禁止令的行为。在一定时间内、以一定方式、有一定程度、违反何种禁止行为、造成何种后果等等内容形成评估结构，探测监管对象违反禁止令的状况。

如果监管对象通过评估，则可以酌情给予奖励；不通过评估，除了酌情给予警告或其他处罚外，还可根据情节严重程度，提出处罚或进行更严格的监管，对于严重违反者应依据《社区矫正实施办法》提出撤销缓刑的建议。

（2）试图违反性评估。禁止令的"试图违反性评估"，旨在检测社区监管对象在规定的期限内是否有企图违反禁止令的行为或想法。可以企图在一定时间内、以一定方式、有一定程度、违反何种禁止行为、造成何种结果等内容形成测试结构；也可以对禁止令的内容是否熟悉、记住、遵守或是否为违反禁止令的行为做过任何准备工作以及是否熟知违反后果等为内容形成评估内容，探测监管对象对禁止令的内容是否了解及企图违反状况。

如果监管对象通过评估，则可以酌情给予奖励；不通过评估，除了酌情给予警告或其他处罚外，还可根据测试提供的线索发现其他隐情，及时调整社区监管方案，提高社区监管效率。

2. 适用范围

适用于法院判处缓刑时附有禁止令的社区监管对象。禁止令评估应作为缓刑的条件之一，凡是法院判有禁止令的社区监管对象，都必须接受定期或不定期的禁止令评估。禁止令评估和保证评估都具有强制力，但保证评估进行时还需监管对象自愿接受，而禁止令评估作为缓刑条件，类似缓刑服刑规定中的定期报告，具有强制执行力，监管对象如拒绝接受评估，会受到一定处罚，如不按时汇报时予以警告或扣分。

3. 评估流程

（1）内省评估相关问题设置。禁止令评估的内省评估内容涉及监管对象对特定违法违规事件参与情况的自我评价。

（2）多道仪评估相关问题设置。禁止令评估的相关问题来自法院判刑时附加的禁止令的具体规定，且依据两种不同的测试类型来设置。"是否违反性评估"关注禁止令所禁止的行为是否发生，"试图违反性评估"关注监管对象是否熟知禁止令的各项内容以及是否为违反禁止令做过准备工作。

4. 测试间隔

禁止令评估作为缓刑条件，一年内进行两次"是否违反性评估"，每六个月一次。

每两次"是否违反性评估"之间，可根据监管需求再进行一次"试图违反性评估"。

此评估时间安排，能够与申请评估和保证评估的时间安排保持一致，防止过于频繁的评估扰乱监管对象的日常生活，既可涵盖所有时间段监督其禁止令遵守情况，又能够根据监管期间的表现进行重点问题的调查，达到及时遏制违反禁止令行为的目的。

5. 后继奖惩

禁止令评估具有强制作用，通过评估的监管对象可予以表扬或加分奖励，不通过则给予警告或扣分处罚。需要注意的是，"试图违反性评估"只是探查监管对象是否有试图违反禁止令的行为，其不通过的结论并不意味其已违反禁止令，因此不予扣分处理，但要根据评估结论给予警告，或者进行进一步的信息核查评估。

思考题

1. 特殊人群的评估测试类型有哪些？
2. 什么是"禁止令测试"？
3. 在监查评估中，为什么针对特殊人群的评估目标仅设置为性格品性？

第四节 总 结

已决犯的监管、矫正和改造，一直是社会学、人类学、犯罪学甚至心理学都很关注的一个事项，这些人员的特殊性，以致出现虽在整个社会人群中占比不高，但影响却不小的社会现象，极为类似于关键岗位和关键少数之在社会中发挥的效用，这也是本教材将其与列入监查评估的日常监督一并考察的缘由。

鉴于以已决犯为代表的人群（包括成瘾者、不良习惯具有者等）与社会正常人群的差异，对这些人的评估标准若放在其他群体评估中则属于禁止性标准，而在此，在某种程度上却可以是倡导性的标准。

从对评估的接受程度来说，对这部分人员施评，如果不带有偏见，却应该是实施阻力最小的评估对象，所以品性评估的应用之突破口，如相对保守的欧洲大陆对多道仪技术的大范围使用，即从这个群体开始的。

第十章

品性评估应用（3）——调查评估

将欲弱之，必固强之。 将欲废之，必固兴之。 将欲取之，必固与之。

——《老子》第三十六章

第一节　引　言

品性评估发端之一是可信度评估（Credibility Assessment），而可信度评估的直接动因却是犯罪调查。时至今日，犯罪调查的多道仪测试应用仍然是品性评估最引以为豪的华彩乐章，且这乐章还将持续奏响。因事件调查评估对象的特殊性，不需要加入内省评估，所以此章节仅介绍事件调查评估的多道仪测试方法。

前文已述，据法律标准施行的品性评估，是调查测试的主要内容，既是品性评估的发端，也是品格品性评估的重要内容和组成，因为其独特的重要性，这里单列一章予以介绍。在此章中，仍按习惯称评估和评估对象为事件调查测试和被测人。

2014年2月13日，美国多道仪技术协会（APA）在其官方网站上对其章程（Constitution of APA）再度更新，其中对操作标准（Standards of Practice）进行了专门的强调。其操作标准是通过执行《美国多道仪测试协会工作细则》（By-Laws of the American Polygraph Association）具体规范的。在这份细则中，美国多道仪测试技术协会将测试分为六类：①证据测试（Evidentiary Examination），指的是经测试涉及各方须书面同意，目的在于为诉讼过程以诊断性意见（diagnostic opinion）作为证据使用而提供的测试。②捉对测试（Paired Testing Examination），指的是对知晓某特定争议事实的两方或多方被测人进行的测试，此类测试需要在测前签署自愿接受并承认测试结果的有关契约（stipulation）。③侦查测试（Investigative Examination），指的是为调查提供补充与辅助的测试，此类测试结果并不以法庭认可的证据为目的。Investigation，其准确含义与中文中的侦查含义更贴近。④诊断性测试（Diagnostic Examination），指的是在上述证据测试或调查测试中为确认嫌疑人之自述或声言的真实性而进行的测试，可围绕有关事件的某个或某些方面展开，目的在于区分涉嫌角色或涉嫌程度。与中文语境中的核查测试颇为类似。⑤筛查测试（Screening Examination），指的是在一些特定时期内对被测人是否如实报告应报事项，或是否隐瞒某些与相关问题有关的特定行为而进行的测试，这些行为可以是单个的，也可以是复合的。⑥谳后性罪犯测试（Post-Conviction Sex Offender Testing，PCSOT），指的是对已决性罪犯在其监外执行（如假释、保释或缓刑等）期间实行的测试，目的在于提升监管质量，保障公众安全。

如此看来，系统（调查）测试（SPEI）包括了美国多道仪测试技术协会所述的前四类测试。

历史原因使调查成为多道仪率先发威的领域，所以最先产生的测试类型就是调查测试。该领域的先贤们无不在此界迸发出耀眼的光辉，马斯顿如此，基勒如此，里德、贝克斯特等亦如此。尤值一提的是马斯顿，不局限于狭义的调查，且将多道仪测试结论呈上法庭的殿堂，为所谓科学证据的确立首开先河，使得传统多道仪的调查测试自然衍生出首个测试门类——证据测试。

本教材中的调查测试涵盖两方面内容，包括了美国多道仪测试技术协会的侦查测试和证据测试，并以后者为主，因为后者的有关要求比前者为高。这点美国多道仪测试技术协会亦有注意，美国多道仪技术协会章程《细则》第3.9.1.1条专门提出：用于证据测试的多道仪测试技术需要至少两项公开发表、原创可重复的实验研究支持，并且其未加权平均准确率（unweighted average accuracy rate）要在90%以上，同时需要去除的"不结论"率不能超过20%（Polygraph techniques for evidentiary examinations shall be those for which there exists at least two published empirical studies, original and replicated, demonstrating an unweighted average accuracy rate of 90% or greater, excluding inconclusives, which shall not exceed 20%）。未加权平均准确率，若它指的是针对无辜和有罪准确率的算术平均，那么可以将90%理解为灵敏度和特异性的算术平均，因此根据 L_+ =灵敏度÷（1-特异性），即可得出此时的优势增加：

$$L_+ = 0.90 \div (1-0.90) = 9$$

恰与系统（调查）测试（SPEI）的"定罪"标准所提出的优势增加一致。

而美国多道仪测试技术协会对侦查测试的要求，前面的内容几乎一致，但对未加权平均准确率的要求却下降到80%以上即可。假若它指的是针对无辜和有罪准确率的算术平均，那么同样可以将这个80%理解为灵敏度和特异性的算术平均，

根据 L_+ ＝灵敏度÷（1-特异性），即可得出这时的优势增加：

$$L_+ = 0.80 \div (1 - 0.80) = 4$$

比系统（调查）测试的"不通过"标准所提出的优势增加为5还要稍低一些。

至于美国多道仪测试技术协会的捉对测试，显然是侦查测试中界定良好事件测试的特例。故其未加权平均准确率要求为86%，换算成优势增加则为 $0.86 \div (1-0.86) = 6.1$，较之于系统（调查）测试的不通过标准所提出的优势增加为5又要稍高一些。

这种整体评判的一致性，一个侧面反映出对多道仪测试理解与把握的共通性。

另外在对证据测试的说明中，美国多道仪测试技术协会专门指出了诊断性意见的作用，作者陈云林认为其与我国2012年《刑事诉讼法》中证据种类部分的鉴定意见颇有异曲同工之妙。

对于侦查测试，美国多道仪测试技术协会专门强调了它的补充与辅助（supplement and/or assist）作用，这与国内长时间以来对多道仪测试的效能评价极为相符，但是如若注意到这仅属于其技术功能分类之一小项时，即可明晓我们曾经这样的评价确属片面。

另外美国多道仪测试技术协会的诊断性测试，其活脱脱一个在系统（调查）测试中作为测试类型提出的核查类测试的翻版。

因此可以说，调查测试是涵盖了美国多道仪测试技术协会之证据测试、捉对测试、侦查测试和诊断性测试的完整体系。通过这样的对比，对理解掌握系统（调查）测试核心内容非常有帮助。

为了突出系统（调查）测试的整体性，这里不将证据测试和侦查测试分开讨

论，只是在结果应用和评价时根据需要专门论述。

思考题

1. 什么是"诊断性测试"？

2. 如何理解美国多道仪测试技术协会章程中提到的"未加权平均准确率要在 90% 以上，同时需要去除的不结论率不能超过 20%"？

第二节　测试前评估

一、事件条件评估

事件条件是指多道仪测试技术在调查应用前事件所具备的各种状况的总和，包括事件强度（事件严重程度）、事件相关信息的扩散与保密状况、被测人的心理生理状况和心理信息状态等。一般来说，事件条件越符合测试要求，测试的效果也越能够得到保证。界定良好的事件条件能为多道仪测试技术最大限度发挥效用提供前提。对界定不良的事件，则应该促使其转化为界定相对良好时再进行测试。

（一）界定良好

界定良好事件是一类边界分明、条件完整、各种信息比较清晰、嫌疑人范围基本固定的事件。无论传统多道仪测试技术还是系统（调查）测试在解决这类问题时都具有最佳效果，且这类事件测试结果较易转化成为证据，因此证据测试多出现在这类事件的测试中。实践中常见的界定良好的案件类型就是内盗案和一对一案，美国多道仪测试技术协会的捉对测试就是专门针对此类事件测试提出的。

（二）界定不良

界定不良的事件是在调查测试实践中遇到的绝大多数，这类案件边界模糊、条件残缺、各种信息混乱、嫌疑人范围很难划定、侦查头绪繁多等。调查测试的侦查效用在对付这类案件时颇具优势，其在帮助解决这样问题时采用的方式有三：一是以事找人，二是以人找事，三是缓进或不进。

1. 以事找人

由于案件侦查都在事后，所以以事找人是侦查工作最常见的解决问题思路，但在多道仪测试技术实践中，更多的是根据情况通过逐步划定范围等办法将这类界定不良的案件调查转化为界定相对良好的案件进行测试。

2. 以人找事

实际操作中与侦查的深挖余罪相通，界定不良案件的侦破往往会因为条件限制无法突破，但有时侦查会在办理其他案件时发现一些"隐约"的相关人。此处的"隐约"是指没有特别有力的证据支持侦查的判断，此时多道仪测试技术就有机会帮助侦查将"隐约"明确，为破案发挥作用。

3. 缓进与不进

缓进，指的是有一类案件，虽然界定不良，但是案件的相关信息很丰富，比如现场发现了指纹、DNA 等能够直接识别犯罪人的证据，那么尽管犯罪嫌疑人范围暂时无法找到，但是由于指向明确、侦办直接，若此时多道仪测试技术直接介入就失去了意义。但是可能在需要查找物证去向或者对作案人之外的其他相关人员进行心理信息提取时仍会需要，故为缓进。

不进，通常指的是除了严重污染的被测人以外的一些案件类型，能够通过侦查很快查出线索的犯罪及抓现行的犯罪等。此时若使用多道仪测试技术，除了有以测代侦的危险外，也无形加大了侦查成本。因为多道仪测试的实施是相对更耗人耗力的过程，对付一名被测人往往需要委托方和测试方多名成员的共同努力，还不计前期准备时间的占用。所以并不鼓励任何案件在调查期间都来测一测的放任态度，因此多道仪测试之调查应用仍需"有所为，有所不为"。

二、被测人条件评估

对被测人的测前状态进行认真分析是调查测试取得良好测试效果的关键，所以测试人员应该对被测人的测前状态准确把握，这个问题在系统（调查）测试的基本原则中以"测前状态评估严格谨慎原则"提出，但是未有详细展开，这里因其具有的至关重要性而予以专门讨论。

（一）被测人的污染

对被测人使用"污染"二字进行测试前状态评估，始于作者陈云林。因其在从事多道仪测试前已有十余年的微量物证检验工作经历，出于对微量物证检验样本污染问题的考虑，自然而然地就将其延伸到对被测人的测前评估问题之上。该词汇如今已成为业界认可的、对被测人进行评估的基本用词，而其理念也在业界成为基本共识。

从信息论观点分析，污染就是信源干扰的问题。显然这类信源要么无法处理，要么需要去污后再行处理。多道仪测试亦如此。

1. 主动污染

任何案件一旦发生，调查人员急于破案的心理非常迫切，当出现嫌疑对象时，很容易产生只求目的不求手段的情况，这就是我们常说的重结果、轻程序。其后果虽有可能导致案件告破，皆大欢喜；但也有可能使调查陷入僵局，极易出现被测人的污染问题。

常见的情形是，测试对象被连续、高强度讯问后，情况无进展，调查人员忽而想起多道仪测试技术。而此时倘若仓促实施测试，很容易忽略污染的影响。国内数起或因多道仪测试而起的冤案，几乎均与此有关。这固然有测试人员的盲目和武断，但是被测人的被污染却是造成这种后果的前提。通常把这类由于调查人员的主观因素造成的被测人不适合测试情形称为主动污染。

2. 被动污染

除了上述主动污染外，还有一类情形就是被测人受电视、报纸、网络等媒体的有关报道甚至渲染造成的被动污染。目前因传媒的发达，案件刚刚发生就会有各种消息、传说甚至谣言满天遍地，如果被测人在这样的环境里浸淫，那么也可能会对测试构成不利影响，严重者甚至无法测试。

3. 其他污染

其他能够导致被测人的调查测试结果出现假阳性结果的因素亦能产生污染，如被测人好奇打探，道听途说，甚至臆造猜想造成的污染情形。诸多测前因素都足以提醒测试人员需要将"污染"摆在测前评估的突出位置上。

(二) 被测人的漂白

被测人的漂白，指的是其心理信息的漂白，即被测人形成的心理信息被抑制、丢失，甚至彻底丧失的情形。被测人既然能被污染，显然也可以被漂白。此处漂白，特指由于某种因素导致的信源去信息化的情形，表现为：

1. 心理信息不能正常产生

行为人（或相关人）行为时自主意识完全或部分丧失，与事实对应的心理信息的形成受到阻止、抑制，可致常见的心理信息不能正常产生，如经历某种突然刺激后的失忆，药物、毒品、酒精等作用期等。

常见的一些记忆障碍（memory disorders）性疾病也可以导致心理信息不能正常产生。造成记忆障碍的疾病很多，如脑部各种变性病（如阿尔茨海默症）、脑外伤和拳击手痴呆；皮质下动脉硬化性脑病、腔隙性梗塞、脑梗塞和脑出血等脑血管病；脑炎；一氧化碳中毒等脑缺氧后；营养缺乏性脑病；酒精中毒和生化代谢障碍性脑病等均可引起记忆障碍。精神病患者也有记忆障碍。当被测人具有上述类型的疾患时，其显然容易出现漂白症状。

2. 已有的心理信息被淡化

实践中常见的行为人行为时自主意识丧失是心理信息不能正常产生的极端情形。

通常的情形是已有信息被淡化，其主要原因是时间因素，人的记忆内容会随着时间的增加而发生变化，如事件的发生与接受调查之间的时间间隔过长，从而使相关人员的记忆内容被消解或被遗忘，即生成的心理信息被消退和淡化，以至于被漂白。

研究认为，感觉记忆的遗忘是由于记忆的消退，适时记忆的遗忘是由于痕迹消退和干扰，长时记忆的遗忘主要是由于干扰作用。多道仪测试技术所关注的长时记忆受到的影响主要就是干扰，所以这里的淡化、漂白实质也是干扰。

对多道仪测试技术来说，出现心理信息不能正常产生和已有的心理信息被淡化两种情形都容易造成测试的假阴性结果。因此，在有证据表明案（事）件发生时，被测人处于神志不清或自主意识丧失等状态时，因无法形成正常的心理信息，亦不可进行多道仪测试。

三、有偏测试

（一）污染与漂白的评估

对污染和漂白的测前评估是准确实施多道仪测试技术和保证测试质量的关键一步，实践中对被测人的评估分成两个方面，分别是生理状态评估和心理信息受干扰情况评估，通常分为五级，具体见下表 10.1。

对生理状态的评估相对简单，有时通过刺激测试或测前谈话即可判别。心理信息状态则需要更加认真的评估。

表 10.1 对污染的评估分级

条 件	一 级	二 级	三 级	四 级	五 级
生理状态	良 好	正 常	中 等	偏 弱	很 弱
心理信息	未被干扰	轻微干扰	中度干扰	重度干扰	严重干扰

一般认为，心理信息被干扰在二级以内和生理状态在三级以内时，可以获得

正常的测试效果；当生理状态或心理信息任意一个出现五级情况时，测试将失去意义，换句话说，就是没有必要进行测试，或无法进行测试；而当心理信息和生理状态出现三级、四级及一些交叉情况出现时，可以有条件取得测试效果，这就是有偏测试。

（二）阳性有偏与阴性有偏

原则上讲，所谓有偏测试是一种可以针对被污染或被漂白的样本实施的测试。

任何测试前，测试人员在遇到已经确认是污染的被测人，那么测试结果就是阳性单向的，此时对于此被测人，其多道仪测试的通过结果远比不通过结果要有意义，即污染的被测人，其测试的通过结果能说明问题，而不通过结果不能说明问题，因为他的"不通过"已经由"污染"在测试前就决定了，这种现象被称为阳性有偏。

正是由于被测人的污染对测试构成的巨大影响，系统（调查）测试认为，出现被测人在测试前受到刑讯逼供或长时间、高强度询（讯）问的，不能进行心理测试。这也是系统（调查）测试在应用过程中主要的"不进"情形之一。

当判断被测人可能无法形成正常心理信息时，虽然可能会产生心理信息，但测试结果会受到影响，此时就出现了另一种有偏情形，即阴性有偏。此时多道仪测试的不通过结果大于通过结果的价值，因为考虑到漂白的因素，测试结果应多为通过。例如，声称酒后不记事的被测人在测试时能够在相关问题上出现异常反应，除了假醉情况外（此时的心理信息是正常形成），特别是对于半醉的被测人，当测试结果出现不通过时，出现的异常相关反应价值将会明显增加，即测试结果的"不通过"意义价值将大于结果的"通过"意义。

然而实际情况经常会复杂得多，更多的情形是调查人员无法准确判断被测人在案（事）件发生当时的神志状况，所以就需要进行合理和准确的推断，是对测试人员综合能力的考验。

（三）两种有偏测试的分析

研究发现，记忆的干扰主要有两种：一种是先学习的材料对识记和回忆后学习的材料的干扰，被称为前摄干扰或前摄抑制（Proactive Interference / Proactive Inhibition）；一种是后学习的材料对先学材料的保持和回忆的干扰，被称为倒摄干扰或倒摄抑制（Retroactive Interference / Retroactive Inhibition）。显然在被测人的心理信息被污染时，其受到的是倒摄抑制影响，而被测人的心理信息被漂白时，其受到的是前摄抑制影响。

由于案件相关人员的倒摄抑制往往是由于调查介入引起的，所以应尽量有意识的预防和避免，而且实际工作中只要调查人员有一定的预防意识，这种倒摄抑制就可以得到较好的控制。而前摄抑制大多是由于被测人的自身原因或者案件发生当时的客观条件而产生的，一般与调查的介入与否关系不大，这就要求测试人员对被测人以及案件进行全面而又准确地把握和判断。

一般而言，与倒摄抑制相对应的有偏测试更容易产生假阳性结果，而与前摄抑制相对应的有偏测试更容易产生假阴性结果，因此，明确了这两种结果的产生机制后，对于系统（调查）测试方案的设置和测试结果的评判都具有重要意义。

思考题

1. 如何将界定不良的事件转化为界定良好的事件？
2. 产生阳性有偏和阴性有偏的原因是什么？
3. 什么情况下心理信息无法正常产生？

第三节 设置评估主题

因调查评估的特殊性，只需进行多道仪评估即可，因此以下章节仅对多道仪测试技术方法进行介绍。

一、单元测试主题

(一) 单元测试主题应具备的特征

1. 真实性

真实性，或也可以理解成人们常说的客观性，指的是测试主题（相关问题）所反映的核心内容必须是真实存在的案件事实。测试主题的真实性是由案件事实本身的客观真实性所决定的。因为任何犯罪行为都是在一定的时间、地点、条件下，使用一定的手段、方法实施的过程。这个过程一旦发生，就构成了不再以人的意志为转移的某种事实存在，测试主题应该反映的就是这个过程中的若干核心事实。因此，测试主题的客观真实性是其基本特性，这也是证据要求的一个基本属性，因此真实性也是选取测试主题的基本标准。

2. 关联性

关联性是证据证明力的核心要求，不具备关联性的测试主题（相关问题）几乎无意义。证据测试的主题反映的内容必须是和正在调查的案件本身具有逻辑必然性联系的事实，凡是和案件没有逻辑联系的事实都不能作为测试主题的内容。测试主题和案件事实之间的逻辑联系是多种多样的，有因果关系，有时间、空间或条件上的联系，只要和案件的某一个方面、某种情节具有某种逻辑联系，即可以反映被测人的相关心理信息，就可以作为测试主题使用。取舍测试主题的重要标准是关联性程度，而系统（调查）测试的证据关联性程度则通过测后与测前的优势变化来分析判定。

3. 可辨性

可辨性指的是对被测人的心理信息单元（Psycho-information Cell，PiC）的分析和把控，又可称为感知性，指的是测试主题所反映的核心内容必须是被测人感知到了，具有清晰记忆而且形成了一定的心理信息内容的有关案件事实。案件的发生过程具有很多事实因素和多种多样的情景过程，由于人感知记忆的局限性，诸多的情节和情景不一定都能被相关人员形成心理信息，或者形成的心理信息单元与测试人员的判断不同。测试人员需认真考虑这些情形，以免造成测试方案"文不对题"，无法产生心理信息耦合，而直接影响测试的效能发挥，甚至导致错判误判。

（二）单元测试主题的种类

1. 区别性测试主题

区别性测试主题是在多道仪测试中用于确定被测人与正在调查的案件之间是否存在相关关系的测试主题。主要用于概括性地探查和了解被测人的相关心理信息，以决定测试的下一步走向，基本测试中的测试主题一般属于这类。准绳问题测试的主题也以此类为多。

2. 验证性测试主题

常见于精细测试，使用的是那些除了犯罪人和调查人员之外没有人知晓、让犯罪人留下深刻记忆的具体犯罪情节。意在验证没有通过基本测试的嫌疑人，以致达到确信的水平。当然，验证性测试主题也可用于验证被测人与正在调查的刑事案件是否存在相关关系。

3. 探索性测试主题

探索性测试主题是在系统（调查）测试中对被测人的心理信息进行探查的测

试主题。常作为侦查手段使用，是多道仪测试技术心理信息探查功能的重要体现。具体可用于帮助查找物证、寻找嫌疑人下落等。

4. 扩展性测试主题

扩展性测试主题是为了解决被测人除了正在调查的案件之外是否存在其他犯罪的主题问题，是为了扩大侦查战果而设置的测试主题，实践中常用于累犯、惯犯的测试，以期达到深挖犯罪所需的调查信息。

事件调查测试相关问题就是依据不同的单元测试主题种类来设置，显然对于证据测试来说，前两类测试主题选择尤为关键，而后两类主题更为侦查测试所倚重。

（三）确定单元测试主题的方法

1. 收集案件信息

只要有犯罪现场，测试人员都应该亲临犯罪现场，听取侦查人员对现场及周围环境的解释，从作案人的角度感受现场。测试人员要仔细阅读刑事案卷，对现场勘查报告、法医鉴定报告、物证鉴定报告及其他检验鉴定报告要给予特别的关注，全面了解报告反映的案件信息。为了了解更为具体、更为全面的案件信息，测试人员有必要和相关报告的制作人员进行面对面座谈，了解报告后面的案件信息，以及一些没有写入报告的案件信息。只有这样，才能全面了解案件事实。

必要的时候，测试人员还应该收集主观性的案件信息，即那些目击证人、被害人、加害人所提供的信息。但对这些主观性的信息应该仔细考察，严加甄别，避免引起误导。

2. 系统分析案情

分析案情的目的在于确定测试主题，测试人员应该根据案件调查的基本框架（如时间、地点、人物、原因、结果等）进行分析，综合利用收集到的案件信息，明确相关主题的确定性，为后续的构建测试方案服务。

具体说来，测试人员应该确定犯罪的准备状态、作案人与被害人之间的关系、参与作案的人数、不同作案人之间的分工、作案的时间、进入犯罪现场的方式、加害人与被害人之间的互动状况、作案的方式、作案的后果、离开现场的方式等案件要素。

通过分析，测试人员确定这些案件要素哪些是确定的、哪些是可能的、哪些是未知的，可分别构成已知性测试主题、可能性测试主题、未知性测试主题。

（四）常见案件单元测试模块分类

1. 凶杀案件

凶杀案件最重要的测试主题是案发地点、杀人方法、致死武器、尸体的最后位置及尸体的处置。如果案发地点是被害者的家，还要询问有关进入地点和方法方面的问题。如果同时还有东西被盗，或是犯人在现场遗留了物品，还可以询问相关的犯罪细节问题。

2. 盗窃案件

适宜的测试主题涉及武器、工具（面具、手套或盗窃工具的类型）、罪犯特殊的行动或言语、被害者的言语、偷窃的钱数和偷窃东西的类型。如果现场是被害者的家，可以用视觉材料询问有关出入口的问题。被偷窃物品的位置、类型、进出的地点和方法、被盗的钱数及其事物状态都可以成为测试主题。

3. 纵火案件

可以使用纵火的位置、现场的类型或者纵火材料的类型等作为测试主题。

4. 绑架案件

可以使用诱拐的地点、讹诈的钱数、绑架者在电话中使用的词汇作为测试主题，要求被绑架方置放赎金的具体位置也可以成为测试主题。

5. 交通案件

进行测试时，可以使用视觉材料测试事故地点在市区的位置、在道路上的精确位置及其事故地点。目击证人的报告可使汽车厂家、逃逸方向或者嫌疑人在事故后的表现成为有效的测试主题。

二、系统（调查）测试（SPEI）主题

系统（调查）测试以系统论立身和起家，其检测的主题内容要系统化，通俗讲就是相关问题的归堆，即单元测试主题或单个相关问题确定后如何组配，并尽可能有效使用。为使确定的系统测试主题满足测试的需要，测试人员应该遵循以下原则系统确定测试主题：

（一）明确单元测试主题的性质

遵循不同的测试格式，测试人员会选择不同性质的测试主题。测试主题包括概括性主题和分析性主题。概括性测试主题，即泛指性测试主题，是一种可以验证被测人与正在调查的刑事案件是否相关的主题。准绳问题测试（CQT）经常使

用概括性测试主题。

与概括性主题相对应的是分析性主题，即特指性主题，是一种可以验证被测人与正在调查的刑事案件的要素是否相关的主题。分析性测试主题既可以用于准绳问题测试，又可以用于隐蔽信息测试（CIT）。

（二）理解单元测试主题的作用

无论概括性主题还是分析性主题，都是服务于测试的主题，发挥着不同的作用。为了实现不同的测试目标，测试人员应该根据实际需要及整个系统测试的要求灵活使用各个单元测试主题，并以此为基础确定合理的系统测试主题。

（三）满足系统测试主题的要求

测试人员应在确定单元测试主题的基础上，将其进行组合构成系统测试主题。为了保证系统化测试的质量，实现系统测试目标，系统测试主题应该满足一定要求，具备一定特征。

第一，系统（调查）测试各个单元测试主题之间应该具有独立性，亦即构成系统测试主题的各个单元测试主题互不统属，不可替代。只有这样，测试主题才能够称之为系统测试主题，而不是重复性测试主题；只有这样，测试才能够称其为系统测试，而不是传统的多主题测试。

第二，系统（调查）测试各个单元测试主题之间应该具备互补性，亦即各个单元测试主题要相互补充，共同构成测试主题系统。只有这样，单元测试主题才能成为系统测试主题的有机构成成分，成为测试主题系统的子系统，而不是互不相干的独立测试主题，避免只是单元测试主题的简单机械叠加，丧失系统测试主题的价值，进而丧失系统测试的价值。

第三，整个系统测试主题应该具备完整性，亦即构成系统测试的单元测试主题应该涵盖描述测试案件的必备要素。任何一宗案件都是与犯罪行为相关的时、空、人、事和物五个要素构成的动态系统。该系统以作案人为主体呈现出以下联系：与遭受犯罪行为侵害的被害人及犯罪行为的见证人、知情人之间的因果联系；与犯罪工具、犯罪现场、犯罪物品之间的因果联系；与具体犯罪事件之间的因果联系；与实施犯罪的特定时间段之间的因果联系；与犯罪发生环境之间的因果联系等等。

第四，整个系统测试主题应该具备印证性，亦即整个系统测试主题可以印证正在调查的案件事实。案件集合着两类信息：一是与犯罪过程的发生相伴形成的直接犯罪信息，如犯罪的动机、手段、后果等；二是与犯罪过程的发生同步存在、随机出现的间接信息，如犯罪现场电视演播的节目、犯罪发生时的恶劣天气等。前者是案件本身，后者是案件背景，两者相互结合，构成整个案件信息系统。系统测试主题应该反映这些信息，尽可能完整印证案件事实。

思考题

1. 单元测试主题应具备哪些特征？
2. 结合实际应用，谈谈在确定 SPEI 测试主题时应注意哪些方面的问题？

第四节　评估过程

事件调查评估是多道仪测试中最经典的应用，我们用两个经典案例来说明系统（调查）测试相关问题的设置和测试格式的使用，以及测试过程的控制和结果分析。

一、"侦查"测试

前文已述，美国多道仪测试技术协会（APA）的侦查测试（Investigation Examination），按其要求这类测试发挥效果的最低条件（阈值）是未加权平均准确率大于80%，转换成优势增加为 $L_{G/C} = 0.8/(1-0.8) = 4$。

系统（调查）测试并没有将侦查测试单独考虑，而是把它纳入整个证据测试来处理，其不通过与定罪两个优势增加阈值5和9可以用来对侦查测试与狭义证据性测试进行一些区分。下面通过一个案例测试来具体说明。

（一）案情简介

某年3月，某市公安局110指挥中心接到报案称：本市某村村民王某某（男，汉族，32岁）死于自家鸭棚内。

根据死者王某某的妻子汪某某反映：30日晚天黑后，王某某发现距其住处不远的鸭棚灯不亮了，就进屋穿了件上衣到鸭棚看看，回来后跟汪某某说鸭棚的灯泡碎了，随手将其房屋内的灯泡卸下去装到鸭棚里。结果出去后半个多小时还未返回，汪某某前去察看时发现王某某已经死于自家鸭棚内。法医尸检发现，王某某系头部多次受钝器物打击致死。

（二）被测人

据查，王某某死亡时其家正在盖新房，先后有 12 名民工参与建房；其妻汪某某风流成性，在上海打工期间有被人包养的经历，盖房期间曾与民工眉来眼去，并且对于王某某的死亡似乎并不十分悲伤；还有王某某生前与本村村民李某积怨甚深。为此初步确定有 14 人需要接受多道仪测试。

（三）测试题目与结构

1. 基本测试

CQT1：

问题 1：你是叫 XXX 吗？

问题 2：今年你是 XX 岁吗？

问题 3：有关王某某被害的一些问题，你愿意如实回答吗？

问题 4：你怀疑这件事是别人干的吗？

问题 5：你知道这件事是谁干的吗？

问题 6：这件事是你干的吗？

问题 7：除了你告诉过我们的，你还有其他隐瞒吗？

问题 8：你现在是在 XX 地吗？

问题 9：你确切知道这件事是怎么发生的吗？

问题 10：你干过一些对不起朋友的事吗？

问题 11：你确切知道这件事为什么发生吗？

问题 12：你经常骗人吗？

问题 13：你的回答都是实话吗？

CQT2：

问题 1：你是 XXX 吗？

问题 2：你愿意如实回答我的问题吗？

问题 3：你为王某某的出事做过准备吗？

问题 4：你去过一些你不该去的地方吗？

问题 5：出事那天，你到过王某某家的鸭棚吗？

问题 6：你经常抽烟吗？

问题 7：出事那天，你在鸭棚里干过什么吗？

问题 8：你曾经抢过别人的东西吗？

问题 9：出事那天，你袭击了王某某吗？

问题 10：你还有什么隐瞒吗？

问题 11：你的回答都是实话吗？

CIT1：

问题 1：你是叫 XXX 吗？

问题 2：你愿意如实回答我的问题吗？

问题 3：你知道王某某是被什么东西弄死的吗？

问题 4：是被刀子扎死的吗？

问题 5：是被绳子勒死的吗？

问题 6：是被棍子打死的吗？

问题 7：是被斧子砍死的吗？

问题 8：是被毒药毒死的吗？

问题 9：是用其他方法弄死的吗？

问题 10：你的回答都是实话吗？

2. 精细测试

CIT2、CIT3、CIT4 和 CIT5 构成精细测试，各自的主题问题分别如下：

CIT2：你知道是几个人把王某某弄死的吗？

CIT3：你知道作案人为什么要杀死王某某吗？

CIT4：你知道作案人是谁吗？

CIT5：你知道作案人现在在哪吗？

（四）分类

本案中虽涉案人员众多，但是根据调查结果可以分成三大类：民工 12 人为一类，王妻汪某某为一类，李某为一类。

（五）定题

对 12 人的大群体，基本测试可用"2+1"模式，即 2 组准绳问题+1 组隐蔽信息测试，测试具体内容要根据测前谈话获取的信息再行确定。测前谈话时发现被测人对某个相关问题有所承认，如声明自己"去过鸭棚"，那么与之对应的相关问题内容需要调整。另外，即使是本案中 12 人的民工群体，具体了解案情程度也有所差异。假如民工甲测前谈话时说明已经知道（或听说）王某死于棍棒类凶器，暂不论其知晓此信息的其他含义，单从测试角度论，再对其施测 CIT1 显然意义不大，需要调用精细测试中的隐蔽信息测试进行替代。因此，根据案情尽可以编制若干组测试题目（备用），但是具体到如何组合成为基本测试与精细测试则一定要因人而异。此乃定题的关键，也是测前谈话（或测间谈话）的重要意义所在。

本案中王妻和李某的涉案与民工侧重点有所不同，需要专门命题。这两人的题目编制，有兴趣的读者不妨自己作为练习素材实践一下，实测题目见后。

（六）结果说明

1. 结果

采用优势计算的方法评析本案中的李某与汪某某的测试图谱可以发现，李某的 WoE 为 5.29，而汪某某的 WoE 为 6.47，根据 SPEI 的阈值标准均应为"不通过"，但是尚未达到"定罪"标准。两人的测试相关问题与优势分布见下表 10.2、表 10.3。

2. 说明

（1）对李某的工作。李某曾与死者王某某在外打工期间一起贩卖过黄色光盘，曾被死者举报拘留处理，李某先期返乡，后得知死者亦返乡盖房，即在村子里扬言要弄死王某某。案发当晚李某自称与他人一起玩麻将，玩伴证明李某期间曾经离开过麻将桌，但不能确定离开的时间。但李某坚称自己离开只是上了厕所而已，并未远离。

然麻将场与案发地有一定距离，综合汪某某提供的情况以及侦查实验认为，李某若与此事有关，其亲自实施的可能性不大，但不能排除雇佣或唆使别人而为。因此对李某专门编制了测试方案。同样采用"2+1"的基本测试模式，见表 10.2 和表 10.3。

表 10.2　李某的测试优势获得分布

序号	题目	$L_{有罪}$	属性
1	这件事是你让人干的吗?	1.16	CQT
2	你确切知道这件事是怎么发生的吗?	1.12	CQT
3	你确切知道这件事为什么发生吗?	1.15	CQT
4	你为王某某的出事做过准备吗?	1.14	CQT
5	出事前，你专门注意过王某某的活动吗?	1.06	CQT
6	出事前，你把王某某的活动告诉过别人了吗?	1.08	CQT
7	出事那天，你最先知道王某某出事吗?	1.08	CQT
8	你知道作案人是谁吗?（朋友）	2.51	CIT
WoE	5.29		

表 10.3 汪某某的测试优势获得分布

序　号	题　　　目	$L_{有罪}$	属　性
1	这件事发生与你有关吗？	1.22	CQT
2	你确切知道这件事是怎么发生的吗？	1.12	CQT
3	你确切知道这件事为什么发生吗？	1.25	CQT
4	这段时间你见过外地来人吗？	1.04	CQT
5	出事前，你去过你家鸭棚吗？	1.10	CQT
6	你家鸭棚的灯泡是你打碎的吗？	1.08	CQT
7	你早就知道你丈夫要出事吗？	1.18	CQT
8	你知道作案人是谁吗？（朋友）	2.60	CIT
WoE	6.47		

从表中 L 项可以发现，李某的基本测试结果具有很高的一致性倾向，而且优势的主要贡献来自探索性的隐蔽信息测试。因此李某的不通过（WoE > 5）一度导致侦查围绕着他的关系人展开。那么大于 5 的优势就演化成对李某的侦查测试结果。

（2）对汪某某的工作。王妻汪某某的情况更为特殊。该女天生丽质，三年前嫁入王家，婚后很快便与王某某一起赴上海打工。打工期间风流韵事不断，曾一度被台商包养，案发前因婆家举债盖房被唤回村里。因此王某某不明原因遇害的首要目标就指向汪某某及其打工期间关系密切的一些人。但是由于该村位置偏僻，生人到来总会引人注意，然事发前后并未有人反映。另外王某某对其妻宠爱有加，侦查人员认为汪某某直接或雇佣施害的可能性不大，故直到最后才对汪某某施测。

可以看出，汪某某的基本测试结果倾向与李某一样具有很高的一致性，优势的主要贡献同样来自于探索性的隐蔽信息测试。因此汪某某测试后的不通过（WoE > 5）结果，使得侦查重点转向了她。测试后经再次询问，汪某某向专案组提供了一条线索。两年前她在上海认识东北人占某，占某曾非常狂热地追求过她，要她离婚嫁给他，但她没有答应，占某曾撂下一句话说让她等着看。后来她在一台商家先当保姆后被包养，便与占某失去联络。此番其夫无缘由被害，她隐约感到或与占某有关。

得到此消息后侦查人员立即兵分两路，一路赴上海，一路赴东北。很快东北线便有重大突破，抓获了占某，并找到了他离开案发地时的火车票，后占某对于袭击王某某一事供认不讳。原来自从占某结识汪某某后便对其一见倾心，一直单恋汪某某。此番辗转千里来到汪某某所在乡镇，巧遇汪某某家盖房民工办料，遂打探到汪某某住处，欲私会汪某某，但被王某某巧遇，遂行凶并逃离现场。

用优势标准分析，汪某某的大于5的优势亦可演化成对其而言的侦查测试结果。

（七）小结

对侦查测试来说，虽然探索性隐蔽信息测试在实践中往往能够为案件侦办提供出有价值的线索，更能发挥出信息探查的效果，但是也有不少的探索性隐蔽信息测试无功而返。因此我们把有一致性结果反应的称为有效探索测试，反之则称为无效探索测试。

2012年7月，英国司法部（Ministry of Justice）发布了一份研究报告《规定性多道仪测试的试验评估》（The Evaluation of Mandatory Polygraph Pilot），其中使用了被称为临床显著性揭示（Clinically Significant Disclosures，CSDs）的评估指标，该指标亦可被称为征候，其定义为：从罪犯那里得到的、能引起对其管理、监督、风险评估或治疗模式发生改变的新信息（New Information）。其实这是从信息角度对有效探索或无效探索进行的定义，照此模式可对多道仪侦查测试下定义：利用多道仪测试技术从被测人那里获取能使其涉案评估发生变化的新信息的过程，为侦查测试。本案中的汪某某因为基本测试不通过，即为案件侦办提供了一个突破口，这便充分体现出了侦查测试的主要效果。至于李某的基本测试不通过虽没有为案件侦破提供直接帮助，但是随后施测的精细测试却使得其涉案嫌疑逐步下降。精细测试的效果在讨论证据测试时还要涉及。

这个案例是陈云林团队早年受理的一起典型调查测试，因为测试几乎涉及了各种类型的相关人，可用来充分说明系统（调查）测试。在多道仪测试结果的证据之门已经打开的情况下，再从证据测试和侦查测试角度来解读这个案例，对加深理解多道仪测试的证据性与侦查之间的关系及效用不无裨益。

二、证据测试

证据测试，简单说就是多道仪测试结果能够成为"定罪"证据的测试，这应是多道仪调查测试的最终目标。如果将此视为一个终点的话，那么所谓的侦查测试则可以理解为是一个在路上（on the way）的阶段测试。

对上一案例其他被测人的图谱采用优势计算的方法进行评判，12 名盖房民工的证据权重（WoE）分布在 0.12~1.87 之间，对于基本测试证据权重小于 1，符合优势判断为无辜标准，从证据测试角度即可以成为这些被测人的清白证据。而对于 3 名基本测试证据权重大于 1 且小于 5 的被测人，在追加精细测试后测试结果均为通过（WoE<1），原则上也是清白证据。

证据测试应用同样通过下述案例分析来说明。

（一）委托事由

2013 年 11 月某日下午 2 时许，事主何某某（女，43 岁）报警，其在某大街 83 号足疗店内，遭多名男子以捆绑、堵嘴、威胁等方式入室抢劫，损失人民币 2000 余元。后又称在被抢过程中曾被上述多名男子强奸。

经警方工作，两名犯罪嫌疑人很快被抓获，但是根据其交代，他们是以嫖娼为名进入店内，在和事主发生完性关系后，当事主提出结账要求时开始抢劫，随后逃走。他们均否认强奸了事主。

鉴于涉案双方对是否强奸各执一词，拟通过多道仪测试技术予以澄清。

（二）前期工作

经查，何某某在派出所形成的第一份笔录中并未提及在抢劫过程中被强奸一事。这份笔录提到，案发时有两名男子来到足疗店，问是否能做保健，何某某回答说做不了。紧接着二人开始使用捂嘴、用刀威胁、拿出手铐将其铐住、堵嘴等暴力方式，之后又进来两名男子问钱放哪了，并且自己在屋内翻找，拿走了 2000 元和身份证银行卡等。随后解开手铐，用床单撕成条捆其手脚，跑了。但在几天后何某某第二次形成笔录时，却反映在抢劫过程中曾被强奸，称那些男子将她拽进屋里，有掐脖子、让她脱衣服裤子、拽裤子的行为。何某某称，她认为自己岁数这么大了，那四个人看上去都非常年轻，他们不会对她有别的想法，只是想抢钱而已，没想到他们威胁并强奸了她。

嫌疑人白某某称，他和嫌疑人马某某首先进入足疗店，向事主询问嫖娼的价钱，事主说一个人 150 元。他便第一个和事主发生了性关系。后来另外两个同伙进来，事主问怎么回事，白某某回答，都是我们一块的，也要跟老板发生关系，老板没说什么就同意了。四个人都发生了性关系后，老板跟我们要钱。马某某顺手从店内的抽屉里拿了一把折叠水果刀反指着事主问钱在哪里。后他们一起将事主制服并抢走了事主的财物。

马某某的供述与白某某基本一致，对抢劫一事供认不讳，但亦称未强迫事主与其发生性关系。

（三）案情分析

这是一起典型的界定良好的案件测试，与美国多道仪测试技术协会（APA）的捉对测试亦很类似，同时由于涉案人员对案件的基本事实均予认可，只是在事实定性上有所出入，从这个角度看又与诊断性测试颇为类似。通过多道仪测试探查出的有关心理信息或对定罪和量刑产生直接影响。

（四）测试题目与结果

事主何某某与嫌疑人白某某的测试题目与结果见下表 10.4、表 10.5。

（五）结果说明

从何某某和白某某的测试结果可看出不同，且何某某的证据权重（WoE）为 69.2，远远高于系统（调查）测试（SPEI）的定罪阈值 9。而白某某的证据权重为 0.37，小于系统（调查）测试的通过阈值 1。两者反差明显，足以说明问题。

表 10.4　事主何某某的测试题目与结果

序　号	相关问题	$L_{有罪}$	属　性
1	那天晚上你跟他们说过发生性关系怎么收费吗？	1.28	CQT
2	那天晚上你是因为钱答应他们发生性关系的吗？	1.35	CQT
3	那天晚上你是因为钱跟他们发生性关系了吗？	1.15	CQT
4	那天晚上发生性关系后你跟他们要过钱吗？	1.05	CQT
5	你说你是被迫跟他们发生关系的，这是假话吗？	1.24	CQT
6	你说你是害怕他们伤害你才跟他们发生性关系的，这是假话吗？	1.31	CQT
7	你被强奸这件事是你亲自编的吗？	1.11	CQT
8	你清楚编造你被强奸这件事的全过程吗？	1.27	CQT
9	你一直知道你被强奸这件事是编的吗？	1.17	CQT
10	当时你告诉过那几个男子发生性关系的费用是多少吗？（150元）	3.40	CIT
11	那天晚上发生性关系后你问那几个男子要过钱吗？（600元）	3.64	CIT
WoE	69.2		

1. 隐蔽信息测试（CIT）的影响

系统（调查）测试提出的精细测试，虽然针对基本测试之不通过和不结论的被测人而设，但是经过精细测试之后整个测试成为通过结果也是有可能的。当引入优势计算方法后，基本测试与精细测试之间的界限更多体现在整个测试的优势变化之中。

另外精细测试多采用隐蔽信息测试形式，较之于准绳问题测试优势影响更加明显，即便是 0 分的 λ 加权得分，不考虑假阴性的影响，准绳问题测试的优势增加为 1.04（$2 \times 0.52 = 2P_{无辜/通过}$，$P_{无辜/通过}$ 计算见图谱评析相关章节）。而同样得分的隐蔽信息测试，如果陪衬问题为 4 个，亦不考虑假阴性的影响，其优势增加为 $(4+1) \times P_{无辜/通过}/2 = 1.30$。如此看来精细测试的"秤砣"效应不可低估。

本案中何某某如果不考虑隐蔽信息测试的优势增加，其准绳问题测试优势增加（WoE_{CQT}）为 5.58，亦大于 5，可进入侦查质证范围，但是尚不够定罪标准，而一组隐蔽信息测试的不通过结果，即带来优势变化增至 19，已超过定罪标准 9。再增加一组隐蔽信息精细测试，优势变化提至 69.2，远远超出定罪标准 9。

那么是不是这样的隐蔽信息测试越多越好呢？实践告诉我们，由于心理信息单元（PiC）的作用，盲目地增加测试或会导致结果混乱，因此一定要小心。

在白某某的测试结果表中出现了两列优势，这才应该是优势计算的完整表达，前面的几个表没有 $L_{无辜}$ 列，是因为其值均为 1，故而略去。

如果对白某某的测试结果同样不考虑隐蔽信息测试的优势增加，其准绳问题测试优势增加（WoE_{CQT}）为 1.13，大于 1，处于不结论区域。加入一组获得优势为 $L_{无辜}$ 的隐蔽信息测试后，白某某的联合有罪优势减至 $1.13/1.77 = 0.64$，则进入小于 1 的通过区域。再加测一组隐蔽信息精细测试，更是将优势减至 $0.64/1.73 = 0.37$，较之于 0.64 更低于通过标准的阈值 1。

精细测试往往具有验证性、探索性和扩展性等特点，但是显然证据测试更看中的是验证性，而前文提到的侦查测试更看重其探索性和扩展性，这或可以视为侦查测试与证据测试的最大不同。

表 10.5　嫌疑人白某某的测试题目与结果

序　号	相关问题	$L_{无辜}$	$L_{有罪}$	属　性
1	那天晚上你强奸了女老板吗？	1.10	1	CQT
2	那天晚上你们一起强奸了女老板吗？	1	1.03	CQT

序　号	相关问题	$L_{无辜}$	$L_{有罪}$	属　性
3	你去足疗店是为了强奸的事吗？	1.04	1	CQT
4	你是强迫女老板和你发生的性关系吗？	1	1.03	CQT
5	你和女老板发生性关系时威胁她了吗？	1	1.05	CQT
6	你和女老板发生性关系时有暴力行为吗？	1.04	1	CQT
7	你说你问过女老板嫖娼要多少钱，这是假话吗？	1	1.05	CQT
8	你说女老板因为钱同意和你发生的性关系，这是假话吗？	1.04	1	CQT
9	你说女老板是因为钱才和你发生的性关系，这是假话吗？	1	1.11	CQT
10	你说发生性关系后女老板向你们要过钱，这是假话吗？	1	1.08	CQT
11	你还记得那天晚上你什么时间用过那把水果刀吗？（其他人和女老板发生性关系时）	1.77	1	CIT
12	你还记得那天晚上你用水果刀干了什么吗？（威胁发生性关系）	1.73	1	CIT
$L_{无辜联合}$	3.80			
$L_{有罪联合}$	1.40			
WoE	0.37			

2. 核查题目特点

在本案涉及的两人测试中，多次使用了"你说……，这是假话吗？"的问题形式，与"你……，是编造的吗？"一样，是在核查供述时经常使用的相关问题格式，对于揭露伪供或假供很有效果，能够有效诱导被测人对相关问题进行否定回答。

3. 结果反馈

检察机关根据测试结果及有关证据对本案嫌疑人依照抢劫罪的规定批准逮捕。

三、"捉对"测试

捉对测试，又被称为马林协议（Marin Protocol）测试。

美国多道仪测试技术协会对其定义如下：捉对测试是指围绕着争议事实对两个或多个被测人进行的多道仪测试，其前提是至少有一个被测人知道事实真相。

美国多道仪测试技术协会对使用捉对测试制定了标准，即进行捉对测试时所使用的测试技术，至少有两篇公开发表的实验性研究成果支持，且非权重平均准确率为86%以上，不结论率不超过20%。

美国材料实验协会（American Society of Testing Materials，ASTM）的定义为：因司法活动而引起的评估，可通过统计学原理结合心理生理欺骗检验测试结果对证人证言的可信度进行量化评估。

马林协议测试的提出者乔纳森·马林（Jonathan Marin）对此所作的定义为：这是减少偏见的一个方法，因为对质双方中肯定有一方说谎。针对任何一方的请求，法庭可要求双方当事者均接受多道仪测试，这样，在确认一方进行"欺骗"时，只有在另一方"非欺骗"时才有意义（成对出现的结果）。

马林将其归为界定良好测试的特殊情形，而上述案件测试例亦可视为捉对测试之一例。

需要特别指出的是，捉对测试从形式上看更符合测试结果作为诉讼证据的前提要求，因此其以马林协议测试而出名，这点在马林的定义中进行了特别强调。而美国材料实验协会显然更看重的是捉对测试有助于通过统计学原理实现对可信度评估的量化评判（quantitative assessments of the credibility）。这两个特点通过优势计算的方式都能够得以实现，而在特定的情形下，捉对测试的双方可以互为比照进行优势分析。

例如，某伤害案控方称其伤情为辩方所致，而辩方称控方的伤情为自伤或无意形成。经测试，控方的证据权重（WoE）为4.3，而辩方的证据权重（WoE）则为0.67。倘简单依照测试结果标准判断，辩方结果为通过，而控方结果为不结论。但是由于该案例中双方严格的排他性，因此可以认为控方的实际证据权重为6.4（4.3/0.67），而辩方的实际证据权重为0.156（0.67/4.3），达到优势标准的不通过与通过域值要求。

美国多道仪测试技术协会的捉对测试86%（优势6.1）之要求，较之于证据测试的90%（优势9）要求为低，恰与测试条件不同有关。

思考题

1. 就王某某受钝器物击打致死一案，针对王妻、李某两人分别编制相应题目。
2. 如何理解多道仪测试的"证据性"与"侦查"之间的关系？

第五节　总　结

毋庸置疑，多道仪的调查测试评估，是品性评估应用的起点和基础，只有熟练掌握了调查评估，才能够准确使用品性评估技术。

多道仪，虽无单项生理指标测量之准确性优势，但却能够开科学证据之先河，并且在证据之途上历经坎坷却始终初心不改，成就了不以准确取胜的仪器设备传奇，并在可以预见的未来继续谱写着这个奇迹，定能在犯罪调查中凯歌高奏。因此犯罪调查领域中的多道仪技术，定能宝刀不老，华章续写。

以多道仪测试证据化为起点的品性评估，虽需要吸纳相关技术予以充实，但是多道仪测试犯罪调查证据化的标准，既成为相关技术进入品性评估的门槛，亦成为衡量其效用的尺子，可以说，品性评估的大厦，多道仪既是顶梁柱，亦是卫护者。

第十一章

品性评估应用（4）——质量控制

道生之，德畜之，物形之，势成之。是以万物莫不尊道而贵德。

——《老子》第五十一章

第一节　引　言

为了使数据质量要求达到规范或规定而采取的作业技术和措施称为质量控制。质量控制的核心是过程的监察与控制，即控制对象是过程。质量控制的目的是消除在结果形成过程中可能引起不合格结果的各种影响因素，从而达到设计的效果，所以质量控制的立足点是预防。

质量控制可分为内部质量控制和外部质量控制，前者是作业部门根据一定的目的要求对数据质量保证建立起的规范或规定及其执行情况的内部监督机制，是质量控制的核心内容；而后者则是为了强化内部质量控制效果而引入的第三方质量控制过程，一般由具有某种权威的机构或部门承担。例如，在美国，联邦机构多道仪测试业务的外部质量控制常由国家可信度评估中心（NCCA）来承担。该机构建立的多道仪测试质量控制的标准是美国联邦机构乃至世界各地所公认和采用的一个质量控制审验标准。而美国众多联邦机构以及一些非官方多道仪测试机构和团体，如美国多道仪测试技术协会等也多采用该标准作为自己内部质量控制规范和规定的蓝本。因此就基础标准而言，无论内部还是外部质量控制，其目的、性质和步骤基本上是等同的。

国内目前在司法鉴定科学（亦称法庭科学，forensic science）领域的外部质量控制工作是通过国家实验室认可委员会来组织实施的，但尚无 NCCA 这样的国家级机构和基础标准，因此本教程关于品性评估的质量控制部分的编写以多道仪测试为例，辅以部分内省评估的标准，主要参考了2013年中国刑事科学技术协会心理测试技术专业委员会（PCCA）《多道仪测试技术指南》中的质量控制标准。随着技术的不断发展，我国将根据评估技术增加再行制定相关标准，汇总成为品性评估质量控制标准。

第二节　人　员

人员是品性评估的核心，没有人员的参与，任何评估都无意义。也正因为如此，质量控制其实最重要的控制要素就是人员的（质量）控制。而品性评估师有自信成为一个新的职业门类，其基础也是自身的高素质、高要求予以保证的。

就品性评估而言，所涉及需要进行质量控制的人员有两类：一类就是被称为品性评估师的评估人员，另一类则是评估对象，在多道仪测试中常被称为被测人，而在很多的心理学实验中被称为"被试"。

一、评估人员

（一）概述

评估人员（品性评估师）之于品性评估的质量水平，其重要性不言自明。所以品性评估师专业能力培训项目主要定位的就是评估人员。

在多道仪测试中，所谓的测试员，也就是多道仪测试员（polygraph examiner）的简称，显然也属于评估人员，因此，如果暂时撇开具体技术背景，这里的评估人员几乎可以等同于多道仪的测试员。

无疑测试员是测试质量的核心保证，没有一名称职的测试员，任何测试结果均不可靠。因此从测试技术诞生起，测试员的要求即被提出。

（二）品性评估师专（职）业准则

（1）名称：品性评估师（credibility assessor, CA）。

（2）定义：通过对个体之心理反应、生理反应和行为分析，检测个体之心理信息与其陈述之一致性程度，并以此为据结合已有的多学科技术原理方法对个体的岗（职）位适配程度或个体与特定事件的相关程度进行评估的专业人员。

（3）等级：本职业能力设三个等级，分别为品性评估师三级、品性评估师二级、品性评估师一级。

（4）职业能力特征：具备观察能力、学习能力、逻辑思维能力、信息处理能力、表达能力、人际沟通能力、自我控制能力和相关仪器设备操作能力。

具体表现为：①掌握品性评估的基本理论与方法；②具备相关仪器设备操作技能和相关评估技术的运用；③能对评估对象的坦诚度及其从事岗（职）位的适配程度进行科学严谨的评估；④具备相应的管理工作能力。

（5）基本文化程度：大学本科毕业。

（6）培训要求：参加培训的人员，需按时到课并签到，如有特殊情况需要请假的，需主管领导同意，请假时间超过培训时间 1/3 的，视为培训不合格。培训结束后，所有参加培训的人员都应接受考核。考核合格后方可取得相应证书。

CAPCT 的出现，即以评估人员的基本素质、能力要求和品性程度为最基本要求，是根据多道仪测试技术、心理咨询、人才测评等相关专业对人员要求的各类标准并结合评估实际而设立的，反映了目前国内外最符合实际的、高标准的评估人员水平。

二、评估对象

（一）基本原则

（1）评估对象应当自愿接受测试。

（2）评估对象是否同意接受测试，不作为其有无相关嫌疑的判断依据。

（3）评估对象在接受测试前有权向测试部门（人员）了解有关测试技术的问题。

（4）即使测试前同意接受测试的评估对象，也有权在测试进行的任何阶段拒绝继续测试。

（二）适用条件

评估对象应当心理状态正常且身体状况良好，无精神疾病或其他不适宜评估的疾病。

（三）禁用条件

（1）评估对象有以下情况时，暂时不安排评估：①明显的饥饿、疲惫或睡眠严重不足；②寒冷、身体发僵或发热、出汗过多；③身体明显受伤或正处于疼痛状态；④处于酒精或毒品作用之下或毒瘾发作期；⑤脑震荡；⑥间歇性精神病发作期；⑦服用抑制性药物 12 小时以内；⑧情绪不稳定时。

（2）评估对象属上款所列情况，在采取相应处理或治疗措施解决后不复存在的，可继续对评估对象安排评估。

（3）评估对象有下列情况之一的，不安排评估：①患有高血压、心脏病、神经疾病、哮喘等慢性疾病的；②在精神疾病发作期、不完全缓解期或迁延期的；③已怀孕妇女；④患有影响测试的其他病症，通过治疗仍无法达到测试要求的；⑤患有严重传染病的；⑥其他不适宜测试情形的。

（4）评估对象属第（3）条第①种情况的，如果本人要求进行评估的，需要本人评估前作书面承诺或有医生证明其可以进行评估时，方可安排评估。但高血压、心脏病发作期间除外。

（5）评估对象属第（3）条第③种情况的，如其怀孕时间小于 3 个月，或医生出具其可以进行评估的书面证明，方可安排评估。

（6）如果性犯罪的受害人要求进行评估，应当由本人出具书面申请，方可安排评估。

（四）对于评估对象的年龄限制

（1）对于年龄在 14 周岁以下的，不应当进行评估。

（2）对于年龄在 14 周岁以上 18 周岁以下的，一般不安排评估。如果需要时，须经其法定监护人书面同意，方可对其进行评估，并在评估记录和报告中注明。

（3）对于年龄在 60 周岁以上的，据其心理生理反应的具体情况，由委托方和评估机构来共同决定是否对其进行评估。

（4）对于无法确定年龄的评估对象，应当通过一定方法确定其能够接受评估时，方可进行评估。

上述原则与要求，与其说是针对评估对象，不如说是对品性评估师的附加规定，对评估对象的评判是品性评估师的职责所在，因此亦不难理解品性评估师的核心作用。在其他质量控制项目中，如量表制作、仪器设备（多道仪）维护、测试过程执行等亦有类似色彩。

第三节　评估设备

理论上讲可供品性评估使用的科学仪器设备有很多种，除了我们耳熟能详的多道仪，还有脑电仪、心电仪、语音分析仪等多种从原理上符合评估要求的仪器设备。但是原理的适合并不见得实际适合。历经几十年的筛选，目前品性评估的核心设备，仍然是多道仪，所以这里主要说明多道仪的质量控制。

一、多道仪

第一，多道仪设备须至少能够检测并记录到下列生理数据：①通过呼吸传感器分别记录胸部和腹部呼吸图谱；②皮肤电变化；③心电活动变化，包括血压、脉率、脉强等；④动作检测；⑤其他一些生理参数，但是可不用于数据分析。

第二，连续记录，且变化幅度清晰可见。

二、多道仪测试系统

多道仪测试系统是由多道仪、传感器、计算机和测试软件组成的。应至少具备以下功能：测试题目编制编辑，完整准确记录各项生理参数变化，问答时数据采集完整，数据图谱应当实时采集并可记录回放。

测试软件则是按照上述功能要求制作操控系统。

三、设备的维护及校准

评估人员负责评估设备的日常维护，至少每半年进行一次设备的校准。

第四节　评估环境

一、内省评估环境

内省评估所需的测评环境，首先需要有人身安全保障，应避免有危险器物存在；宽敞、干净、整洁、相对封闭；安静，无杂音或噪音干扰，能使评估对象注意力集中，不受影响；光线充足；温度、湿度适宜；通风良好。房间布置要求简单，颜色素雅（墙壁颜色以白色或淡色为宜），防止干扰或分散评估对象注意力。

周围环境要保持安静，没有杂音或噪音的干扰，有条件的情况下应安装隔音板。评估室房门上最好有告示牌，示意评估正在进行，不许随便进入。

二、多道仪测试环境

多道仪测试环境应满足：有人身安全保障，应避免有危险器物存在；干净、整洁、相对封闭，无杂色、杂物干扰；安静，无杂音或噪音干扰；光线适宜、柔和，被测人面前无直射光；温度、湿度适宜，通风良好。可被观摩，但是不允许观摩者就测试结果发表意见。

有条件的情况下应安装隔音板。评估室房门上最好有告示牌，示意评估正在进行，不许随便进入。

在不具备条件时，内省评估和多道仪测试可共用一个评估环境。

第五节 评估受理

一、受理条件

委托单位或部门应依照有关评估规则的要求向评估机构提出评估申请。同时需提交评估委托书、证明委托人身份的有效证件以及品性评估师要求提供的与评估相关的其他材料。

对每名评估对象的每次正式评估委托只允许针对一起（宗）事由进行。

在委托方提出评估申请后，由评估部门安排品性评估师受理委托。同时委托方还应向评估师提出明确、具体的评估目的和要求，如实按照评估功能要求提供评估需要的材料，包括事由相关材料和评估对象相关材料等。评估前委托方应详细提供评估对象的身体健康状况，有不适合评估条件出现的，评估师可随时中（终）止测试。

二、评估准备

评估准备是评估过程中耗时最长的一个部分。

品性评估师应认真审查所有相关资料，如实向委托方说明评估的功用和局限。在这个过程中还包括：获得相应的授权，取得评估对象自愿接受评估的承诺；了解事件发生的背景及事由进展；详细了解评估对象的背景，包括成长环境、学习与工作的历史情况、健康与用药状况等。

（一）内省评估准备

品性评估师需要事先准备好包括品性量表测评题目、答卷纸、记分键、指导书、笔及计时表等在内的必需材料、工具。若有条件则准备安装有心理测评软件的计算机设备。

在实施内省评估时，必须使用统一的指导语。指导语一般印在量表的开头部分，应力求清晰、简明扼要且有礼貌，内容包括内省评估目的、如何选择反应方式（打"√"、书写等）、如何记录这些反应（答卷纸、计算机按键）、时间限制等。

（二）多道仪测试准备

品性评估师在经过细致分析所有有关情况后，与委托方共同编制多道仪评估题目，确定评估方案。题目首先要尽量精确描述被测人的行为，有明确的时间阶段，简单明了，易于回答，不预设答案，尽量避免法律术语或黑话，以及避免心理学专业术语等。

多道仪评估前，评估人员要事先进行仪器设备检查校验。

总之，多道仪评估前评估人员须拿出足够的时间去确认评估主题及预估在评估期间可能出现的任何潜在问题。

三、小结

评估受理有时是一个特别冗长的过程，尤其是涉及大范围的群体评估时，因为无论是入职筛查，还是在职监查，评估事项或许并不复杂，但是完成相应手续并不简单，尤其是目前国内相关配套制度尚不完善之时，有的甚至委托了几个月之后，才开始评估，很多预设的方案都需要再次调整，所以除了犯罪调查的急迫性外，其余类型的评估有时更需要考察的是耐心。而这种延迟，有时还会对质量控制造成影响，因为受理伊始即进入质量控制，中间的随时变动都要记录在案，而进入阶段质量控制评估时，这是需要特别说明的一些事项。

第六节　评估过程

评估方案确定后，委托单位和评估机构应共同确定评估时间及地点进行评估。可使用临时环境，但应符合有关规定，并在评估报告中注明。

一、内省评估过程

（1）内省评估开始后，由评估对象自己阅读，或评估师统一宣读指导语，并询问评估对象有无疑问。评估师在回答时应严格遵守指导语，不应对量表做出额外的解释。在评估实施过程中，如果评估对象产生疑难问题，评估师应随时协助解决。

（2）评估师对评估对象在施测过程中的反应给予及时而清楚、详细的记录。对于评估环境及评估时的一些突发事件，评估师也应给予详细记录，以供解释时参考。记录的方式采取定性或定量形式的词语，必要时可采用录音、录像设备记录。

（3）在评估的过程中，评估师不应做出点头、皱眉、摇头等暗示性的反应，这会影响评估对象的反应，评估师应时刻保持和蔼的态度。

（4）不应让评估对象看见记分，以免分散评估对象的注意力。

二、多道仪评估过程

（1）评估方案确定后，委托方和评估师应当共同确定评估时间、地点等相关事项。应尽量使用标准评估环境，确有需要时，可使用临时环境，但应当在评估报告中注明临时环境的各项参数。

（2）评估时，严禁无关人员随意出入评估场地。评估时通常只允许一名担任主测人的评估师、一名副手（记录员）和评估对象在场。

（3）主评人在连续对两名评估对象评估或连续评估时间达到4小时的，应至少休息90分钟，方可继续评估。

（4）评估数据采集前，评估师应按照技术规定的方式和内容与评估对象进行评估谈话；尽量满足评估对象之合理要求，营造良好的评估语境。通过谈话可获取更直接的评估需求信息，并要根据需要及时调整评估题目内容和形式。

（5）讨论题目。与评估对象探讨评估题目内容，根据评估对象的理解和领会能力调整评估题目内容，是语境营造的基本要求，亦是评估前谈话的主要内容，尤其是相关问题的内容。讨论题目类型的顺序一般为：牺牲相关问题、相关问题、准绳问题、不相关问题，最后是其他问题。须使用足够的时间来与被测人讨论测试主题，且允许被测人就相关主题给出解释和回答，并确保对题目的含义理解与评估人员一致。

对于评估对象含糊其辞的说明和要求，一般不作为题目内容调整的依据。

讨论完成后，须评估对象在题目页签字认可。

（6）数据采集。应当严格依照多道仪测试技术操作要求进行：

①准备并安装多道仪设备组件，依照仪器设备的说明书要求连接导线及传感器。

②依照仪器设备的说明书要求进行测前、测中以及测后的灵敏度检查和校验。

③评估师应在确定传感器佩戴正确，信号传输稳定、正常后方可开始数据采集记录。

④刺激呈现和反应记录：评估师对测试问题的提问（呈现）应清晰、准确，保证让评估对象听（读）懂，以保证刺激呈现得准确有效。对于有方言或语言困难的评估对象，应当视具体情况为其提供必要的翻译人员。若使用图片或其他视觉刺激材料，应当保证材料的视觉角度、位置等恰当合适。

多道仪测试的刺激呈现一般通过言语刺激实现，刺激-反应数据至少需要重复采集3次。在数据采集过程中要保证评估对象的反应记录及时完整。

⑤应当根据相应多道仪测试技术的要求收集足够的测试数据，且每次采集结束都需要对数据进行检查，确保完整性和有效性。

（7）如评估对象在测试过程中出现恶心、呕吐、情绪激动等情况时，应立即中（终）止测试。

（8）评估数据采集完成后，摘除传感器，完成多道仪测试。

三、评估过程注意事项

（1）主评人应具有品性评估师资质证书，持证从事评估。

（2）评估师（包括主评人和副手）应仪表整洁，着装庄重大方。

（3）评估对象为女性时，评估师（包括主评人和副手）应至少有一名女性。

（4）对有暴力、自杀等倾向的和重、特大案件的评估对象施评时，应有安保人员在场。

（5）评估前需要向评估对象再次确认是否自愿接受评估；评估对象同意接受评估的，应签署书面的《评估自愿书》。对于不识字的评估对象，可由评估师代写，并将材料内容对评估对象宣读，保证其听（清）懂，并在最后附注说明。如评估对象不同意接受评估，不允许采用任何直接或间接手段诱使、胁迫其接受评估，应由委托单位自行带回处置。

（6）评估对象自愿接受评估的书面材料应至少包含下列内容：评估对象基本情况、接受评估的原因、对评估的了解和对评估结果发布范围的认可以及被测人本人签字（捺印）。

（7）对于有方言或语言困难的评估对象，应当视具体情况为其提供必要的翻译人员。

（8）评估结束后，由评估对象查看评估记录，如无异议，应在每页签名，并签署在评估中未受到权利侵害的相关书面材料。

（9）如评估对象拒绝签署相关书面材料，应问明拒签理由，向委托方说明并在评估记录中附注说明。

（10）评估对象在完成必要程序后，由委托方带离评估场所（室）。

（11）任何一步评估内容及过程应有完整、如实的记录。

（12）测试结束前，测试员不可以采用任何歧视态度对待被测人。

四、评估分析及结果

（1）评估结果应采用合理方式表示。

（2）评估结果由具体实施的评估师负责出具和解释。

（3）完整分析得出前，评估人员不得披露任何评估结果。

（4）评估人员须遵守保密规定，不得向无关人员披露评估结果与评估事项。

（5）接受质量控制评估时，评估人员须出示所有评估材料。

（6）评估人员须每年至少接受一次质量控制评估。

第七节　评估意见

一、须知

评估结束后，评估师应将评估结果形成书面的专业评估意见。且评估师不与评估对象（或其亲属）面对面讨论评估结果。如果条件允许，可以让评估对象对自己的有关反应给出解释，但不强求。对于评估对象直接要求获知评估结果的，应由委托方负责告知。

二、评估意见

评估意见（评估报告或鉴定意见）应至少包括以下内容：

（1）事由（案情）、委托单位和委托人、评估对象情况（姓名、性别、年龄、身体状况等必需的个人信息）、本次评估原因、是否适合评估以及是否因为什么原因曾经何时何地接受过类似评估（测试）、评估目的与要求。

（2）评估时间、地点、采用的评估仪器（包括品牌、型号等）、评估方法和相关问题的内容和回答内容。

（3）评估对象表示自愿接受评估的说明。

（4）是否顺利完成评估，若否，说明原因。

（5）评估结果及获得过程。

（6）评估师的单位和签字。

（7）其他有必要注明的相关事项。

三、跟踪评估结果

可能时及时获取评估结果的相关应用情况，以便不断改进和完善品性评估。

四、异议处理

委托方及当事人对评估结果有异议时，有条件的可以向评估部门申请复测，复评可原人原地进行，也可易人易地进行，一般不对复评再进行复评。对复评结果仍有异议时，评估部门可邀请有关专家对评估结果进行会诊解决。

五、评估伦理

（1）多道仪测试生理反应数据质量极差时，不出具评估意见。

（2）评估后应给被测人足够的机会让其对自己的生理反应做出解释。

（3）评估人员不得就评估对象的生理、心理疾患发表意见，但这不包括对评估对象外显特征和行为特点做出分析。

（4）评估人员不能在明知的情况下出具错误或有误导性的评估意见。评估意见要如实、公正和客观描述测试所获信息。评估意见的唯一依据是评估数据。

（5）评估主题禁止涉及信仰、政治、种族等方面的问题，除非与评估有关，否则不得随意使用。

（6）所有评估文件至少需要保存一年。

六、小评

强调评估意见意味着将品性评估仅仅视为一个简单的数据提取过程是远远不够的，有时甚至仅仅是个开端。质量控制力图从源头做起，从而一步一步地对测试质量进行保证。其初衷虽是针对评估结果，然后果却是对品性评估师的规范与保护。

第八节　总　结

品性评估的质量控制，依据的是中国刑事科学技术协会心理测试技术专业委员会（PCCA）的《多道仪测试技术指南》和迪安鉴定科学研究院《品性评估标准》提出的具体措施及设立的相应质量控制程序。目的在于对品性评估师的基本素质和技术水平进行要求和考核，实施监管。同时建议质量控制应在评估机构技术主管的监管下，由指定的、有经验的、具有相应资格的品性评估师担任质量监督员，并具体实施。质量监督员负责对评估师提交的各种评估材料进行审验并提交审验报告，提出审验意见。

审验意见的依据首先是对评估数据的独立重评，然后将评估题目与数据评析结合起来形成审验意见。

审验意见为两种：同意（Concur）和不同意（Non-Concur）。

对于审验意见为"同意"的评估结果，再经技术主管签字认可后即可认为该品性评估师通过此项质量控制审核。

对于审验意见为"不同意"的评估结果，质量监督员需要提出相应的技术建议，同时告知相关授权签字人在品性评估师未按照技术建议做出改正前对其新出具的报告不予复核签字。对于已经发出的评估意见，应通过品性评估师尽快通知委托方并采取如下措施：①尽可能收回报告，通过对原有数据进行重新评判后，再行发放；②确实无法收回的，应如实向委托方说明，消除影响，并在条件允许时可安排再次评估。

"不同意"意见形成需要两级审核，其中一级须是技术主管或相应的授权人。

对于得到一次"不同意"质量控制意见的评估师，责成其改正后可再次审验，如仍是"不同意"，那么质量监督员可向技术主管提出暂停其评估资格建议，经技术主管或相关负责人批准后该评估师将被暂停评估工作。对于暂停工作后仍固执己见、屡教不改者，可吊销其评估资质。对于暂停工作后纠正错误的评估师，经过重新审核后可再次实施正式评估。重新审核的最短期限从暂停工作之日计为6个月。

为了确保内部质量控制标准的实施，还应引入外部质量控制程序，即通过外部机构对测试机构或评估人员的职业道德和评估水平进行定期或不定期的审查，或可根据实验室认可的标准制定相关程序，进行定期审查。

第十二章

结　语

　　知其雄，守其雌，为天下溪。为天下溪，常德不离，复归于婴儿。知其白，守其黑，为天下式。为天下式，常德不忒复归于无极。知其荣，守其辱，为天下谷。为天下谷，常德乃足，复归于朴。朴散则为器，圣人用之，则为官长，故大制不割。

　　　　　　　　　　　　　　　　　　　　　　——《老子》第二十八章

　　成书之际，觉得宛如一盘珍珠就要成串。成串的过程非常考验人，因为会有不止一种成串的方法，而且当你串出一段后，发现还有一颗更大的未串上，只好再来。更为恐惧的是，盘子旁边还可能有珍珠蚌在不断产出新的珍珠！

　　难怪教程就一直处在易稿当中，付之印制的就有好几个版本。

　　终于明白要将一盘珍珠串起来，永远没有最满意的，遑论还有新珠。

　　于是有了这个版本的《品性评估师专业能力培训教程》。

　　《雅各书》将智慧分成两种：一种是属情欲、属鬼魔的智慧——你们心里若怀着苦毒的嫉妒和纷争，就不可自夸，也不可说谎话抵挡真道。这样的智慧不是从上头来的，乃是属地的，属情欲的，属鬼魔的。另一种是从上头来的——惟独从上头来的智慧，先是清洁，后是和平，温良柔顺，满有怜悯，多结善果，没有偏见，没有假冒。并且使人和平的，是用和平所栽种的义果。[1] 可见真正智慧的标识为"没有偏见"，意味着一般意义上的"智慧"其实满含偏见，甚至就是陷于偏见而不自知。

---

　　〔1〕《圣经·雅各书》3：14-17，中国基督教三自爱国运动委员会·中国基督教协会出版，2013年版，第258页。

海德格尔认为，人出生"本真"，但是绝大多数生活于"非本真"。一旦进入"非本真"，那么"偏见"就出现了，只是人们往往将其视为"智慧"，还引以为豪。

品性评估，在这个意义上理解，既是某种智慧的度量，也是某种偏见的标识。

CAPCT 经年余推广，已有多人获得品性评估师专业能力（三级）证书，无论培训与被培训，皆收获颇丰。然有一事却也端倪露出。有学成者向管理者们汇报，甚至进行一些现场演示，岂料管理者们听完汇报后，相视一笑曰：果然厉害！但还是先收起来吧。随后便无了消息。

初闻此讯颇为讶异，但随即便知其妙。

鉴者，镜也。但是镜却大有讲究，有妆镜、眼镜、显微镜、望远镜、哈哈镜等不一而足，但是却也有一镜被称为照妖镜，此镜似乎只存在于想象中，但是却又有确实的用途。

一般来说，照妖镜只是照别人用的，但是却蕴含着照向自己的功能，因此敢不敢将其对准自己，还是很需要信心和勇气的，尤其是信心！

品性评估师专业能力培训（CAPCT）项目将参训者当作被测人（评估对象）作为一个必训项，是参训者们反映印象最深的科目，率真者直言感觉不一样，忸怩者也能脸红耳赤一番。

中国功夫里有一件比较独特的兵器——双节棍，感觉其应用，若说是攻击对手，却不如说先别让其攻击自己，或当你足够"抗打"或当你能够坚信打不到自己的时候，这玩意儿的真正攻击性才能出现。

品性评估师，就是一个如"双节棍"性质的专业品评从事者。

《雅各书》的智慧"没有偏见"，正是"居中"与"合一"，尽管高不可攀（Perfect rectitude belongs only to the Supreme Being），但却可以成为信心的参照标准和追求目标。

终使得品性能够评估。

信言不美，美言不信。 善者不辩，辩者不善。 知者不博，博者不知。 圣人不积，既以为人己愈有。 既以与人己愈多。 天之道，利而不害；圣人之道，为而不争。

——《老子》第八十一章

跋

大道废，有仁义，智慧出，有大伪……

——《老子》第十八章

付梓之际，友人谈到"荷兰赌"（Dutch Book），忽然想到贝叶斯定理引起的贝叶斯归纳逻辑之公理化基础最早是英国人拉姆齐（Ramsey）奠定的。[1] 拉姆齐通过"信念度"（Degree of Belief）的概念，借用赌徒赌博的例子，形象地将主观概率"客观化"了。拉姆齐的思路是：假定一个人的一个信念的程度是这个信念的因果效应，即他愿意根据这个信念而行动的程度，这样，就可以通过设置一个赌局，通过他的"赌注"来观察他对这个信念的相信程度。[2] 而所谓的"荷兰赌"，是一个"只赢不输"或"只输不赢"的赌，所以这类赌是不可以用来反映"信念度"的。

这个思路貌似荒谬，其实不然，细思之下可以发现，我们的生命过程不就是每时每刻都处于"打赌"之中的吗？

品性评估指数或就是某个"赌局"之中对"赌注"的刻画。

打赌，很多时候被视为一个典型的"非理智"行为，但是有胆量入局（赌局）者，他的胆量之源却应该是"理性"的，这种"理性"支持下的"非理性"决策，或就是贝叶斯逻辑所揭示出来的一个生命之本质。

严格一点说，"信念度"概念表示人们对于不同的命题所具有的不同确信（confidence）。一般来说，基于直接经验的，信念度高，如"我正在看书"；而基于间接证据的，信念度低，如"今天北京多云转晴"。因此，通常人们会认为信

---

〔1〕 F. Ramsey, *Truth and probability*, The Foundations of Mathematics, 1931, pp. 156–198.

〔2〕 熊卫：《拉姆齐信念度概念的性质》，载《现代哲学》2004 年第 3 期。

念度是通过"证据"来改变的。但是在很多情况下人们似乎也会在"证据不足"的情况下改变信念度，如情绪状态。母亲那么相信自己的孩子会成为"大人物"，就是母爱状态下的信念度。

品性评估，在传统的应用情境下可以不怎么考虑"情绪"（甚至还要刻意规避），如犯罪调查。但是，在更广泛的应用情境下来看，它的提出，区别于传统的"测谎"或"心理测试"的一个重要特征就是对于这种"非理性"的"情绪"反应的关注与测评——因为"向虚而为"。

"虚"，往往给人以"虚无缥缈"的"不实"之感，但是数学上的"虚数"却是物理世界能够从牛顿力学进入量子力学的一个重要"门槛"，因此笔者才觉得传统测谎之于品性评估，恰似牛顿力学之于量子力学。

起源于 21 世纪初的"量贝理论"[1]发轫之时雄心壮志，颇有将物理世界"一统江湖"的意味。但是到 2016 年，其发起者之一安德烈·赫伦尼科夫（Andrei Khrennikov）却也坦承，15 年过去，他们的"梦"并没有实现。[2] 其实也不是全无收获，因为"量贝理论"的提出，不仅大大地推动了"量子逻辑"（Quantum Logic）发展，同时也从概率的角度再次"普及"与"深入"地解读了一下量子理论。

笔者之见，量子逻辑（量子力学基础）与古典逻辑（牛顿力学基础）的一个最大差异就是前者的"非排中律"和后者的"排中律"。

对应于品性评估与传统测谎便是前者的"品性（评估）指数"与后者的"说谎"与"诚实"。[3]

"非排中律"是辩证逻辑中的一个基本概念。这一规律的基本内容被规定如下：辩证思维应当恰如其分地再现现实中的"亦此亦彼"现象，但并不陷于模棱两可。[4]

如此而言，对待排中律（law of excluded middle）的态度，其实反映的是人们的世界观。当王阳明"看花"已经明晰了"亦此亦彼"的实质含义时，近世人们却在"科学"的道路上沿着"排中"的逻辑一路狂奔，直到撞上了"量子"。

---

〔1〕"量子贝叶斯理论"（Quantum Bayesianism）的简称。

〔2〕Andrei Khrennikov, "External observer reflections on QBism", *Foundations of Science*, April 2016.

〔3〕当年（2004 年）作者有幸能为"心理测试"结论形式进行定义时，选择了"通过""不通过"和"不结论"三种形式，或就为今日之品性评估诞生埋下了伏笔。

〔4〕桂起权：《量子逻辑对应原理对辩证逻辑的作用》，载《江汉论坛》1983 年第 2 期，第 6~10 页。

虽然"量贝理论"一统江湖的梦想依然遥远（甚至终不可及），但是桂文的一段话颇具启示意义：[1]

> 数的概念是人们根据生产和生活上的实际需要而逐渐产生并发展起来的。数的范围是不断地扩充着的。最先，人们在实践中接触的数只有自然数（1、2、3、4……）。当人们认识到负数也是数时，反过来"正数"的概念就立刻成为必要了；当人们认识到分数（小数）也是数时，反过来"整数"的概念就立刻成为必要了。同理，无理数与有理数、虚数与实数等概念都是这样成对地诞生的。对立概念的互相依赖并互为存在前提，应当是辩证逻辑概念论的一条基本原理。让我们再从内涵和外延的角度加以考察。在负数、分数出现之前，人们所接触的数只限于正整数（自然数），当时所谓数的概念（无论从内涵或外延方面看）即是指现在所谓的自然数；在无理数出现之前，人们所接触的数只限于有理数，此时所谓数的概念即是指有理数；在虚数（复数）出现之前，人们所接触的数只限于实数，那时所谓数的概念即是指实数。总之，随着实践和认识的发展，数的概念也在不断变化和发展，每一阶段数的概念的内涵和外延都较前有所增长和扩充。显然是满足正比律的。只要我们历史地辩证地考察概念的发展，只要我们使用流动范畴来考察概念的发展，这一切就是很自然的。但若在对既定的数进行分类时（分成虚数、实数，实数又分成无理数、有理数等）则反比律就仍然有效，当然那已经是改用固定范畴来观察问题。

品性评估无意去替换"谎言测试"，但是它的出现，突出了评估者的效用，正是这个评估者的存在，才能够更加"成全"了"谎言"的存在，同时也成全了"谎言测试"——诚如有了虚数，才更真切知道实数。

约翰·冯·诺依曼（John von Neumann）在《量子力学的数学基础》（*Mathematical Foundations of Quantum Mechanics*）一书中提出了或许是最早的测量理论，其中有如下命题：[2]

> 观察者在测量终结时看到仪器指针的读数，是导致被测量的对象从不确

---

〔1〕 桂起权：《量子逻辑对应原理对辩证逻辑的作用》，载《江汉论坛》1983年第2期，第6~10页。

〔2〕 John von Neumann, *Mathematical Foundations of Quantum Mechanics*, translated from the German edition by Robert T. Beyer, Princeton University Press, 1955, p.230.

定状态过渡到确定状态的决定性因素。因此，如果不提到人类意识，就不可能表述一个完备的、前后一贯的量子力学的测量理论。

品性评估，探索的就是从评估者角度的一条"从不确定过渡到确定"的路线！我就是道路、真理、生命……

陈云林

2019 年 1 月于北京

参考文献

一、外文著作类

1. H. Jeffreys, *Theory of Probability*, 3rd ed. , Oxford University Press, 1983.

2. J. Jaynes, *The Origin of Consciousness in the Breakdown of the Bicameral Mind*, Houghton Mifflin company, 1990.

3. H. Maturana & F. Varela, *The Tree of Knowledge*, New Science Library, Shambhala, 1988.

4. National Academy of Sciences, *The Polygraph and Lie Detection*, Natl Academy Pr, 2003.

5. National Council for Accreditation of Teacher Education, *Standards for Professional Development Schools*, NCATE, 2001.

6. National Council for Accreditation of Teacher Education, *Professional Standards for the Accreditation of Accreditation of Teacher Preparation Institutions*, NCATE, 2008.

二、外文论文类

1. A. Fouad, "Hire Based on Competencies or Based on Performance?", available at https://www. linkedin. com/pulse/hire – based – competencies – performance – amina – fouad – sphr, last visited on 14 September 2018.

2. D. Bellhouse, "Most Honourable Remembrance: The Life and Work of Thomas Bayes", *Mathematical Intelligencer*, 3 (2004).

3. Y. Chen & L. Sun, "Psycho-information and Credibility Assessment", *Polygraph*, 3 (2012).

4. M. E. Diez, "Assessing Dispositions: Five Principles to Guide Practice", in H. Sockett ed. , *Teacher Dispositions: Building a Teacher Education Framework of Moral Standards*, AACTE Publications, 2006.

5. M. E. Diez, "Looking Back and Moving Forward Three Tensions in the Teacher Dispositions Dis-

course", *Journal of Teacher Education*, 5（2007）.

6. S. Dobrow, "A Siren Song? A Longitudinal Study of the Facilitating Role of Calling and Ability in Career Pursuit", *Academy of Management Annual Meeting Proceedings*,（2012）.

7. A. Fenigstein, M. F. Scheier & A. H. Buss, "Public and Private Self-consciousness: Assessment and Theory", *Journal of Consulting and Clinical Psychology*, 43（1975）.

8. G. Globus, "A Quantum Brain Version of the Quantum Bayesian Solution to the Measurement Problem", *Neuro Quantology*, 1（2017）.

9. J. Horgan, "Bayes's Theorem: What's the Big Deal", *Scientific American*, 2016.

10. E. Jones & H. Sigall, "The Bogus Pipeline: A New Paradigm for Measuring Affect and Attitude", *Psychological Bulletin*, 5（1971）.

11. L. G. Katz & J. D. Raths, "Dispositions as Goals for Teacher Education", *Teaching and Teacher Education*, 4（1985）.

12. D. C. Knill & A. Pouget, "The Bayesian Brain: The Role of Uncertainty in Neural Coding and Computation", *Trends in Neurosciences*, 12（2004）.

13. J. K. Kruschke, "Bayesian Estimation Supersedes the T Test", *Journal of Experimental Psychology*, 2012.

14. R. Nelson & F. Turner, "Bayesian Probabilities of Deception and Truth-telling for Single and Repeated Polygraph Examinations", *Polygraph & Forensic Credibility Assessment*, 46（2017）.

15. R. Nuzzo, "Scientific method: Statistical errors", *Nature*, 506（2014）.

16. A. Raffone & M. Pantani, "A Global Workspace Model for Phenomenal and Access Consciousness", *Consciousness and Cognition*, 2（2010）.

17. H. Sockett, "Character, Rules, and Relations", in H. Sockett ed., *Teacher Dispositions: Building a Teacher Education Framework of Moral Standards*, AACTE Publications, 2006.

18. E. Thompson, A. Lutz & D. Cosmelli, "Neurophenomenology: An Introduction for Neurophilosophers", in A. Brook & K. Akins ed., *Cognition and Brain: The Philosophy and Neuroscience Movement*, Cambridge University Press, 2005.

19. P. D. Trapnell & J. D. Campbell, "Private Self-consciousness and the Five Factor Model of Personality: Distinguishing Rumination from Reflection", *Journal of Personality and Social Psychology*, 76（1999）.

20. F. Varela, "Neurophenomenology: A Methodological Remedy to the Hard Problem", *Journal of Consciousness Studies*, 3（1996）.

21. F. J. Varela, E. Thompson & E. Rosch, "The Embodied Mind: Cognitive Science and Human Experience", *American Journal of Psychology*, 1992.

22. J. J. Walczyk, F. P. Lgou, A. P. Dixon, et al., "Advancing Lie Detection by Inducing Cognitive Load on Liars: A Review of Relevant Theories and Techniques Guided by Lessons from Poly-graph-based Approaches", *Frontiers in Psychology*, 4 (2013).

三、中文著作类

1. GB/T 20000.1-2014《标准化工作指南 第 1 部分：标准化和相关活动的通用词汇》。

2. ［德］海德格尔：《存在与时间》，陈嘉映、王庆节译，商务印书馆 2016 年版。

3. ［德］海德格尔：《关于人道主义的书信》，载［德］海德格尔：《路标》，孙周兴译，商务印书馆 2000 年版。

4. ［德］海德格尔：《诗·语言·思》，张月等译，黄河文艺出版社 1989 年版。

5. ［德］海德格尔：《哲学论稿：从本有而来》，孙周兴译，商务印书馆 2012 年版。

6. ［德］胡塞尔：《生活世界现象学》，倪梁康、张廷国译，上海译文出版社 2002 年版。

7. ［德］康德：《康德著作全集》（第 4 卷），李秋零译，中国人民大学出版社 2005 年版。

8. ［古罗马］奥古斯丁：《论灵魂及其起源》，石敏敏译，中国社会科学出版社 2004 年版。

9. ［法］卢梭：《忏悔录》，盛华东译，华文出版社 2003 年版。

10. ［古罗马］奥古斯丁：《道德论集》，石敏敏译，上海三联书店 2009 年版。

11. ［加］道格拉斯·沃尔顿：《品性证据——一种设证法理论》，张中译，中国人民大学出版社 2012 年版。

12. ［美］杰拉尔德等：《意识的宇宙——物质如何转变为精神》，顾凡及译，上海科学技术出版社 2004 年版。

13. ［美］托马斯·库恩：《科学革命的结构》，金吾伦、胡新和译，北京大学出版社 2003 年版。

14. ［美］维纳：《人有人的用处：控制论和社会》，陈步译，商务印书馆 1978 年版。

15. ［英］坎伯·摩根：《约翰福音》，方克仁译，上海三联书店 2012 年版。

16. ［英］穆尔：《丁道尔新约圣经注释：雅各书》，贺安慈译，校园书房出版社 1988 年版。

17. ［智］瓦雷拉等：《具身心智：认知科学和人类经验》，李恒威等译，浙江大学出版社 2010 年版。

18. 陈云林等：《现代心理测试技术导论》，知识出版社 2005 年版。

19. 陈云林、孙力斌：《犯罪心路探微——心理测试技术的理论、研究与实践》，中国大百科全书出版社 2004 年版。

20. 陈云林、孙力斌：《如何运用心理测试技术》，九洲图书出版社 2001 年版。

21. 陈云林、孙力斌：《心证之义——多道仪测试技术高级教程》，中国人民公安大学出版社 2015 年版。

22. 《辞源》，商务印书馆 1988 年版。

23. 冯志伟：《语言与数学》，世界图书出版社 2011 年版。

24. 郭秀艳：《心理实验指导手册》，高等教育出版社 2010 年版。

25. 胡适：《不朽——我的宗教》，王怡心选编，北京大学出版社 2016 年版。

26. 《朗文当代英语大辞典》，王立弟、李瑞林等译，商务印书馆 2011 年版。

27. 吕建国、孟慧编著：《职业心理学》，东北财经大学出版社 2000 年版。

28. 南怀瑾：《原本大学微言》，复旦大学出版社 2003 年版。

29. 王建华、周明强、盛爱萍：《现代汉语语境研究》，浙江大学出版社 2002 年版。

30. （明）王阳明：《传习录》，叶圣陶点校，北京时代华文书局 2014 年版。

31. 王寅：《认知语言学》，上海外语教育出版社 2007 年版。

32. 王振宇编著：《儿童心理发展理论》，华东师范大学出版社 2000 年版。

33. 邬焜：《信息哲学——理论、体系、方法》，商务印书馆 2005 年版。

34. 伍铁平编著：《语言是一门领先的科学———论语言与语言学的重要性》，北京语言学院出版社 1994 年版。

35. 许国志主编：《系统科学与工程研究》，上海科技教育出版社 2000 年版。

36. 张世英：《进入澄明之境：哲学的新方向》，商务印书馆 1999 年版。

37. 郑日昌等：《心理测量学》，人民教育出版社 1999 年版。

38. 郑争文：《胡塞尔直观问题概论》，中国社会科学出版社 2014 年版。

39. 罗国杰总主编：《中国伦理学百科全书：伦理学原理卷》，吉林人民出版社 1993 年版。

40. 钟义信：《信息科学原理》，北京邮电大学出版社 2002 年版。

四、中文论文类

1. 《2018 年美国制裁中兴事件》，载 https://baike. baidu. com/item/2018 年美国制裁中兴事件/22497216？fr＝aladdin，最后访问日期：2018 年 9 月 10 日。

2. 贺麟：《知行合一新论》，载 http://wenku. baidu. com/view/c3a62413f18583d049645991. html，最后访问日期：2018 年 9 月 14 日。

3. 白湘云、王文忠、罗跃嘉：《大学生在人格问卷测谎量表上的得分与反应时的关系》，载《中国临床心理学杂志》2006 年第 6 期。

4. 陈嘉映：《事实与价值》，载《新世纪》2011 年第 8 期。

5. 陈巍、郭本禹：《神经现象学的系统动力学方法举要》，载《系统科学学报》2012 年第 1 期。

6. 陈巍、郭本禹：《中道认识论：救治认知科学中的"笛卡尔式焦虑"》，载《人文杂志》

2013 年第 3 期。

7. 《大学》，载 https://baike.baidu.com/item/大学/5655065，最后访问日期：2018 年 9 月 14 日。

8. 邓晓芒：《关于美和艺术的本质的现象学思考》，载《哲学研究》1986 年第 8 期。

9. 《范式》，载 https://baike.baidu.com/item/范式/8438203，最后访问日期：2018 年 9 月 14 日。

10. 《艺术作为真理——艺术作品的本源》，载 http://www.360doc.com/content/14/0324/15/8826950_363312638.shtml，最后访问日期：2018 年 9 月 14 日。

11. 《海德格尔论翻译》，载 http://www.douban.com/group/topic/39443299/，最后访问日期：2018 年 9 月 14 日。

12. 《考试经济》，载 http://baike.baidu.com/item/考试经济/1154600？fr＝aladdin，最后访问日期：2018 年 9 月 14 日。

13. 《困难问题》，载 http://baike.baidu.com/item/困难问题/18339431？fr＝aladdin，最后访问日期：2018 年 9 月 14 日。

14. 李耳：《道经·第一章》，载 http://so.gushiwen.org/guwen/bookv_3310.aspx，最后访问日期：2018 年 9 月 10 日。

15. 李武装、刘曙光：《信息哲学作为元哲学何以可能》，载《东北大学学报（社会科学版）》2012 年第 1 期。

16. 李娜：《中西语言哲学之比较》，载《首都外语论坛》2007 年版。

17. 《皮亚杰理论》，载 http://baike.baidu.com/item/皮亚杰理论/2090581？fr＝aladdin，最后访问日期：2018 年 9 月 10 日。

18. 《斯蒂文斯定律》，载 http://baike.baidu.com/item/斯蒂文斯定律/11003448？fr＝aladdin，最后访问日期：2018 年 9 月 14 日。

19. 苏楷：《谎言的历史》，载 http://blog.sina.com.cn/s/blog_7e3e2dfc0100x6n1.html，最后访问日期：2018 年 9 月 14 日。

20. 唐芬芬：《从"能力本位"与"情感本位"看教师教育的性质及发展趋势》，载《云南师范大学学报（教育科学版）》2001 年第 5 期。

21. 王继福：《美国科学证据可采性标准的变迁及对我国的启示》，载《山东社会科学》2010 年第 2 期。

22. 吴国盛：《海德格尔的技术之思》，载《求是学刊》2004 年第 6 期。

23. 谢群：《语言批判：维特根斯坦语言哲学的基点》，载《外语学刊》2009 年第 5 期。

24. 《学术讨论：格式塔心理学与构造主义心理学之间的分歧》，载 http://iask.sina.com.cn/b/3847748.html，最后访问日期：2018 年 9 月 14 日。

25. 岳亮萍：《品性与现代人力资源的需求》，载《教育理论与实践》2002 年第 10 期。

26. 张超、王冬艳：《美国教师教育中的品性评估述评》，载《黑龙江高教研究》2013 年第 9 期。

27. 张蓬：《"在"与"在者"的分别——从中国哲学语境看西方哲学如何把握"存在"问题的方式》，载《学术研究》2012 年第 4 期。

28. 张文初：《从现代美学视域看海德格尔的"器物上手论"》，载《湖南师范大学社会科学学报》2011 年第 2 期。

29. 《庄子·外篇·知北游》，载 http://baike. baidu. com/item/庄子·外篇·知北游/10192398？fromtitle＝知北游 &fromid＝30030，最后访问日期：2018 年 9 月 14 日。

索　引

A

aboutness，关于

Abrams，S.，艾布拉姆斯

acceptance acquiescence，认可趋同

accuracy（rate），准确率

average，平均的

    unweighted，未加权的

acquaintancetest，适应性测试

acquiescence，趋同应答

act，活动，行为

    intentional，意向性的

age，年龄

agreement acquiescence，赞成趋同

aletheia，真理

American Polygraph Association，APA，美国多道仪技术协会

    by-laws of the，……细则

    constitution of，……的章程

American Society of Testing Materials，ASTM，美国材料实验协会

A. H. Ames，埃姆斯

amplitude，幅度，强度，振幅

    decrease in，……降低

    changes，改变

analog self，模拟自我

apnea-blocking，呼吸暂停

Arther，R. O.，阿瑟

association，研究会

attitude，态度

authenticity，本真

B

background question，陪衬问题，背景问题

Backster，贝克斯特

Backster School of Lie Detection，贝克斯特谎言测试学校

Balance Inventory of Desirable Responding，BIDR，社会称许性均衡量表

Barker，巴克

base rate，基本率

baseline changes，基线改变

bayes factor，贝叶斯因子

Bayes's theorem，贝叶斯定理

Bayesian，贝叶斯派

Bayesianbrain，贝叶斯大脑

Bayesian decision theory，贝叶斯决策理论

Bayesianinference，贝叶斯推断

Bayesian information criteria，BIC，贝叶斯信息标准

beating，击败

behaviors，行为

    verbal and non-verbal，言语和非言语的

event-specific investigations，事件调查

evidence，证据

  objective，客观的

  preponderance of，优势证明

  relevance of，……的关联性

  scientific，科学的

  substantial，实质性的

  weak or anecdotal，较弱或有待验证的

evidence-based，循证

evidentiary examination，证据测试

exosomatic，体外法

extensive image creation，全面形象创造

extremity response bias，ERB，极端应答偏误

F

fact，事实

faith，信念

faith in word，FiW，言顺

faking，作假

fallingness，沉沦

false key，伪目标

false negative，FN，假阴性

false negative error，假阴性错误

false negative rate，FNR，假阴性率

false positive，FP，假阳性

false positive error，假阳性错误

false positive rate，FPR，假阳性率

Fenigstein，菲尼根斯特

Fere，费尔

fitness，适配度

fitness for duty evaluation，FFDE，执勤适配度评估

forensic science，司法鉴定科学，法庭科学

Fouad，A.，福阿德

four-question format，四问题格式

Fowler，J. W.，福勒

  conjunctive，联合

individual-reflective，个人反思

intuitive-projective，直觉投射

mythic-literal，童话与字面

synthetic-conventional，合成习惯

undifferentiatedfaith，未分化的信念

universalizing，普世化

Frequentist，频率派

Frye，弗莱伊

Frye rule，弗莱伊规则

G

Gadamer，H. -G.，伽达默尔

galvanic skin response，GSR，皮肤电流反应

general acceptance，普遍接受

general question technique，一般问题测试

  modified，修订过的

Ginton，A.，金同

global workspace，全局工作空间

Globus，G.，格罗布斯

Grace and Law，恩典与律法

graph，仪表

guilt complex question，有罪情结问题

guilt-complex test，GCT，犯罪感测试

guilty knowledge，有罪的情节

guilty knowledge test，GKT，犯罪情节测试

Gurwitsch，A.，古尔维奇

H

hard problem，困难问题

Harrelson，哈里森

Heidegger，M.，海德格尔

Hermann，赫尔曼

Hickman，希克曼

hierarchy，层级性

historical evaluation results，HERs，历史性评估考查结果

  diachronic，历时性

lie detection，测谎

lie detector，测谎仪

likelihood，似然比

likelihood ratio，LR，似然率

Likert scale，李克特量表

Lilian G. Katz，凯兹

Lindsay P. H.，林赛

logical trap，逻辑陷阱

Logistic regression，逻辑斯谛回归

Lombroso，朗布罗索

Louisiana Tech University，路易斯安那理工大学

Lovvorn，洛沃恩

lying，说谎行为

Lykken，D. T.，莱克肯

M

Madhyamika，佛教的中观派

Manager Personality Scale，管理人员人格测验

Marin，J.，马林

Marinprotocol，马林协议

Marston，W. M.，马斯顿

Matte，迈特

Maturana，马图拉纳

measurement，测量

mediates，调停

meditation，冥想

memory disorders，记忆障碍

mental representation，心理表征

Miller，G. A.，乔治·米勒

mindfulness，正念

Ministry of Justice，司法部

mixed question test，MQT，混合测试

mode，模式

model，模式

morality，正义

movement sensor devices，MSD，动作传感器

multi-facet tests，多目标测试

multiple-issue or mixed-issue tests，多主题测试

N

National Academy of Sciences，NAS，国家科学院

National Center for Credibility Assessment，NCCA，国家可信度评估中心

National Council for Accreditation of Teacher Education，NCATE，全美教师教育认证委员会

National Security，国家安全

negative predictive value，PV_-，阴性预报值

Nelson，R.，纳尔逊

no deception indicated，NDI，无欺骗指示

noesis，意向活动

noise，噪音

non-concur，不同意

Norma Rae Syndrome，诺玛蕊综合征

Normal School，培训教师的机构

Norman D. A.，诺曼

Nuzzo，R.，诺佐

O

Oak Ridge，橡树岭

odds ratio，优势比

  basic，基本的

  goods，证据的正性，支持性

  bads，证据的负性，反对性

on purpose，蓄意

on the way，在路上

organism，有机体

own-being，自身存在

R

Raskin, D., 拉斯金

rate, 频率

    decrease in, ……降低

Raths, J. D., 瑞斯

reaction-time detecting, 反应时识别

receiver operating characteristic curve, 接受者操作特性曲线，ROC 曲线

    area under curve, AUC, 曲线下面积

rectitude, 坦诚度，中正，正直，公正

    Hall of Rectitude, 中正殿

reference, 框架

    event of, 事件……

    time of, 时间……

relativism, 相对论

relevant question, 相关问题

relevant / irrelevant test, RIT, 相关/不相关测试

resonance, 共鸣

resonance neurons, 共鸣神经元

response, 反应

    complex, 复杂的

    non-significant, 无特异的

    significant, 特异的

    simple, 简单的

retroactive inhibition, 倒摄抑制

retroactive interference, 倒摄干扰

Robert, 罗伯特

robustness, 鲁棒性

S

Saussure, D., 索绪尔

saying, 言说，言语

scattered mosaics, 离散马塞克

score, 打分

screening test, 筛查评估

screening-out, 筛出

security screening, 安全筛查

self-absorption paradox, 自我关注悖论

self-consciousness, 自我意识

    private, 私人的

    public, 公共的

self-deception, 自欺

self-reflection, 自我反射

self-rumination, 自我沉思

self-schema model, 自我图式模型

semantic-exercise model, 语义练习模型

sensitivity, 灵敏度

sensitivity curve, 感受性曲线

Sigall, H., 西格

signal, 信号

signal detection theory, SDT, 信号检测论

single-issue, 单主题

single-issue you phase, 单主题唯你

silent answer test, SAT, 缄默测试

skills, 技能

slight image creation, 轻微形象创造

social desirability, SD, 社会称许性

social desirability bias, 社会称许性反应偏差

socially desirable responding, SDR, 社会称许性反应

specificity, 特异度

Spence, 斯彭斯

specific response test, 特定反应测试

sphygmograph, 脉搏记录仪

spot, 点，赋分点

spot analysis, 点分析

standards of practice, 操作标准

st atements, 陈述

    truthful, 真实的

Stevens' Law, 史蒂文森定律

stimulation test, 刺激测试

Y

yea-sayers，唯唯诺诺者

yes test，YT，指认测试

Yuile，尤伊尔

Z

zone comparison，区域比较